职业教育课程改革创新规划教材

可编程控制器PLC应用技术（三菱机型）

徐荣华　吕　桃　主编

電子工業出版社
Publishing House of Electronics Industry
北京·BEIJING

内 容 简 介

本书是依据“中等职业学校专业与课程体系改革创新计划”的要求，在对课程教学改革的经验总结基础上，结合“行动导向”、“做学合一”教学模式的探究，开发出了中等职业教育专业课程新教材。

本书包含三菱可编程控制器（PLC）的安装与编程软件的操作，三相异步电动机典型继电—接触控制任务的PLC控制与实现，检测、变频及气动技术的PLC控制与应用，PLC状态编程及在控制中的应用，PLC在机电一体化设备中的应用，FX系列PLC的通信功能的实现初探，EVIEW/KINCO人机界面与PLC通信控制等7个模块。融入GX Developer编程维护软件及SFC编辑方法、模拟调试软件GX Simulator的仿真、EV5000×HMI组态设计操作训练；有效的任务设计将PLC与现代机电控制中气动、液压传动、步进电动机、变频器、机械手及触摸屏应用等相结合体现了职业教育的时代性。

本书可作为中等职业学校机电应用技术等专业的教材及职业技能大赛的参考用书，也可作为岗位培训及工程技术人员的参考用书。

为方便教学，本书还配有电子教学参考资料包，详见前言。

图书在版编目（CIP）数据

可编程控制器PLC应用技术：三菱机型/徐荣华，吕桃主编. —北京：电子工业出版社，2012.1
职业教育课程改革创新规划教材
ISBN 978-7-121-15381-5

Ⅰ.①可…　Ⅱ.①徐…②吕…　Ⅲ.①plc技术—中等专业学校—教材　Ⅳ.①TM571.6

中国版本图书馆CIP数据核字（2011）第252553号

策划编辑：张　帆
责任编辑：桑　昀
印　　刷：北京七彩京通数码快印有限公司
装　　订：北京七彩京通数码快印有限公司
出版发行：电子工业出版社
　　　　　北京市海淀区万寿路173信箱　邮编　100036
开　　本：787×1 092　1/16　印张：19.5　字数：528千字
版　　次：2012年1月第1版
印　　次：2025年2月第22次印刷
定　　价：33.00元

凡所购买电子工业出版社图书有缺损问题，请向购买书店调换。若书店售缺，请与本社发行部联系，联系及邮购电话：（010）88254888，88258888。

质量投诉请发邮件至zlts@phei.com.cn，盗版侵权举报请发邮件至dbqq@phei.com.cn。

本书咨询联系方式：（010）88254592，bain@phei.com.cn。

前　言

为贯彻落实全国教育工作会议精神和《国家中长期教育改革和发展规划纲要(2010－2020年)》，依据教育部《中等职业教育改革创新行动计划（2010—2012年)》，实施《中等职业学校专业与课程体系改革创新计划》的相关要求和进一步贯彻“以服务为宗旨、以就业为导向、以能力为本位”的职业教育指导思想。在对课程教学改革的经验总结基础上，结合“行动导向”、“做学合一”教学理念的探究，编写出《可编程序控制器PLC应用技术（三菱机型)》的新教材。

本课程性质是中等职业学校加工制造大类机电技术应用、数控技术应用、机电设备安装与维护等专业的前沿应用型专业课程。本教材是对维修电工中级职业资格标准进行充分解读与分析，对课程岗位职业能力培养要求分析的基础上，结合《可编程序控制器PLC应用技术(三菱机型)》课程知识点、技能培养目标的分析、归纳，从应用型专业课程应能体现岗位职业能力培养的应知、应会兼顾发展的需要对该课程教学内容进行科学、合理的选取与组织。在教学任务的组织上充分考虑中职学生的认知水平、学习行为特点及职业能力培养要求，以任务驱动方式体现“做中学、学中做”的职教特色，以便于有效地实现本课程专业知识学习、专业技能培养及职业素养提升的目标。

本教材的特色体现在以下几个方面：

（1）全书贯穿一致的“行为导向”及“做学合一” 教学任务的组织模式。本教材共分7个模块，每一模块下均由3～5个学习任务组成，学习内容围绕任务展开，包括PLC的结构、软元件、指令的学习、软件的操作等均以典型工作任务的设备安装、调试的认知培养与训练主线贯穿、融合，突破了原有学科体系，将知识、技能培养目标进行有效拆解使其融于不同教学任务设计中。

（2）学习任务的选取上充分考虑中职学生认知能力与学习兴趣，具有典型性、可操作性、时代新颖性。典型性有常规继电—接触控制线路的PLC控制、十字路口交通信号灯、抢答器等任务；时代新颖性体现于通信控制任务、触摸屏控制技术应用；可操作性除基本控制任务易于实现外，在目前技能大赛的推动下变频器、气动机械手、触摸屏等设备已有所涉及，职业能力培养的时代性已有适当的体现。

（3）教材合理的“专业技能培养与训练”、“知识链接”、“思考与训练”及“阅读与拓展”的体例安排，体现学生知识学习、技能训练内在的关联性，有效地弥补能力培养主导、知识相对弱化的“实训化”教材的不足，使因材施教、能力发展的需求尽可能地得到满足。能够在对常见任务引领的“过程实训化” 教材研究的基础上，实现任务引领融合适度探究性学习、体现专业认知培养与技能训练为一体的“做学合一”的教材组织形式。

（4）能将专业基本能力培养与后续能力可持续发展进行有机结合。在三菱FX_{2N}系列PLC指令处理上，将基本指令与步进顺控指令学习与应用作为基本要求，通过步进状态编程的有效训练提升学生工程控制应用的认知和能力；在应用中穿插部分代表性应用指令的认知训练，将 HMI 组态、通信任务与 PLC 基本单元应用相融通，有效地拓展学生的对控制领域认知、使思维空间更加开阔；在专业工具运用上注重学生能力运用与岗位的对接，教材中摒弃陈旧落伍的内容，如高版本主流编程软件操作、虚拟仿真技术等引入，保持与时代步伐相一致。

（5）职业能力的培养融合时代发展元素，在 PLC 学习应用平台上突破原有教材基于 SWOPC FXGP/WIN-C 低版本程序编辑软件，采用反映工程应用的主流高版本 GX Developer Version 8.34L 编程软件，以有效的 SFC 编程训练突破步进状态的 STL 编程，引入工程文件概念并结合 GX Simulator Ver 6C 虚拟仿真，使学习者学习能力、职业能力得以提升。

（6）结合中职学生特点强调的“可编程控制器应用技术”，除 PLC 在典型控制任务应用外，能够有效融合 PLC 现代控制领域中的变频器、气动机械手、步进电动机、触摸屏及通信等方面应用，调动学生参与工作任务的兴趣。在任务学习活动中培养中职学生一定的程序设计思想，能够熟悉 PLC 的控制方法，拓展对 PLC 的应用领域的认知和工程运用的方法，能够让中职学生体会到“学以致用”是任务选取的必备因素。

（7）任务设计体现应用为主线，紧扣生产、生活实践要求，任务中除典型“启—保—停”、正、反转等控制单元外，工作平台、步进电动机、气动与液压、变频器、机械手等均与现代设备控制密切相关，通过对急停、循环控制、掉电保护、设备异常处理等强化工程实践需求认知，并融入技能竞赛的元素。

（8）在教学任务设计中力求实现“学、做、思”相结合，以求避免“教用脑的人不用手，不教用手的人用脑”实现“手脑联盟”，通过图形有效文字标注、释义降低中职学生理解难度，虚拟 GX Simulator Ver 6C 的仿真手段使学生的脱机自主学习成为可能。

（9）教材与手册资料的衔接，为能让学生较快适应岗位资料的查阅，对 PLC 指令采用厂商技术手册格式、用法说明进行介绍，并注意在任务设计中进行手册的收集、查阅方法的训练。

（10）编写团队的组织特色：从服务于专业教学出发，考虑到不同层次师资对教学认知、需求上的不同，教材编写、策划团队采用老、中、青相结合；有兼职教科研成员、教学实践一线的双师型专职骨干教师、有技能竞赛背景教师的有机组合；具有一定工程实践、专业特长背景工程技术人员和具有较高专业技能的双师型教师结合。使得教材在保证职业教育基础知识的学习、基础能力培养、专业素养与技能提高等方面，从方式方法上更趋合理，形式上更具新颖。

参加本教材编写的成员包括江苏省首届职业教育领军校长，江苏省第二届制造加工类中心教研组副组长、组员，机电专业办主任，机电实训基地负责人，以及江苏省数控加工技能竞赛教师组第一名等。本书由徐荣华、吕桃主编，林彬、袁军副主编，葛东升等机电教研组相关教师参与该教材前期调研、能力分析、实训验证及部分内容的编写工作。在教材编写过程中，还得到江苏省制造加工类中心教研组、南京市职教教研室及部分兄弟学校的相关领导、教师的帮助与支持。编写中参阅多种同类教材和专著及厂商的技术资料，在此一并对提供支持的相关领导、教师及所参阅资料的编著者表示衷心的感谢。

本教材总课时为90学时（选修学时不包含在内），分配建议：考虑到课程的专业地位、地区差异、教学实训保障条件、教学内容的选取、学生现状及教学与师生的比例，具体的学时可由教学实施任课教师做适当调整。

序号	章　节（模块）	课时分配	
		理实	选学
1	模块一　三菱可编程控制器的安装与编程软件的操作	10	2
2	模块二　三相异步电动机典型继电—接触控制任务的PLC控制与实现	12	2
3	模块三　检测、变频及气动技术的PLC控制与应用	15	3
4	模块四　PLC状态编程及在控制中的应用	14	3
5	模块五　PLC在机电一体化设备中的应用	14	2
6	模块六　FX系列PLC的通信功能的实现初探	12	2
7	模块七　EVIEW/KINCO人机界面与PLC通信控制	10	2
8	机动	3	

本教材的教学资源主要包括与任务配套的学习任务工作页、教学课件、思考与训练的习题解析等。为了方便教师教学，本书配有电子教学参考资料包，请有此需要的教师登录华信教育资源网（www.hxedu.com.cn）免费注册后进行下载，如有问题可在网站留言板留言或与电子工业出版社联系（E-mail：hxedu@phei.com.cn）。

由于编写时间仓促及限于编者的水平和经验等，书中难免存在一些不足和错误，敬请广大读者予以指正及提出宝贵意见。

编　者

2011年12月

目　录

>>> 模块一

三菱可编程控制器的安装与编程软件的操作

【教学目的】

- 通过本模块的学习与训练，能够对包括三菱系列可编程控制器(PLC)在内的当前主流 PLC 在组成上、类别上及外围扩展设备及外部输入/输出（I/O）接口等有初步的认识，能够对 PLC 的应用有一定的感性认知。
- 能够通过三菱 PLC 的简单运用，加强对 PLC 工作方式的认识，并掌握三菱 FX_{2N} 系列 PLC 的基本安装方法，对其使用的注意事项有所了解。
- 学会三菱 GX Developer 编程软件的梯形图程序的编辑、编译转换及上传、下载方法，并学会 PLC 工作状态的监控方法，通过梯形图编辑方法的训练形成对梯形图指令的初步感性认识。
- 通过 PLC 控制的交通信号灯、四人抢答器的安装与调试运行，对 PLC 控制任务的实现方法、流程形成初步的认识。

任务一 三菱可编程控制器的安装与连接训练

【任务目的】

- 通过典型的十字路口交通信号灯的 PLC 控制任务的设备安装训练，初步形成对 PLC 控制应用的认识，并熟悉 PLC 面板组成、I/O 端口、各附件连接及安装的注意事项。
- 通过三菱 GX Developer 软件的安装，了解 PLC 运行环境要求，熟悉基本应用程序的安装方法。通过 GX Developer 练习用户程序的基本操作（含传输及监控功能），初步认识 PLC 的基本运用并学会简单的操作方法。
- 通过交通信号灯的 PLC 仿真实训，初步对 PLC 的控制方法、控制线路组成形成一定的感性认识。

想一想：

现代工程控制中的 PLC——可编程控制器，如何识别这种设备，PLC 具有什么样功能，可用于何种场合或实现何种控制？

知识链接一

PLC 的定义与应用领域的认知起步

PLC（Programmable Logic Controllers）于 20 世纪 80 年代由 NEMA（美国电气制造商协会）重新命名为 Programmable Controller，其核心是一种专为工业控制而设计的计算机系统。为避免与个人计算机（Personal Computer，PC）混淆，因此，把这种主要实现工业控制功能的数字操作系统称为 PLC。

图 1-1-1 所示为目前我国现代工业控制设备中主要采用的典型 PLC 品牌及部分系列产品，图（a）、（b）分别为日本三菱公司的 FX_{2N} 系列、欧姆龙公司的 C200H 系列 PLC，图（c）、（d）分别为美国罗克韦尔集团所属的 AB 公司 SLC-500 系列、德国西门子公司的 S7-200 系列 PLC，图（e）则为我国台湾产的台达 DVP 系列 PLC。

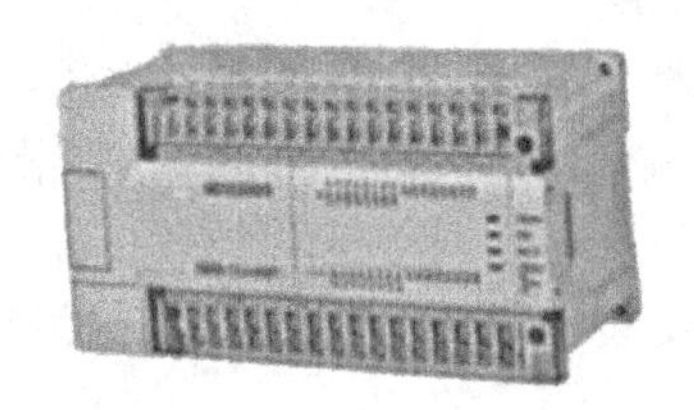

（a）三菱PLC

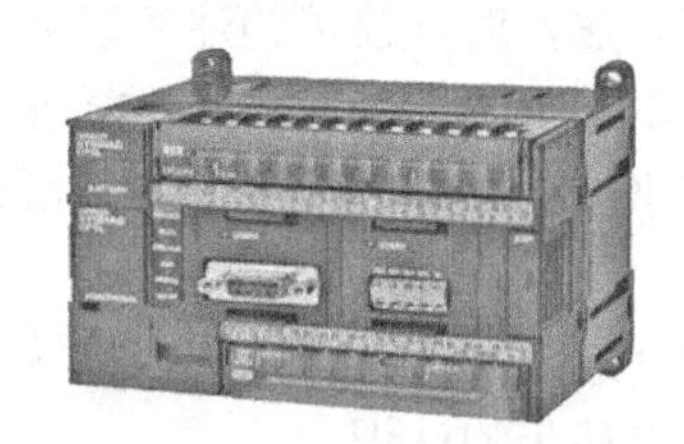

（b）欧姆龙PLC

（c）罗克韦尔PLC

（d）西门子PLC

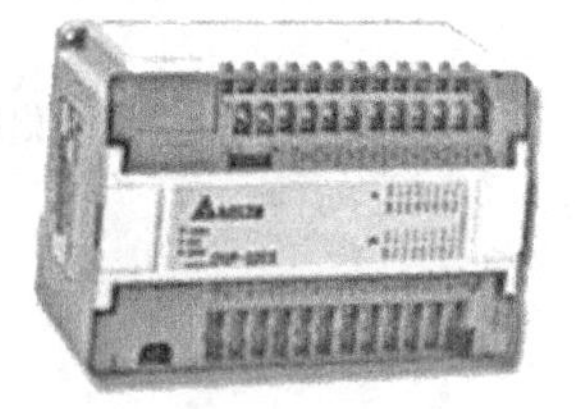

（e）台达PLC

图 1-1-1　部分常见主流 PLC 产品实物图

PLC 的定义是 1987 年国际电工委员会（IEC）在 PLC 标准草案上做出的“PLC 是一种专门为在工业环境下应用而设计的数字运算操作的电子装置。它采用可以编制程序的存储器，用来在其内部存储执行逻辑运算、顺序运算、计时、计数和算术运算等操作的指令，并能通过数字式或模拟式的输入和输出，控制各种类型的机械或生产过程。PLC 及其有关的外围设备都应该按易于与工业控制系统形成一个整体，易于扩展其功能的原则而设计”。

PLC 是在继电器控制基础上发展起来的以微处理器为核心，融合自动控制技术、计算机技术和通信技术为一体而发展起来的一种新型工业自动控制装置。目前，PLC 已基本替代了传统的继电器控制系统，成为工业自动化领域中最重要、应用最多的控制装置，居于 PLC、机器人（Robot）、计算机辅助设计与制造（CAD/CAM）构成的工业生产自动化三大支柱之首位。目前的 PLC 控制技术已步入成熟阶段，国内外应用的领域非常广泛，广泛应用于钢铁、石油、化工、电力、建材、机械制造、汽车、轻纺、交通运输、环保及文化娱乐等各个方面，其应用的数量已占据各类工业自动化控制设备的首位。典型的运用有我们熟悉的民用方面的电梯控制、交通路口信号灯控制等；工业控制方面的自动流水生产线控制、工业机械手控制及现代数控机床等，如图 1-1-2 和图 1-1-3 所示。

（a）扶手电梯

（b）垂直电梯

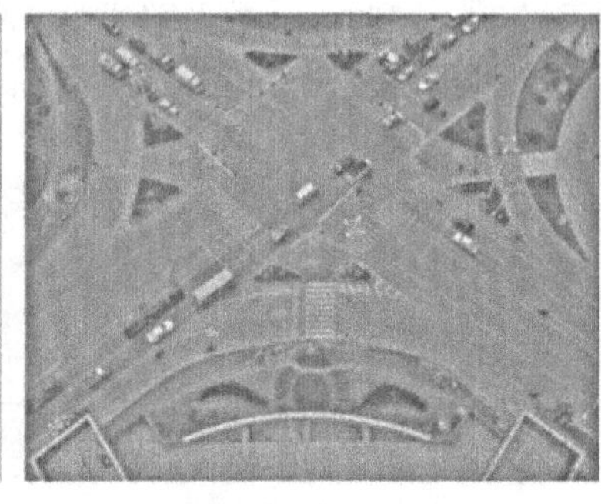
（c）交通路口信号灯控制

图 1-1-2　PLC 在设备控制中的应用

图 1-1-3　PLC 在机器人控制方面的应用

想一想：

为什么越来越多的设备控制领域广泛地采用 PLC 设备和技术替代传统控制方式及数字逻辑控制技术等？

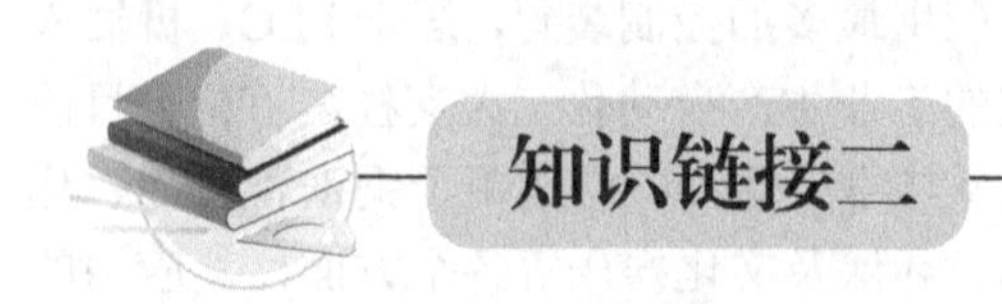

PLC的控制特点的认识

PLC是一种数字式电子装置，它利用可编程序的存储器进行指令存储，按照指令能够实现逻辑运算、顺序控制、定时、计数及算术运算等功能，并通过数字式或模拟式的I/O接口实现对生产机械或生产过程的控制。PLC主要具有如下特点。

1）可靠性高，抗干扰能力强

除在结构上现代PLC采用了足以适应恶劣工业生产环境的具有耐热、密封、防潮、防尘和抗震性能的外壳封装外，在设备内部的硬件和软件两个方面均采取相应的有效措施以实现其可靠性的提高。

硬件方面：在现代PLC设备的内部电路中，除利用无触点开关取代了硬继电器的机械触点开关外，还采用了大规模集成电路LSI技术、先进的抗干扰技术，并在生产中配套有严格管理的生产工艺的保障，从而确保了较高的电气设备运行可靠性。利用PLC构成的控制系统与具有实现同样功能、同等规模的继电接触控制系统相比，PLC控制系统的外部电气连接线、设备控制触点式开关数量大为减少。同时PLC内部电路通过输入与输出的光电耦合电路与外部电路间接连接，实现了直流隔断，有效抑制了外部主要低频干扰源的影响，设备控制产生故障的概率也就大大降低。此外，PLC还具有硬件故障自检功能，硬件异常故障的报警及强制处理功能，具有通过后备电池实现停电时对用户程序、设备运行动态数据的有效保护等措施，均使得设备运行的高可靠性得到硬件支撑的保障。

软件方面：主要通过以下措施实现可靠性保障，即在用户程序执行时，通过软件设计的PLC的监控定时器可实现对运算处理器的延迟监控，从而避免因程序出错而进入死循环。用户可根据设备控制的运行状况，很容易地开发和编写外围设备故障的诊断程序，及时通过PLC的输入端口信息采集，进行设备故障诊断并采取相应措施以实现故障的处理，可有效地防止故障带来的危害。

目前，以三菱公司的F系列PLC为例，其平均无故障时间可达到30万小时，而一些采用冗余CPU技术的PLC的平均无故障工作时间则更长。

冗余CPU结构的PLC是指PLC内有两块CPU同时在线运行，一块处于主控制模式；另一块处于预备模式。拥有主控制权的CPU具有输出控制权，而预备CPU跟踪主CPU的变化同时采集数据和保持通信连接，但输出被禁止。两个CPU模块互相监视对方的运行状态和通信情况，一旦主控CPU故障，预备CPU立即获取控制权而成为主控CPU，实现无扰动控制切换。

2）编程软件操作方便、编程方法简单易学

PLC开发之初的目的就是通过逻辑控制功能取代复杂的继电接触线路，用于将继电接触器的硬接线逻辑转变为计算机的软件逻辑编程方式。PLC编程语言之一——梯形图就是从继电器控制线路演化过来的，采用图形符号形式的程序结构具有直观明了、易学易懂、易修改的特点，极易为具有一定继电—接触控制线路基础的电器技术人员及初学者的接受和掌握。给即使不熟悉电子电路、不懂得计算机原理和汇编语言的人，从事 PLC 进行工业设备控制提供了便捷路径。

3）适应性好，具有柔性

为拓展 PLC 的功能和应用领域，围绕 PLC 的应用开发出的标准化、系列化外围模块的品种很多，通过 PLC 与外围各组件的有机组合可构成满足不同要求的控制系统。在设备连接方面，根据控制任务的要求并结合 PLC 提供的各标准接口、I/O 端子上连接相应的通信信号、I/O 控制信号，而不需要进行大量的电子线路或继电器硬接线操作，且当设备生产工艺进行调整时也不必改变硬设备，只需要改变相应的软件就可满足新的控制要求。

4）控制功能完善，接口形式多样

现代 PLC 基本单元除具有逻辑处理功能外，大多具有完善的数据运算能力。为进一步满足各种数字控制领域的需求，配套开发的系列化模块分别提供了数字/模拟（D/A）的输入和输出、定时计数、A/D 与 D/A 转换、数据处理及通信联网等功能。随 PLC 外围功能单元的日趋完善，通过选配不同的特殊适配器可构成满足特殊控制功能需要的控制系统，并随通信功能的增强及人机界面技术的引入，复杂控制功能的简易 PLC 控制系统已成为现实。现代工业控制设备中要求的复杂位置控制、温度控制功能的数控系统中均采用了 PLC 控制技术，如图 1-1-4 和图 1-1-5 示。

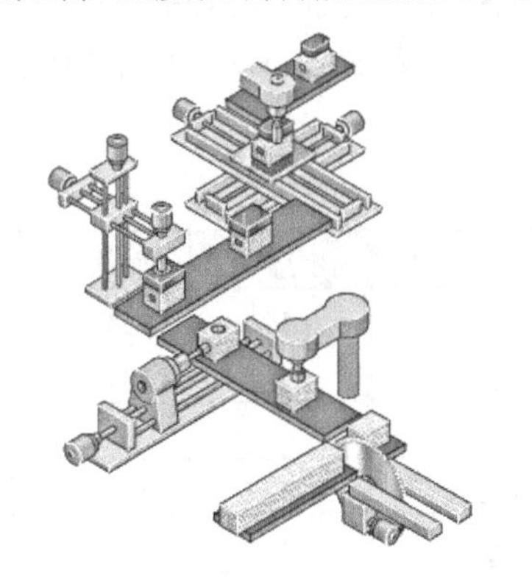

图 1-1-4　PLC 在复杂的定位控制中运用

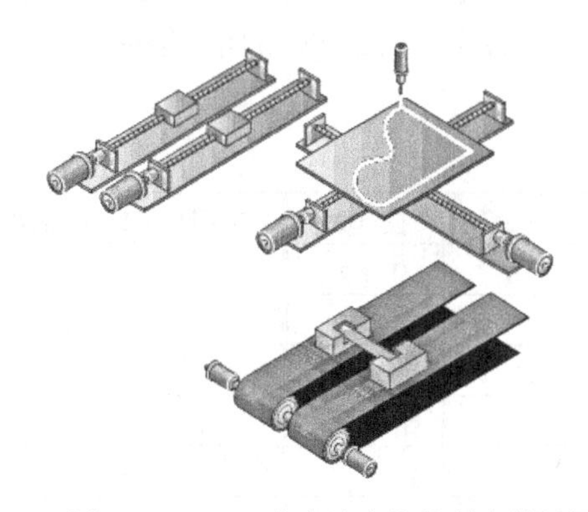

图 1-1-5　PLC 在高速定位控制中的运用

5）易于设计和安装，使得维护更方便

在设计采用 PLC 控制技术的应用系统时，在器件选取上可根据控制任务的功能、性能要求确定相应的 PLC 基本单元、采用的功能模块及 I/O 控制设备等；在安装上结合现代 PLC 及配套扩展组件均大多采用模块化积木式结构可以实现极为方便的组装，并由于 PLC 采用软件功能替代原先继电—接触控制线路中的中间继电器、定时器等器件，大大减少了控制设备外部的接线，硬件安装周期大为缩短；在软件编程和调试阶段可采取实验室脱机运行，模拟运行成功后再结合现场调试，使得调试周期有效缩短并能减少和避免调试中的一些异常故障现象的发生；维护方面结合 PLC 的诊断及显示功能可获得一定故障信息，替换法排除故障简便易行。

专业技能培养与训练

十字路口交通信号灯的 PLC 控制任务的设备安装

任务阐述：本控制任务是利用三菱 FX_{2N}-48MR 的 PLC，在给定 I/O 端口定义及控制程序前提下，结合 24V 电源、24V 直流信号灯进行模拟十字路口交通信号灯控制设备的安装，了解

PLC 控制系统的安装要求及安装、设备调试的基本操作内容。

十字路口交通信号灯设备安装清单参见表 1-1-1（试验电工工具一套）。

表 1-1-1　十字路口交通信号灯设备安装清单表

序号	设备名称	型号或规格	数量	序号	设备名称	型号或规格	数量
1	PLC	FX_{2N}-48MR	1	8	熔断器		1
2	PC	台式机	1	9	启动按钮	绿	1
3	编程电缆	FX-232AW/AWC	1	10	停止按钮	红	1
4	安装轨道	35mm DIN	1	11	指示灯	红	4
5	开关电源	24V/2A	1	12	指示灯	绿	4
6	断路器	D247C5	1	13	指示灯	黄	4
7	设备电源	220V、50Hz		14	导线		若干

一、实训任务准备工作

1. 检查 PLC 程序文件（本书因采用 GX Developer 软件，后续统一称为工程文件）。

该任务提供十字路口交通信号灯控制任务名为“工程 1-1”的工程文件（程序），该工程文件可通过学生在各实训台的 PC 的指定路径建立复制，指令表 STL 1-1-1 中给出该工程文件的指令表形式。

STL 1-1-1

步序号	助记符	操作数	步序号	助记符	操作数	步序号	助记符	操作数
0	LD	M8002			K30	44	OUT	Y2
1	OR	X001	24	OUT	Y0	45	OUT	T1
2	ZRST		25	LD	T1			K30
		S0	26	SET	S22	47	LD	T4
		S30	27	STL	S22	48	LD	T1
7	SET	S0	28	OUT	Y0	49	SET	S25
8	STL	S0	29	OUT	Y4	50	STL	S25
9	LD	X000	30	OUT	T2	51	OUT	Y3
10	SET	S20			K20	52	OUT	Y1
11	STL	S20	32	LD	T2	53	OUT	T2
12	OUT	Y0	33	SET S23	S23			K20
13	OUT	Y5	34	STL	S23	55	LD	T2
14	OUT	T0	35	OUT	Y3	56	OUT	S20
		K200	36	OUT	Y2	57	RET	
16	LD	T0	37	OUT	T0	58	LDI	T12
17	SET	S21			K250	59	OUT	T11
18	STL S21	S21	39	LD	T0			K5
19	OUT	Y0	40	SET	S24	61	LD	T11
20	LD	T11	41	STL	S24	62	OUT	T12
21	OUT	Y5	42	OUT	Y3			K5
22	OUT	T1	43	LD	T11	64	END	

2. I/O 端口定义

用户通过I/O定义可以明确用了哪些控制（或受控）设备、控制（或受控）设备的功能及接法等。I/O端口地址分配参见表1-1-2。

表1-1-2 I/O端口地址分配表

I端口	O端口	注释
SB1X000	Y000	（南北红灯）
SB2X001	Y001	（南北黄灯）
	Y002	（南北绿灯）
	Y003	（东西红灯）
	Y004	（东西黄灯）
	Y005	（东西绿灯）

3. 交通信号灯的控制电路与安装

十字路口交通信号灯的PLC控制电路接线图如图1-1-6所示，如图1-1-7所示为交通信号灯安装布局示意图（要求南北向、东西向的灯由外到内均按红、黄、绿顺序布局安装）。

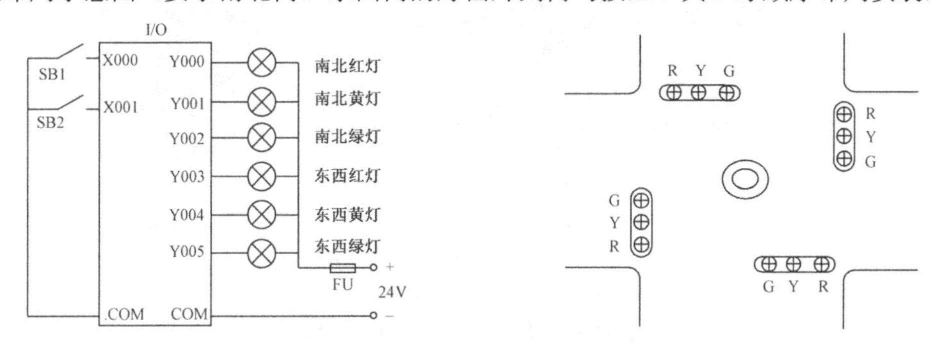

图1-1-6 PLC控制电路连接图　　图1-1-7 交通信号灯安装布局示意图

PLC控制连接图是PLC与外部设备连接的参考依据，交通信号灯的安装示意图与电工图中的布局图用途基本相似，用于明确设备安装位置、要求，是对PLC控制连接图的补充说明。

4. 清点与检查实训设备

设备、器材的充分准备及必要的检测均是电工操作的基本要求，质量、性能的完好是实训任务正常进行和人身安全的保障。PLC控制中，输入端控制开关器件常用常开形式接法（注意按钮式开关与切换开关的区别），但对于要求实现急停功能控制，则要求用于实现急停的蘑菇帽按钮必须采用常闭触点接法（对于未学习过相关低压电气设备、器件的读者可参见本书附录A）。

二、PLC的设备安装的认知训练

如图1-1-8（a）所示为FX_{2N}-48MR的PLC面板，该款产品在三菱FX_{2N}系列PLC中最具代表性，图中对面板的组成给予了标注，初学者需要加以识别。

从功能上划分，FX_{2N}系列PLC面板主要由指示部分、接口部分及外部接线端子三部分组成。

1. 指示部分

FX_{2N}系列PLC面板设有用于反映PLC工作状态的指示灯，如图1-1-8（b）所示的各指示灯名称及功能如下：

（1）POWER（电源）指示灯。当POWER指示灯亮说明供电电源正常，当指示灯熄灭时表明PLC设备电源断开。

（2）RUN（运行）指示灯。当RUN指示灯亮时表明PLC处于运行状态，当该指示灯熄灭时则PLC处于停止（STOP）状态。PLC“STOP”状态下可以进行程序的写入（通过PC或手持编程器将编辑好的程序向PLC传送）。RUN/STOP状态的切换可通过面板通信接口盒盖内设置的运行模式转换开关控制，该切换开关有上、下两挡对应于RUN/STOP状态，“STOP”还可以强行停止PLC的运行。

（3）BATT.V（电源故障）指示灯。指示灯亮则表示内部锂电池的工作电压不足，用于提醒用户更换电池。

（4）PROG.E（程序出错）指示灯。用于系统检测到用户程序出错时发出闪烁的警示信号（异物掉入内部导致内存信息变化也会致使该警示工作），正常时熄灭。

（5）CPU.E（处理器故障）指示灯。当该指示灯长亮时，则说明硬件故障导致CPU出错或者因用户程序设置不当造成运算周期过长而导致报警；若该指示灯闪烁状态则导致原因有以下几种可能性：程序没有正确写入、梯形图错误或程序语法错误等。

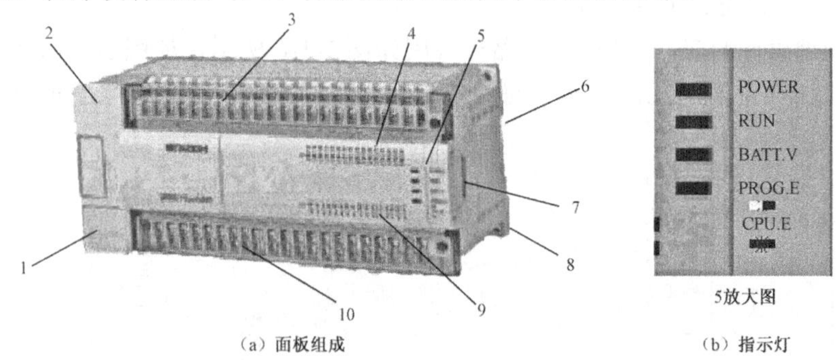

（a）面板组成　　（b）指示灯

1—编程器连接电缆接口及运行开关；2—内部锂电池；3—输入端子；4—输入状态信号指示灯；5—PLC工作状态指示灯；6—35mmDIM轨道安装口；7—用于扩展设备连接；8—螺钉安装固定孔；9—输出状态信号指示灯；10—输出端子

图1-1-8　FX_{2N}-48MR的PLC面板

为了直观地反映出PLC运行时各个I/O端口的工作状态，FX系列PLC均设置了与I/O端口相对应的I/O信号指示灯。例如，当某输入端子所连接的按钮闭合/断开时，对应输入端的输入信号灯随之点亮/熄灭，同样PLC的输出端的输出信号灯也会随对应的输出端输出信号的有或无而点亮或熄灭，同时外部连接的设备（如继电器线圈）动作。显然通过I/O指示灯并结合外部设备的工作状况，为判别PLC的I/O状态、进行程序调试、实现故障排查等提供了方便。

2. 接口部分

主要有标准RS-422编程器通信接口、存储器接口、扩展通信板接口及特殊功能模块接口等。图1-1-9（a）所示为RS-422标配通信接口形状及功能端分布示意图，如图1-1-9（b）、（c）所示分别为FX-232AW/AWC、FX-USB-AW通信转换电缆。

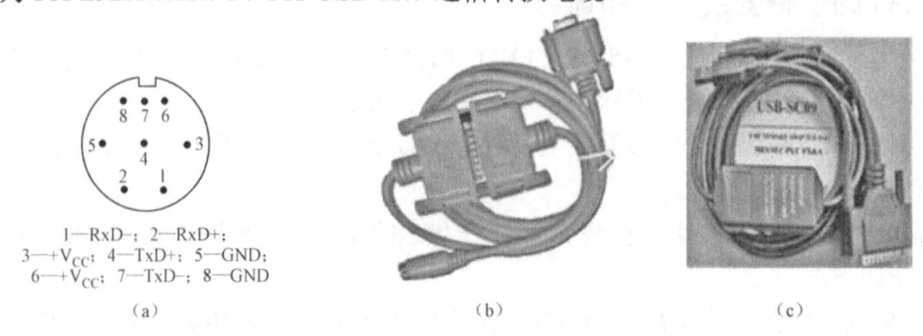

1—RxD−；2—RxD+；
3—+V_{CC}；4—TxD+；5—GND；
6—+V_{CC}；7—TxD−；8—GND

（a）　（b）　（c）

图1-1-9　RS-422接口及通信转换电缆

三菱 FX 系列 PLC 均标配有 RS-422 通信接口，常称编程器接口，通过该通信接口可以实现如图 1-1-10 所示的手持编程器（HPP）、个人计算机（PC）及人机界面（HMI）等设备的连接通信。存储器接口、扩展通信板接口及特殊功能模块接口，是为了满足用户控制需要进行设备扩展而设置的。

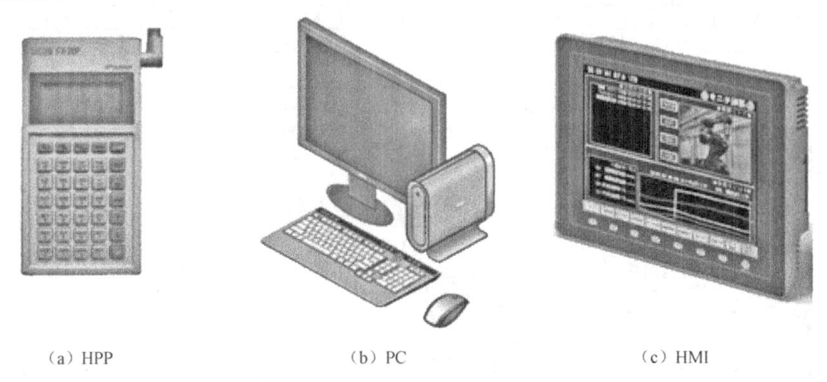

（a）HPP　　（b）PC　　（c）HMI

图 1-1-10　HPP、PC 与 HMI 设备

常用外围设备与 PLC 的连接：除手持编程器通过专用的 FX-20P-cab 编程电缆直接与 RS-422 编程器接口直接相连外，其他常见的 RS-232 设备（如 PC、人机界面）需要通过 FX-232AW/AWC（RS-422/232C 转换器）通信电缆连接。对于具有 USB 接口设备（如 PC）的连接，也可通过 FX-USB-AW（RS-422/USB 转换器）通信电缆进行连接，设备连接时特别要注意 PLC 设备上 RS-422 标配接口的插头方向、PC 或其他设备的 RS-232 串口形式（对于具有其他通信标准接口的设备连接在后续内容中介绍）。

随 USB 通信接口的普及，传输速度快、使用方便的 USB 接口更易于被用户（特别初学者）所接受，且市场上绝大部分笔记本电脑已不再配置 RS-232 接口，采用 USB 接口标准的 FX-USB-AW 通信电缆必将取代 FX-232AW/AWC 通信电缆。FX-USB-AW 用法及连接说明如图 1-1-11 所示（需要注意的是，采用 FX-USB-AW 需要安装设备驱动程序并设置相应通信端口，相关方法与要求应参阅设备说明书）。

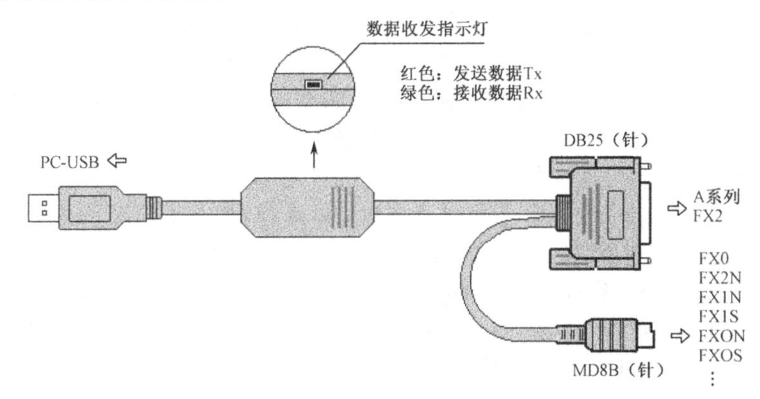

图 1-1-11　FX-USB-AW 电缆

3. PLC 的外部设备接线端子

PLC 用于与外部设备、电源连接的接线端分布于设备上、下两侧，排列规律如图 1-1-12、图 1-1-13 所示。正确识别接线端子的类别和作用，并进行连接才能保障设备的正常运行。

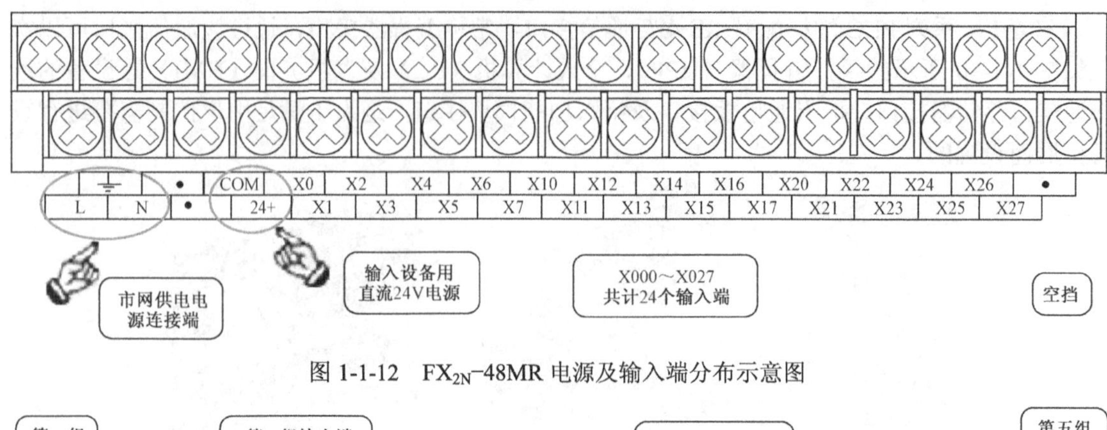

图 1-1-12　FX_{2N}-48MR 电源及输入端分布示意图

图 1-1-13　FX_{2N}-48MR 输出端分布及分组示意图

（1）电源接线端 L，N 及接地端：面向我国内地的三菱 PLC 均采用 220V 市网电压供电。对于供电电源部分一般要求外部结构中具有短路、过电流保护回路，常采用额定电流 5A 的断路器实现。电源引入经断路器后分别与输入端侧的“L”、“N”相接，同时“⊥”要与接地线进行可靠的连接。内部直流+24V 电源：输入端子一侧的+24V、COM 端可向外提供需 24V 直流电源，该直流电源只能向输入端所接的检测性器件（如电磁开关、传感器等）提供工作电压。

（2）输入“I”端子：用于连接外部控制设备如按钮、行程开关及各类检测开关等。

（3）输出“O”端子：用于连接外部的受控执行设备（如接触器、继电器等），利用输出端口的开关信号控制对应端所接执行设备产生动作，也可直接控制一些低电压、小功率电器（如灯泡、小型直流电动机）等。各接线端子采用可拆卸结构，并在对应位置标有对应的编号（三菱 FX 系列 PLC 分别以 X、Y 作为 I、O 端子的标志），以方便查找并进行连接。

I/O 端子是 PLC 的重要外部控制接口部件，是 PLC 与外部输入与输出设备连接的通道，其数量、类别是 PLC 主要性能指标之一。不同型号的 PLC，其 I/O 端子数、端子类型不尽相同，但 I/O 数量（又称 I/O 点数）、比例及编号规则完全相同。一般 PLC 基本单元的 I/O 点数比为 1∶1，即输入点数等于输出点数。FX 系列采用 3 位八进制编号：即输入端编号 X000～X007，X010～X017，…；输出 Y000～Y007，Y010～Y017，…以此类推。若采用扩展单元或模块则其 I/O 编号应紧接 PLC 基本单元的 I/O 编号依次顺序递推。

I/O 端子的作用是通过 I/O 端口，将 PLC 与设备现场的输入与输出设备构成能够进行现场信息的采集、实施现场设备控制的系统，即 PLC 从控制现场的输入设备得到输入信号，并将经过处理后的控制指令送到控制现场实施对输出设备的控制。

输入端及输入设备的基本连接形式如图 1-1-14 所示，通过输入侧 COM 端将输入元件（如按钮、转换开关、行程开关及传感器等）与各自对应的输入点构成输入回路。PLC 通过扫描输入端检测每个输入端所接设备的闭合或断开状态，并将相应状态信息送至 PLC 内相应存储单元。只要有输入元件状态发生改变，PLC 可在扫描周期内随时捕捉到该信息。

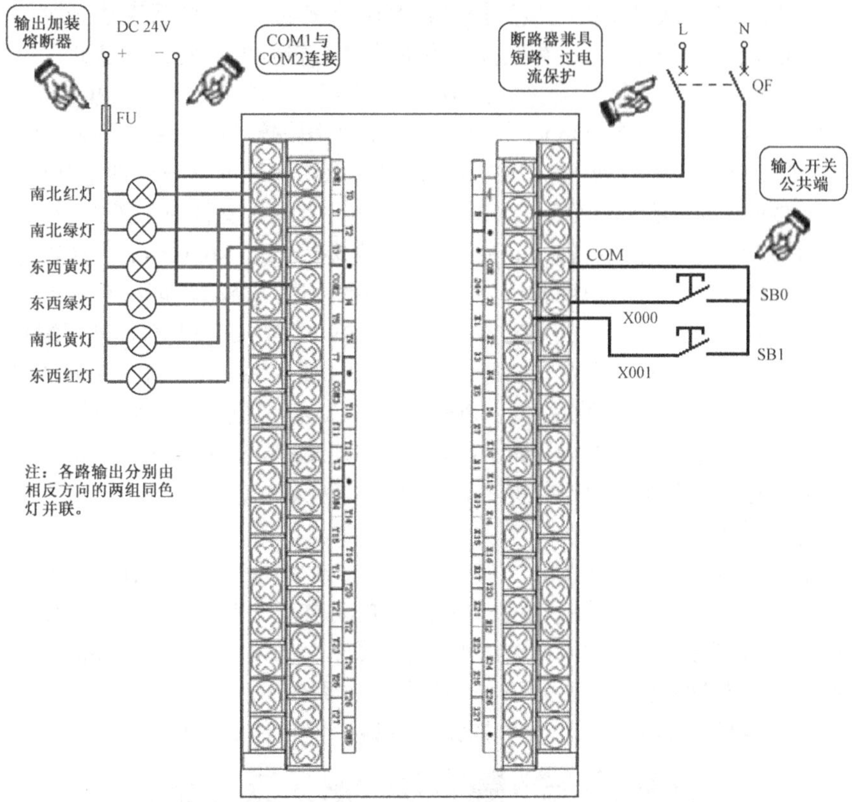

图 1-1-14　十字路口交通信号灯的 PLC 控制接线示意图

输出回路一般由外部电源、PLC 输出端及外部负载构成的设备工作电路。结合如图 1-1-14 所示的输出回路的连接，FX_{2N}-48MR 通过设备内部继电器线圈得电，而驱动其开关触点闭合将负载、外部电源接通形成回路。显然负载的工作状态是由 PLC 输出点进行控制的，负载电源的规格应根据负载的需要并结合 PLC 输出参数进行选择。

相对于 PLC 的输入部分仅提供一个 COM 端，而输出端提供了多个 COM 端。如 FX_{2N}-48MR 提供了 5 个 COM 端，分别为 COM1，COM2，…，COM5。一般情况下 PLC 的每个输出点应具有两个端子，但为减少输出端子数，在 PLC 内部采取多个输出点的一端并接在一起形成公共端 COM。FX_{2N}-48MR 将 24 个输出端按 Y0～Y3、Y4～Y7、Y10～Y13、Y14～Y17、Y20～Y27 分别对应与 COM1，COM2，…，COM5 构成 5 组的输出结构形式。在进行 I/O 端子分配时，应采取相同电源的负载连接到具有共用端的同一组的输出端上，不同电源分配于不同组，可实现同一台 PLC 控制负载电源的类别、电压等级的多样性，以满足现代控制任务中不同负载、多种电源电压同时存在的控制要求。这里所说的相同电源是指相同电压等级、相同电源性质，不同电压等级或电源性质不同的负载必须用不同组的输出端分别进行驱动，否则不能正常工作。图 1-1-14 所示为上述 PLC 控制接线图的实物连接仿真形式，实际连接时可参照其进行。

为避免信号间的电磁干扰，对于 PLC 的信号输入线和输出线不要采用同一根电缆中的导线；同时信号输入线、信号输出线也不要与其他动力线、输出线在同一根线槽中布线，更不能将它们捆扎在一起。

三、三菱编程软件 GX Developer 的安装

PLC 程序的梯形图形式是由继电接触控制线路转化来的，采用图形表述无论是在程序设计原理，还是在 PLC 的程序编辑、运行监控等方面均具有较强的直观性，从此入手尤其适合初学者（本书的编程体系基本上围绕梯形图方式展开）。三菱 FX 系列 PLC 常用编程软件 SWOPC-FXGP/WIN-C 及 GX Developer 软件均支持梯形图编辑方式，并且可在程序编辑、编译完成后通过 FX-232AW/AWC（或 FX-USB-AW）通信电缆可以非常方便地下载至 PLC 基本单元中。其中 GX Developer 是 SWOPC-FXGP 软件的升级版本，支持对三菱的所有系列如 FX、A 及 Q 系列的 PLC 编程。在 GX Developer 环境下安装的 GX Simulator 仿真软件，可以实现 PC 上模拟仿真 PLC 程序，从而帮助设计者方便地进行程序功能的验证，有效地缩短了程序调试时间。故本书选用 Vesion 8.34L 的 GX Developer（SW8D5C-GPPW-C）进行编程学习。

GX Developer Vesion 8.34L 软件安装环境要求：CPU 要求 Pentium 级且主频不低于 90MHz；不低于 16MB 内存及 40MB 的硬盘空间；800×600 SVGA 及更高分辨率的显示器；操作系统 Microsofe Windows95 或 Microsofe Windows NT 4.0 Service Pack 3 及以上更新版本（目前市场主流 PC 均能满足要求，上述参数只作参考，安装时均无须考虑）。

安装步骤与方法如下：

（1）在 GX Developer Vesion 8.34L 文件夹下运行安装文件 SETUP.EXE，安装文件运行之初首先检测系统的运行环境，常常会提示要求首先运行 EnvMEL 文件夹下的 SETUP.EXE 安装文件。

进入 EnvMEL 文件夹下运行 SETUP.EXE，进入图 1-1-15 所示的 Environment of MELSOFT 安装欢迎界面，单击欢迎对话框中的“下一步”按钮，系统开始进行安装环境的配置，配置完成后于弹出完成对话框中单击“下一步”按钮完成该设置软件的安装。

图 1-1-15　Environment of MELSOFT 安装欢迎界面

（2）返回 GX Developer Vesion 8.34L 文件夹下重新运行 SETUP.EXE，启动界面如图 1-1-16 所示。

①进入编程软件 GX Developer Vesion 8.34L 的安装界面，弹出提示关闭正在运行的其他应用程序对话框，单击确定按钮。在进入欢迎对话框界面后单击该对话框中的“下一步”按钮。

②在用户信息对话框中输入用户名、公司名或默认为微软用户，单击“下一步”按钮。

③在安装向导输入用户系列号对话框中，正确输入由销售商处获得的产品系列号或于安装文件所在目录下“SN.TXT”序列号文件提供的系列号，并在输入确认后单击“下一步”按钮。

④在如图 1-1-17 所示的选择部件对话框一中，可选取“ST 语言程序功能”，该功能是 IEC

61131—3 规范中规定的结构化文本语言。

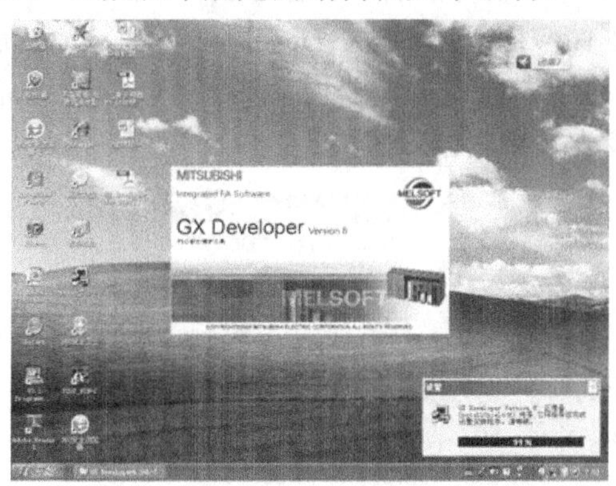

图 1-1-16　GX Developer Vesion 8.34L 安装启动界面

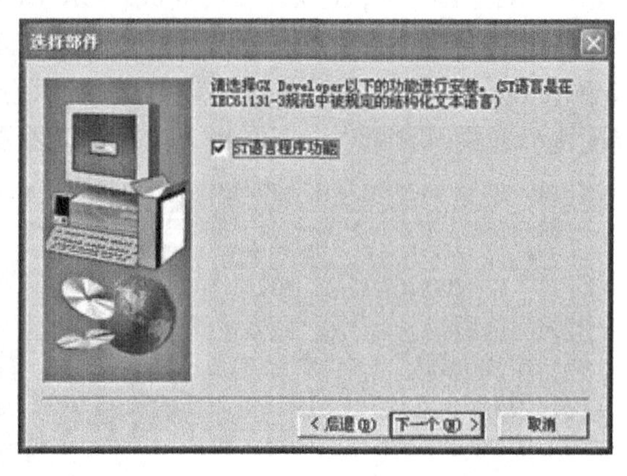

图 1-1-17　选择部件对话框一

⑤在如图 1-1-18 所示的选择部件对话框二中，需要注意“监视专用 GX Developer”选项不要选取，否则安装软件只是监视专用版不能用于程序设计，直接单击“下一步”按钮。

⑥在如图 1-1-19 所示的选择部件对话框三中，可将“MEDOC 打印文件读出”、“从 Melsec medoc 格式导入”及“MXChange 功能”全部选中，单击“下一步”按钮。

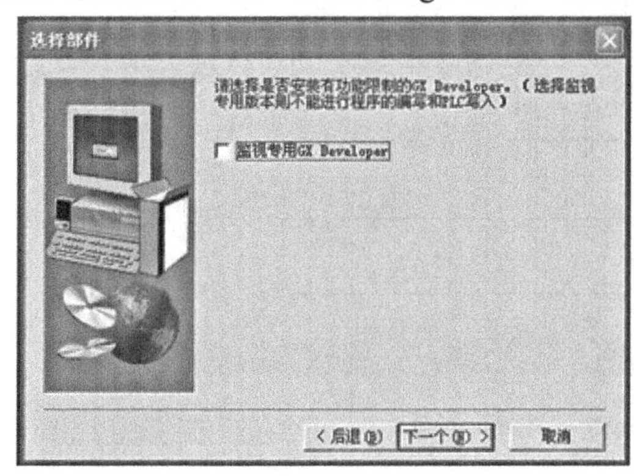

图 1-1-18　选择部件对话框二

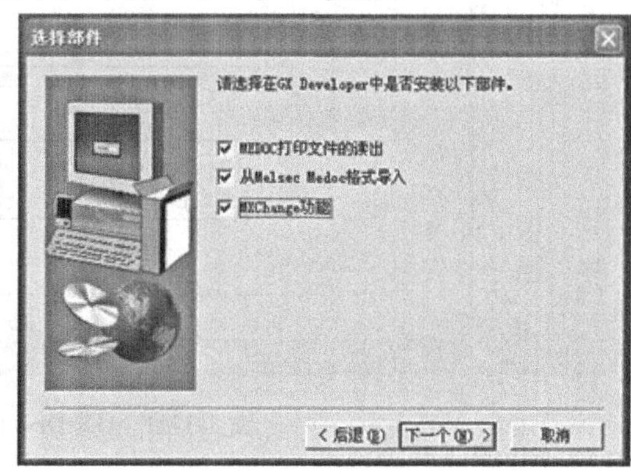

图 1-1-19　选择部件对话框三

⑦在如图 1-1-20 所示的选择目标位置对话框中，可单击“浏览”按钮设置自己欲安装的目录，也可直接单击“下一步”按钮以默认的 C：\MELSEC\文件夹进行安装，此后安装软件进入自动提取文件安装过程，直到提示安装完成并单击“确定”按钮。

图 1-1-20　选择目标位置对话框

至此，GX Developer 软件安装完成。GX Developer 软件的启动运行方式与 Windows 应用软件方式相同，由开始菜单→所有程序→MELSOFT 应用程序→GX Developer 或于桌面双击“GX Developer”快捷方式图标，图 1-1-21 所示为 GX Developer 运行时的界面，GX Developer 主界面由标题栏、菜单栏、工具栏、项目管理器及程序编辑窗口组成。

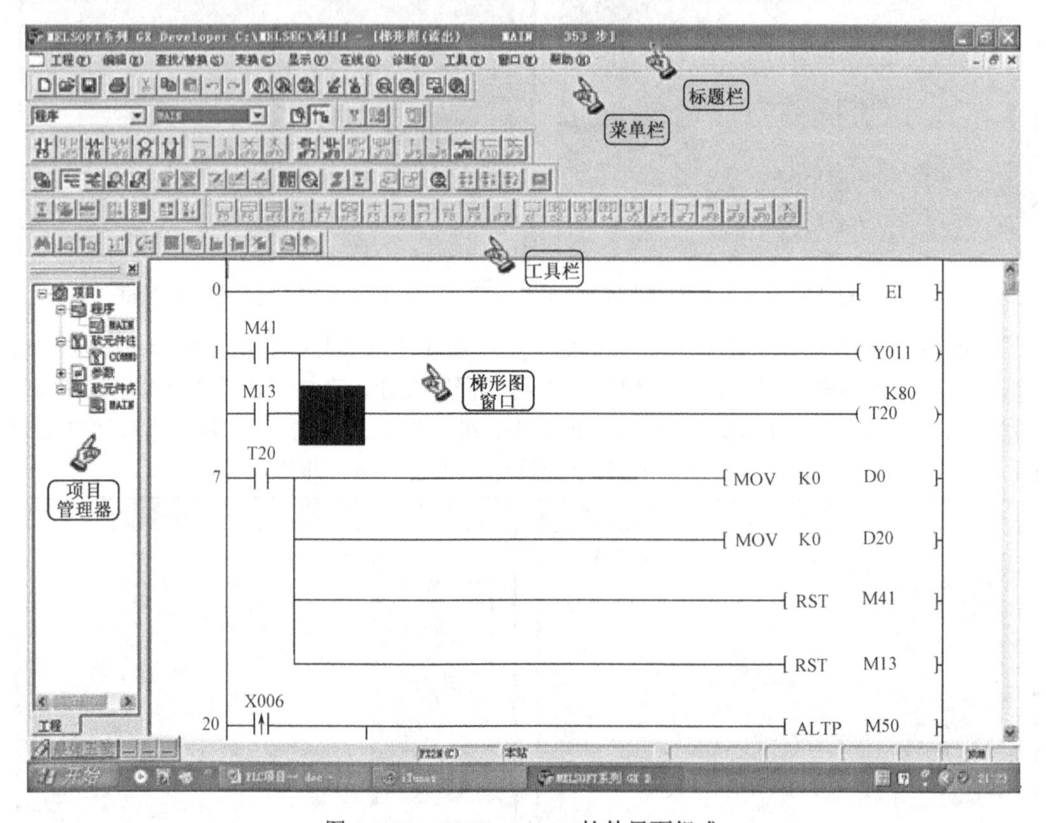

图 1-1-21　GX Developer 软件界面组成

四、设备安装与调试训练（初次操作均需在教师示范引导下进行）

（1）选取适当安装模板或网孔板，选取红、黄、绿三色信号灯，按如图 1-1-7 所示的十字路口信号灯进行布局安装（模拟安装模板考虑到加工方便可采用 6～8mm 有机玻璃或木工多层板，根据所选用信号灯的安装直径选取相应规格的木工开孔器在模板上开孔以便于安装）。

（2）结合如图 1-1-14 所示的 PLC 安装接线示意图，根据不同用途选取相应导线进行电气连接。对 PLC 供电电源线、输入端控制线及输出设备（各控制信号灯的连接）的安装连接：交流工作电源的相线、零线及接地引入线对应按规定采用棕色（或红色）、蓝色及黄绿双色线；输入信号线建议采用需要接 24V 电源的为棕色、接输入端黑色、公共端采用蓝线；输出端外接电源正极选棕色、负极蓝色。市网供电电源通过断路器（建议带有漏电保护功能）引入到 PLC，而输出电源正极必须加装熔断器进行保护。

（3）对于电路的安装，在完成后必须进行线路正确性及安装质量的检查，确保连接正确并进行必要的现场清理工作。利用 FX-232AW/AWC（或 FX-USB-AW）通信电缆实现 PC 与 PLC 的连接，分别接通 PC、PLC 电源，并将 PLC 工作状态转换开关置于“STOP”位置。

（4）运行 GX Developer，执行工程菜单下打开工程功能选项，在弹出的打开工程对话框中找到预先准备好的工程文件“工程 1-1”（交通信号灯 PLC 用户程序）并打开。在显示菜单下进行列表显示/梯形图显示的切换操作，观察程序编辑窗口的显示变化，切换到列表显示。

（5）在列表显示窗口，执行工具菜单下程序检查观察检查结果，程序检查可以确保程序编辑过程中逻辑实现的正确性。

（6）执行在线菜单下 PLC 写入，观察进度条变化及传输完成后 PLC 面板指示灯的变化。

（7）将 PLC 的“RUN/STOP”状态开关拨向“RUN”，按下启动按钮，观察各信号灯工作状态的变化；并于在线菜单下进入监视子菜单执行监视开始，观察屏幕画面变化与信号灯的对应关系。

（8）按下停止按钮，执行监视停止，关闭“工程 1-1”。在在线菜单下执行 PLC 读取，观察程序编辑窗口的信息变化。

（9）关闭计算机，断开与 PLC 的连接，切断 PLC 供电电源及输出设备电源，按安装步骤的相反顺序拆除试验装置，并将相关器件、设备整理归类。

思考与训练：

（1）三菱 FX_{2N}-48MR PLC 的输出端设置多个 COM 端的用途，有何实际意义？

（2）三菱 FX 系列 PLC 的程序编辑除采用 PC 编程软件实现外，查阅资料看一看是否还有其他方式？找出相互间区别。

（3）从 PLC 硬件的角度，说明 PLC 具有较高的可靠性、较强的抗干扰性。

PLC 的发展历程与产品类别

一、PLC 的发展历程

20 世纪 60 年代，根据美国通用汽车公司（GM）提出的一种适应汽车型号不断更新需要的“柔性”汽车制造生产线的控制要求，美国数字设备公司（DEC）于 1969 年研制出了第一台称为 Programmable PLC 的 PDP-14，美国通用汽车公司将其运用于汽车生产线并取得了成功。PDP-14 的运用成功首次实现了用计算机的软组件的逻辑编程取代了继电器控制的硬接线逻辑，并使工业控制生产线“柔性”的愿望得以实现。

1971 年，日本从美国引进了这项新技术，很快研制出了日本第一台 PLC 即 DSC-8。1973 年，德国也研制出了他们的第一台 PLC。我国于 1974 年开始研制并于 1977 年进入实际应用阶段。随着微电子技术、计算机技术的发展，20 世纪 70 年代，8 位微处理器被引入 PLC 作为主控芯片，输入与输出等电路也采用了相应的微电子技术，PLC 在功能上有了突飞猛进的发展。除实现开关量控制替代继电器控制外，还具有数据处理、数据通信、模拟量控制和 PID 调节等功能，PLC 成为真正具有计算机特征的工业控制装置。为了方便熟悉继电器、接触器系统的工程技术人员使用，PLC 采用了与继电器电气原理图类似的梯形图作为主要编程语言，并将参加数值运算和数据处理的计算机存储元件均以继电器命名，体现出 PLC 作为计算机技术和继电器常规控制概念相结合的产物特征，其名称 Programmable Logic Controller（PLC）也反映出 PLC

这种设备的功能特点。随微电子技术的进一步发展，计算机技术已全面引入 PLC 中，更高的运算速度、超小型体积、更可靠的工业抗干扰设计、模拟量运算、PID 功能及极高的性价比均奠定了 PLC 在工业控制中的地位。

20 世纪 80 年代至 90 年代中期，随着大规模（LSI）和超大规模集成电路（VLSI）等微电子技术的发展，以 16 位和 32 位微处理器构成的微机化 PLC 得到了惊人的发展，使 PLC 在概念、设计、性能、价格及应用等方面都有了新的突破。不仅控制功能增强，功耗和体积减小，成本下降，可靠性提高，编程和故障检测更为灵活方便，而且随着远程 I/O 和通信网络、数据处理，以及图像显示的发展，PLC 在处理模拟量能力、数字运算能力、人机接口能力和网络能力方面得到大幅度提高，使 PLC 朝着用于过程控制领域的方向发展。这一时期成为 PLC 发展最快的阶段，其特点呈现大规模、高速度、高性能、产品系列化。在先进的工业国家中已获得广泛应用并保持着 30%～40%的年增长率，这标志着可编程控制器已步入成熟阶段，该时期行业代表性公司有美国 AB（Allen-Bradley）公司、美国通用（GE）公司、德国西门子（Siemens）公司、法国的施奈德（Schneider）电气、日本的三菱（Mitsubishi）公司、欧姆龙（Omron）公司等。

20 世纪末期，PLC 的发展特点是更能满足于现代工业发展对控制的需求，从控制规模上来说，这个时期发展了大型机和超小型机；从控制能力上来说，诞生了各种各样的特殊功能单元，应用于压力、温度、转速、位移等各式各样的控制场合；从产品的配套能力来说，生产了各种人机界面单元、通信单元，使应用 PLC 的工业控制设备的配套更加容易。这一时期 PLC 在机械制造、石油化工、冶金钢铁、汽车、轻工业等控制领域的应用呈现出主导地位。

展望 21 世纪，PLC 的发展从技术上看，计算机技术的新成果会更多地应用于 PLC 的设计和制造上，会有运算速度更快、存储容量更大、智能化程度更高的品种出现；从产品规模上看，会进一步分别向超小型及超大型方向发展；从产品的配套性上看，产品的品种会更丰富、规格更齐全，完美的人机界面、完备的通信设备能更好地适应各种工业控制场合的需求；从市场上看，各国各自生产多品种、多规格产品的情况会随着国际竞争的加剧而打破，会出现少数几个品牌垄断国际市场的局面，形成国际通用的编程语言；从网络的发展情况来看，PLC 和其他工业控制计算机组网构成大型的控制系统是 PLC 技术的发展方向。

目前，计算机集散控制系统（Distributed Control System，DCS）中已有大量的 PLC 应用。伴随着计算机网络的发展，PLC 作为自动化控制网络和国际通用网络的重要组成部分，将在工业及工业以外的众多领域发挥越来越大的作用。

二、PLC 的分类及典型产品

PLC 经过几十年来的发展，品种、形式繁多，功能也不尽相同，可分别满足不同工业控制过程的需求。在选用 PLC 时应充分结合控制任务需要，选取适合规格的产品设备才能体现物尽其用。一般 PLC 的分类有以下两种方式。

1. 按硬件的结构形式分

PLC 是专门为工业生产环境设计的，为满足工业现场进行设备安装、调试及设备功能扩展的需要，其结构形式主要有整体单元式、功能模块式及叠装式三种。

1）整体单元式

整体单元式结构是将构成 PLC 的基本部件如 CPU、I/O 接口、存储器、电源电路、指示装置甚至编程器等紧凑地安装于一个标准整体机壳内，组成一个完整的 PLC 基本单元，通常所称的 PLC 指的就是 PLC 基本单元。该结构具有紧凑、体积小、安装方便及成本低的特点；缺点在于 I/O 点数固定，不一定能满足工业控制现场控制任务变化的需求。

为适应 PLC 的 I/O 扩展的需要，PLC 厂商设计提供一种专门只提供 I/O 接口而内部没有 CPU 及电源部分的装置，称为扩展单元，各大 PLC 厂商通常都会在设计生产同一系列的不同点数的 PLC 基本单元的同时提供配套备选的扩展单元。除扩展单元外还有一些为满足特殊控制需要而专门设计的功能单元模块：如高速计数器模块、位置控制模块、温度控制模块等。而这些模块中往往自带专用的 CPU，可以和基本单元的 CPU 协同工作构成实现特殊功能的控制系统。扩展单元及功能单元是相对于基本单元而言的，整体单元式 PLC 是指安装于一个机箱中的完整的 PLC 基本单元。

2）功能模块式

功能模块式结构呈现积木结构特征，是把 PLC 的每个工作单元如 CPU、输入部分、输出部分、存储单元、电源部分、通信单元等均制成独立的模块，机器的总体架构建立在一块带有计算机总线的插槽背板上。按需要选取能够满足工作要求的模块插板像积木般插入母板总线插槽上，从而构成具有一定功能的完整的 PLC。

此种结构特点体现于系统构成的灵活性较大，安装、扩展及维护方便，但体积略显较大。典型的结构有三菱 Qn 系列 PLC 的模块式结构、西门子 S7-400 采用 CR2 型机架的背板总线功能模块结构图，分别如图 1-1-22 和图 1-1-23 所示。

图 1-1-22　模块式结构 PLC

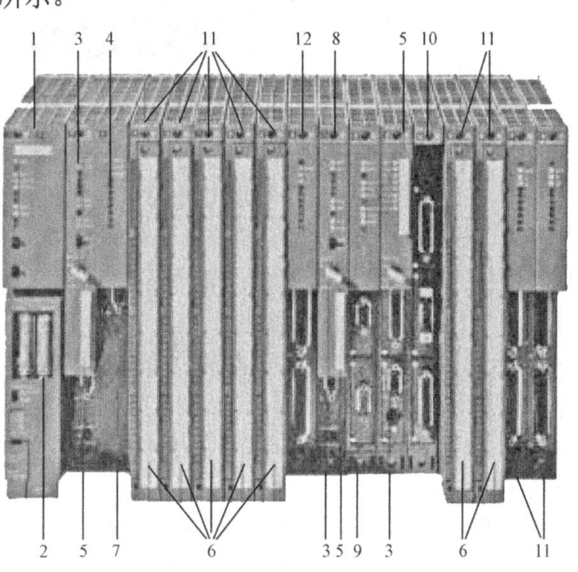

1—电源模板；2—后备电池；3—模式开关（钥匙操作）；
4—状态和故障（LED）；5—存储器卡；6—有标签区的前连接器；
7—CPU 1；8—CPU 2；9—集成式PROFIBUS-DP接口；10—I/O模板；
11—IM接口模板；12—发送/接收模块

图 1-1-23　背板总线功能模块结构 PLC

3）叠装式

叠装式结构整合了整体单元式和模块式结构特点而衍生的一种目前常见的结构形式。将某一系列 PLC 的各工作单元设计成安装尺寸相同的形式，或将 CPU、I/O 端口及电源采用独立式结构，但不使用模块式 PLC 结构中的模板，而是通过电缆进行各单元间的连接。

叠装式优点根据控制任务可实现资源的最大利用率，且对于控制系统中要求选取较多扩展单元或功能单元时为实现分层叠装提供了可行性。叠装式 S7-200 系列 PLC 常采用由带有少量 I/O 端口的 CPU 模块、电源模块、扩展 I/O 模块组成应用控制系统。图 1-1-24 所示为三菱 FX

系列基本单元与I/O扩展模块、相关的功能模块采用叠装式结构安装示意图。

种结构方式中，整体单元式一般用于规模较小，I/O点数相对固定，少有扩展的场合，相应的经济成本较小；模块式一般用于规模较大，I/O点数较多，I/O点数比例较灵活的场所，但投入成本较大；叠装式介于两者之间，兼顾到经济成本投入和预留的可扩展空间，目前来看，叠装式PLC系列产品的潜在用户需求和市场主导优势已然显现。

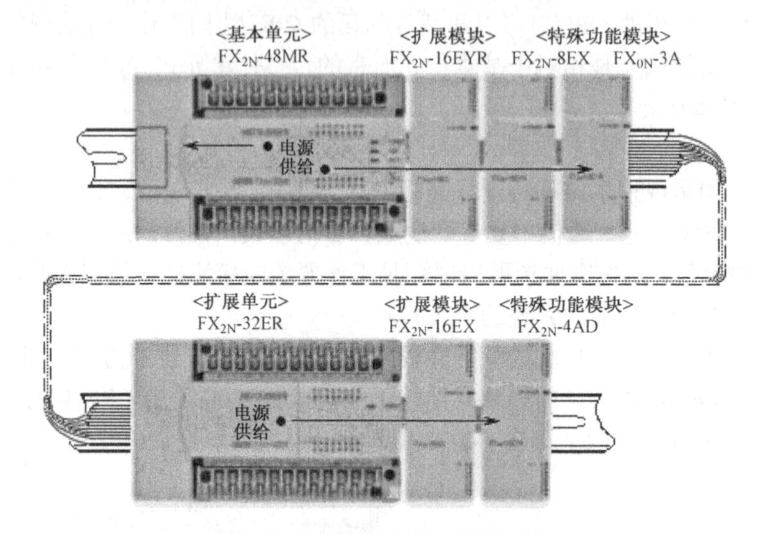

图1-1-24　叠装式结构安装示意图

2．按I/O点数及存储容量分类

PLC是通过输入接口实现对外部信号的检测，通过输出接口完成对外部设备实施控制，一般I/O点数越多则能够实现的控制任务越复杂，实现控制任务的用户程序越长，对用于存储用户程序的存储容量要求越大，同时对系统运算速度要求越高。一般兼顾I/O点数和容量可将PLC分为小型机、中型机及大型机。

小型PLC的控制一般是以开关量实现为主，小型PLC的I/O总点数一般在256点以下，用户程序存储容量在4KB以下。现在的高性能小型PLC还具有一定的通信能力和少量的模拟量处理能力。此类PLC的特点是价格低廉，体积较小，适合于单台设备的控制及机电一体化设备的开发。

典型小型机有日本的三菱公司的FX（含$FX_{3U/C}$系列）系列、欧姆龙公司的C200H系列、德国西门子公司的S7-200系列等PLC产品。

中型PLC除能实现开关量和模拟量的控制要求外，对数据处理和计算能力、通信能力和模拟量的处理功能更强大。为适应更为复杂的逻辑控制系统及实现连续生产线的过程控制要求，其指令系统相较于小型PLC更为丰富。中型PLC的I/O总点数一般为256～2048点，用户程序存储容量达到8KB。

典型中型机有美国AB公司的SLC-500系列、日本三菱公司的A系列、欧姆龙公司的C500系列、德国西门子公司的S7-300系列等模块式产品。

大型PLC的I/O点数在2048点以上，用户程序存储容量达16KB。大型PLC一般采取了冗余CPU结构与技术，除具有计算、控制和调节功能外，还具有强大的网络结构体系和联网通信能力，其功能足以与工业控制计算机相当。大型机的监视系统采用可视化人机界面，具有能够及时显示过程控制的动态流程、记录各种过程数据、及时实施的PID调节功能等。大型机还可通过配备智能模块，构成一个多功能系统实现与其他型号控制器及上位机的连接，构成一个集中分散的生产过程及质量监控的系统。大型机主要适用于设备自动化控制、过程自动化控制及过程监控系统。

典型大型机有美国AB公司的SLC5/05系列、日本的三菱公司的Q系列中部分PLC产品、欧姆龙公司的C2000系列、德国西门子公司的S7-400系列等。

上述PLC的种类划分并没有十分严格的界定标准，但随PLC技术的发展小型机兼有中型机、大型机功能是现代PLC的发展趋势。

任务二　三菱GX Developer编程软件的基本操作与四人抢答器的安装训练

【任务目的】

- 通过梯形图的编辑操作，初步熟悉三菱GX Developer编程软件组成界面、工程文件的创建、编译、传输、监控等方法。
- 通过GX Developer环境下梯形图的编辑训练，学会PLC常用指令的输入方法及梯形图的编辑方法，并初步形成对梯形图程序的结构认知。
- 通过抢答器的PLC控制任务的安装训练，进一步拓展PLC的控制应用的认识并熟悉PLC控制任务的设备安装要求、方法。

想一想：

通过任务一的训练，对于GX Developer编程软件的主要功能，你有了哪些认识？指令表、梯形图有何区别，怎样编辑？

知识链接三

FX_{2N}系列PLC编程基础

PLC对设备的过程控制，是在PLC运行方式下通过循环扫描输入端的控制条件并据此连续执行用户程序来实现的，用户程序决定了一个控制系统的功能。用户程序是由用户根据控制对象的控制要求进行设计的，是一定控制功能的表述形式，1994年，国际电工委员会（IEC）在PLC的标准中推荐的编程语言有梯形图（LAD）、指令表（或称语句表，用STL表示）、顺序功能流程图（SFC）、功能块图（FBC）及结构文本（ST）5种。但并非所有厂家、所有系列的PLC均支持上述5种编程语言，如三菱FX_{2N}系列仅支持其中的指令表、梯形图及顺序功能流程图编程语言。

另外，不同厂家的 PLC 即便支持的编程语言种类相同，但针对同一任务设计出来的用户程序在不同 PLC 间不能实现互通，编程设备或编程平台也因 PLC 厂家不同而有所区别，但总体有两大类，一类是厂家提供的专用编程设备：有如手持编程器、PLC 随机自带编程器等。三菱公司典型的手持式编程器如 FX-20P，除可以实现在线联机编程外还可以在配装存储器卡盒时实现脱机编程。另一类是安装有厂家提供的编程软件的 PC，在软件平台上使得程序的编辑、编译检查及下载均变得非常的方便。编程设备一般还具有设备运行监控功能，通过监控可方便地读取 PLC 的运行状态、存储单元数据及参数的变化。

一、梯形图（LAD）

梯形图是一种 PLC 专用的图形符号语言，其编程是通过采用图形符号、图形符号间相互关系表达控制的过程及控制的实现方法。梯形图是从继电接触控制线路原理图的基础上演变而来的，其程序控制思路、梯形图表示与继电接触控制线路均相似，区别在于使用符号及表达方式上有所不同。梯形图具有图形语言的直观性、简单明了且易于理解，是其他形式编程语言的基础，特别是初学者的首选。

在如图 1-2-1 所示的编程软件 GX Developer 的梯形图编辑窗口中，梯形图的左右两条竖直的线，称为“母线”，母线间图形符号及接法则反映了各种软继电器的控制与被控制关系。分析时，可以把左边的“母线”视为电源“火线”或“正极”，右边的母线假设为“零线”或“负极”，若各软继电器符合接通条件，即能够有假定的“电流”从左流向右，称为“能流”，则输出线圈受激励。“能流”通过的条件为受到激发的常开触点闭合与未受激发的常闭触点到输出线圈形成一条通路。需要注意的是，三菱 PLC 的梯形图规定的左右两条“母线”，现在大部分用户在绘制梯形图时采取只保留左边一条“母线”，右边被略去的画法，该情形下则形成梯形图每一功能块（输出回路块），始于左“母线”，终止于“输出”线圈、定时器、计数器或代表功能指令的“盒”。

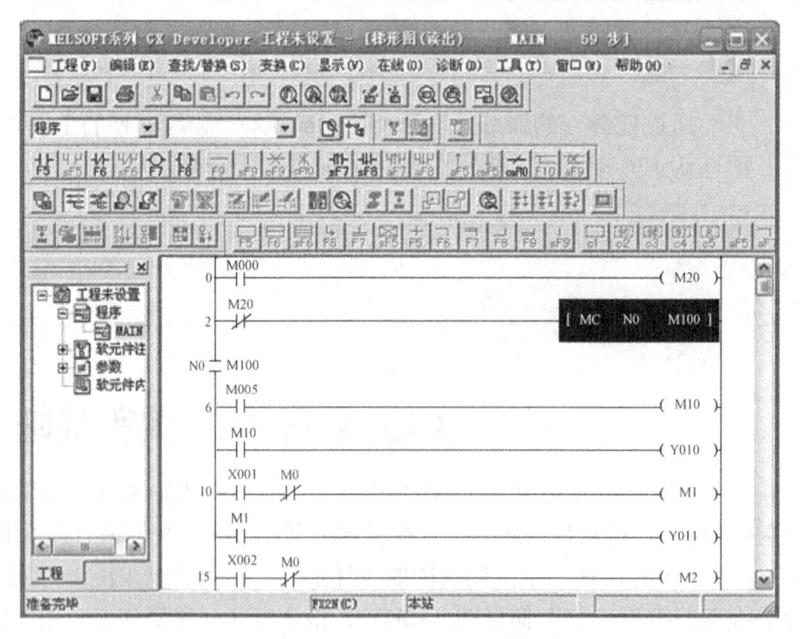

图 1-2-1　编程软件 GX Developer 的梯形图编辑窗口

二、指令表（STL）

指令表又称语句表，是采用类似于计算机汇编语言中的助记符的语句指令来代表 PLC 的某种操作功能的方法。指令一般由指令助记符和操作数组成，也有无操作数指令。指令表是由完成一定功能的指令集合，与梯形图有严格的对应关系，在任务一中的“列表显示”的则为与梯形图对应的指令表，故指令表是图形符号及符号间相互关联的语句表述形式，是其他编程形式编译成为 PLC 的所能接受二进制代码的中间站。指令表编程适合于对 PLC 指令系统非常熟悉且有一定编程经验的人员使用，对不太熟悉的人员在进行程序设计时可先画出梯形图，再根据需要采用编辑软件编辑转换成指令表形式。

三、顺序功能流程图（SFC）

顺序功能流程图编程是近年发展起来的编程思想与方法，其基本思路是将复杂的控制过程分解成若干个简单的工作状态，对于每一个简单的工作状态分别处理后再依一定的顺序组合成整体的控制程序。每个简单的工作状态很容易与工程加工的工序建立关联，每个状态的状态步号、状态动作及转换条件是顺序功能图的“三要素”。该编程方式特别适用于具有并发、选择等复杂结构系统的编程。

四、功能块图（FBD）

有些 PLC 提供了形如普通逻辑门图形的逻辑指令，左侧为参与逻辑运算的输入变量、右侧为输出变量，程序结构由反映指令间逻辑关系的方框和联结“导线”决定，遵循自左到右的信号流向，程序流的特征尤为明显。此种方法极易为熟悉数字电路的设计人员所上手。

五、结构文本（ST）

除上述编程语言外，现代 PLC 为实现较强的数值运算、数据处理、图表显示及报表打印等，大多 PLC 厂商为大型 PLC 提供了如 Pascal、BASIC 及 C 等高级结构化编程语言的支撑，采用高级语言实现 PLC 的编程方式称结构文本方式。

考虑到梯形图的编程方法对于初学者来讲比较容易理解和接受，本书主要采用基于计算机编程 GX Developer 环境的梯形图编程方式展开学习与训练。

专业技能培养与训练

PLC 控制的四人抢答器设备安装与调试训练

任务阐述：试完成利用 PLC 设计的四人抢答器的安装与验证。

该抢答器具有功能如下：主持人按下开始按钮，抢答器工作准备就绪，四组选手开始抢答，先按下抢答键者由七段数码显示该组号，并封锁其他组抢答。同时要求：①抢答器应设计复位按钮，能给七段数码显示清零；②主持人在没有按下开始按钮前，有选手进行抢答，蜂鸣器报警，该题作废。

本学习任务是在提供四人抢答器 PLC 控制梯形图、安装接线图的基础上，要求通过 GX Developer 编程软件学会梯形图的编辑方法，并结合该梯形图掌握编程软件所提供的检查、注释、编译等功能，同时能结合模拟设备进一步熟悉和掌握 PLC 的设备控制安装、调试等环节的内容及规范要求（采用学生分组分工模式，采取两人接线、两人练习梯形图编辑操作，再交换训练方式）。

设备清单参见表1-2-1。

表1-2-1　四人抢答器设备安装清单

序号	设备名称	型号或规格	数量	序号	设备名称	型号或规格	数量
1	PLC	FX_{2N}-48MR	1	8	开始按钮	绿	1
2	PC	台式机	1	9	停止按钮	红	1
3	编程电缆	FX-232AW/AWC	1	10	抢答按钮	红	4
4	开关电源	24V/2A	1	11	数码管	共阳	1
5	断路器	D247C5	1	12	指示灯	绿	1
6	熔断器	RL1	1	13	蜂鸣器		1
7	设备电源	220V、50Hz		14	导线		若干

一、实训任务准备工作

1. 检查PLC梯形图程序清单

结合如图1-2-2所示的四人抢答器梯形图，熟悉以下几个梯形图中符号含义：“┤├”为常开触点符号、“┤/├”为常闭触点符号、“-(Y000)-┤”为输出线圈符号。梯形图中触点功能相当于电器开关的控制作用，线圈相当于受到“开关”控制的输出设备或辅助功能设备。由起始“母线”通过触点到连接右侧终止“母线”的输出线圈（或功能指令盒），称一个输出回路块，简称回路块。一般PLC控制任务的梯形图是由若干个回路块单元构成的。

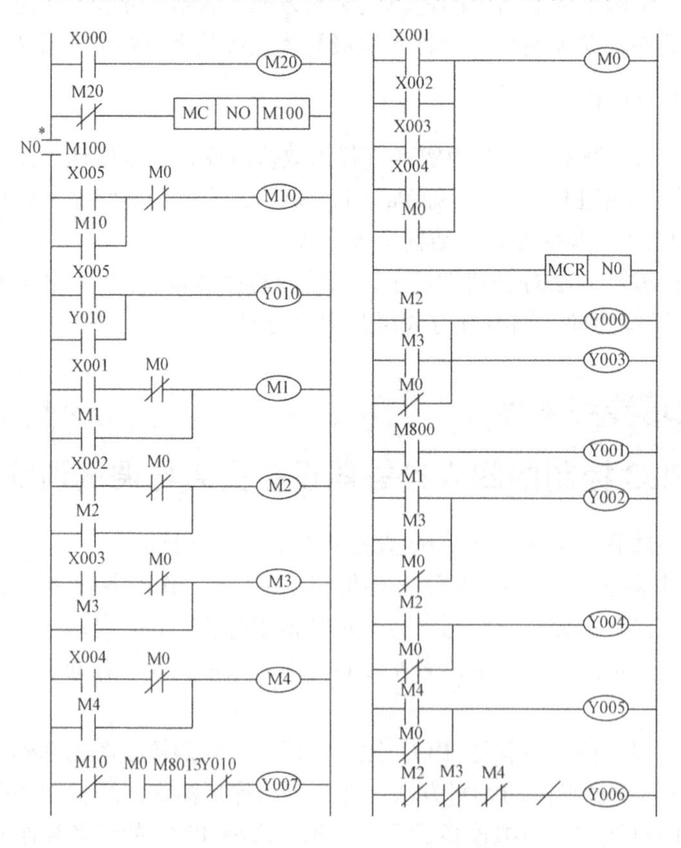

图1-2-2　四人抢答器控制梯形图

说明：梯形图中纵向触点 N0*样式在 FXGP/WIN-C 版本中能显示，或在 GX Developer 环境下转换读取 FXGP 梯形图也能显示，直接在 GX Developer 环境下编辑该指令不显示此纵向触点。

2. I/O 端口定义

I/O 端口地址分配参见表 1-2-2。

（1）X000、X005：主持人总控按钮开关。X000 用于上轮抢答结束或本轮出现异常时进行系统的复位；X005 用于主持人发出抢答开始指令。

（2）X001～X004：四位抢答选手用于发出抢答信号的按钮。

（3）Y010 指示灯用于显示抢答开始的信号，Y007 用于异常抢答（主持人未发出抢答开始指令）时的报警。抢答成功选手号码通过七段数码显示器件显示。

表 1-2-2 I/O 端口地址分配表

I 端口	注 释	O 端口	注 释
SB1 X000	总复位	Y000	七段数码管 a 段
SB2 X001	1 号位	Y001	七段数码管 b 段
SB3 X002	2 号位	Y002	七段数码管 c 段
SB4 X003	3 号位	Y003	七段数码管 d 段
SB5 X004	4 号位	Y004	七段数码管 e 段
SB6 X005	开始	Y005	七段数码管 f 段
		Y006	七段数码管 g 段
		Y007	蜂鸣器
		Y010	开始指示灯

3. PLC 控制电路

四人抢答器的 PLC 控制连接图，如图 1-2-3 所示。

该控制任务的所有输入均采用常开形式的按钮开关；采用常用的半导体数码管实现数码显示。由图 1-2-3 可见数码管属共阳极接法，连接前应学会利用万用电表的电阻挡对其进行性能检测及引脚判断，这项工作可帮助我们进一步理解器件工作方式，也是设备调试顺利、正确连接、使用的保障。因与其他设备共用 24V 工作电源，对半导体数码管需串接分压限流电阻，此处选 300Ω/2W 的电阻，蜂鸣器、指示灯额定电压均应为 24V。

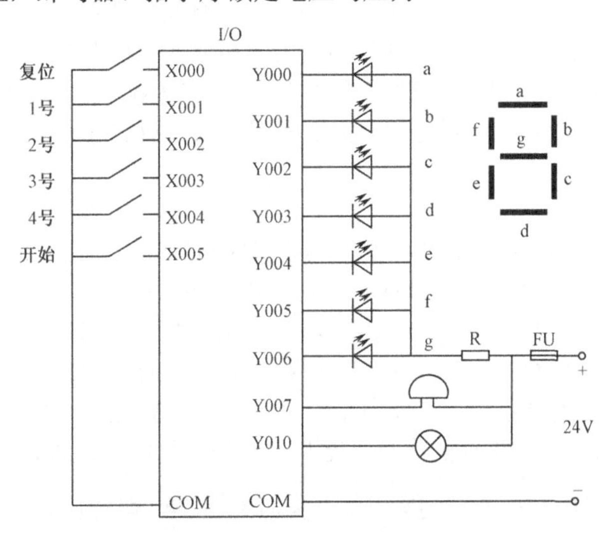

图 1-2-3 四人抢答器 PLC 控制连接图

二、GX Developer 编程软件的基本操作方法

任务一中我们熟悉了 GX Developer 环境下用户程序——工程文件的打开，传输及监控等功能与方法，本次任务主要学习 PLC 用户程序的建立、梯形图的编辑及相关参数的设置方法等。

GX Developer 启动方法：双击桌面 GX Developer 快捷方式图标或单击开始菜单程序下的 GX Developer 图标。

1. GX Developer 新工程的建立

执行工程菜单下创建新工程功能选项，弹出创建新工程对话框如图 1-2-4 所示。在此对话框中设置：①PLC 系列下拉列表中选取“FXCPU”；②PLC 类型下拉列表中选“$FX_{2N(C)}$”；③程序类型默认“梯形图”；④选择生成和程序名同名的软元件内存数据的复选项；⑤工程名设定下选取设置工程名复选项，在驱动器/路径一栏默认“C：\MELSEC\GPPW”或单击浏览选取所需存放工程文件的路径，在工程名一栏输入欲建立工程名（不需扩展名），设置完成后单击“确定”按钮。

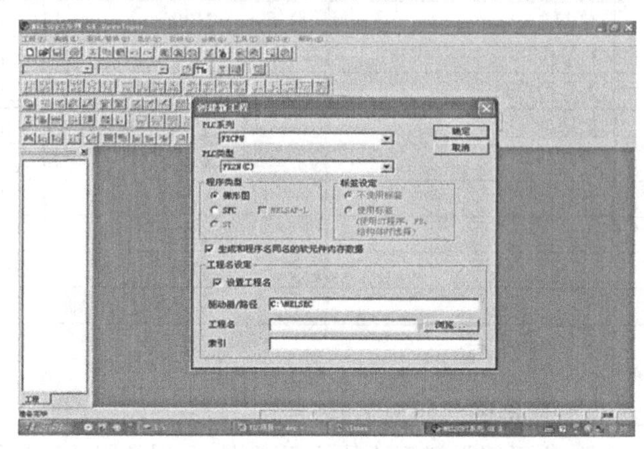

图 1-2-4　创建新工程对话框

2. 常用工具按钮的功能

在 GX Developer 环境下，除能够利用程序主界面的菜单栏实现所需完成的任务外，熟悉常用工具栏上的常用工具按钮并熟练使用可有效地提高编辑操作的效率。

工具栏项目的增加、删减是通过在显示菜单下工具条功能选项来设置的，选择了工具条后弹出的对话框中列举了 GX Developer 各类别的工具栏目，可根据需要进行选择打开或关闭。建议在初学时可将工具条中“SFC（顺序功能图）”、“SFC（顺序功能图符号）”及“ST（结构文本）”关闭，其他予以保留。下面对部分主要常用工具按钮进行介绍（余下部分于后续内容中结合运用再行介绍）。

1）标准工具按钮

如图 1-2-5 所示为 GX Developer 的标准工具条组成与排列顺序，工具按钮前 9 项为 Windows 应用程序的标准定义按钮，含义与其他应用软件基本相同。后 9 项为 GX Developer 特定功能按钮，其中的“ ”作用实现程序的“PLC 写入”功能，用于将计算机中 PLC 程序传送到 PLC 中；“ ”的功能则是“PLC 读出”功能，用于将 PLC 中内存中用户程序读入到计算机中，与任务一中 PLC 程序传输的菜单操作功能完全一致。需要注意的是，当执行“PLC 读入”时会提示将当前操作进行覆盖，故进行操作时要能及时做好当前窗口数据的保存处理。

图 1-2-5　GX Developer 的新标准工具按钮

2）数据切换工具按钮

在工具条的对话框中选中数据切换时，对应增加的工具按钮显示如图 1-2-6 所示，在数据切换工具条中单击“ ”按钮可实现对左侧工程数据列表显示窗口的关闭与打开设置，当工程数据列表显示窗口关闭时，程序编辑窗口最大化。

图 1-2-6　GX Developer 数据切换按钮

3）梯形图符号工具按钮

在工具条对话框中选中梯形图符号时，工具栏中出现的梯形图符号工具按钮如图 1-2-7 所示，各工具按钮的符号含义及快捷键参见表 1-2-3。

图 1-2-7　GX Developer 梯形图工具符号按钮

表 1-2-3　GX Developer 梯形图符号工具按钮含义及快捷键

序号	按钮符号	功能含义	快捷键	序号	按钮符号	功能含义	快捷键
1	F5	常开触点	F5	11	sF7	上升沿指令	Shift +F7
2	sF5	并联常开触点	Shift+F5	12	sF8	下降沿指令	Shift +F8
3	F6	常闭触点	F6	13	aF7	并联上升沿指令	Alt +F7
4	sF6	并联常闭触点	Shift+F6	14	aF8	并联下降沿指令	Alt+F8
5	F7	输出线圈	F7	15	aF5	取运算结果上升沿指令	Alt+F5
6	F8	应用功能指令	F8	16	caF5	取运算结果下降沿指令	Ctrl+Alt+F5
7	F9	画横线	F9	17	caF10	结果取反	Ctrl+Alt +F10
8	sF9	画竖线	Shift +F9	18	F10	输出分支	F10
9	cF9	删除横线	Ctrl+F9	19	aF9	删除分支	Alt+F9
10	cF10	删除竖线	Ctrl+F10				

4）程序工具按钮

在工具条的对话框中选中程序所对应的工具按钮如图 1-2-8 所示，其中“ ”为梯形图/列表显示切换按钮，单击该按钮可实现梯形图编辑窗口与指令表窗口之间的切换；“ ”为梯形图的读出模式，该模式下只允许进行程序、参数的浏览，而不允许进行修改操作；“ ”则为写入模式，在此模式下可对程序、参数进行编辑、修改；“ ”为注释编辑按钮，仅在写入模式下有效；“ ”为触点线圈查找，用于触点或线圈的快速定位；“ ”为程序检查，含指令检查、双线圈检查、梯形图检查、软元件检查及指令成对性检查，错误结果以列表显示以便于程序的修改。“ ”为程序批量变换/编译、“ ”为程序变换/编译，用于对用户程序的编译并转换成 PLC 能够识别与接收的二进制代码，在编译过程中能够及时发现编译错误。建议在用户程序（特别是梯形图）编辑过程中采取编辑一段对应编译一段，可及时发现程序错误并进行处理。

图 1-2-8　GX Developer 的程序工具按钮

3．梯形图的基本编辑方法

梯形图的编辑方法同梯形图的画法规则，遵循自左而右，左母线接触点、右母线接线圈或应用指令。由于 PLC 的循环扫描、串行输出的顺序工作方式的特点，梯形图的设计上要对输出先后的问题有所考虑，在程序编辑时尽可能保障梯形图的顺序无变化。编辑过程中可以通过“插入行”、“删除行”及相应的“插入列”、“删除列”等操作实现指令、回路块位置编辑。

4．工程文件的保存

采用工程菜单下的保存工程或单击工具栏保存按钮，可完成已命名工程文件的存储；对于新建未命名工程则会弹出另存工程为对话框，在该对话框中选取存储路径并对所建工程进行命名，单击确定按钮可实现文件的存储（存储行为需完成当前程序的编译后才能进行）。

对于原低版本 SWOPC-FXGP/WIN-C 下完成的 PLC 梯形图，采用的是 PLC 程序文件而非 GX Developer 工程文件。在工程菜单下读取其他格式文件的子菜单中选取读取 FXGP（WIN）格式文件，执行后在弹出的读取 FXGP（WIN）格式文件对话框中选取源文件的路径、文件名及文件选择选项下单击参数+程序，最后单击执行按钮可完成转换工作，并在梯形图编辑窗口显示转换后对应梯形图。

三、设备安装与调试训练

（1）通信电缆的连接。采用 FX-232AW/AWC 进行 PLC 与计算机 RS-232 端口连接时，应在计算机关机状态下进行，而采用 FX-USB-AW 则没有此要求。连接完成后，将 PLC 功能转换开关置于“STOP”状态，启动计算机系统。

（2）启动编程软件 GX Developer，选取工程菜单下创建新工程功能选项，在图 1-2-4 所示创建新工程对话框中的 PLC 系列选取“FXCPU”、 PLC 类型选取“$FX_{2N(C)}$”及程序类型中选“梯形图”，并在工程名一栏中以“工程 1-2”命名，单击确定按钮。

（3）在梯形图编辑窗口，结合图 1-2-2 所示四人抢答器控制梯形图进行编辑训练。

①回路块 1 的编辑方法如图 1-2-9 所示。

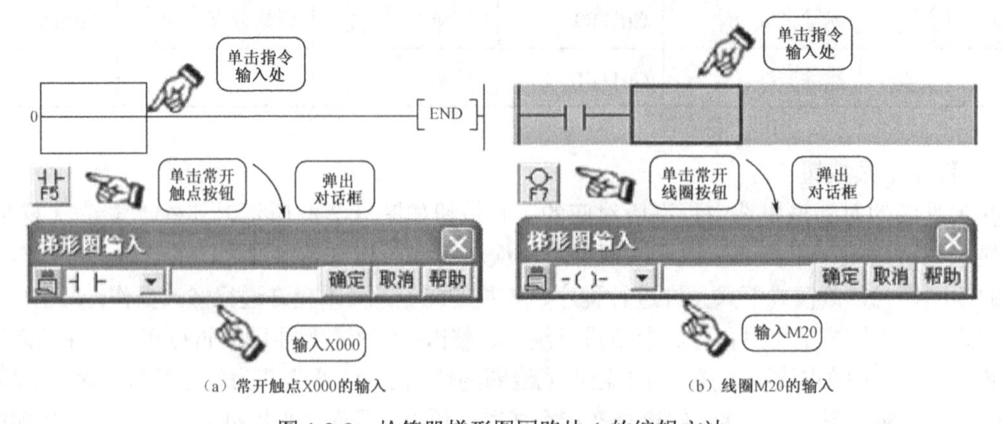

图 1-2-9　抢答器梯形图回路块 1 的编辑方法

②回路块 2 的编辑方法如图 1-2-10 所示。

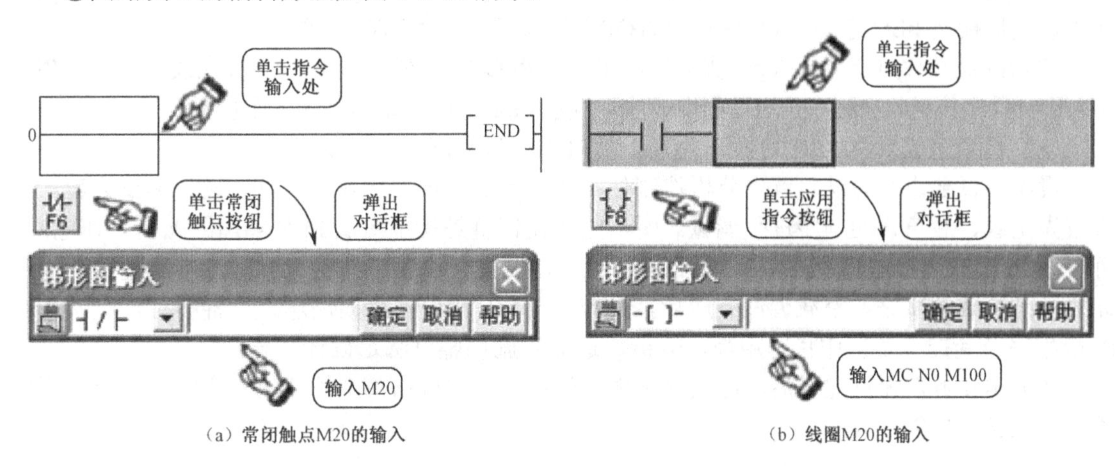

图 1-2-10　抢答器梯形图回路块 2 的编辑方法

③回路块 3 的编辑方法如图 1-2-11 所示。

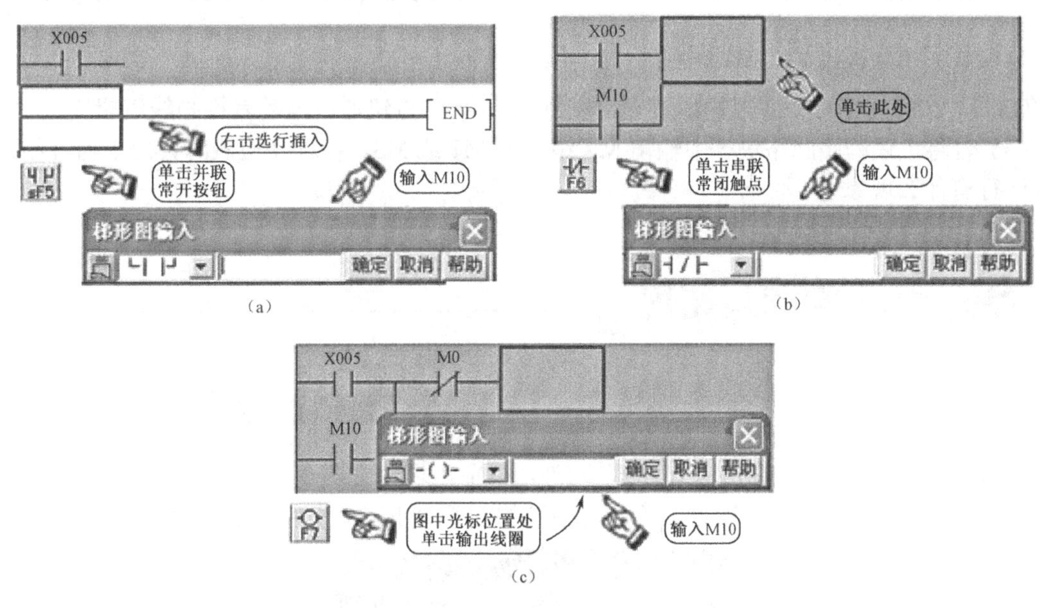

图 1-2-11　抢答器梯形图回路块 3 编辑方法

④回路块 4、5 的编辑。在熟悉了上述基本指令及相关回路块的编辑方法后，对于回路块 4 的编辑只需参照上述过程、方法即可完成。而对于回路块 5 的编辑关键是 M1 常开触点的接法，X001 常开触点与 M0 常闭触点串联，M1 与上述电路并联。在完成 X001 与 M0 的串联编辑后，选取常开触点按钮 输入 M1，并结合画横线和画纵线实现，试自行完成。

⑤试完成其他回路的梯形图编辑，编辑过程中可结合编辑错误进行练习修改、插入、删除等基本编辑功能的训练；同样可结合梯形图操作练习工具栏上其他工具按钮的用法。

（4）梯形图编辑完成后，在工具菜单下利用程序检查选项进行梯形图检查；并利用工具栏程序批量变换/编译按钮“ ”或程序变换/编译按钮“ ”进行编译。

（5）在显示菜单下选取列表显示或工具栏上“ ”，观察用户程序的指令表并保存用户 PLC 程序。

（6）结合图 1-2-3 所示的 PLC 控制连接图进行设备连接，经检查无误后且保证 PC 与 PLC 连接正确后接通 PLC 电源，置“RUN/STOP”切换开关于“STOP”位置。

（7）在编程软件 GX Developer 界面单击工具栏 PLC 写入按钮“ ”或选择在线菜单下的 PLC 写入进行程序传送。在程序传送过程中，注意观察 PLC 面板各指示灯的工作状况。

（8）传送完成后将 PLC 切换开关置于“RUN”状态，进行设备调试。

设备调试要求与方法：首先分析控制任务抢答器的功能要求实现方法，设计调试方案。其次按先空载、后负载的顺序进行调试。所谓空载调试就是指不提供 PLC 输出回路的工作电源，可根据 PLC 输出指示灯及 GX Developer 的监控功能进行设备工作状况分析，判断是否满足设计要求；负载调试是在空载调试完成后，采取给 PLC 输出回路提供输出设备的工作电源，对 PLC 程序及受控设备工作状况跟踪、分析，进而实施调整以满足设计功能。

（9）本任务在调试完成后，可采取学生分组形式，并根据模拟抢答的竞赛方案，分组模拟验证该设备的功能。

思考与训练：

（1）梯形图编辑时，试熟悉梯形图工具按钮上的快捷键用法，并在梯形图编辑过程中练习运用。

（2）梯形图回路块 5～8 形式相同，参数不同，试采用不同方法进行编辑；回路块 12 中输出 Y000 和 Y003，则称为并行输出分支，试利用“F10”按钮通过拖动鼠标画线编辑完成。

（3）若将上述程序回路块 5 中输出 M2 错录入 M1 或 M3，在程序检测时会出现何种结果，模拟运行有什么现象？

三菱 PLC 产品系列

三菱小型 PLC 除早期的 F、F_1、F_2 系列外，目前市场上主要有 FX_0、FX_2、FX_{0N}、FX_{2C}、FX_3 系列产品。另外，三菱最近推出了走超小型的 L 系列 PLC，如图 1-2-12 所示。

图 1-2-12　L 系列超小型 PLC

FX 系列中除 FX_{1S} 为整体固定 I/O 结构，最大 I/O 点数为 40 点且不能实现扩展外，其他如

FX_{1N}、FX_{2N}、FX_{3U}等均为基本单元可扩展的结构形式，I/O 点数可通过扩展模块增加，最大点数分别为 128、256 和 384 点。

FX_{2N}系列 PLC 是 1991 年推出的产品，它是三菱公司从 F、F_1、F_2系列发展起来的采用整体式和模块式相结合的叠装式结构小型 PLC。FX_{2N}型 PLC 有一个 16 位微处理器和一个专用逻辑处理器。FX_{2N}的执行速度为 0.08μs/步，是目前运行速度较快、运用最多的小型 PLC 之一。

FX_0、FX_{0N}是在FX_{2N}之后相继推出的超小型 PLC，而后来的加强型的小型机FX_{2C}，尺寸更小，性能更高，其基本单元连接采用接插件的输入与输出方式，从而减少了安装配线工时，其维护性能极佳。

于 2010 年 7 月推出机身小巧，具备 9.5ns×2 的基本运算处理速度和 260K 步的程序容量，I/O 点最大可扩展 8129 点，内置定位、高速计数器、脉冲捕捉、中断输入、通用 I/O 等众多功能于一体的 L 系列超小型 PLC。该款 PLC 在硬件方面，还内置了 USB 接口及以太网接口，便于编程及通信，通过配置 SD 存储卡，可最大存放达 4GB 的数据；具有不需要基板，可任意增加不同功能的模块特性。

FX_3系列为三菱公司的第三代微型 PLC，其典型代表性产品有FX_{3U}和FX_{3G}，其中FX_{3U}具有内置 64KB 大容量的 RAM、内置独立三轴 100kHz 定位功能及当时业界最高水平的 0.065μs/步基本指令高速处理能力。于 2008 年 9 月推出的FX_{3G}，其基本单元自带两路高速通信接口（RS-422&USB），具有简便的三轴定位设置功能及浮点数运算功能。

三菱公司自 20 世纪末到现在，仅在二十多年内又相继推出了 K/A、A 系列、Qn 及 QnPH 等系列的中、大型 PLC。

任务三　FX_{2N}系列 PLC 选型方法及训练

【任务目的】

- 通过对 PLC 选型方法的探讨，熟悉 PLC 的系列产品的种类，拓展 PLC 产品功能的认知。
- 结合选型对性能指标要求，熟悉 PLC 基本单元的组成与功能；熟悉 PLC 的 I/O 端口类别。
- 了解 FX_{2N}系列 PLC 产品型号的标志方法，通过识读训练加强产品系列的认知，为实际设备选型的应用能力的培养打下基础。

想一想：

PLC 有大、中、小型机，又分整体单元式、功能模块式、叠装式结构，同一系列又有基本单元、扩展单元、扩展模块等，在应用时如何选择合适的设备？

当面对某一具有一定功能要求的控制任务时，若希望顺利地完成 PLC 控制任务，首选需解决如何选择一个合适的 PLC。选择并配置合适的 PLC 会给任务的设计、操作及功能的扩展带来极大方便，同时为程序设计奠定基础及依据。

PLC 的选取一般考虑以下几个方面：可实现功能、I/O 点数、存储容量、指令响应时间及可扩展外围设备等。本任务仅针对三菱 FX_{2N} 系列 PLC 产品来讨论 PLC 的选型问题。

PLC 的基本组成

PLC 控制系统由硬件和软件两个部分组成，软件部分是将控制思想通过 PLC 的指令构成的程序转换成 PLC 可接受的开关控制信号，再由这些开关信号通过具体电路实施设备控制；硬件部分是由中央处理器（CPU）、存储器电路、I/O 器件及电源等组成的。

如图 1-3-1 所示为 PLC 的基本组成框图。

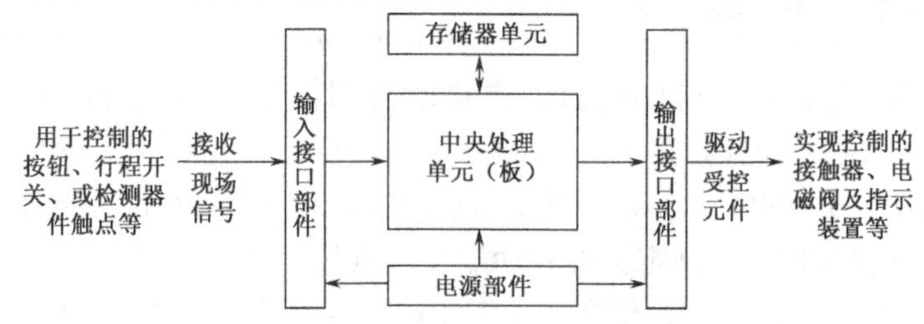

图 1-3-1　PLC 的基本组成框图

1. 中央处理单元（CPU）

CPU 是 PLC 的核心部分，CPU 的功能是在系统程序的控制下实现逻辑运算、数值运算、协调系统内部各部分电路的工作等。目前，PLC 内部采用的 CPU 主要有三大类：第一类是通用型微处理器如 80286、80386 等；第二类是单片机芯片如 8031、51/96 系列等；第三类则为位处理器如 AMD2900 系列等。从 CPU 处理器的位数来看，目前主要有 8 位、16 位及 32 位，常见小型 PLC 仍主要以 8 位和 16 位为主。CPU 的位数越多运算速度越快，相应的功能指令越丰富。

2. 存储器

存储器是 PLC 用于存放系统程序、用户程序及运算数据的单元。PLC 存储器包括：①用于存放包含系统工作程序（监控程序）、模块化应用功能子程序、命令解释程序、功能子程序及系统参数在内的系统程序的只读存储器（ROM）；②用于存放用户程序及用户程序运行所产生的相关过程性数据的随机存储器（RAM）。一般 PLC 只读存储器由于采用掩膜 ROM 及电擦除 ROM（EEPROM），所存放信息能够永久保存。为防止 RAM 中用户程序和运行数据的丢失，而采用内部电池对其供电，确保设备断电后数据的长时间保存。

> **注意：系统程序直接关系到 PLC 的性能，不能由用户直接存取。通常 PLC 产品资料中提供的存储器形式或存储方式及存储容量，是针对用户程序存储器而言的。**

3. I/O 接口

I/O 接口包含接口电路和 I/O 映像存储器。

PLC 与工业控制现场的各类控制设备的连接是通过 I/O 接口装置实现的。在提高电路抗干扰能力的前提下，输入接口电路将各种机构的控制信号转换成 CPU 所能处理的标准信号电平，而输出接口则将内部高、低电平转化为驱动外部设备接通与断开的触点动作。

（1）开关量输入接口。按所能处理信号电源的种类分 DC 输入、AC 输入两种形式，接口电路形式如图 1-3-2 所示。

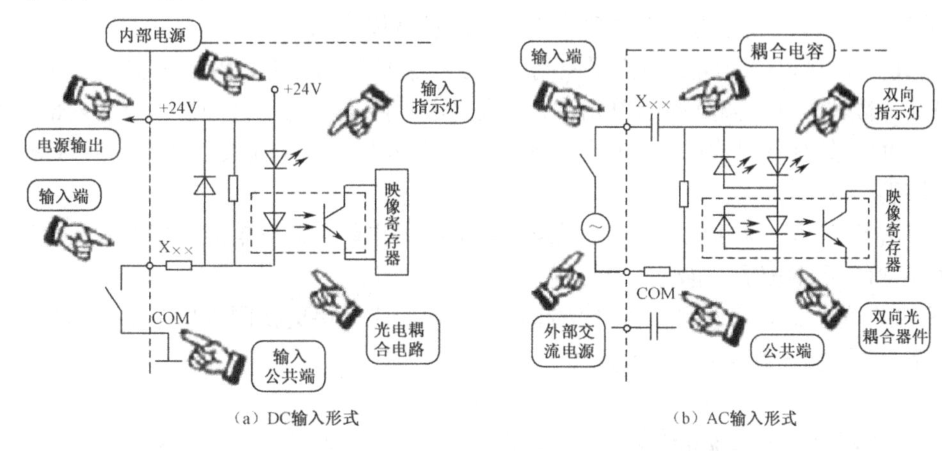

图 1-3-2　三菱 PLC 的输入接口电路形式

（2）开关量输出接口。主要有继电器输出、晶体管输出和晶闸管输出三种形式，各种输出形式的基本结构如图 1-3-3 所示。

PLC 基本单元一般只提供上述的开关量 I/O 接口形式。

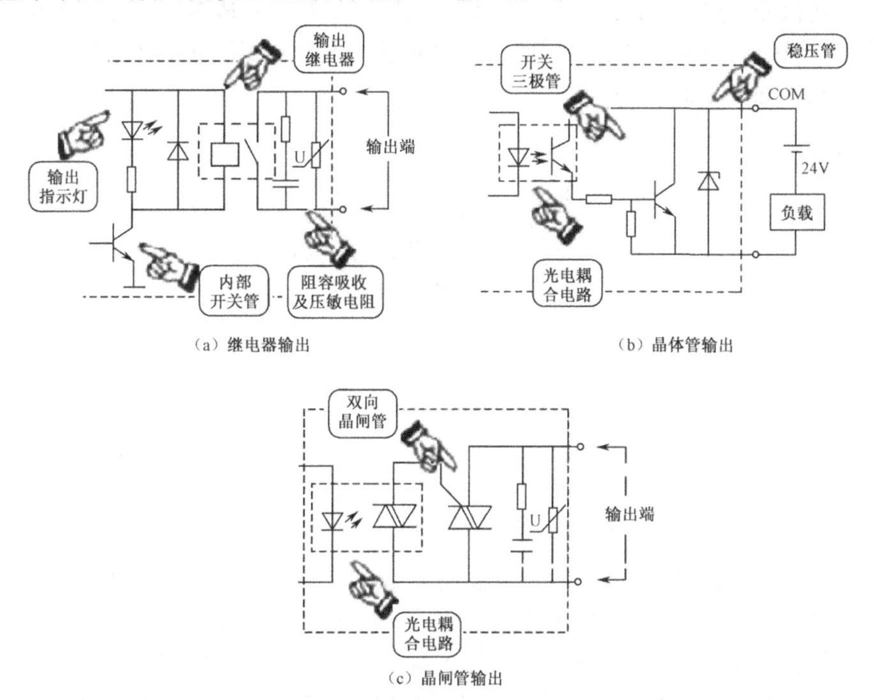

图 1-3-3　三菱 PLC 的输出形式

（3）模拟量输入接口。在工业现场中有多种反映各种状态的模拟电压、电流信号，如温度、位移等。PLC 内部只处理按二进制变化规律的信号，PLC 模拟量接口的作用是将接收的工业现场的非标准模拟信号转换成符合国际标准的通用 0～10V 的标准直流电压及 0～20mA 标准直流电流信号，再经 A/D 转换电路转换成一定位数的可被 PLC 接收的数字量信号。

（4）模拟量输出接口。其工作机理与模拟量输出正好相反，是将内部的二进制信号经 D/A 转换处理成相应的模拟量，用于提供工业现场所需的连续控制信号，如用于变频器控制电动机转速连续变化等。

模拟量 I/O 接口一般由用户视需要选取相应的扩展模块来实现。

（5）智能 I/O 接口。为满足如位置控制等复杂控制任务的需要，PLC 还提供了如 PID 工作单元、高速计数器单元、温度控制单元等。区别一般功能单元在于这些特殊设备内部自身携带有独立的 CPU，具有专门数据的处理与运算能力，并能与基本单元实现适时的信息交换。

4．电源

PLC 的电源包含：为 PLC 基本单元及一定扩展工作单元提供电能保障的开关电源和掉电保护电路供电的后备电源（电池）。

三菱 PLC 使用时，若出现 BATT.V 指示灯亮后，应尽快更换同规格电池。电池更换应在 20s 内完成，否则会导致 RAM 中数据的丢失。

专业技能培养与训练

FX_{2N}系列 PLC 的产品构成及类型识别

FX_{2N}系列 PLC 产品构成：按品种可分为基本单元、扩展单元、扩展模块和特殊扩展设备。其中基本单元是核心，扩展单元、扩展模块和特殊扩展设备是为基本单元提供功能支撑的附属设备。在实际应用中可根据控制需要选取相应单元进行组合以实现功能的扩展，满足不同控制系统的功能要求，如图 1-3-4 所示。

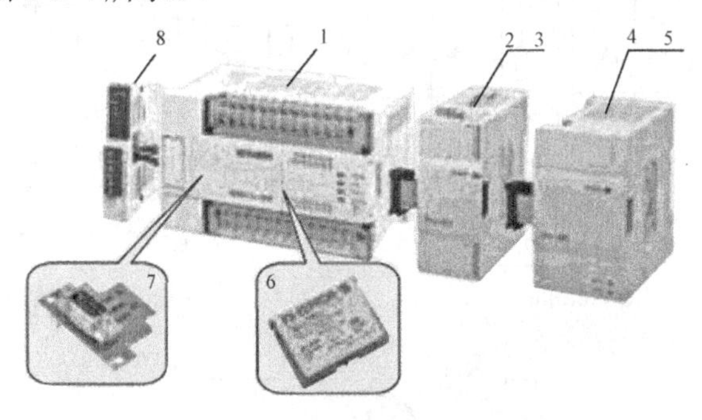

1—基本单元；2—扩展单元；3—扩展模块；4—特殊单元；
5—特殊模块；6—存储器盒（功能扩展）；7—功能扩展板；8—特殊适配器

图 1-3-4　FX_{2N}系列 PLC 的产品构成

FX_{2N}基本单元内部包含有 CPU、存储器、I/O 接口及电源等，属于整体单元式结构。扩展单元除能够向基本单元提供增加 I/O 点数外，还因为内部设置的独立电源具有向其他扩展设备提供电源的作用；扩展模块只能用于向基本单元提供 I/O 点数实现 I/O 结构数量、比例的改变，其内部没有电源，只能依赖基本单元或扩展单元供电；特殊扩展设备是 PLC 厂商根据 PLC 用户的不同特殊需要而设计提供的一些特殊装置。FX_{2N}基本单元与同系列的其他扩展类产品间属于叠装式 PLC 结构（图 1-1-24），设备扩展均围绕和服务于 PLC 基本单元，通常，PLC 指的是基本单元。

只有基本单元可以单独使用，当 I/O 点数不足或需要实现特定功能时可结合相应的模块进行扩展。扩展单元由内部电源、I/O 端口组成，需要和基本单元一起使用。扩展模块由 I/O 端口组成，自身不带电源，由基本单元或扩展单元供电，需要和基本单元一起使用。

特殊扩展设备一般由功能扩展板、特殊功能模块、特殊功能单元和特殊适配配器等组成。功能扩展板主要用于通信、连接和模拟量设定等；特殊功能模块主要有模拟量输入与输出、高速计数、脉冲输出、接口等模块；特殊功能单元常用于定位脉冲输出；特殊适配器用于实现通信方式的转换。

一、FX_{2N}基本单元的型号识读

在进行 PLC 选型时，首先根据控制任务的功能要求明确控制、检测信号与输出设备的数量，兼顾后续工程扩展的需要确定 I/O 点数；其次根据检测信号性质、输出设备的控制方式确定 PLC 的 I/O 结构类别，除此之外，还应考虑所选 PLC 工作电源与现场电源是否相符。

对于FX_{2N}系列 PLC 基本单元的常按以下方式分类：按 I/O 点数来分类有 16、32、48、64、80、128 点共计 6 种；按电源及输入方式分类：①AC 电源、DC 输入，②DC 电源、DC 输入，③AC 电源、AC 输入；按输出方式分类：①继电器输出方式，②晶闸管输出方式，③晶体管输出方式。以上各种分类方式的性能指标均在产品的型号中得以体现，正确识读 PLC 产品型号是控制系统设备安装与运行安全的保障之一。

FX_{2N}基本单元型号体系的组成如图 1-3-5 所示。

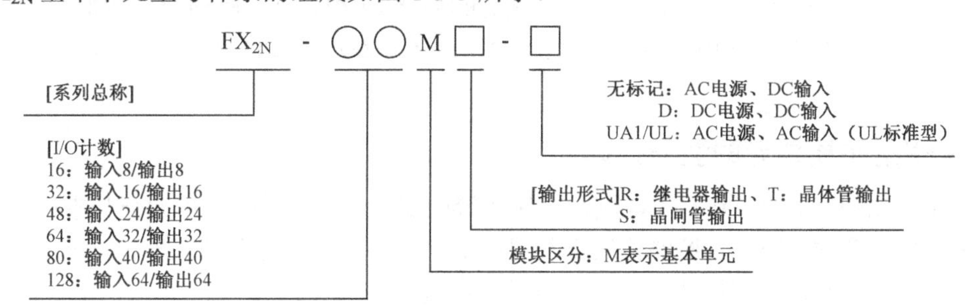

图 1-3-5　FX_{2N}基本单元型号体系组成

识读训练：某FX_{2N}系列 PLC 型号为FX_{2N}-48MR-001，试解读该 PLC 类别与性能参数。

该型号由 5 部分组成，为识读方便给予顺序编号为

FX_{2N}-48MR-001
①　②③④⑤

型号含义的解读：①该 PLC 产品的所属系列名称；②I/O 总点数为 48 点，其中 24 点输入和 24 点输出（查产品手册）；③标志 M 为基本单元；④符号 R 表示继电器输出方式（S—晶闸管输出方式，T—晶体管输出方式）；⑤其他区分：001—专为中国推出的产品，电源方式无标记表示为 AC 电源、DC 输入方式。“001”说明 PLC 工作电源为“220V、50Hz”正弦交流电。

表 1-3-1 为三菱FX_{2N}系列 PLC 基本单元产品一览表。

表 1-3-1　FX_{2N} 型 PLC 基本单元产品一览表

产品系列及种类				FX_{2N} 系列基本单元		
电源方式	I/O 点数	输入点数	输出点数	继电器输出	晶闸管输出	晶体管输出
AC 电源，DC 输入	16	8	8	FX_{2N}-16MR-001	FX_{2N}-16MS-001	FX_{2N}-16MT-001
	32	16	16	FX_{2N}-32MR-001	FX_{2N}-32MS-001	FX_{2N}-32MT-001
	48	24	24	FX_{2N}-48MR-001	FX_{2N}-48MS-001	FX_{2N}-48MT-001
	64	32	32	FX_{2N}-64MR-001	FX_{2N}-64MS-001	FX_{2N}-64MT-001
	80	40	40	FX_{2N}-80MR-001	FX_{2N}-80MS-001	FX_{2N}-80MT-001
	128	64	64	FX_{2N}-128MR-001	—	FX_{2N}-128MT-001
DC 电源，DC 输入	16	8	8	—	—	—
	32	16	16	FX_{2N}-32MR-D	—	FX_{2N}-32MT-D
	48	24	24	FX_{2N}-48MR-D	—	FX_{2N}-48MT-D
	64	32	32	FX_{2N}-64MR-D	—	FX_{2N}-64MT-D
	80	40	40	FX_{2N}-80MR-D	—	FX_{2N}-80MT-D
	128	64	64	—	—	—
AC 电源，AC 输入	16	8	8	FX_{2N}-16MR-UA1/UL	—	—
	32	16	16	FX_{2N}-32MR-UA1/UL	—	—
	48	24	24	FX_{2N}-48MR-UA1/UL	—	—
	64	32	32	FX_{2N}-64MR-UA1/UL	—	—
	80	40	40	—	—	—
	128	64	64	—	—	—

注：①“—”表示该电源方式中无此类输出方式的相应点数的产品；001 表示针对中国市场；

②AC 电源型，针对中国市场为 50Hz/220V 电压，DC 电源及 DC 输入均为 24V 直流。

二、FX_{2N} 扩展单元的型号识读

当基本单元的 I/O 端口数量不能满足控制系统的要求时，通过扩展单元与基本单元的连接可以实现端口数量的扩充，与扩展模块所不同在于扩展单元内部配有独立电源，该电源除向自身供电外还可以向其他扩展模块、特殊功能设备供电。

FX_{2N} 扩展单元的分类与基本单元除提供 I/O 点数规格产品不同外，其他类别均相同。

FX_{2N} 扩展单元型号体系的组成如图 1-3-6 所示。

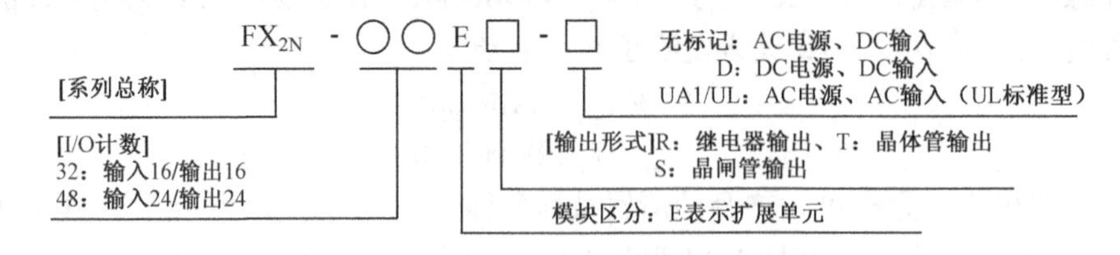

图 1-3-6　FX_{2N} 扩展单元型号体系组成

识读训练：某 PLC 产品型号为 FX_{2N}-48ER-D，试解读该 PLC 类别与性能参数。

该型号由 5 部分组成，对应顺序号如下：

FX_{2N}-48 E T-D

①　②③④　⑤

型号含义解读：①该 PLC 产品的系列名称为 FX_{2N}；②I/O 总点数为 48 点，输入和输出各占 24 点；③标志 E 为扩展单元；④符号 T 表示晶体管输出方式；⑤符号 D 表示 DC 电源、DC 输入。

表 1-3-2 为三菱 FX_{2N} 系列 PLC 扩展单元产品一览表。试结合该速查表熟悉各型号扩展单元的功能。

表 1-3-2　FX_{2N} 型 PLC 扩展单元产品一览表

产品系列及种类				FX_{2N} 型扩展单元		
电源方式	I/O 点数	输入点数	输出点数	继电器输出	晶闸管输出	晶体管输出
AC 电源，DC 输入	32	16	16	FX_{2N}-32ER	FX_{2N}-32ES	FX_{2N}-32ET
	48	24	24	FX_{2N}-48ER	—	FX_{2N}-48ET
DC 电源，DC 输入	48	24	24	FX_{2N}-48ER-D	—	FX_{2N}-48ET-D
AC 电源，AC 输入	48	24	24	FX_{2N}-48ER-UA1/UL	—	—

三、FX_{2N} 扩展模块型号的识读

FX 系列（含 FX_{2N}）扩展模块区别于扩展单元在于扩展模块内部不含电源，工作时需由外部基本单元或扩展单元（或专门电源模块）向其提供电源。在分类上区别于扩展单元主要体现在 I/O 点数规格上，这恰好是某些产品型号区别扩展单元还是扩展模块的依据。扩展单元 I/O 点数只提供 32 点和 48 点两种规格，而扩展模块则只提供 8 点和 16 点两种。

FX_{2N} 扩展模块型号体系的组成如图 1-3-7 所示，扩展模块的型号由 6 部分组成，不同于扩展单元部分在于该模块中针对部分产品用 X、Y 明确了模块扩展端口的输入与输出性质。注意：三菱仅针对于 FX_{0N}、FX_{2N} 两个系列提供扩展模块。

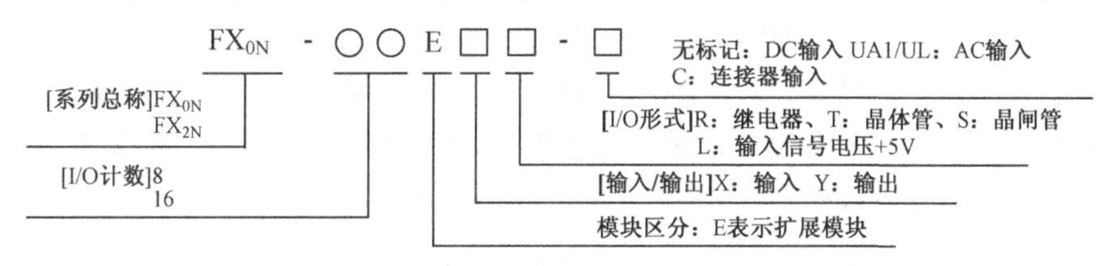

图 1-3-7　FX_{2N} 系列扩展模块型号体系的组成

识读训练 1：某 PLC 产品型号为 FX_{0N}-8ER，试解读该 PLC 类别与性能参数。

该型号仅用了 4 部分表示，对应顺序号如下：

$\underline{FX_{0N}}$-$\underline{8}$ $\underline{E}$ $\underline{R}$

①　②③④

型号含义解读：①该扩展模块产品系列名称为 FX_{0N}；②输入和输出扩展总点数为 8 点，其中 4 点输入、4 点输出；③E 为扩展模块；④R 表示继电器输出方式。

识读训练 2：某 FX_{2N} 系列 PLC 产品型号为 $\underline{FX_{2N}}$-$\underline{16}$ $\underline{E}$ $\underline{X}$ $\underline{L}$-$\underline{C}$，试解读该 PLC 类别与性能参数。

型号含义解读：第一部分 FX_{2N} 表明该产品所属系列名称；第二部分数字 16 表示输入和输出扩展的总点数为 16；第三部分符号 E 代表扩展模块；第四部分符号 X 表示为扩展输入端口类型方式即扩展的 16 点均为输入；第五部分符号 L 表示输入信号电压为 5V 输入；第六部分符号 C 表示专用连接器输入方式。

FX_{2N}/FX_{0N} 型 PLC 扩展模块产品参见表 1-3-3。

表 1-3-3　FX_{2N}/FX_{0N} 型 PLC 扩展模块产品一览表

I/O 点数	输入点数	输出点数	输　入	继电器输出	晶闸管输出	晶体管输出	输入信号电压	连接形式
8（16）	4（8）	4（8）	FX_{0N}-8ER* FX_{2N}-8ER*	—	—	—	DC 24V	横向端子排
8	8	0	FX_{0N}-8EX FX_{2N}-8EX	—	—	—	DC 24V	横向端子排
8	8	0	FX_{0N}-8EX-UA1/UL FX_{2N}-8EX-UA1/UL	—	—	—	AC 100V	横向端子排
8	0	8		FX_{0N}-8EYR FX_{2N}-8EYR	FX_{0N}-8EYT（-H） FX_{2N}-8EYT（-H）	—		横向端子排
16	16	0	FX_{0N}-16EX	—	—	—	DC 24V	横向端子排
16	0	16	—	FX_{0N}-16EYR	FX_{0N}-16EYT	—	—	横向端子排
16	16	0	FX_{2N}-16EX	—	—	—	DC 24V	横向端子排
16	0	16	—	FX_{2N}-16EYR	FX_{2N}-16EYT	FX_{2N}-16EYS	—	横向端子排
16	16	0	FX_{2N}-16EX-C	—	—	—	DC 24V	连接器输入
16	16	0	FX_{2N}-16EXL-C	—	—	—	DC 5V	连接器输入
16	16	0	—	—	FX_{2N}-16EYT-C	—	—	连接器输入

注：*I/O 有效点数与括号内占用点数有出入，占用点数与有效点数差值为空号。

四、特殊扩展设备查询与性能参数

FX_{2N} 系列各种特殊扩展设备参见表 1-3-4。包括功能扩展板（用于扩展通信端口及用于连接特殊设备用）、特殊功能模块（如模拟量转换、高速计数器、CC-Link 接口等）、特殊单元（如定位模块）及通信用特殊适配器等。其功能、品种较多，各产品型号分别按功能、特征或参数进行定义，没有统一的特征，但产品型号仍然是以体现其功能为主体。如 FX_{2N}-422-BD 表明该产品属于 FX_{2N} 系列 PLC 配套内置的实现 RS-422 标准通信接口的扩展板卡。

表 1-3-4　FX_{2N} 系列各种特殊扩展设备一览表

类　别	型　号	名　称	I/O 占用点数		电流消耗	
			输入	输出	DC 5V	DC 24V
功能扩展板	FX_{2N}-8AV-BD	电位器扩展板（8 点）	—		20mA	—
	FX_{2N}-422-BD	RS-422 通信扩展板	—		60mA	—
	FX_{2N}-485-BD	RS-485 通信扩展板	—		60mA	—
	FX_{2N}-232-BD	RS-232 通信扩展板	—		20mA	—
	FX_{2N}-CNV-BD	连接通信适配器用的板卡	—		—	—
特殊功能模块	FX_{0N}-3A	2 通道模拟量输入、1 通道模拟量输出	—　8	—	30mA	90 mA①
	FX_{0N}-16NT	M-NET/MINI 用（绞线）	8	8	20 mA	60 mA
	FX_{2N}-2AD	2 通道模拟量输入	—　8	—	20 mA	50 mA①
	FX_{2N}-2DA	2 通道模拟量输出	—　8	—	30 mA	85 mA①
	FX_{2N}-2LC	2 通道温度控制模块	—　8	—	70 mA	55 mA
	FX_{2N}-4AD	4 通道模拟量输入	—　8	—	30 mA	55 mA
	FX_{2N}-4DA	4 通道模拟量输出	—　8	—	30 mA	200 mA
	FX_{2N}-4AD-PT	4 通道温度传感器用的输入（PT-100）	—　8	—	30 mA	50 mA

续表

类　别	型　号	名　称	I/O 占用点数			电流消耗	
			输入		输出	DC 5V	DC 24V
特殊功能模块	FX$_{2N}$-4AD-TC	4 通道温度传感器用的输入（电耦）	—	8	—	40 mA	60 mA
	FX$_{2N}$-5A	4 通道模拟量输入、1 通道模拟量输出	—	8	—	70 mA	90 mA
	FX$_{2N}$-8AD	8 通道模拟量输入	—	8	—	50mA	80mA
	FX$_{2N}$-1HC	50Hz、2 相高速计数模块	—	8	—	90mA	
	FX$_{2N}$-1PG-E	100kHz 脉冲输出模块	—	8	—	55mA	40mA
	FX$_{2N}$-10PG	1MHz 脉冲输出模块	—	8	—	120mA	70mA②
	FX$_{2N}$-232IF	RS-232 通信模块	—	8	—	40mA	80mA
	FX$_{2N}$-1DIF	ID 接口模块	8	8	8	60mA	80mA
	FX$_{2N}$-16CCL-M	CC-Link 用主站模块	—	③	—	—	150mA
	FX$_{2N}$-32CCL	CC-Link 接口模块	—	8	—	130mA	50mA
	FX$_{2N}$-64CL-M	CC-Link/LT 用主站模块	④			190mA	25mA⑤
	FX$_{2N}$-16LNK-M	MESLEC-I/O Link 主站模块	⑥			200mA	90mA⑦
	FX$_{2N}$-32ASI-M	AS-i 主站模块	—	⑧	—	150mA	70mA⑨
特殊功能单元	FX$_{2N}$-10GM	1 轴用定位模块	—	8	—	—	5W
	FX$_{2N}$-20GM	2 轴用定位模块	—	8	—	—	10W
	FX$_{2N}$-1RM-E-SET	旋转角度检测单元	—	8	—	—	5W
特殊适配器	FX$_{0N}$-485ADP	RS-485 通信适配器	—	—	—	30mA	—
	FX$_{2N}$-485ADP	RS-485 通信适配器	—	—	—	150mA	—
	FX$_{0N}$-232ADP	RS-232C 通信适配器	—	—	—	200mA	—
	FX$_{2N}$C-232ADP	RS-232C 通信适配器	—	—	—	100mA	—

注：①由 PLC 基本单元供电；

②供给 5V 时为 100mA；

③结合公式：I/O 占用点数=远程 I/O 站数×32+8 求出 FX$_{2N}$-16CCL-M 占用的 I/O 点数；

④、⑤参照 FX$_{2N}$-64GL-M 用户手册；

⑥根据设定开关，会变为 16、32、48、64、96、128 点；

⑦传输通道电源 TypicalDC 24V；

⑧结合公式：I/O 占用点数=激活的从站数×4+8 求出 FX$_{2N}$-32ASI-M 占用的 I/O 点数；

⑨AS-I 的电源 TypicalDC 30.5V。

表 1-3-4 为用户根据功能需要选择相应设备提供了参考，如用户在处理 PLC 与 PC 通信连接时，通常采用前述的 FX-232AW/AWC（或 FX-USB-AW）将 PLC 的 RS-422 接口转换成 PC 的 RS-232 接口标准（或 USB）进行连接。若选取表中 FX$_{2N}$-RS-232-BD 扩展板卡，从 PLC 中引出 RS-232 接口实现与 PC 的 RS-232 接口具有相同的通信标准，通过 9 引脚 D 型插头直接进行连接。

各种特殊扩展设备（含扩展单元、扩展模块）的功能、参数、用法可参照厂家随产品附带或登录三菱官方网站下载的产品使用手册。

思考与训练：

（1）课后上网利用百度搜索引擎搜索三菱 PLC 的官方网站，试下载 FX$_{2N}$-48MR 基本单元使用手册、FX$_{2N}$ 编程手册及 GX Developer Version 8.34L 软件操作手册。

（2）利用 Adobe reader 或福昕阅读器阅读所下载 FX$_{2N}$-48MR 基本单元使用手册，了解 FX$_{2N}$-48MR 的安装、使用注意事项。

（3）利用百度“图片”搜索引擎搜索上述各表中部分 FX$_{2N}$ 系列产品，观察其外观与面板。

模块二

三相异步电动机典型继电—接触控制任务的 PLC 控制与实现

【教学目的】

- 通过模块二中所设置的四个学习、训练任务的“学、做”实践，掌握三菱 FX_{2N} 系列 PLC 的 I/O 端的常规设备的安装连接方法。
- 通过典型继电—接触控制线路向 PLC 控制的梯形图转化任务的学习，理解 PLC 控制梯形图的基本含义，初步对梯形图的画法规则形成认识。
- 初步理解和掌握所涉及的部分 PLC 基本指令，掌握 PLC 梯形图程序的基本单元进而理解和掌握梯形图编程中自锁、互锁等措施意义与实现方法。
- 能够熟练利用编程软件掌握基本指令的输入编辑方法，初步掌握简单梯形图编辑、程序编译方法；学会简单控制任务的设备调试方法。

三菱 FX 系列 PLC 的控制指令分基本指令、步进顺控指令及功能应用指令。FX_{2N} 系列 PLC 的基本指令有 27 条，步进指令 2 条，功能应用指令 138 条。在模块二和模块三中将结合相关控制任务来熟悉基本指令功能、用法及在设备控制中的运用。

三菱 FX_{2N} 系列 PLC 的 27 条基本指令参见表 2-1-1。

表 2-1-1　三菱 FX_{2N} 系列 PLC 的基本指令表

序号	指令符	功　能	梯形图形式及控制对象	序号	指令符	功　能	梯形图形式及控制对象
1	[LD] 取	运算开始 a 触点	XYMSTC	5	[AND] 与	串联连接 a 触点	XYMSTC
2	[LDI] 取反	运算开始 b 触点	XYMSTC	6	[ANI] 与非	串联连接 b 触点	XYMSTC
3	[LDP] 取脉冲	上升沿运算开始	XYMSTC	7	[ANDP] 与脉冲	上升沿串联连接	XYMSTC
4	[LDF] 取脉冲（F）	下降沿运算开始	XYMSTC	8	[ANDF] 与脉冲（F）	下降沿串联连接	XYMSTC

续表

序号	指令符	功能	梯形图形式及控制对象	序号	指令符	功能	梯形图形式及控制对象
9	[OR] 或	并联连接a触点	XYMSTC	19	[PLF] 脉冲(F)	下降沿输出	PLF YM
10	[ORI] 或非	并联连接b触点	XYMSTC	20	[MC] 主控	公共串联触点	MC N YM
11	[ORP] 或脉冲	上升沿并联连接	XYMSTC	21	[MCR] 主控复位	公共串联触点解除	MCR N
12	[ORF] 或脉冲(F)	下降沿并联连接	XYMSTC	22	[MPS] 进栈	运算进栈存储	MPS MPD MPP
13	[ANB] 电路块与	回路块串联		23	[MRD] 读栈	存储读栈	
14	[ORB] 电路块或	回路块并联		24	[MPP] 出栈	存储读出复位	
15	[OUT] 输出	线圈驱动指令	YMSIC	25	[INV] 反向	运算结果取反	INV
16	[SET] 置位	线圈接通指令	SET YMS	26	[NOP] 空操作	无动作	NOP
17	[RST] 复位	线圈接通解除	RST YMSICD	27	[END] 结束	程序结束标志	END
18	[PLS] 脉冲	上升沿输出	PLS YM				

注：a触点指常开触点，b触点指常闭触点。

三相异步电动机“启—保—停”电路的PLC控制安装与调试

【任务目的】

- 熟悉点动控制线路实现PLC控制的梯形图转换方法；借助继电接触控制线路理解梯形图中常闭触点、常开触点、输出及自锁含义、用途。
- 熟悉LD、LDI，AND、ANI，OR、ORI，OUT指令格式、功能及用法，初步让学生对梯形图的由来及基本指令的基本运用有所认识。
- 熟悉GX Developer软件中基本指令输入方法，通过“启—保—停”控制设备安装与调试，初步了解PLC的运行方式和PLC控制任务设计的方法。

生产设备中，三相异步电动机的启动、停止控制是最基本的全压启动控制方式，如图 2-1-1 所示为“启—保—停”继电—接触控制线路，电源引入隔离开关 QS 一般采用空气断路器，开关 SB1、SB2 分别为启动、停止按钮，交流接触器 KM 为控制三相电动机的执行器件，通过热继电器 FR 的常闭触点实现三相电动机过载保护，熔断器 FU1、FU2 分别实现主电路、控制电路的短路保护。

基本控制原理：按下启动按钮 SB1 接触器 KM 线圈通电，KM 常开主触电吸合电动机通电运转，同时辅助常开触点吸合保证线圈能在按钮复位时有电流通过即实现自锁，电动机得以持续通电运转。停止时按下停止按钮 SB2，KM 线圈断电。当电路过载热继电器 FR 触点断开，控制线路断电。

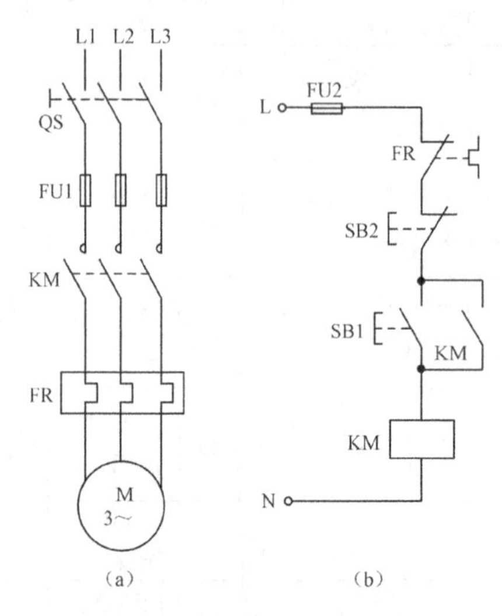

图 2-1-1　三相异步电动机“启—保—停”继电—接触控制线路

想一想：

继电—接触控制线路是以“启—保—停”电路结构为基本控制单元，其基本控制功能如何实现的？采用 PLC 进行控制，如何实现？

PLC 用户程序的执行方式

PLC 作为工业现场控制用计算机，其工作原理、工作方式和 PC 基本上是相同的，均是在系统程序管理下通过运行用户程序完成控制任务。PLC 控制任务的实现是采用循环扫描、顺序执行用户程序的工作方式进行的。PLC 除了正常的内部系统初始化、自诊断检查外，完成用户程序实现控制任务的过程分为以下三个阶段。

（1）输入采样阶段。PLC 首先对所有输入端进行顺序扫描，并将扫描瞬间各输入端的状态信息（如按钮 SB 接通为 1、断开则为 0）送入内部并寄放于映像寄存器中。需要注意的是，在同一扫描周期即便输入状态发生多次变化，存入映像寄存器的值只能是扫描到该输入端瞬间的输入状态值。

（2）程序处理阶段。PLC 执行用户编写的程序时遵循自上而下、自左而右的顺序，将反映扫描到的输入端状态信息的映像寄存器内的数据、反映各电路状态的其他“软元件”（如辅助继电器、计数器、定时器等）数据取出，执行用户程序指定的数值、逻辑运算，并将结果存放于程序指定的“软元件”或系统指定的特定“软元件”，将输出状态信息存放于输出映像寄存器中。其执行程序是按步顺序进行的，执行程序产生的逻辑结果也是由前到后逐步产生的，呈现串行方式特征。这种串行运行直至遇到 END 指令时该程序处理阶段才暂告结束。

（3）输出刷新阶段。在上述的程序处理阶段执行到 END 指令时，PLC 将输出映像寄存器中的状态值转存至输出锁存器中，并刷新输出锁存器。当输出锁存器为 1 状态时则驱动开关电路使相应输出继电器线圈通电（或晶闸管的控制极及晶体管基极作为触发导通信号），从而接通外部负载工作回路。

注意：PLC 完成由输入采样、程序处理到输出刷新结束的三个阶段称为一个扫描周期。PLC 循环反复地执行上述过程；扫描周期的长短除取决于 PLC 的运算速度及工作方式外，还与用户梯形图程序长短（执行到 END 指令）、指令的种类有关。一般一个扫描周期约几毫秒至几十毫秒。PLC 是采用顺序执行用户程序，且采取先执行后输出的处理流程方式，在工序安排上需要注意。

以图 2-1-2 所示用户程序的 PLC 执行过程来分析：当 PLC 处于运行状态时，假设输入 X001、X000 均处于断开未动作状态，则在第一个扫描周期内的输入采样阶段沿 X000～X267（FX_{2N} 系列最大输入端扩展点数 184）顺序扫描输入状态，将 X000、X001 的 0 状态送至输入映像寄存器 X0、X1；当进入执行用户程序阶段时，根据输入映像寄存器 X0、X1 的状态，Y000、Y001 均不满足动作条件，即用户程序执行后 Y000、Y001 均为 0 状态，并将该结果送至对应的输出映像寄存器 Y0、Y1 中；当执行到输出刷新阶段时，将映像寄存器 Y0、Y1 状态采用并行方式送至输出锁存器，并控制对应的 Y000、Y001 输出端的输出状态。

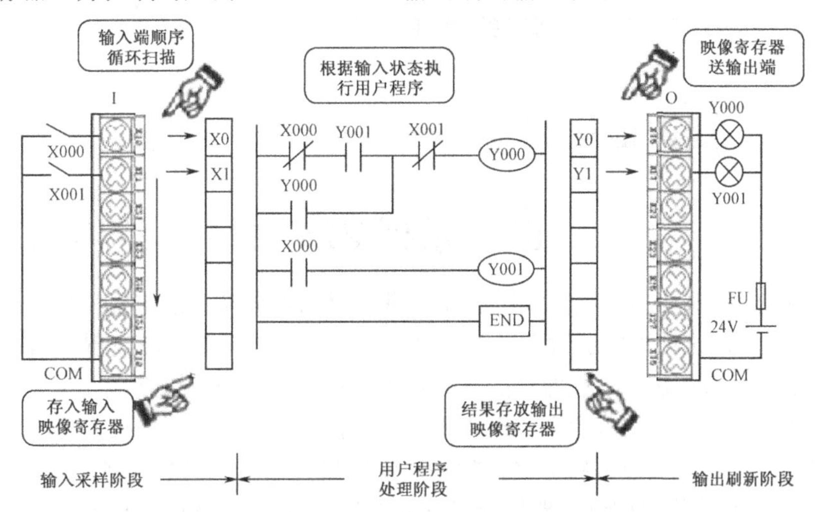

图 2-1-2 用户程序的 PLC 执行过程示意图

当 X000 闭合、X001 断开时开始的扫描周期输入采样阶段，PLC 将扫描到的 X000 的 1 状态、X001 的 0 状态分别送到输入映像寄存器 X0、X1 中；在执行程序阶段，由于映像寄存器中 X0、X1 分别对应为 1、0 状态，当顺序执行梯形图程序回路块 1 时 X000 的常闭断开，线圈 Y000 不能得电；当执行到回路块 2 时，X000 闭合，线圈 Y001 得电。执行结果 Y000、Y001 状态被送到输出映像寄存器 Y0、Y1（注意：由于程序的顺序串行执行方式，后来的 Y001 不能在同一扫描周期返回到回路块 1 中影响回路块 1 的结果）。当执行到输出刷新阶段时，对应的 Y000、Y001 的状态为 0、1，此时输出状态才受到影响发生变化。

当新的一轮扫描周期开始的输入采样阶段时，PLC 输出映像寄存器 Y1 仍为 1 状态，此时即使输入条件发生变化，如 X000 、X001 均断开，Y1 状态也只能等到当前扫描周期进行到程序执行阶段时才能受到影响。当输入扫描周期时输入映像寄存器 X0、X1 均为 0 状态时，在执行程序阶段时由于回路块 1 执行在前，此时 Y001 仍为 1 状态，回路块 1 形成通路，Y000 得电为 1 状态；当执行到回路块 2 时，此时 Y001 状态则因 X0 的 0 状态而发生变化，但由于回路块 1 已经形成自锁且后者结果对前面已执行程序产生不了影响，程序执行的结果仍然为 Y000 为 1 状态、Y001 为 0 状态并送输出映像寄存器 Y0、Y1。当执行到输出刷新阶段时对外产生相应的输出动作。

显然 PLC 的循环扫描及程序串行执行的工作方式，必然致使当前扫描周期进行到输出刷新阶段前的 PLC 输出取决于前扫描周期的输入状态。也就是说在当前扫描周期的输入采样阶段采集到会导致输出变化的输入状态信息，但在输入采样、用户程序处理这个时间段内，PLC 输出状态仍保持原状态不变，仅在当前扫描周期进入到最后输出刷新时才会引起输出的变化。可见输出状态的变化滞后于输入状态变化一个扫描周期，输出状态维持的最少时间为一个扫描周期。

练一练：为进一步理解 PLC 的周期循环扫描方式及程序串行执行工作方式，试结合上述分析过程讨论，如图 2-1-3 所示梯为形图的执行过程。

首先观察比较该梯形图与图 2-1-2 中梯形图的区别，在 PLC 执行该梯形图程序时，输入 X000 接通运行的结果与图 2-1-2 的结果相同，所不同的是当输入 X000 由接通到断开时会产生 Y001、Y000 均失电断开的结果。如何理解，试自行分析。

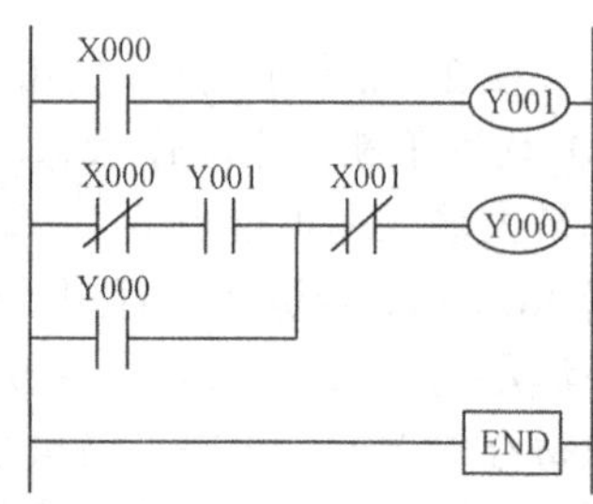

图 2-1-3　寄存器梯形图

FX_{2N} 系列 PLC 的 I/O 继电器

PLC 用于工业控制，实质是用程序的“软逻辑”替代原先传统继电接触控制线路的“硬逻辑”。而就程序来说，这种“软逻辑”必须借助于机器内部的具有状态设置、状态存储功能及能够实现逻辑运算、数值运算功能等单元电子电路。这些单元电路因功能、用途不同，对应电路的结构、形式也有所区别，为便于转换和适宜工程技术人员使用，用类似于继电—接触控制电路的器件名称来给这些功能电路命名，如输入继电器、输出继电器、辅助继电器、定时器、计数器等，PLC 中统称为“软继电器”或“软元件”。从编程、运用的角度来看，无须掌握其物理特性，只需熟悉其功能即可。为满足复杂逻辑运算及控制需要，PLC 提供的内部软元件种类多、数量较大，根据软元件的种类、物理地址分别对相应的软元件进行定义编号。“软继电器”的使用主要体现于程序中，“软继电器”和实际继电器相似，继电器的常开、常闭触点状态随线圈状态变化。“软继电器”对应于 PLC 的一些存储器单元，当某个为条件的指定单元状态转变为 1 时，相当于继电器线圈的“软继电器”存储单元为 1；若失去条件时，则对应存储单元被置 0，“软继电器”触点反映了对应存储单元状态值的读取。值得注意的是，“软继电器”的触点是可以进行无限次的访问，也就是说“软继电器”常开、常闭触点可以任意次使用。另外，作为“软继电器”的存储单元，在实现单一的位操作外还可实现多单元组合的字操作。

PLC 的“软继电器”有输入继电器、输出继电器、辅助继电器、定时器、计数器等，要能够正确使用诸多“软继电器”，必须对各类软继电器的适用范围、控制方法、功能参数及掉电特性等有所认识。在本次控制任务中首先来认识 FX_{2N} 系列 PLC 的输入与输出继电器。

一、输入继电器

FX_{2N} 基本单元均采用直流（DC）开关量输入方式，其每个输入端口对应于内部一个存储单元，称为输入继电器。输入继电器是反映外部输入信号状态的窗口，输入继电器的状态是对外部开关动作信号的映像，外部开关的“接通”、“断开”映射于 PLC 梯形图中对应输入继电器的“常开触点”闭合、断开（或其“常闭触点”呈相反的状态）。不同于 PLC 的其他“软元件”，输入继电器的状态只能由外部信号驱动，不能在用户程序中采用内部条件驱动。

FX_{2N} 系列 PLC 基本单元的输入继电器编号范围 X0～X177，采用八进制编号，共 128 点（与输出继电器一样，通过扩展最大可达 184 点，但与输出继电器的总点数最大限度为 267 点），采用内部直流电源 24V 保证工作所需电压。

二、输出继电器

PLC 的输出端口对外提供开关量输出信号，由输出端口、外部设备、外部电源及相对应的 COM 端构成输出回路。每一输出端对应的存储单元的功能与继电器线圈类似，称为输出继电器。当某一输出继电器存储单元置 1 时，称该输出继电器线圈得电（或被驱动），在输出刷新阶段通过端口具有触点动作性质的内部器件（如继电器触点闭合、开关晶体管或晶闸管导通）接通外部电路。输出继电器是 PLC 中唯一具有外部触点性质的软元件，而输出继电器的“线圈”只能由用户程序设置的条件进行驱动。与输入继电器类似，用于反映存储单元工作状态的常开、常闭触点可以无限次用于内部逻辑运算与控制。另外，FX_{2N} 系列 PLC 所有的输出继电器均不具有掉电保持功能，也就是说在 PLC 运行时，当用于控制输出继电器的条件满足时，输出继电器动作向外产生开关输出信号；当控制条件不满足、PLC 断电或处于“STOP”停止状态时，输出停止复位回到 0 状态。

FX_{2N} 系列 PLC 输出继电器的编号与输入继电器相同，采用八进制编号，编号范围 Y0～Y177 共计 128 点。由于 FX_{2N} 标配有继电器输出、晶闸管输出和晶体管输出三种输出方式，不同方式电路结构不同、其外部工作电压及接法要求均有所区别，相关技术参数参见表 2-1-2。

表 2-1-2 三种输出主要技术规格表（二）

项目 \ 类别		继电器输出	晶闸管输出	晶体管输出
外接电源		AC 250V、DC 30V 以下	AC 85～242V	DC 5～30V
最大负载	电阻性	2A/1 点	0.3A/1 点;0.8A/4 点	0.5A/1 点;0.8A/4 点
	电感性	80V • A	15V • A/AC100V 30V • A/AC240V	12W/DC24V
	灯	100W	30W	1.5W/DC24V

继电器输出和晶闸管输出方式适用于较高电压、输出功率较大负载的输出驱动；晶体管输出、晶闸管输出适用于快速、频繁动作的场合。由于 PLC 的输出公共端 COM、输出接口电路中未设有短路保护措施，故在输出电路中均需设置安装相应的保护性器件。

专业技能培养与训练

“启—保—停“电路的 PLC 控制任务的设备安装

任务阐述：在继电—接触控制线路典型电路之一——“启—保—停”控制线路基础上，采用继电—接触控制线路的等效逻辑转换方法，实现向 PLC 控制的程序梯形图的转换，并完成设备安装与程序调试。

设备清单参见表 2-1-3。

表 2-1-3　“启—保—停”PLC 控制设备安装清单

序号	名　称	型号或规格	数量	序号	名　称	型号或规格	数量
1	PLC	FX_{2N}-48MR	1	7	启动按钮	绿	1
2	PC	台式机	1	8	停止按钮	红	1
3	三相异步电动机	Y132M2-4	1	9	交流接触器	CJx2-10	1
4	断路器	DZ47C20	1	10	热继电器	JR16B	1
5	熔断器	RL1	4	11	端子排		若干
6	编程电缆	FX-232AW/AWC	1	12	安装轨道	35mm DIN	

一、实训任务准备工作

对照“启—保—停”继电接触控制线路原理图，明确该控制任务中控制器件作用：SB1 启动按钮、SB2 停车按钮；交流接触器 KM 为执行器件，热继电器 FR 对设备进行过载保护，短路保护通过熔断器 FU1、FU2 实现。三相异步电动机的运行与停止控制是通过 KM 主触点接通与断开实现的。

二、继电接触控制线路向实现 PLC 控制梯形图的转化

三相异步电动机的基本工作方式控制有启动、正反转、制动及调速等，在采用 PLC 控制时，用于驱动三相交流异步电动机的主电路与传统继电接触控制主电路完全相同。采用 PLC 控制代替原先继电接触控制时，仅需要考虑如何用 PLC 程序逻辑来替代控制部分的“硬”接线，即将控制部分线路转化为 PLC 控制程序的梯形图形式。

基于 PLC 的工作方式特点，决定了 PLC 梯形图的画法不同，程序运行结果也会有所变化。故对 PLC 控制梯形图的绘制需遵循一定的规定及要求，梯形图的左右两边分别对应的左母线、右母线须采用竖直线，左母线必须保证，右母线在绘制时可省略不画。除组成梯形图的回路块自上而下排列的顺序应依据动作的先后顺序外，还要注意以下要求：

（1）梯形图中的连接线可看做电路中的连接导线，但不允许交叉且只能采取水平或竖直画法。

（2）梯形图中触点（或称接点）一般只能水平绘制，不允许采用竖直画法（主控指令 MC 为特例）。

（3）各类软继电器（如输出继电器、辅助继电器、定时器等）线圈只能与右母线相连接，不能与左母线相接；而各类反映存储单元状态信息的触点不允许与右母线相连。

（4）各类触点或“导线”中的“电流”按自左向右的单方向流动，不能出现反向流动现象。

结合梯形图画法要求，可按以下方法对图2-1-4所示“启—保—停”原理图的控制部分进行变换：

（1）图2-1-4（a）中原控制线路中的熔断器在等效变换中不作考虑，该保护作用在PLC控制线路连接时通过输出部分的电源保护实现。从符合梯形图的画法规范达到简化PLC控制程序触点的逻辑运算目的，根据电路中改变器件串联顺序而原有功能不变特点，将控制器件的连接顺序作调整转换，如图2-1-4（b）所示。

（2）结合梯形图的自上而下，自左而右的画法布局，将图2-1-4（b）旋转90°呈水平方向画法，如图2-1-4（c）所示。图中启动、自锁条件对应常开触点，停止按钮、保护措施的热继电器触点为常闭触点形式；前面条件用于驱动执行器件接触器线圈。分别将图中所有常开、常闭触点及线圈对应用PLC的常开触点梯形图符号┤├、常闭触点梯形图符号┤/├及输出线圈梯形图符号—◯┤替代转换。

（3）I/O端口定义：启动按钮SB1与输入继电器X000对应，停止按钮SB2对应输入继电器X001，热继电器常闭触点FR对应于X002；输出继电器Y000对应接触器KM线圈，KM的常开辅助触点对应反映输出继电器状态的常开触点Y000。在步骤（2）替换后对应梯形图符号旁标注各自的输入与输出继电器编号，如图2-1-4（d）所示。如图2-1-4（d）所示为“启—保—停”控制任务的PLC控制梯形图，至此梯形图的转换完成。

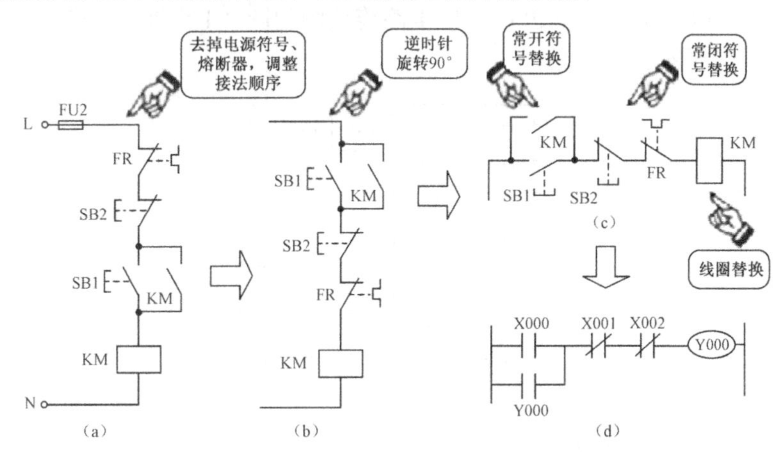

图2-1-4　“启—保—停”电路的梯形图转换方法

结合转换后的梯形图与原控制线路进行比较：梯形图中的左、右两条竖直母线，左母线对应于原控制线路中的相线L、右母线对应零线N；在左、右母线之间，水平方向上的连接触点可实现逻辑串联，垂直方向上通过垂直连接的相邻触点形成了逻辑并联功能（触点的串、并联与电路中的开关串、并联功能相同）。梯形图启始于触点连接的左母线，终止于线圈连接的右母线，形成具有一定控制功能的“回路块”。显然，可以借鉴电路中“通路”、“断路”状态条件的判断进行梯形图“回路块”的功能分析。

显然，这种等效变换的梯形图印证了假想“能流”概念来理解梯形图程序控制功能的方法，把左母线假想为直流电源“正极”，而把右母线假想为电源“负极”。只有当相应触点（开关）处于接通状态，相应有“能流”从左至右流向输出线圈，则线圈被得电。如不满足接通条件则没有“能流”，则线圈不得电。

三、“启—保—停”PLC控制电路的连接

结合梯形图变换时对各控制器件进行输入继电器、输出继电器的定义可绘制出 PLC 的控制连接图。PLC 控制任务设计时 I/O 端口的定义（或称为地址分配）是绘制 PLC 控制连接图的依据，I/O 端口定义是 PLC 控制设计与设备安装必备的技术文件。

“启—保—停”控制任务的 I/O 端口地址分配参见表 2-1-4。

表 2-1-4　I/O 端口地址分配表

I 端口	O 端口
SB1　X000	KM1　Y000
SB2　X001	
FR　X002	

初学者需要特别注意：原继电—接触控制任务中的的停车按钮 SB2、过载保护的热继电器常闭触点 FR 分别对应梯形图中输入继电器 X001、X002 的常闭触点，但在绘制 PLC 控制连接图时，对应的停止按钮、热继电器则需以常开触点形式连接。究其原因是 PLC 采用对输入扫描检测“ON/OFF”状态的工作方式决定的，若 SB2、FR2 采用常闭（ON）形式则当做有输入信号到来，结合梯形图形成“能流”的条件不能成立，不能产生输出结果；而采用常开触点形式，输入采样阶段没有检测闭合信号，与线路中未发出停车控制、线路没有过载相吻合，各自对应的常闭触点处于接通，当启动 X000 接通时满足“能流”的条件。

通过上述分析，该控制任务的 PLC 控制电路连接图如图 2-1-5 所示，控制部分的短路保护通过输出回路中的熔断器 FU 实现。

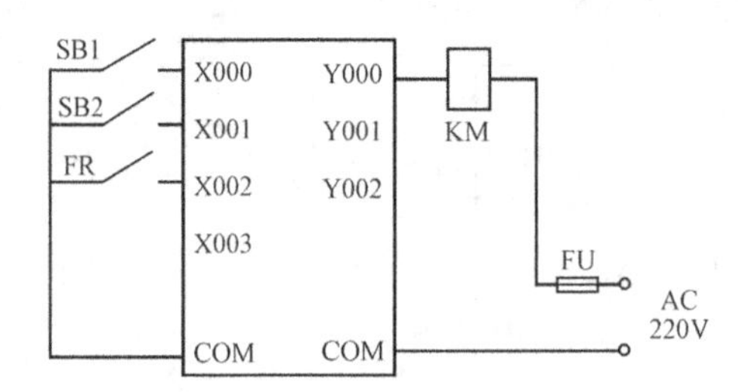

图 2-1-5　PLC 控制电路连接图

四、梯形图中的指令用法

与梯形图一样，指令表也是 PLC 最基本的编程语言之一。指令助记符可帮助用户特别是初学者对编程指令的理解和记忆，指令的格式有助于对用法的掌握。上述梯形图对应的指令表参见 STL 2-1-1。

STL　2-1-1

步序号	助记符	操作数
0	LD	X000
1	OR	Y000
2	ANI	X001
3	ANI	X002
4	OUT	Y00
5	END	

指令表与梯形图的对应关系是由 PLC 指令及指令格式确定的。

指令链接一：逻辑取指令 LD 及逻辑取反指令 LDI

三菱 PLC 的基本指令的说明由名称、指令助记符、功能说明、梯形图形式及操作对象（格式）及程序步数组成。

1．逻辑取指令 LD（Load）

指令格式、操作对象及功能说明如下：

名　称	指　令	功　能	梯形图形式及操作对象	程序步数
取指令	［LD］	运算开始 a 触点	XYMSTC	1

说明：用于直接与母线相连的首个常开触点或块逻辑运算开始的常开触点。该指令操作的对象有输入继电器 X、输出继电器 Y、辅助继电器 M、状态继电器 S、定时器 T 及计数器 C。

取指令 LD 的用法如图 2-1-6 所示，各梯形图中手指位置的触点为取指令 LD 的用法。图 2-1-6（a）中常开触点 X000 是与母线直接相接的首个常开触点，对应指令 LD X000；图 2-1-6（b）中 X000 属于与母线相接的首个常开触点、X001 是作为并联逻辑块开始的常开触点，分别对应指令 LD X000、LD X001；图 2-1-6（c）中 X000 仍属于与母线相接的首个常开触点、Y000 是作为串联块开始的常开触点，分别对应指令 LD X000、LD Y000。

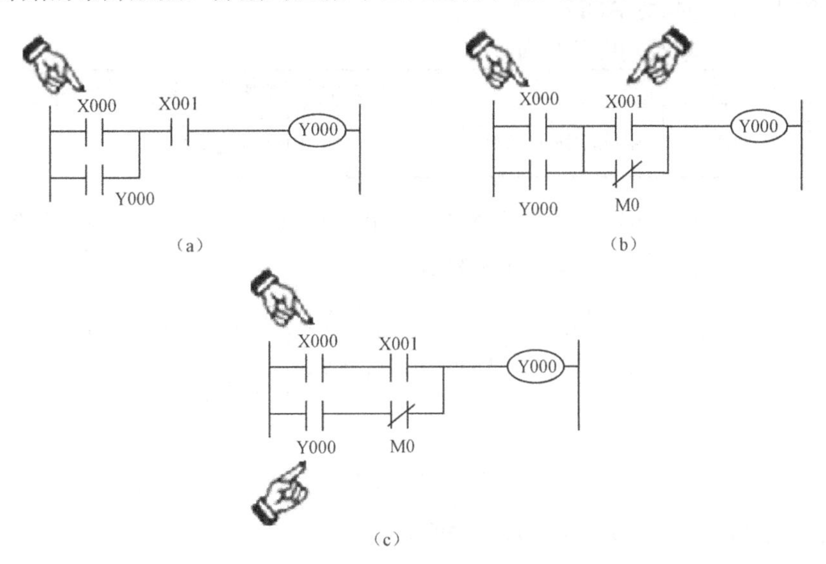

图 2-1-6　LD 指令的用法

2．逻辑取反指令 LDI（Load Not）

指令格式、操作对象及功能说明如下：

名　称	指　令	功　能	梯形图形式及操作对象	程序步数
取反指令	［LDI］	运算开始 b 触点	XYMSTC	1

说明：用于直接与母线相连的首个常闭触点或块逻辑运算开始的常闭触点。操作对象与 LD 相同为 X、Y、M、S、T 及 C。在控制程序中可用于实现对所指定的操作对象对应的存储单元 0 状态的检测。取反指令 LDI 的用法如图 2-1-7 所示。

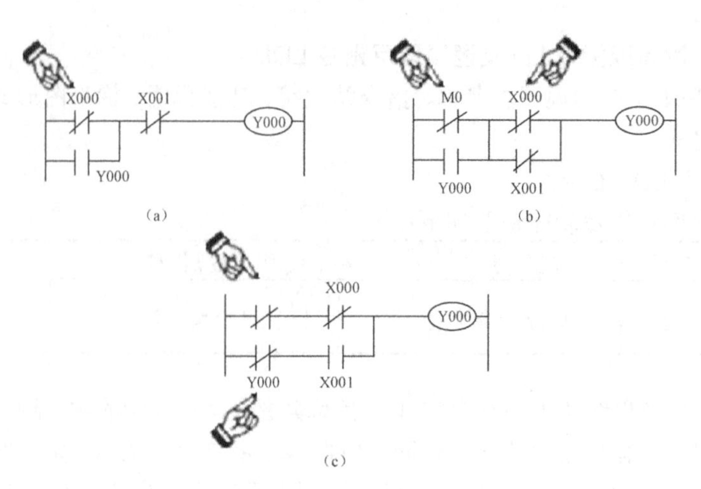

图 2-1-7　LDI 指令的用法

练一练：在 GX Developer 梯形图窗口分别练习图 2-1-6、图 2-1-7 中各梯形图的编辑，并转换成指令表，比较 LD、LDI 指令格式与用法。

指令链接二：触点串联指令 AND、ANI

1．常开触点串联与指令 AND

指令格式、操作对象及功能说明如下：

名　称	指　令	功　能	梯形图形式及操作对象	程序步数
与指令	［AND］	串联连接 a 触点	XYMSTC	1

说明：AND 指令用于实现常开触点的串联连接，即实现常开触点与其左侧触点间与逻辑关系。与指令 AND 的常见用法如图 2-1-8 所示。

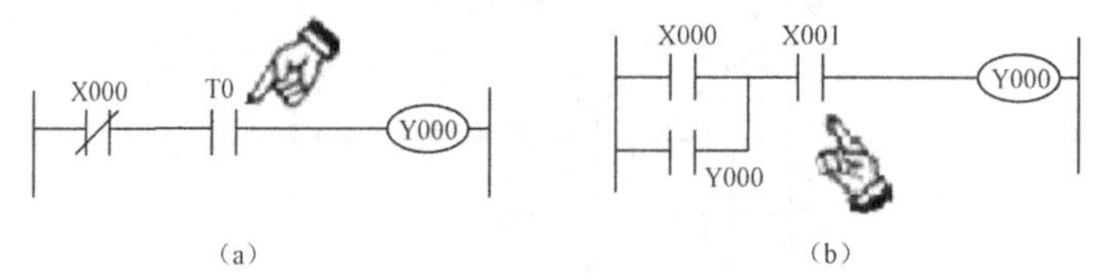

图 2-1-8　AND 指令的用法

2．常闭触点串联与非指令 ANI（AND NOT）

指令格式、操作对象及功能说明如下：

名　称	指　令	功　能	梯形图形式及操作对象	程序步数
与非指令	［ANI］	串联连接 b 触点	XYMSTC	1

说明：ANI 指令用于实现常闭触点的串联连接，与 AND 相反的是实现常闭触点与其左侧触点间与逻辑关系。串联常闭触点指令的常如用法如图 2-1-9 所示。

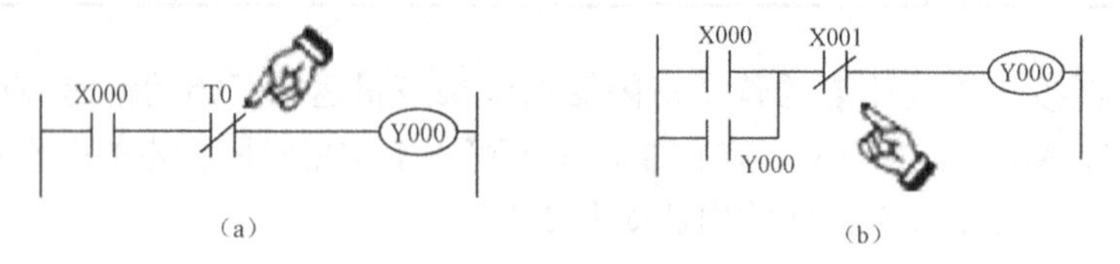

图 2-1-9　ANI 指令的用法

触点串联指令 AND、ANI 的操作对象与逻辑取指令 LD、逻辑取反指令 LDI 的操作对象相同。

练一练：

（1）运行GX Developer软件，分别编辑如图2-1-8、图 2-1-9 所示的各梯形图，并转换成指令表形式，比较 AND、ANI 指令格式与用法。

（2）编辑图 2-1-10 所示梯形图，观察编译转换后指令表，对照梯形图比较各触点指令的用法。

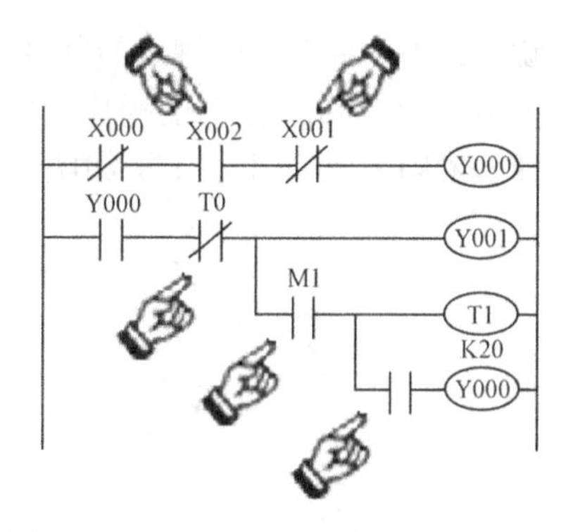

图 2-1-10　AND/ANI 重复使用与纵接输出形式梯形图

注意：

（1）AND、ANI 指令只能用于单个触点间串联，但依次串联触点的数量不受限制，即该指令可多次使用。

（2）在输出 OUT 指令后通过触点对其他线圈进行 OUT 操作的形式称为纵接输出（图 2-1-10 中 Y001、T1 和 Y000），只要纵接顺序不错可多次进行纵接输出（若在同一条件下对多个线圈进行驱动方式则称并行输出）。

指令链接三：触点并联指令（OR、ORI）

1. 常开触点并联或指令 OR

指令格式、操作对象及功能说明如下：

名　称	指　令	功　能	梯形图形式及操作对象	程序步数
或指令	[OR]	并联连接 a 触点	XYMSTC	1

说明：用于实现单个常开触点的并联逻辑，即实现常开触点与其上侧触点间或逻辑关系。用法示例如图 2-1-11 所示。

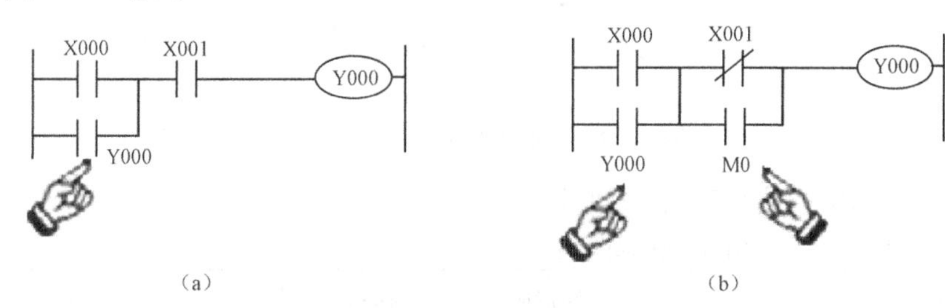

图 2-1-11　OR 指令的用法

2. 常闭触点并联或非指令 ORI

指令格式、操作对象及功能说明如下：

名　称	指　令	功　能	梯形图形式及操作对象	程序步数
或非指令	[ORI]	并联连接 b 触点	XYMSTC	1

说明：用于单个常闭触点的并联，与OR指令区别在于与上侧并联的是单个常闭触点而非常开触点。OR、ORI指令的操作对象也均为X、Y、M、S、T和C。

或非ORI指令的用法示例如图2-1-12所示。

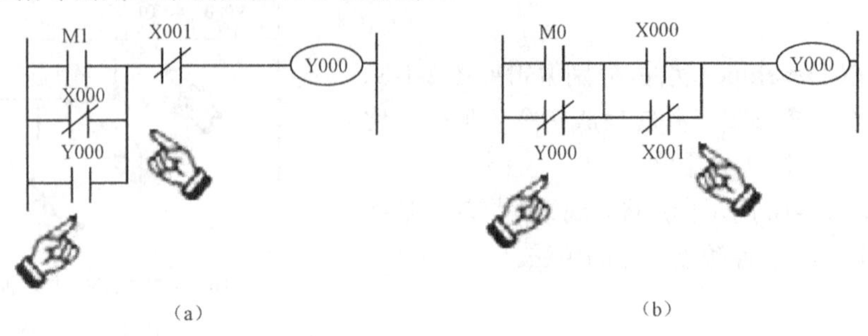

图2-1-12　ORI指令的用法

练一练：

（1）分别编辑图2-1-11、图2-1-12所示各梯形图，并编译转换成指令表形式，试比较OR、ORI指令格式与用法。

> **注意：OR、ORI并联触点的数量不受限制，即该指令可多次使用，但建议一般不要超过24行。**

（2）编辑图2-1-13所示梯形图，注意比较所指位置处触点指令的用法。

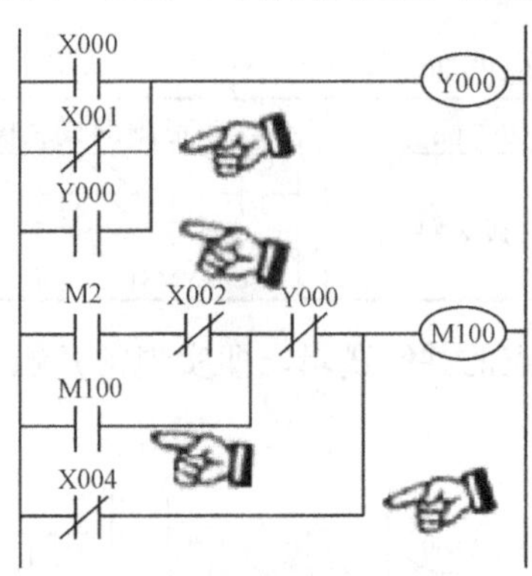

图2-1-13　OR/ORI指令用法示例

指令链接四：输出线圈驱动指令OUT

指令格式、操作对象及功能说明如下：

名　称	指　令	功　能	梯形图形式及操作对象	程序步数
输出指令	[OUT]	线圈驱动指令	YMSTC	Y、M：1；特殊M：2；T：3；C：3～5

说明：OUT指令用于对输出继电器、辅助继电器、状态继电器、定时器、计数器线圈实施驱动。用于定时器、计数器的线圈驱动时必须进行参数的设定（或利用数据存储的寄存器地址号间接进行设定）。

OUT用法示例如图2-1-14所示，如图2-1-14（a）所示的梯形图中，当按下启动按钮X000后延时5s产生Y001的输出动作；如图2-1-14（b）的功能：开关X001闭合，当按钮X000被按下5次时，Y001产生输出，3s后停止输出。本例中X001起开关控制作用，并在断开时对计数器C1进行复位。

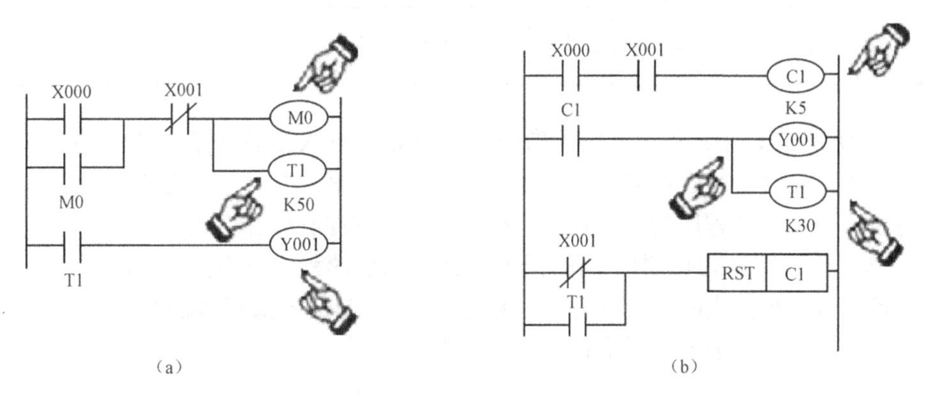

图2-1-14　OUT指令的用法

OUT指令在使用时应避免出现双线圈输出，在同一顺序控制程序中若对同一地址号元件使用两次及以上OUT指令进行驱动称双线圈输出。双线圈输出比较复杂，被驱动线圈的输出取决于最后使用OUT驱动后的状态，程序检查功能中含有双线圈输出检查，出现此种现象会使得程序难以掌控。另外，输入继电器不能用OUT指令进行驱动。

练一练：

（1）分别编辑如图2-1-14所示的梯形图，并编译转换成指令表，结合指令表分析比较OUT驱动输出继电器、定时器及计数器线圈时的指令格式、用法、所占程序步数。

（2）能否找出较为合适的办法进行如图2-1-14（b）所示梯形图的程序功能的验证。

指令链接五：空操作指令NOP与程序结束指令END

1．空操作指令NOP

指令格式、操作对象及功能说明如下：

名　称	指　令	功　能	梯形图形式及操作对象	程序步数
空操作	［NOP］	无动作	NOP 无操作对象	1

说明：空操作指令，顾名思义就是让PLC不进行任何运算操作，但仍然占据PLC的扫描时间。NOP指令的作用：可利用NOP指令实现对PLC内部存储器的清空处理，也可以通过程序中添加一定数量的NOP指令以达到延长顺序扫描时间的目的。

NOP指令的插入：GX Developer Ver 8下的梯形图编辑状态下不能进行NOP指令的编辑，NOP插入的操作可在指令表编辑状态下进行：执行菜单显示→工程列表，光标移至插入点位置右击执行行插入；在光标所在位置执行菜单编辑→NOP批量插入，于是在弹出NOP批量插入对话框中输入需要插入的NOP个数（最多7970个），单击确认按钮即实现NOP成批插入操作。插入NOP数量的多少只影响程序的长度、程序的步数，不改变程序的控制功能。若将指令改变为NOP（即“用NOP覆盖写入”）则指令或程序结构会发生变化。对程序结构熟悉和操作熟练的人员可结合 NOP 进行程序调试，一般初学者轻易不要采取该操作。

2．程序结束指令 END。

指令格式、操作对象及功能说明如下：

名　称	指　令	功　能	梯形图形式及操作对象	程序步数
结束指令	［END］	程序结束标志	END 无操作对象	1

说明：END 为 PLC 用户程序结束的指令。在 PLC 的输入扫描采样、程序执行、输出刷新循环工作方式中，在 SWOPC FXGP/WIN-C 版本下若用户程序中没有使用 END 指令，则 PLC 在程序执行阶段将从用户程序的第一步一直扫描完整个程序存储器。若使用了 END 指令，则 PLC 执行的是从第 0 步到 END 指令间的程序，END 以后的程序将不再扫描，而直接进入输出刷新处理，可有效减少扫描时间，提高执行速度。在 GX Developer 环境中 END 指令是系统自动追加的，不需要用户再去专门考虑该指令的编辑。

程序调试技巧：使用 END 指令插入程序的适当位置可实现程序的分段调试，当调试段无误时删除该调试 END 指令再逐段进行。但注意 GX Developer 环境下 END 指令的插入操作只能在指令表（工程列表）方式下操作，梯形图方式无法进行。

练一练：

（1）结合图 2-1-15 在“指令表”窗口分别于位置①执行“NOP”插入、②执行“用 NOP 覆盖写入”、③执行“用 NOP 覆盖写入”，观察每次执行后梯形图的变化，并分析不同情况下 NOP 指令的作用。

（2）编辑和调试如图 2-1-16 所示梯形图程序：①分析各输入按钮 X000、X001、X002 及 X003 的控制功能，观察程序执行的结果。②在所指位置插入 END 指令，编辑后重新进行程序调试并观察执行的结果。试从该程序控制功能、结合 END 指令用法分析原因。

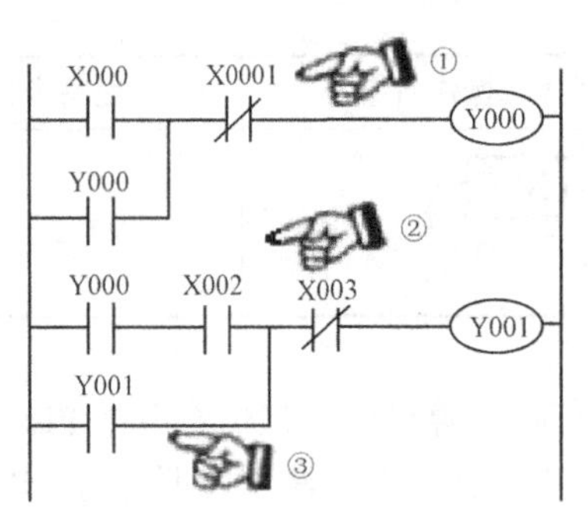

图 2-1-15　NOP 用法训练

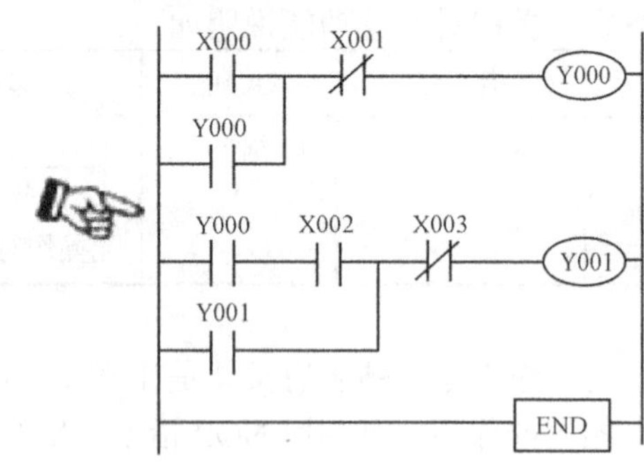

图 2-1-16　END 用法训练

五、设备安装与调试训练

（1）根据设备清单表，检查所选取元器件，部分器件可利用万用表进行必要的检测，注意所选交流接触器的线圈电压为 220V（或直流 24V、需配 24V 开关电源）。

（2）根据 PLC 的安装要求、“启—保—停”控制线路的主电路及安装基板，设计元器件布局并画出元件布局图、主电路安装接线图、PLC 控制电路连接图。

（3）按工艺规范要求进行 PLC 及配套元件安装，并按先控制电路、后主电路的安装顺序进行线路连接，最后用 RS-422/232C 电缆连接 PC 与 PLC。

（4）检查上述电路无误后，将 PLC 功能选择开关置于“STOP”位置，仅接通 PLC 电源。利用编程软件采用梯形图编辑输入方式完成控制任务梯形图如图 2-1-4（d）所示的编辑与编译，利用 RS-422/232C 数据线传输至 PLC。

（5）在监控状态下进行程序调试。空载调试时保证输出回路、主电路均不通电，将 PLC 功能选择开关置于“RUN”位置，按下 SB1，观察监控状态下 PLC 输出继电器 Y000 工作状态；在 Y000 有输出时分别按下 SB2 及 FR 的测试按钮，观察输出继电器 Y000 是否停止（设备调试是 PLC 程序设计至关重要的一个环节，必须充分理解控制任务并设计完善的调试步骤）。

（6）在程序调试正确的情况下，具备了带负载运行的条件。对于通过接触器类器件控制三相异步电动机运行的设备，带负载运行可分两步分别进行：①三相主电路不通电，仅接通接触器线圈回路电源进行试运行，观察是否能实现预想的启动吸合、停止及过载断开动作；②在上述接触器正常工作的情况下，等按下停止按钮后，接通主电路电源，观察控制状态下电动机状态。

思考与训练：

（1）改变“启—保—停”电路的 PLC 接线图，将热继电器常闭触点串接于接触器线圈电路如图 2-1-17 所示。控制梯形图如图 2-1-18 所示，比较与如图 2-1-4（d）所示的梯形图的异同，试写出该梯形图对应的指令表，并完成设备安装、程序编辑及设备调试。

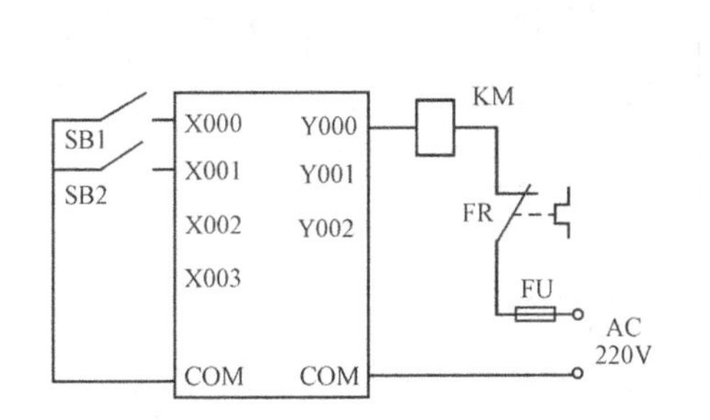

图 2-1-17　PLC 控制电路连接

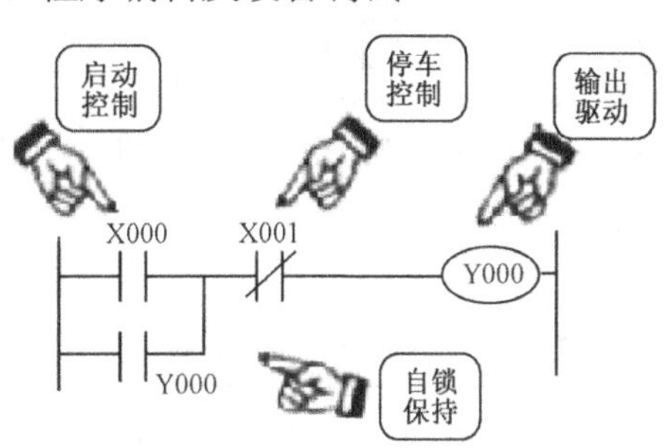

图 2-1-18　“启—保—停”电路的梯形图

（2）比较图 2-1-5 和图 2-1-17 中热继电器的两种接法的 PLC 控制电路，说明与过载保护的实现方法的区别？若停止按钮仅提供一对常闭触点，如何实现上述控制任务，试画出梯形图并验证。

（3）在编程软件的指令表窗口下，尝试指令表的编辑操作，由指令表向梯形图的转换。

阅读与拓展一

图解 PLC 的“自上而下”、“自左而右”的程序执行方式

对 PLC 的顺序循环扫描的工作方式和“自上而下”、“自左而右”的用户程序串行执行方式正确理解，是能够根据控制任务进行方案设计及合理设计 PLC 用户程序的前提。前面分析

了梯形图总体的“自上而下”执行方式，在回路块中特别是复杂回路块中程序是如何执行的，其执行方式决定了逻辑功能的设计要求。针对如图 2-1-19 所示的逻辑关系较为复杂的 PLC 梯形图回路块采用图解的形式进行分析。

图 2-1-19　具有复杂逻辑关系的梯形图

图 2-1-20（a）中第①步执行从母线开始的、指令对象为 X000 的取指令，与 X001 常开触点及 M0 常闭触点的串联逻辑运算结果的判断；第②步执行 X002 从母线开始的取反指令，与 M3 常开触点的串联运算；第③步将上述部分（或称块）运算结果进行“块”的相或；图 2-1-20（b）中第④步执行的是在图 2-1-20（a）执行结果基础和 Y000 常开触点相或的功能；第⑤步是在图 2-1-20（c）中先执行 M1 常开触点、M2 常闭触点的串联逻辑的运算；第⑥步执行 M4、T5 常开触点的串联逻辑运算；两者运算结果再进行图 2-1-20（d）中第⑦步的“块”相或运算……以此类推。此过程体现了 PLC 的自上而下、自左而右的梯形图顺序执行的特征。

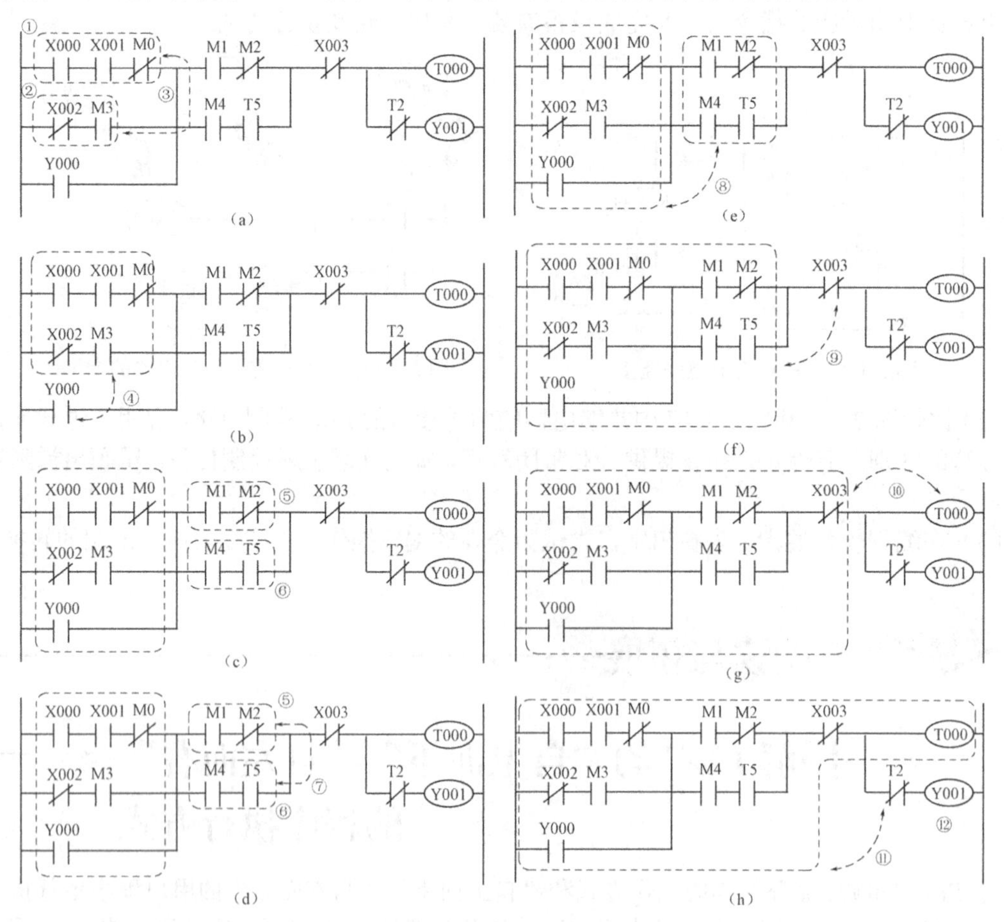

图 2-1-20　PLC 顺序梯形图执行的方式

程序清单：显然 PLC 采取顺序执行梯形图程序，PLC 的指令表同样延续此流程进行编码，如图 2-1-20 所示的梯形图的指令表参见 STL 2-1-2。第一、二、三列对应为指令的步序号、助记符及操作数（或操作对象），第四列是图 2-1-20 梯形图执行的顺序号。一般指令表包括步序号、助记符及操作对象。编辑图 2-1-20 所示梯形图验证指令的对应关系。

STL　2-1-2

步序号	助记符	操作数	执行顺序	步序号	助记符	操作数	执行顺序
0	LD	X000	①	9	LD	M4	⑥
1	AND	X001		10	AND	T5	
2	ANI	M0		11	ORB		⑦
3	LDI	X002	②	12	ANB		⑧
4	AND	M3		13	ANI	X003	⑨
5	ORB		③	14	OUT	Y000	⑩
6	OR	Y000	④	15	ANI	T2	⑪
7	LD	M1	⑤	16	OUT	Y001	⑫
8	ANI	M2		17			

三相异步电动机双重联锁正、反转的 PLC 控制电路安装与调试

【任务目的】

- 通过正、反转的继电—接触控制线路向 PLC 控制任务的转换与实训，在梯形图基本控制单元基础上理解和掌握 PLC 多任务控制和设备控制中联锁措施的实现。
- 通过 PLC 的输出驱动和设备控制方法的研究，熟悉和掌握置位指令 SET、复位指令 RST 格式及用法；了解和熟悉辅助继电器、定时器的作用和基本运用。
- 通过 PLC 双重联锁控制任务设计与设备安装的训练，加强对 PLC 控制中联锁必要性认识，掌握 PLC 程序设计逻辑联锁及设备安装电气联锁的方法。

如图 2-2-1 所示为三相异步电动机复合按钮及接触器双重联锁正、反转继电—接触控制线路，当按下正向启动按钮 SB1 时线圈 KM1 得电，KM1 主触点闭合接通三相正相序交流电，电动机正转；当按下反向启动按钮 SB2 时线圈 KM2 得电，KM2 主触点闭合接通三相反相序交流电，电动机反转；若 KM1、KM2 出现异常同时接通时则导致短路故障。线路中 KM1、KM2 线圈电路除利用各自的常开触点与启动按钮并联实现自锁外，还在各自支路中串入对方接触器、控制按钮的常闭触点，利用“机械触点的先断后合”实现相互锁定，确保两条支路中线圈不能同时得电的现象称为联锁。联锁是电路安全保护措施之一，是电气系统设计安装、运行维护必须考虑因素。

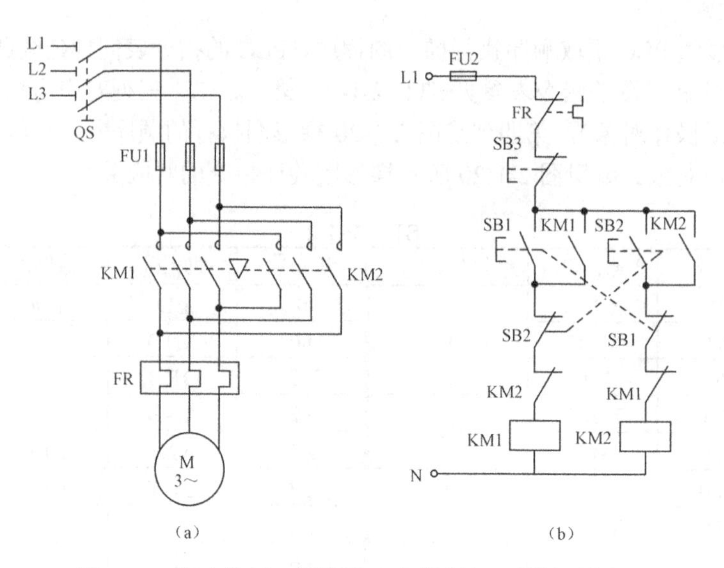

图 2-2-1　复合按钮、接触器双重联锁的正反转控制线路

想一想：

结合任务一“启—保—停”PLC 控制的实现方法，系统实现一个控制任务只需单个梯形图控制回路块，若需实现两个控制任务且任务间不能同时进行，如何利用 PLC 控制系统实现？

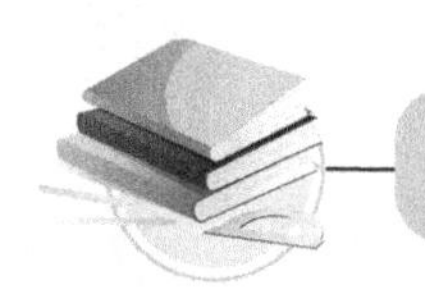

知识链接三

FX$_{2N}$系列 PLC 的辅助继电器和定时器

所有 PLC 的控制功能最终是通过输出继电器实现的，输出继电器在用 OUT 指令驱动时，需要保证“能流”的持续。典型实现方法：按钮开关的“启—保—停”梯形图结构，除此可采用具有切换开关性质的器件直接控制或利用其他软元件间接进行控制保持回路块的通路。除用 OUT 指令驱动外，PLC 还提供了一对置位指令 SET、复位指令 RST 实现对输出继电器的触发驱动和复位处理。输出继电器只是置/复位指令的操作对象之一，除输出继电器以外，还可以对辅助电器、状态继电器等进行控制。

一、辅助继电器

FX$_{2N}$ 系列 PLC 内部辅助继电器有通用辅助继电器，具有掉电保持功能辅助继电器和特殊辅助继电器三大类。

1. 通用型辅助继电器

其用途和继电接触控制线路中的中间继电器相似，用于实现中间状态的存储及信号转换，不能像输出继电器一样直接驱动外部负载，其状态只能由用户程序设置。通用辅助继电器的编号范围为 M0～M499（共计 500 点）。

2. 具有掉电保持功能辅助继电器

掉电保护指在 PLC 的外部工作电源异常断电（停电）情况下，机器内某些特殊的工作单元依靠机器内部电池的作用，将掉电时这些单元的状态信息保留下来。具有能够实现掉电保持的辅助继电器的编号范围为 M500～M3071，其中在电源断电仍保持原态的通用掉电保持辅助继电器编号范围为 M500～M1023（共计 524 点），而 M1024～M3071 共 2048 点为专用断电保持辅助继电器。

3. 特殊辅助继电器

特殊辅助继电器是指具有某些特定功能的辅助继电器，主要用于反映或设定 PLC 的运行状态，其编号范围 M8000～M8255（其中部分未作定义），可以分为以下几种。

（1）触点型（只读型）特殊辅助继电器。该类继电器在梯形图中只能以触点形式出现，不能出现用户控制的线圈形式，该类继电器状态由 PLC 厂商设定或者是程序执行时的状态标志，是用户只能在 PLC 程序中加以利用，不能实施控制。常用的继电器如下：

- M8000：运行标志继电器，用于反映 PLC 的运行状态。当 PLC 处于“RUN”状态时，M8000 为 ON，处于“STOP”状态 M8000 为 OFF。
- M8002：初始脉冲继电器，仅在 PLC 运行的第一个扫描周期内处于接通状态，用于产生一个扫描周期宽度的初始脉冲。
- M8011～M8014：分别对应产生周期为 10ms、100ms、1s、1min 的时钟脉冲，输出脉冲的占空比均为 0.5。以 M8013 输出 1s 的时钟脉冲为例，其接通和断开时间均等于 0.5s。

（2）线圈型（可读/写）特殊辅助继电器。该类辅助继电器可由用户视需要进行设置，以实现某种特定功能。常用的继电器如下。

- M8030：用于设置锂电池欠压时指示灯（BATT LED）指示还是熄灭。当 M8030 为 ON 时，面板上用于反映电池电压不足的指示灯熄灭。
- M8033：用于实现 PLC 停止时的状态保持，当 M8033 为 ON 时，PLC 状态开关处于“STOP”状态下，PLC 内部的各状态元件（如 M、C、T、D 及 Y 的映像寄存器）状态仍然被保持住。
- M8034：禁止全部输出。当 M8034 为 ON 时，PLC 的全部输出继电器被强迫停止输出。
- M8039：用于实现定时扫描方式。当 M8039 为 ON 时，PLC 以指定的扫描时间工作。

二、定时器

PLC 内部定时器相当于继电接触控制线路中的时间继电器，在程序中用于实现延时控制。FX_{2N} 系列 PLC 为用户提供编号为 T0～T255，共计 256 个定时器，并分以下四种类型。

1. 100ms 定时器

编号为 T0～T199（共计 200 点），计时范围为 0.1～3276.7s（其中 T192～T199 为子程序用）。

2. 10ms 定时器

编号为 T200～T245（共 46 点），计时范围为 0.01～327.67s。

以上均属于通用定时器。通用定时器是指在失电时，其状态被清除恢复到初始零值。相对于通用定时器则是具有掉电保持功能的积算定时器，此类定时器对通电时间具有累积功能，体现在驱动条件成立（定时器线圈通电）时开始定时，断电时计时数值被保持下来，再次通电则在原计时基础上恢复计时。

3. 1ms 积算定时器

编号为 T246～T249（共计 4 点），计时范围为 0.001～32.767s，此类定时器用于中断方式下。

4. 100ms 积算定时器

编号为 T250～T255（共计 6 点），计时的范围为 0.1～3276.7s。用户程序中用于实现掉电保持功能。

积算型与非积算型（通用）定时器的区别在于：对于非积算型定时器，当定时条件满足时，定时器开始计时，若计数过程中计时条件失去或断电则计时操作停止且对当前寄存器复位；而积算型定时器，满足计时条件进行计时过程中发生上述情况，定时器计时当前值或触点状态均被保持下来，计时到达设定值也必须通过用户程序设置的复位指令对其复位才能恢复到初始零值。

PLC 定时器的定时实现，实质上是对系统内时钟脉冲进行计数实现的，时钟脉冲有 1ms、10ms、100ms 等规格。当指定定时器计时条件满足时相应电路开始对脉冲计数，仅当脉冲计数对应换算时间值与设定值相等时定时存储器动作（定时器常开触点接通，常闭触点断开），与通电延时时间继电器工作方式相同，在用户程序中利用定时器的触点实现时间量控制。

定时器时间设定值常用十进制形式进行设定（K 表示十进制），若选用 T0～T199 范围内定时器，如 K250 对应设定时间为 250×100ms=25s；若选用 T200～245 间定时器则仅为 250×10ms=2.5s。定时器定时值取决于设定数值和相应定时器的计数时钟脉冲。

指令链接六：线圈置位指令 SET 与复位指令 RST

置位指令 SET 及复位指令 RST 用于状态的自保持及状态复位，SET 指令与 RST 指令在控制程序中一般需要配合使用才能达到功能控制的目的。置位指令 SET 的使用是对操作对象实施触发，使其接通（ON）并保持。复位指令 RST 对操作对象实施强制复位，使其停止工作呈 OFF 状态。

1. 置位指令 SET

指令格式、操作对象及功能说明如下：

名　称	指　令	功　能	梯形图形式及操作对象	程序步数
置位指令	[SET]	线圈接通指令	SET YMS	Y、M：1 S、特殊 M：2

2. 复位指令 RST

指令格式、操作对象及功能说明如下：

名　称	指　令	功　能	梯形图形式及操作对象	程序步数
复位指令	[RST]	线圈接通解除	RST YMSTCD	T、C：2 D、V、Z、特殊 D：3

SET 操作对象为输出继电器 Y、辅助继电器 M（含特殊功能辅助继电器）、状态继电器 S 三种；而 RST 指令的操作对象为 Y、M、S、T、C、D、V、Z。RST 指令除可对 SET 置位的软元件进行状态解除外，还可用于定时器 T、计数器 C、数据寄存器 D 及变址寄存器 V、Z 的内容清零。RST 复位操作并不局限于对置位指令 RST 执行后状态的复位，同样对 OUT 指令及其他功能指令的结果进行复位；若出现同时对同一元件的置位、复位操作，RST 复位具有优先权。

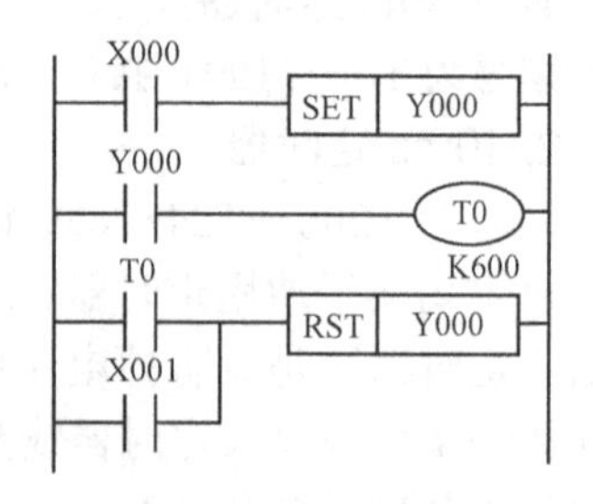

图 2-2-2　置位、复位示例

如图 2-2-2 所示的梯形图，当按钮 X000 按下时，Y000 被置位产生输出；Y000 常开触点闭合，定时器 T0 开始计时 60s，60s 到或中途按钮 X001 被按下时，执行 Y000 的 RST 复位动作，Y000 停止输出。

练一练：

（1）试编辑如图 2-2-2 所示的梯形图，编译转换并观察指令表 STL 2-2-1 中 SET、RST 的用法，运行验证程序功能。

STL　2-2-1

步序号	助记符	操作数	步序号	助记符	操作数
0	LD	X000	6	LD	T0
1	SET	Y000	7	OR	X001
2	LD	Y000	8	RST	Y000
3	OUT	T0			
		K600			

（2）编辑如图 2-2-3 所示的梯形图，调试运行：先按下按钮 X000，然后按下 X001 或 X002，观察比较任务一中的“启—保—停”控制任务的作用效果。

显然两梯形图动作效果相同，该梯形图是“启—保—停”控制任务采用置位、复位指令的形式，该程序中尽管 X000 按钮为实现 Y000“长动”采用 SET 指令无须自锁，停止、过载必须采用 RST 复位。

用户程序中对积算定时器 T246～T255、对计数器 C 的复位清零均需通过 RST 指令实现。试编辑如图 2-2-4 所示的梯形图，监控状态下程序调试、观察比较：①按钮 X001 连续动作，观察 T246 计时值的变化，20s 到 Y001 的输出及按下 X000 时的变化；②采用间断性按下 X001，观察 T246、Y001 的变化。

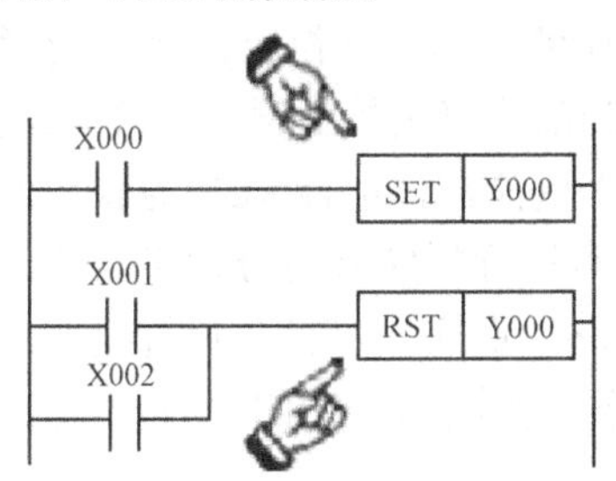

图 2-2-3　SET/RST 指令的用法

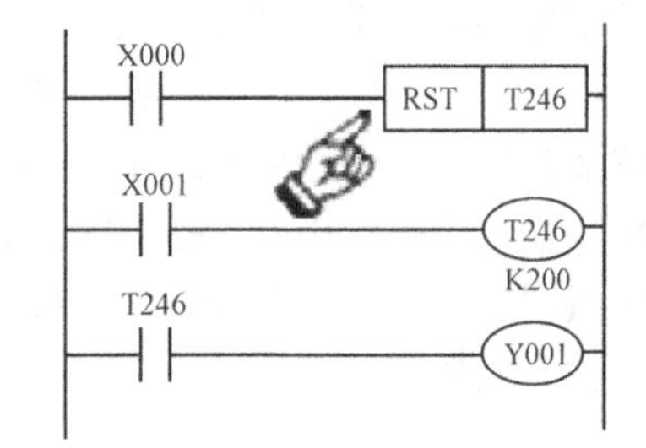

图 2-2-4　RST 指令用于积算定时清零复位

> 在工程设计中，为保障设备的正常可靠运行，需要在设备启动时进行初始状态的检测与设置，利用 RST 可对程序中的定时器 T、计数器 C、数据寄存器 D、变址寄存器 V、Z 及特殊数据寄存器 D 进行初始复位、清零操作。

专业技能培养与训练

双重联锁正反转 PLC 控制电路的设备安装与调试

任务阐述：结合继电—接触控制线路典型电路之一——三相异步电动机正、反转控制的 PLC 控制方式的实现，采用等效逻辑转换方法实现继电—接触控制线路向 PLC 控制的梯形图过渡，并结合 PLC 控制特点、要求完成该控制任务的电气设备的安装与调试。

设备清单参见表 2-2-1。

表 2-2-1　双重联锁正反转 PLC 控制设备安装清单

序号	名　称	型号或规格	数量	序号	名　称	型号或规格	数量
1	PLC	FX_{2N}-48MR	1	7	启动按钮	绿	2
2	PC	台式机	1	8	停止按钮	红	1
3	三相异步电动机	Y132M2-4	1	9	交流接触器	CJx2-10	2
4	断路器	DZ47C20	1	10	热继电器	JR16B	1
5	熔断器	RL1	4	11	端子排		若干
6	编程电缆	FX-232AW/AWC	1	12	安装轨道	35mm DIN	

一、实训任务准备工作

根据双重联锁正、反转继电接触控制线路原理图，明确该控制任务中控制器件功能：SB1 正转启动按钮、SB2 反转启动按钮及 SB3 停车按钮；执行器件交流接触器 KM1，驱动电动机正转，KM2 驱动电动机反转；热继电器 FR 实现过载保护，熔断器 FU1、FU2 分别实现主、控制电路的短路保护。

二、继电—接触控制线路实现 PLC 控制梯形图的转化

正、反转控制线路转换梯形图的方法与“启—保—停”控制线路的梯形图变换基本相同。所不同的是对于正、反转控制任务，正、反转继电—接触控制线路有两条控制支路，采用 PLC 实现该控制任务对应于两个回路块，这个基本特点在后续任务中同样会得以体现。为获得与正、反转任务控制的梯形图，将控制部分电路作如下转换：控制部分略去熔断器及相线、零线标记，可得如图 2-2-5（a）所示形式。为使梯形图更加合理、编程更简洁，结合 PLC 的软元件触点的无限使用特征，将热继电器 FR、停车按钮 SB3 的常闭触点进行拆解视为分别串联于正、反转支路的两组同步触点，可将图 2-2-5（a）转换成图 2-2-5（b）形式。可见此种转换前后的线路控制功能并未发生变化。需要注意的是，此处突破控制器件触点，以 PLC 存储单元读取来理解是关键。

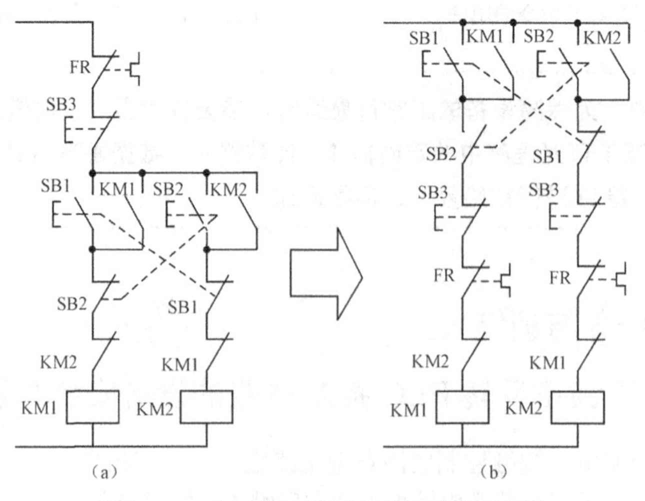

图 2-2-5　正、反转控制电路等效转换示意图

根据电路的控制、执行器件，定义 PLC 的 I/O 端口。地址分配参见表 2-2-2。

表 2-2-2　I/O 端口地址分配表

I 端口		O 端口	
SB1	X000	KM1	Y000
SB2	X001	KM2	Y001
SB3	X002		
FR	X003		

结合 I/O 端口，对图 2-2-5（b）作逆时针旋转处理呈水平向画法后，将各控制器件的常闭、常开触点及接触器线圈分别以梯形图常闭、常开触点符号及输出继电器线圈形式替换，并标注对应的 PLC 软元件编号，可得出如图 2-2-6 所示的 PLC 控制梯形图。

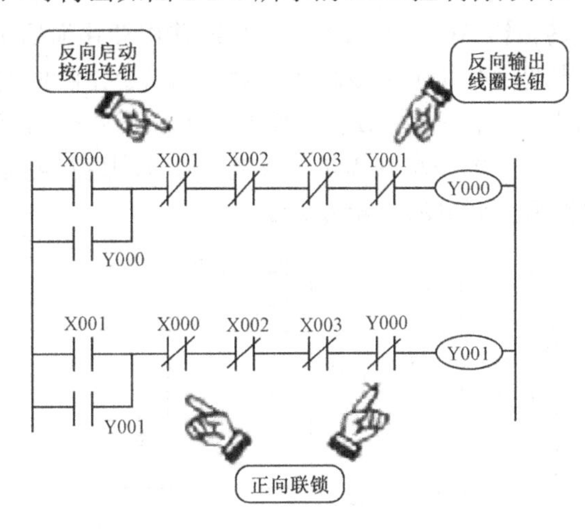

图 2-2-6　正、反转 PLC 控制梯形图

结合 PLC 梯形图的基本控制单元“启—保—停”的结构形式，输出继电器 Y000、Y001 分别用于实现正、反转控制；X000、X001 分别为实现正、反转控制回路块 1、2 的启动触点；回路块 1 中 Y000 常开触点、回路块 2 中 Y001 常开触点分别为各自输出继电器的自锁触点；X002、X003 的常闭触点实现对正、反转的停车控制、过载保护；X001 串于回路块 1 中的常闭触点、X000 串于回路块 2 中常闭触点用于实现互锁，实现两控制回路块不同时通电，同样功能还有 Y001、Y000 常闭触点接法。除启动、自锁外，串联于回路块中的常闭触点均有停止所在回路输出功能，不论数量多少，其结构形式仍然与“启—保—停”梯形图结构一致，“启—保—停”形式为 PLC 程序的基本单元，其中的启动、停止、自锁是 PLC 程序控制单元的“三要素”。

三、正、反转控制电路的 PLC 控制电路

如图 2-2-7 所示 PLC 控制连接图，根据输入/输出（I/O）端口定义：正转控制按钮 SB1 接 X000、反转控制按钮 SB2 接 X001，停止按钮 SB3、过载保护 FR 均以常开触点分别接到 X002 和 X003 端；用于控制正相序接法的 KM1、反相序接法的 KM2 线圈分别接到 Y000 和 Y001。结合 FX2N 继电器输出交流工作电压低于 250V 的限制，选用 220V 电压的交流接触器直接采用“AC220V”电源供电。在安全系数要求较高场合可考虑采用线圈电压 24V 的接触器，需结合电源性质装配控制变压器或直流开关电源。不论何种电源供电，均须在输出回路公共端或输

出设备并接端安装熔断器。

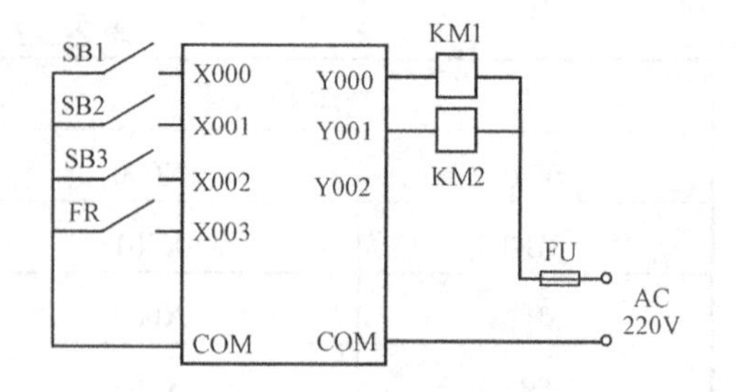

图 2-2-7　正、反转 PLC 控制电路连接

上述控制连接图从理论上是符合设计要求的，按该连接电路进行设备空载调试时能实现控制要求，但在带负载调试时（主电路通电）时则会出现主电路短路跳闸现象。

结合 PLC 程序执行的三个阶段，设想电动机处于正转运行时按下反转控制按钮 SB2，当前输入采样阶段检测到 X001 接通，在执行程序阶段时回路块 1 的 Y000 状态由 1→0，当执行到回路块 2 时，Y001 状态由 0→1，结果被送至映像寄存器；当执行到第三阶段输出刷新时，由于输出映像寄存器状态并行方式送至输出端，输出端口的 Y000 由 1→0、Y001 由 0→1 同时动作。

在反转状态下按下正转按钮 SB1，可发现 Y000 的输出变化滞后于 Y001 的变化一个扫描周期。由于 PLC 的扫描周期仅有几十毫秒时间，输出刷新更是瞬间完成，尽管程序联锁保证 Y000、Y001：“一通一断”，但外部所接设备动作时间远大于此时间值，在切换瞬间会出现同时接通而导致短路故障。程序中的逻辑联锁是不够的，必须利用接触器的常闭触点实现外部电气联锁。该任务的 PLC 控制电路如图 2-2-8 所示。

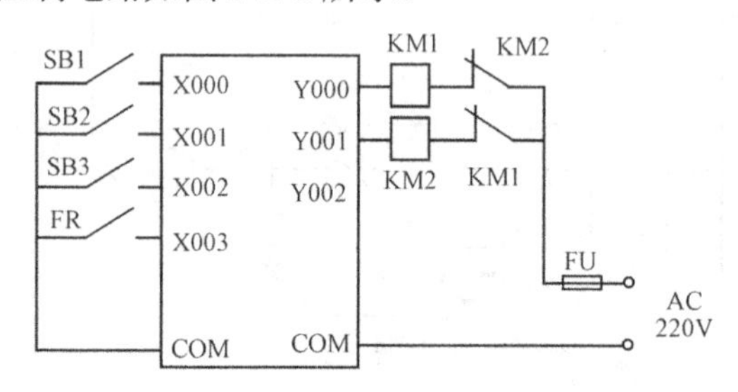

图 2-2-8　正、反转 PLC 控制电路连接

四、程序识读训练

1. 置位、复位指令在正、反转控制任务中的运用

结合上述正、反转的控制电路，编辑如图 2-2-9 所示的梯形图，调试运行并观察：①按下 X000、X001 时，输出状态的变化；②在 Y000 或 Y001 输出时，按下 X002 或 X003 输出时变化；③同时按下 X000、X001 时的输出现象。结合观察现象和所学指令分析该梯形图的控制原理。

2. 利用辅助继电器、定时器切换延时的正、反转 PLC 控制梯形图

外部设备的电气联锁可靠性高，但控制线路复杂。而 PLC 控制程序中 “软联锁” 由于输出继电器的并行刷新方式、输出动作速度快与外部设备切换速度慢的矛盾无法解决，软联锁只能是辅助性手段。基于内、外部动作速度差异是导致故障原因，可以利用 PLC 的定时器切换延时实现预防短路的功能，该方法可用于不方便实现外部电气联锁的场合。

定时器切换延时控制方式缺陷：①状态间切换的连续性不如原控制方式；②若出现接触器卡塞不能复位仍会出现短路现象。后者可以通过增加对接触器常开触点的检测等措施予以解决，所以对于某一控制任务 PLC 的实现方法多种多样，取决于对任务的分析理解和 PLC 指令功能、指令用法的掌握。试分析如图 2-2-10 所示的梯形图的工作原理。

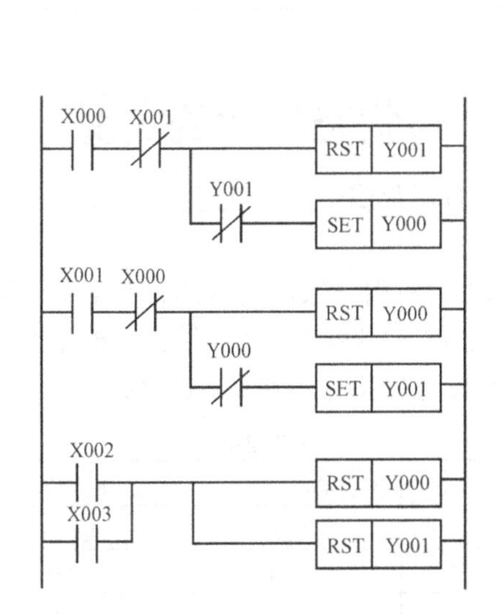

图 2-2-9　SET/RST 的正、反转控制梯形图

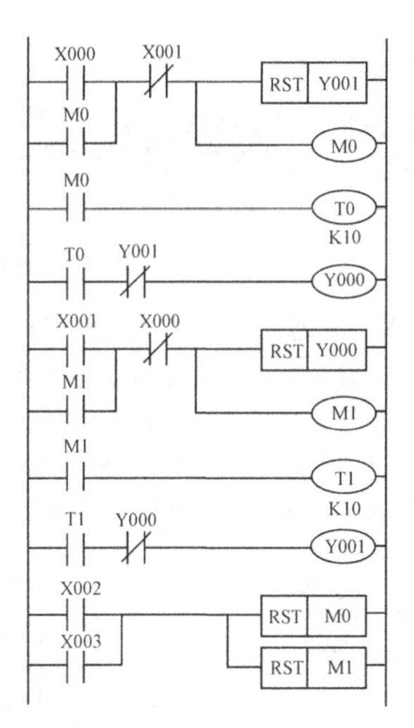

图 2-2-10　定时器延时的正、反转控制

五、设备安装与调试训练

（1）根据设备清单表，选取实训设备、元器件。做好必要的检查、检测及记录工作，确保设备性能、参数符合实训、安全要求。

（2）根据 PLC 的安装要求、双重联锁正、反转控制线路的主电路及安装基板的规格，设计元器件布局：画出元件布局图、主电路安装接线图、PLC 控制连接图。

（3）按工艺规范要求进行 PLC、控制器件安装，并按先控制电路、后主电路的顺序进行线路连接。

（4）检查上述电路无误后，连接 PC 与 PLC。将 PLC 功能选择开关置于“STOP”的位置，接通 PLC 电源。完成如图 2-2-6 所示的梯形图的编辑，利用 RS-422/232C 数据线传输至 PLC。

（5）根据控制任务的要求合理设计调试方案，在监控状态下：按先空载、后负载的要求进行程序调试和设备调试，验证 PLC 程序的控制功能。

（6）结合实训线路，分别编辑图 2-2-9 所示和图 2-2-10 所示控制梯形图，按设备调试要求进行程序调试和设备调试。

（7）针对程序调试过程中存在的问题，在确保人身、设备安全前提下探讨存在问题的原因、解决方法，并经教师审核认可后采取相应措施尝试解决。

思考与训练：

（1）在继电—接触控制线路中，停车按钮、过载保护的热继电器采用常闭触点接法，若上述器件常开触点故障，在 PLC 控制任务中可采取何种措施，试画出梯形图及 PLC 控制接线图。

（2）若两只交流接触器中有一只损坏，手头仅备有一只 24V 交流接触器及控制用变压器（输入 220/380V，输出有 6.3V、12V、24V、36V 及 110V），尝试解决方案（提示：注意输出 Y000、Y001 的输出端分组）。

阅读与拓展二

定时器的用法与状态指示的实现

三菱 FX_{2N} 系列 PLC 的积算定时器与非积算定时器都属于接通延时型定时器，但两者工作方式及要求上有区别，下面结合示例说明。

如图 2-2-11 所示的梯形图为通用定时器最基本的应用方法，当 X000 闭合时，定时器 T0 开始计数定时，当定时时间到 5s 时，回路块 2 中的 T0 常开触点闭合，输出继电器 Y000 动作。当 X000 断开时，T0 复位 Y000 停止输出。该梯形图对应指令表参见 STL 2-2-2。

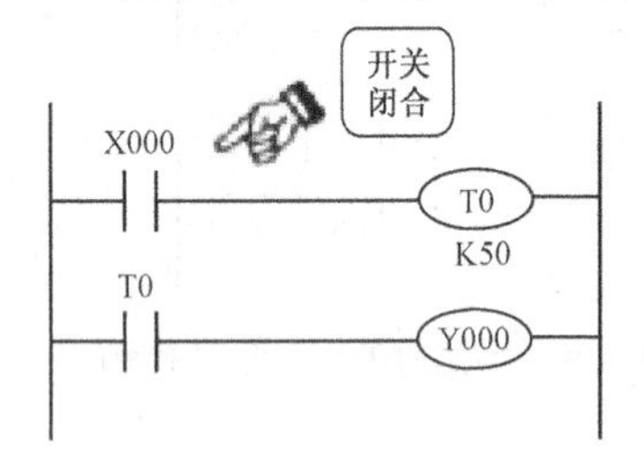

图 2-2-11　定时器使用示例

STL 2-2-2

步序号	助记符	操作数
1	LD	X000
2	OUT	T0
		K50
5	LD	T0
6	OUT	Y000

如图 2-2-12 所示梯形图中，T250 为积算定时器，时间设定为 5s。当 X000 按下时，定时器 T250 开始计时，辅助继电器 M0 用于实现自锁，输出继电器 Y000 随计时 5s 时间到动作；若中途按下停止按钮 X001，则 T250 保持当前已计时数据并停止计时，当 X000 再次按下时 T250 则在原计时值基础上继续计时。本例中 X001 仅实现停止当前计时（当计时到 5s 时 X001 动作对结果不产生任何影响），再按下停止按钮 X001 后，复位按钮 X002 动作才能对定时器复位，Y000 停止输出。该梯形图对应的指令表参见 STL 2-2-3。

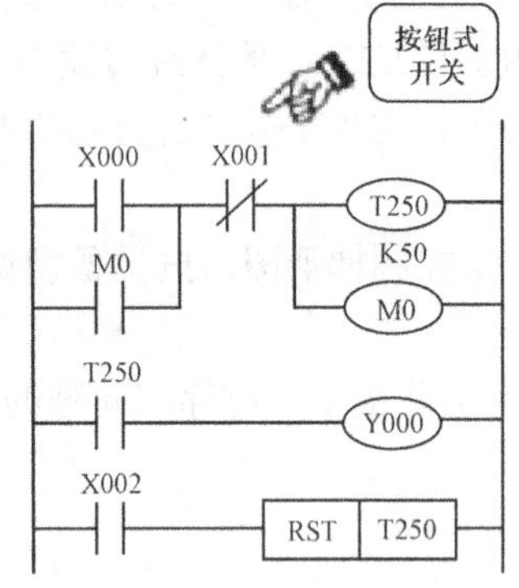

图 2-2-12　累积型定时器使用示例

STL 2-2-3

步序号	助记符	操作数	步序号	助记符	操作数
0	LD	X000	6	OUT	M0
1	OR	M0	7	LD	T250
2	ANI	X001	8	OUT	Y000
3	OUT	T250	9	LD	X002
		K50	10	RST	T250

电气设备上常设置不同的指示灯，观察指示灯可获取设备工作状态信息。在控制系统还可以利用指示灯效果设计引导设备操作，以提高设备操作的安全性。工程技术中对反映设备信息的指示灯的设置有一定的要求，一般设备的指示灯有运行指示灯、停止指示灯、故障指示灯、紧急指示灯及提示操作指示灯等。一般设备正常运行采用绿色、工作准备状态用黄色、紧急状态采用红色闪烁。不同设备、不同指示灯的含义不同，操作者在操作前应能理解各指示灯的工

作含义。下面主要讨论利用PLC实现不同频率闪烁指示灯的方法。

1．利用定时器实现指示灯闪烁效果的控制

如图2-2-13（a）所示的梯形图，当X000闭合时，定时器T0定时2s时间到，Y000输出的同时T1开始定时。T1定时1s时间到，T1常闭触点断开，定时器T0复位，Y000停止输出。因T0的复位致使T1定时器工作条件失去，T0重新开始定时，如此循环往复，T0、T1、Y000输出波形如图2-2-13（b）所示。改变T0、T1的设定值可得到不同的输出信号，实现指示灯闪烁频率和亮、暗时间的控制。

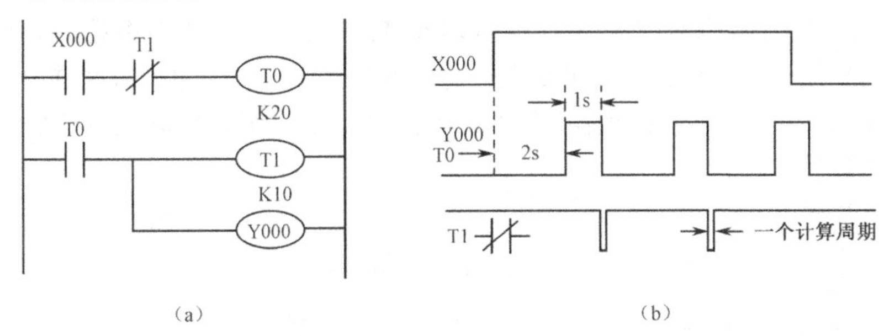

图2-2-13　定时器的应用

试编辑上述梯形图，设计调试方案，结合T0、T1不同的参数设定观察输出变化。

2．利用特殊继电器M8013实现的方法

M8000～M8255是FX_{2N}系列PLC中特殊功能辅助继电器，其中M8011、M8012、M8013、M8014分别用于实现的10ms、100ms、1s、1min的时钟脉冲，各时间脉冲的占空比均为50%，若用于控制输出分别可实现5ms、50ms、0.5s、30s的通、断效果。在直接用于指示灯控制时，由于人眼的视觉暂留特性，M8011、M8012由于频率过高、指示灯呈持续发光效果，而M8014通、断时间过长也不适宜直接作状态指示用。只有利用M8013可以实现状态指示灯产生0.5s间隔的闪烁光效，控制梯形图如图2-2-14所示。

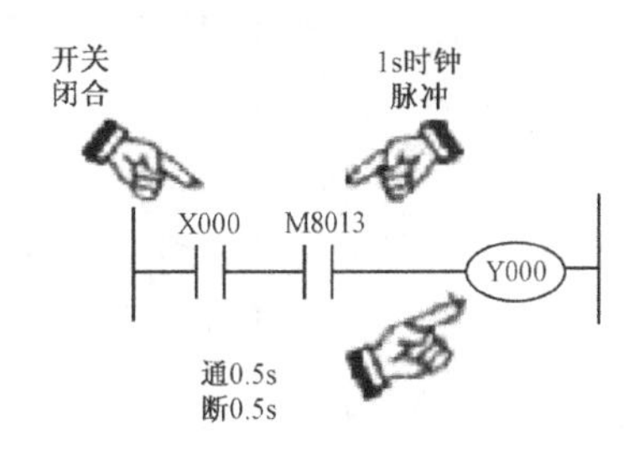

图2-2-14　特殊继电器M8013的用法

关于指示灯的光效控制方法多种多样，如利用M8013结合其他功能指令实现不同频率、不同效果的指示灯控制。有关指示灯的控制在后续章节中还会介绍。

任务三　三相异步电动机星形/三角形降压启动的PLC控制安装与调试

【任务目的】

通过星形/三角形（Y/△）降压启动的继电—接触控制线路向PLC控制实现的过渡，强化梯形图的程序结构、设计要求的认知。

- 理解和掌握串联块并联、并联块串联的逻辑关系，掌握块串联 ANB 指令、块并联 ORB 指令用法；进一步掌握联锁的实现方法和定时器运用方法。
- 结合星形/三角形控制任务，熟悉 PLC 程序中多重输出结构及多重输出指令的用法。

定子绕组三角形接法的大容量三相异步电动机的启动电流较大，为避免启动电流过大导致对电网电压的影响，常采取电动机启动时定子绕组采用星形接法降压启动，随转速上升接近额定转速时自动切换成三角形接法实现全压运行。实现星形/三角形换接启动继电接触控制线路如图 2-3-1 所示。按下启动按钮 SB1 时，接触器 KM、KM_{Y}线圈通电，电动机星形接法启动，同时时间继电器线圈通电开始计时；电动机转速上升接近额定转速时，时间继电器 KT 的延时动断触点切断 KM_{Y}线圈，KT 动合触点接通 $KM_{\triangle}$线圈，三相异步电动机定子绕组改变为三角形接法实现全压运行。

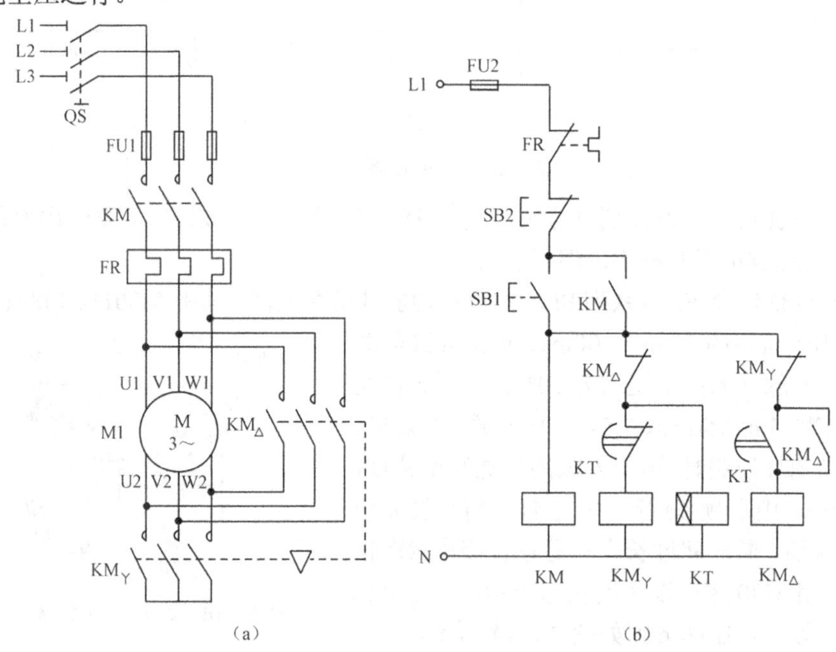

图 2-3-1　三相笼型异步电动机星形/三角形降压启动控制线路

想一想：

上述继电—接触控制线路中，利用时间继电器的控制完成星形接法到三角形接法的转变，PLC 中的定时器能否达到相同的控制效果？

知识链接四

块逻辑运算与多重输出形式的编程

在程序设计中，常会遇到运用前面所介绍的基本指令解决起来相对比较麻烦的逻辑运算，如“阅读与拓展一”中所示梯形图的逻辑，三菱 FX 系列 PLC 在处理此类运算时涉及块逻辑运算的概念及处理方法。

指令链接七：并联块串联指令 ANB

并联块串联指令 ANB，该指令属于不带操作对象的指令。

指令格式、操作对象及功能说明如下：

名　称	指　令	功　能	梯形图形式及操作对象	程序步数
回路块与指令	［ANB］	回路块串联		

把梯形图中支路的并联形式称为并联回路块，并联回路块与前面回路块或触点进行串接的形式称为梯形图中的块串联。块串联反映的是块间的逻辑与功能，用 ANB 指令进行编程。

并联块串联梯形图及块串联指令 ANB 的用法示例如图 2-3-2 所示，相对应指令表分别参见 STL 2-3-1 和 STL 2-3-2。

（a）

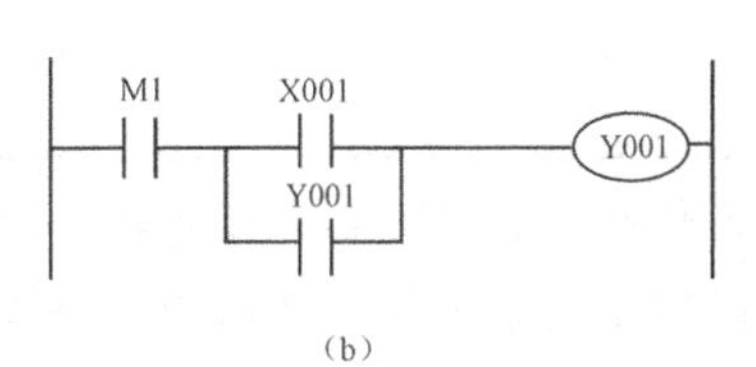

（b）

图 2-3-2　ANB 指令用法示例

STL 2-3-1

步序号	助记符	操作数	步序号	助记符	操作数
0	LD	X000	4	ANB	
1	OR	Y000	6	ANI	T0
2	LDI	X001	7	OUT	Y000
3	OR	M0	8		

STL 2-3-2

步序号	助记符	操作数	步序号	助记符	操作数
0	LD	M1	3	ANB	
1	LD	X001	4	OUT	Y001
2	OR	Y001	5		

图 2-3-2（a）中的 X000 与 Y000 常开触点、X001 常闭触点与 M0 常开触点分别构成了两个并联回路块，两个回路块间形成串联关系，用指令表 STL2-3-1 步序号 0～4 的相关指令来解释两个回路块间这种串联关系。T0 的常闭触点与前面块串联部分仅构成触点 ANI T0 “与非”运算。图 2-3-2（b）中的 M1 尽管只是一个常开触点，但 X001 与 Y001 常开触点构成并联回路，该回路与前面的 M1 构成并联块间的串联关系。若将前后顺序颠倒，回路实现的逻辑功能并没有变化，但并联块串联的结构被改变，所对应的基本指令及所占步数均减少了，在编程或转换指令表时需要注意这种逻辑结构的优化。对于回路块的定义通过起始触点来体现，回路块特征起始触点前面已介绍过用取指令 LD 或取反指令 LDI（含后续 LDP、LDF 等指令）进行编程。

指令链接八：串联块并联指令 ORB

串联块并联指令 ORB 和 ANB 指令一样为不带操作对象的指令。两个以上的触点串联连接的电路为串联回路块，将串联回路块进行并联使用时实现块相或功能，这种块相或功能通过指令 ORB 编程实现。

指令格式、操作对象及功能说明如下：

名　称	指　令	功　能	梯形图形式及操作对象	程序步数
回路块或指令	［ORB］	回路块并联		1

串联块并联梯形图及块相或指令的用法示例如图 2-3-3 所示，相对应指令表分别参见 STL 2-3-3 和 STL 2-3-4。

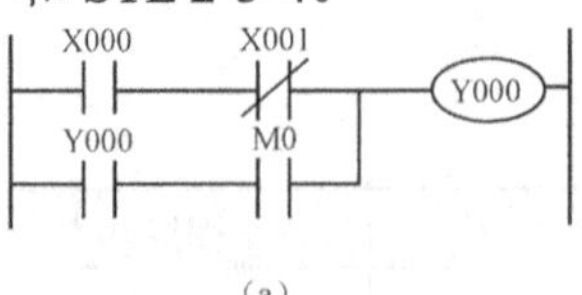

STL 2-3-3

步序号	助记符	操作数	步序号	助记符	操作数
0	LD	X000	3	AND	M0
1	ANI	X001	4	ORB	
2	LDI	X001	5	OUT	Y000

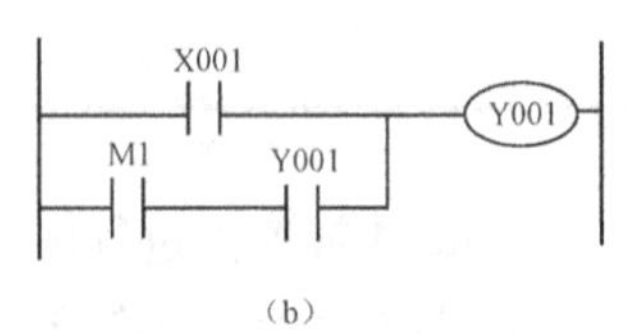

图 2-3-3　ORB 指令用法示例

STL 2-3-4

步序号	助记符	操作数	步序号	助记符	操作数
0	LD	X001	3	ORB	
1	LD	M1	4	OUT	Y001
2	AND	Y001	5		

图 2-3-3（a）中的 X000 常开触点与 X001 常闭触点、Y000 与 M0 常开触点分别构成了两个串联回路块，两个串联回路块间形成的是并联形式，结合指令表 STL2-3-3 步序号 0～4 步的相关指令用法解释这种并连接法。图 2-3-3 （b）中 X001 常开触点支路，常开触点 M1、Y001 构成串联块支路，构成图示的串联块并联的结构形式，指令表表述形式及 ORB 用法参见指令表 STL2-3-4。该梯形图上、下支路调整后也会出现指令用法的变化，但仅限于含单个触点的支路结构。

由于串联回路块、并联回路块的起始是以 LD、LDI 标志的，而 LD、LDI 指令在一个由反映左母线起始的指令（LD、LDI、LDP 及 LDF）到线圈输出或功能指令的输出回路块中有使用不超过 8 次的限制，故使用 ANB、ORB 指令时或画梯形图时要考虑此因素。

指令链接九：多重输出指令 MPS、MPD 及 MPP

多重输出指令包含三条指令：

（1）MPS（MEMORY-PUSH）为进栈指令，用于将当前的操作结果存储到栈。

（2）MRD（MEMORY-READ）为读栈指令，用于读出执行 MPS 存储的操作结果。

（3）MPP（MEMORY-POP）为出栈指令，用于清除栈内由 MPS 所存储的操作结果。

MPS、MRD、MPP 指令格式、操作对象及功能说明如下：

名称	指令	功能	梯形图形式及操作对象	程序步数
多重输出指令	[MPS]	运算进栈存储	MPS	1
	[MRD]	存储读栈（读栈）	MPD	1
	[MPP]	存储读出和复位（出栈）	MPP	1

如图 2-3-4 所示的梯形图为一个多重分支输出的梯形图程序，明确了所涉及指令 MPP、MRD、MPP 的用法、执行的顺序。对应的指令表参见 STL 2-3-5。

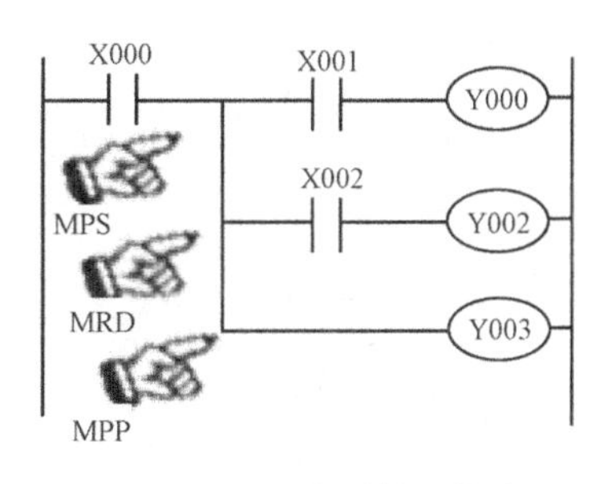

图 2-3-4 多重输出指令

STL 2-3-5

步序号	助记符	操作数	步序号	助记符	操作数
0	LD	X000	5	AND	X002
1	MPS		6	OUT	Y002
2	AND	X001	7	MPP	
3	OUT	Y000	8	OUT	Y003
4	MRD				

如图 2-3-4 所示梯形图中有三条分支路输出，三条支路产生输出均是以 X000 闭合为前提条件，通过 MPS 将 X000 条件信息存放进一个称为“栈”寄存器的特殊存储单元，第一路输出 Y000 的其他条件 X001 直接与“栈”信息相“与”；执行到第二路输出 Y002，通过 MRD 读取“栈”中信息与 X002 相“与”从面判定输出的有无。当执行到最后一路输出时，一方面要读取该“栈”信息用于与该支路输出条件逻辑判断；另一方面将该“栈”中信息清除为其他多重分支操作留下存储空间。其操作顺序先执行进栈 MPS、后执行出栈 MPP，中间进行读栈 MRD，可进行多次读栈。相关“栈”操作的知识在阅读与拓展中再进一步探讨。

专业技能培养与训练

星形/三角形降压启动 PLC 控制电路的设备安装与调试

任务阐述：本控制任务是结合继电—接触控制线路典型电路之一——三相异步电动机星形/三角形换接启动控制，采用继电—接触控制线路的逻辑变换方法，实现向 PLC 控制的转化，并完成该控制任务的电气设备的安装与设备调试。

设备清单参见表 2-3-1。

表 2-3-1 星形/三角形换接启动 PLC 控制设备安装清单

序号	名 称	型号或规格	数量	序号	名 称	型号或规格	数量
1	PLC	FX_{2N}-48MR	1	7	启动按钮	绿	1
2	PC	台式机	1	8	停止按钮	红	1
3	三相异步电动机	Y132M2-4	1	9	交流接触器	CJx2-10	3
4	断路器	DZ47C20	1	10	热继电器	JR16B	1
5	熔断器	RL1	4	11	端子排		若干
6	编程电缆	FX-232AW/AWC	1	12	安装轨道	35mm DIN	

一、星形/三角形换接启动控制线路的等效转换

相比较前面所介绍的电路，星形/三角形换接控制电路略显复杂，但等效变换方法基本相同。结合控制器件连接位置、相互关系和控制功能及 PLC 触点无限次使用特点，首先分别将 $KM_{\triangle}$常闭触点、FR 常闭触点及停车按钮 SB2 拆解到各条控制支路，将图 2-3-5（a）的星形/三角形控制电路转换成图 2-3-5（b）的形式。进一步将启动按钮与实现线路自锁的 KM 辅助常开触点并联部分拆解到各条支路中，通过转换后可得出如图 2-3-6 所示的等效电路。将熔断器去除，相线、零线分别对应梯形图的左、右母线。

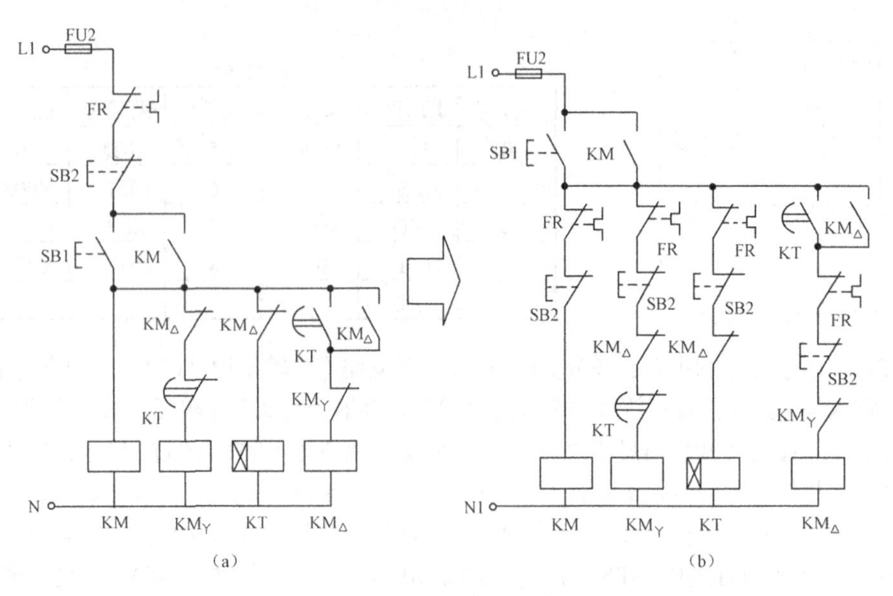

图 2-3-5　星形/三角形控制电路的等效变化过程图

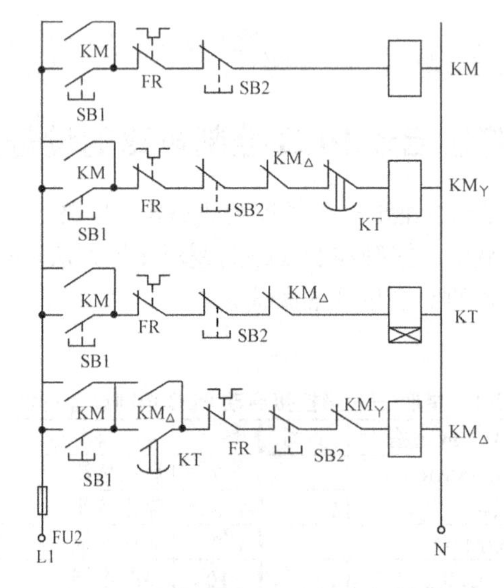

图 2-3-6　星形/三角形等效控制电路

严格意义上，规范的继电—接触控制线路原理图中各控制支路的排列遵循依工作先后按自左而右的顺序，转化梯形图时也需考虑到 PLC 串行工作方式对动作先后顺序的影响，故转换过程中应尽最大限度地保持原来动作顺序。

二、PLC 控制梯形图的实现

星形/三角形降压启动的 PLC 控制 I/O 端口地址分配参见表 2-3-2。

表 2-3-2　I/O 端口地址分配表

I 端口		O 端口	
SB1	X000	KM	Y000
SB2	X001	KM_{Y}	Y001
FR	X002	$KM_{\triangle}$	Y002

本控制任务定时器 T0 用于实现自动切换控制功能，其时间的设定根据星形启动到电动机接近额定转速所需时间。

结合图 2-3-6 和 PLC 的 I/O 端口的设置，按常开、常闭触点、输出继电器对应转化，KT 用定时器 T0 替换，画出如图 2-3-7 所示的控制梯形图，该梯形图的指令表参见 STL 2-3-6。

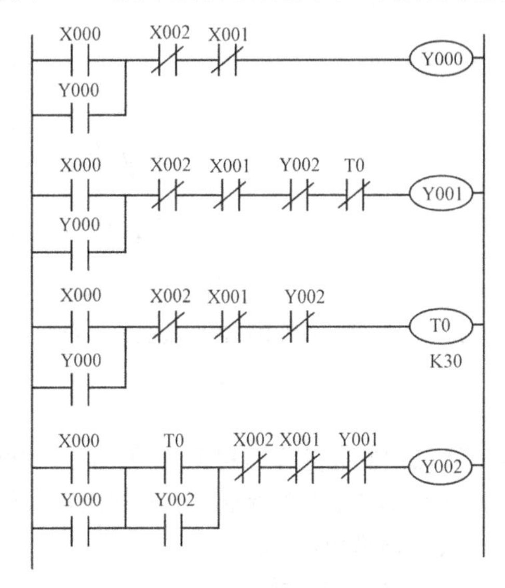

图 2-3-7　星形/三角形控制梯形图

STL 2-3-6

步序号	助记符	操作数	步序号	助记符	操作数
0	LD	X000	14	ANI	X002
1	OR	Y000	15	ANI	X001
2	ANI	X002	16	ANI	Y002
3	ANI	X001	17	OUT	T0
4	OUT	Y000			K30
5	LD	X000	20	LD	X000
6	OR	Y000	21	OR	Y000
7	ANI	X002	22	LD	T0
8	ANI	X001	23	OR	Y002
9	ANI	Y002	24	ANB	
10	ANI	T0	25	ANI	X002
11	OUT	Y001	26	ANI	X001
12	LD	X000	27	ANI	Y001
13	OR	Y000	28	OUT	Y002

针对上述星形/三角形控制梯形图特征，可结合多重输出指令简化为如图 2-3-8（a）所示。为能体现 PLC 梯形图的简洁性，借助辅助继电器 M0 作用，可进一步转换梯形图如图 2-3-8（b）所示。

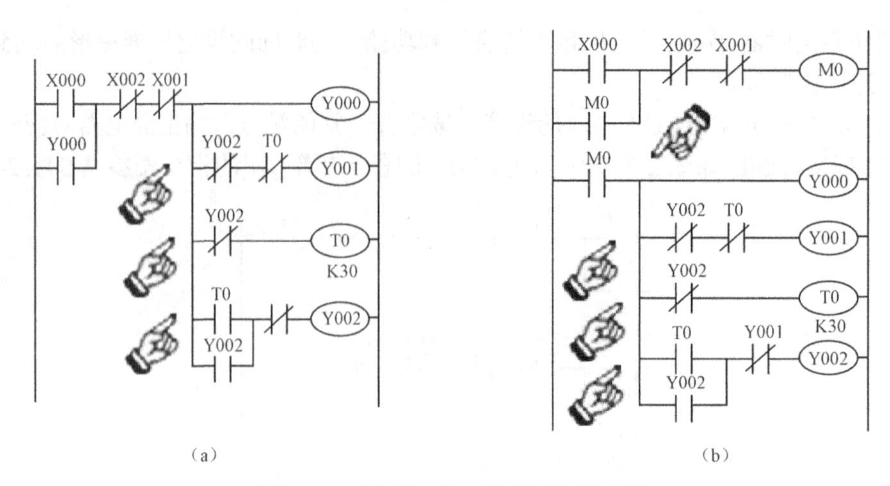

图 2-3-8　星形/三角形控制转换梯形图

三、PLC 控制电路

根据 PLC 的 I/O 端口定义及该控制任务中对星形/三角形控制顺序要求，可画出星形/三角形降压换接启动的 PLC 控制连接图如图 2-3-9 所示。该控制任务除程序联锁措施外，在输出端同时对 $KM_{\triangle}$、KM_{Y}采用外部电气联锁措施。

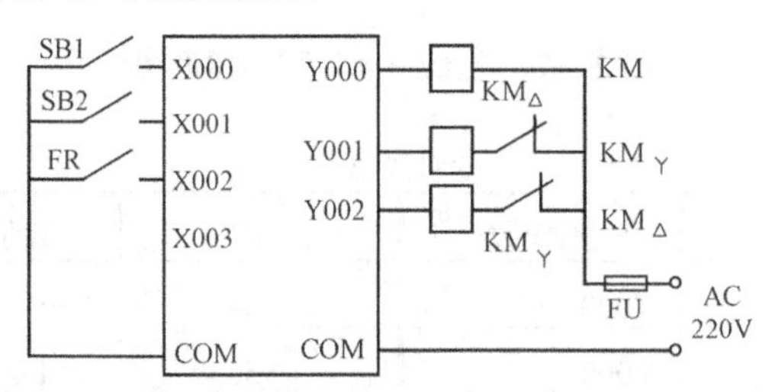

图 2-3-9　星形/三角形降压换接启动 PLC 控制连接图

四、设备安装与调试训练

（1）结合实训任务要求，根据设备清单表，选取元器件并进行必要的检查、检测，确保设备、器件性能、参数符合实训要求。

（2）根据 PLC 的安装要求、星形/三角形换接启动主电路及安装基板规格，设计元器件布局并画出元件布局图、主电路安装接线图、PLC 控制连接图。

（3）按工艺规范要求进行 PLC 及配套元件安装，并按先 PLC 控制电路、星形/三角形换接启动主电路的安装顺序进行线路连接。

（4）仔细检查上述电路并重点检查电气联锁措施，将 PLC 功能切换开关置于“STOP”位置，接通 PLC 电源。编辑如图 2-3-7 所示的控制梯形图，完成程序检查、转换编译、传输。

（5）试根据控制任务的要求合理设计调试方案，在监控状态下按程序、设备调试的方法，进行程序、设备调试，以检验 PLC 控制功能的实现。设备调试过程中注意观察启动过程中接触器 KM、KM_{Y}及 $KM_{\triangle}$动作情况。

（6）试分别编辑如图 2-3-8 所示梯形图，并进行设备调试；以验证两种多重输出控制程序的功能，加强对多重输出的 MPS、MPD、MPP 指令用法的认识。

思考与训练：

（1）根据任务二中双重联锁正反转控制电路梯形图，试结合多重输出结构及指令用法进行梯形图的改写，并列写指令表，结合软件编辑进行验证。

（2）机床电气设备中一般均设置有急停开关，用于在人身安全受到威胁、设备异常故障时采取紧急停车措施。而PLC应用电路中急停功能的实现要求是PLC的输出立即停止，但控制设备PLC设备不能断电。试结合星形/三角形控制任务探讨急停措施的实现方法，画出梯形图及PLC控制接线图。

多重输出指令与“栈”概念

以图2-3-4所示梯形图为例，进一步研究多重输出指令中“栈”操作执行的物理过程。FX_{2N}系列PLC内部设置了11个按自上而下排列存储区，专门用于存储运算的中间结果，称为“栈存储器”（简称“堆栈”），栈存储器的排列如图2-3-10所示。执行图2-3-4所示的梯形图，当程序执行MPS进栈操作指令时，先将连接点X000的接通状态信息送入堆栈的最上面第一层存储，而将原存放于第一层的数据向下移到堆栈的第二层，第二层下移到第三层……各层依次下移，如图2-3-10（a）、（b）所示。当执行MRD读栈指令时，读取栈存储器中最上层的新数据（X000的闭合状态），而此时的栈内数据不移动、保持不变，如图2-3-10（c）、（d）所示。当执行到MPP出栈指令时，最上层数据（X000闭合状态信息）被读取且向外移出，而栈内其余各存储单元数据则依进栈的相反顺序向上一层各移动一次，最上层随MPP读出数据并从栈内消失（显然MPP兼具读栈MRD功能）。栈操作的示意图如图2-3-10（e）、（f）所示。

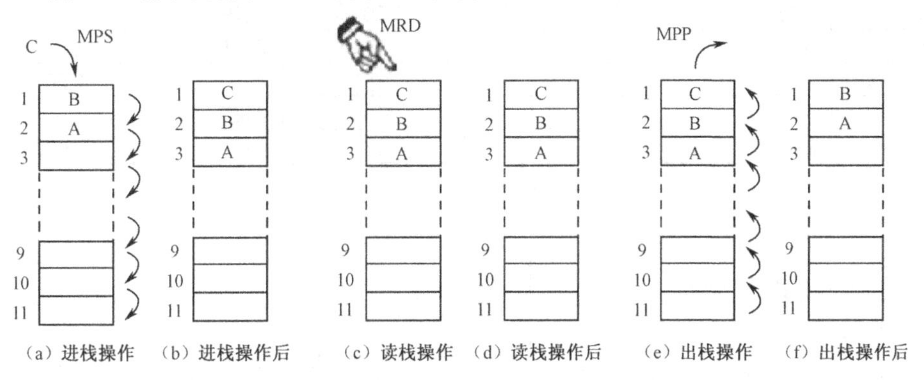

图2-3-10 多重输出指令的“栈”操作示意图

MPS、MPD、MPP均属于不带软继电器的指令。栈操作特点是数据的“先进后出”。MPS和MPP必须成对使用，但连续使用次数应少于11次，在栈操作中MRD不受次数限制。

在多重输出指令编程时，需要注意以下几种形式：

（1）多重输出编程中串并联触点、串并联回路块逻辑运算的处理。如图2-3-11所示的梯形图中有第一路输出中常闭触点M0与Y000的并联回路块与“栈”形成回路块串联；第二路输出中T0、X001及Y001、M1构成的串联块并联相或运算再与“栈”形成块串联。该多重输出程序对应的块逻辑运算指令、用法参见指令表STL 2-3-7。

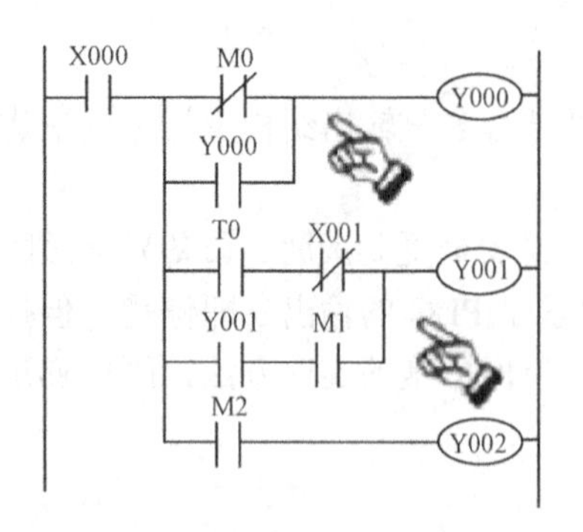

图 2-3-11　多重输出结构中的块运算

STL 2-3-7

步序号	助记符	操作数	步序号	助记符	操作数
0	LD	X000	8	LD	Y001
1	MPS		9	AND	M1
2	LDI	M0	10	ORB	
3	OR	Y000	11	ANB	
4	ANB		12	OUT	Y001
5	MRD		13	MPP	
6	LD	T0	14	AND	M2
7	ANI	X001	15	OUT	Y002

（2）多重输出的并行分支运用。

在 PLC 梯形图的多重输出结构中，若出现连续使用 MPS（两 MPS 指令间没有出现出栈 MPP 指令）则称为多分支结构，如图 2-3-12 所示的位置①、②连续两次使用 MPS 指令则称为两分支……以此类推。如图 2-3-13 所示尽管两次用到多重输出指令 MPS，但仍然属一分支电路，其 M10、M11 工作状态信息两次均只存储于栈存储器的最上层。

如图 2-3-12 所示的多重输出的多分支结构梯形图所对应指令表，参见 STL 2-3-8。

STL 2-3-8

步序号	助记符	操作数	步序号	助记符	操作数
0	LD	X000	13	ANI	Y002
1	OR	M0	14	MRD	
2	ANI	X001	15	ANI	C1
3	OUT	M0	16	OUT	Y001
4	LD	M0	17	MPP	
5	MPS		18	LD	C1
6	ANI	T0	19	OR	Y002
7	MPS		20	ANB	
8	AND	X002	21	OUT	T1
9	OUT	C1			K20
		K5	24	AND	T1
12	MPP		25	OUT	Y002

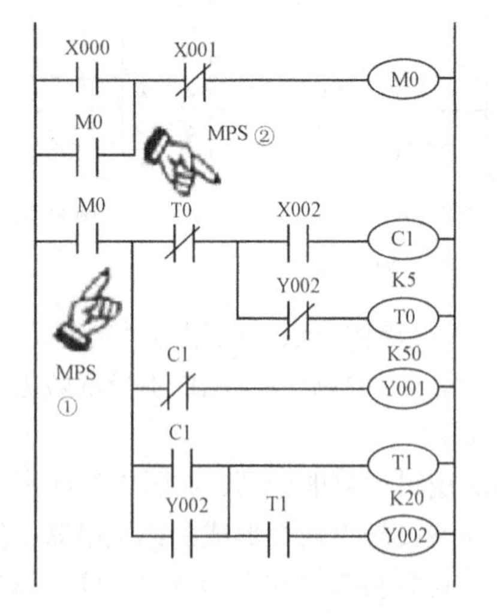

图 2-3-12　多分支结构的编辑

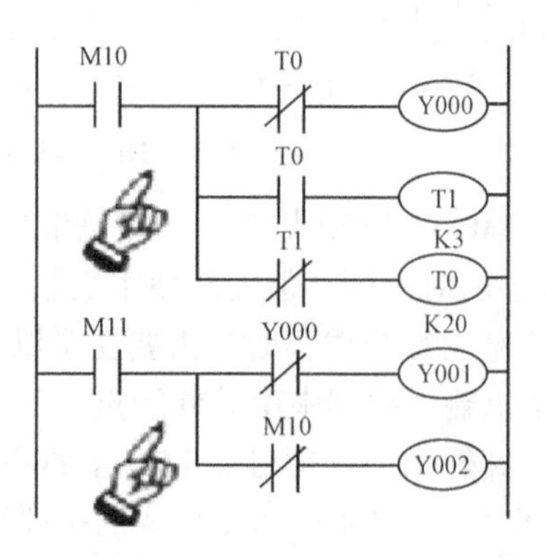

图 2-3-13　多重输出一分支电路编程

结合如图2-3-12所示的梯形图，分析堆栈存储器“进栈”、“读栈”、“出栈”的工作方式，当执行程序中进栈操作①MPS指令时，将M0状态信息“1”先存放于第一层；当执行进栈操作②MPS指令时，M0状态信息被向下推入第二层；而此时存放于第一层的信息是M0、T0相反的与结果信息。当顺序执行到紧邻的MPP，读出的是第一层信息并移出该存储单元，相应的第二层数据M0状态信息上升回到第一层，随后MRD、MPP则对应此时数据进行，即“先进后出”。

练一练：在GX Developer环境下分别编辑如图2-3-14所示的梯形图，结合梯形图形式与指令表对应比较：图2-3-14（a）中位置①、②处指令用法区别及输出方式；图2-3-14（a）中位置②与图2-3-14（b）中位置③处梯形图的区别与指令用法。

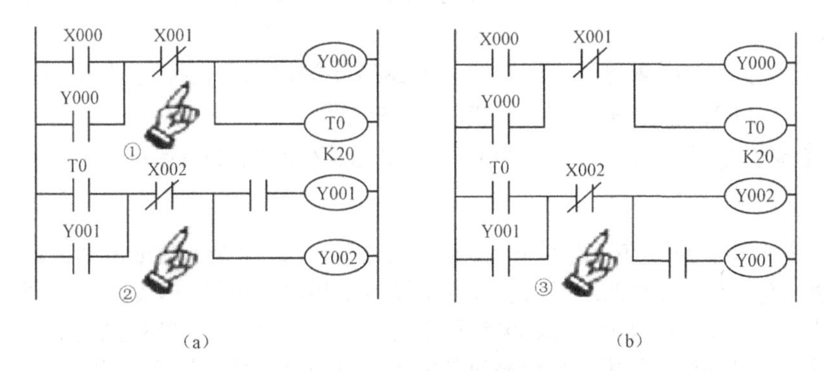

图2-3-14 训练比较梯形图

图2-3-14（a）中位置①属于纵接输出形式，不属于多重输出形式无须进行“栈”操作；而位置②则属于多重输出结构，需要在该处进行指令MPS的“进栈”操作，Y002输出同样需“出栈（含读栈）”。相比较图2-3-14（a）中位置②与图2-3-14（b）中位置③区别在于将同一回路中两输出线圈Y001、Y002的控制支路上下位置颠倒，颠倒后图2-3-14（b）位置③则变成为并行输出形式，指令表执行步数相应减少，带来的PLC扫描周期缩短。这种变化若用于工程控制上，其实际意义是控制的精度得到提高，所以，程序的简洁、精练与否是编程能力、运用水平的高低的体现。

为进一步分清多重输出与非多重输出的结构区别，试编辑比较图2-3-15中三种梯形图。观察对应指令表，比较梯形图的输出方式及指令的用法。

显然，这三种梯形图形式上相近，但结构不同，如图2-3-15（a）所示为并行输出形式，如图2-3-15（b）所示为纵接输出结构形式，如图2-3-15（c）所示为多重输出结构形式。

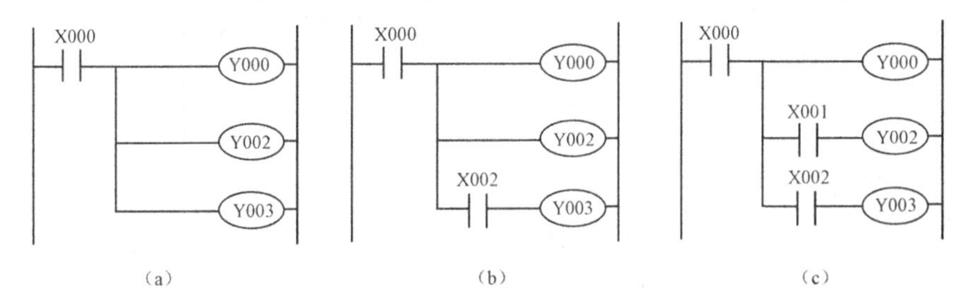

图2-3-15 梯形图的比较

运用中注意程序结构中的并行输出、纵接输出及多重输出方式。对于部分多重输出方式可通过转化为纵接输出方式实现程序结构的简化。

任务四 三相异步电动机变极调速的PLC控制安装与调试

【任务目的】

- 结合继电—接触控制线路采用逻辑分析的方法实现三相异步电动机变极调速的PLC控制，初步熟悉逻辑分析的梯形图的实现方法。
- 能够结合控制功能的要求熟悉定时器、辅助继电器等软元件在控制程序中的应用；熟练和掌握主控指令MC、主控复位指令MCR的功能与用法。
- 通过相对复杂控制任务的实现，对PLC控制功能及梯形图设计要求有进一步的认识，学会任务分析及逻辑分析的方法。

由三相异步电动机的转速公式可知，改变电源频率、电动机极对数或电动机转差率可以改变电动机的转速。改变电源频率调速可以通过专用设备变频器来实现，改变转差率调速只适用于三相绕线式电动机。工程上在供电电源、频率不变的情况下，常用具有特殊结构的笼型电动机（如双速、三速或多速电动机）采用改变磁极对数的方法获取高、低挡转速，称为变极调速。

如图2-4-1所示为三相异步双速电动机变极调速的继电—接触控制线路，该控制线路可实现以下工作方式：①以低速启动自动切换至高速运行方式；②以低速方式启动、低速运行方式；③低速启动、手动控制延时高速运行方式；④高速运行手动切换至低速运行方式。低速启动自动切换至高速运行方式的实施仅需要启动时按下SB2；低速方式启动、低速运行方式仅于启动时按下SB1；如果需要切换到高速模式时再按下SB2则延时进入高速运行方式，仅于高速运行时按下SB1可切换至低速状态运行。电动机极对数的改变是通过三相绕组的不同接法实现的，KM1接通时电动机极对数是KM2、KM3接通时的2倍，而转速约为后者的约1/2，KM1与KM2、KM3间存在互锁关系。

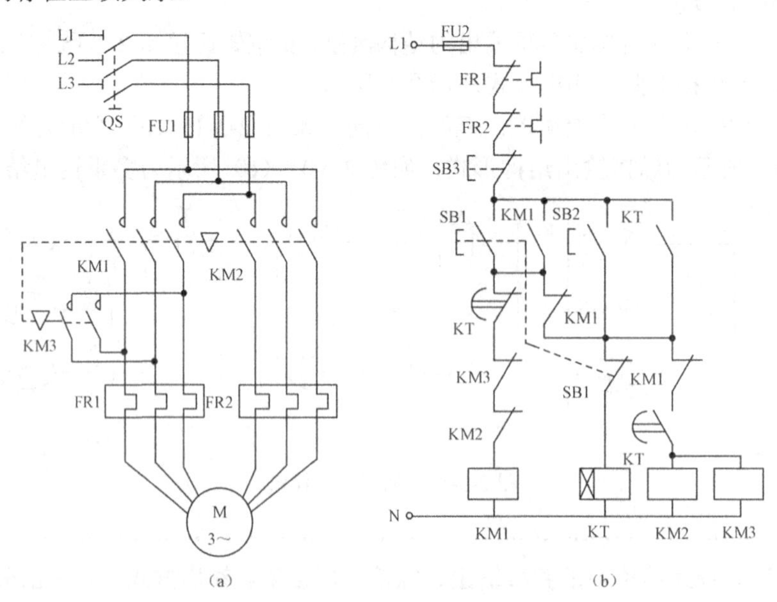

图2-4-1　三相双极电动机变极调速控制线路

想一想：

若控制线路过于复杂，是否只能利用转换绘图的方法实现控制，这种绘图方法是否具有可操作性、方便性？

知识链接五

复杂控制电路中总控制的实现方法

任务三中的多重输出梯形图结构方式，可用于局部总控制或者控制任务不太复杂情况的总控制的实现，如设备停止、过载保护等具有总控性质的场合。但对于较为复杂控制任务的总控制，若采用前面所阐述的方法或多重输出方式来实现，则显得程序结构缺乏必要的合理性，而利用三菱 PLC 的主控指令可有效解决此类控制问题。

指令链接十：主控指令 MC 与主控复位指令 MCR

MC（Master Control）为主控指令，程序中用于公共串联触点的连接编程。MCR（Master Control Reset）为主控复位指令，用于对主控指令 MC 的复位处理，即用于解除主控指令触点对后续程序的控制作用。

主控指令 MC、主控复位指令 MCR 格式、操作对象及功能说明如下：

名称	指令	功能	梯形图形式及操作对象	程序步数
主控指令	［MC］	公共串联触点	MC N YM M 除特殊辅助继电器	3
主控复位指令	［MCR］	公共串联触点解除	MCR N	2

主控指令 MC 的操作对象为辅助继电器 M、输出继电器 Y，特殊辅助继电器不能用于主控指令操作对象。操作参数 N 为主控嵌套级数，最多 8 级，即 N 的编号只能为 N0～N7。

在编程时常会遇到有多个线圈同时受一个触点或同时受到同一种连接形式触点组的控制，若在每个线圈的控制回路中都采取串入同样的触点，将会占据较多的 PLC 存储单元且会延长 PLC 的扫描周期。而采用主控指令 MC 可在梯形图中实现了一个与垂直左母线相连的常开触点，实现对主控复位指令 MCR 执行前的程序段的总控作用。SWOPC FXGP/WIN-C 编程界面梯形图如图 2-4-2 所示，主控指令 MC 相当于在梯形图母线上安装了一个由控制条件决定的常开触点总开关，总开关的解除由主控复位指令 MCR 实现。

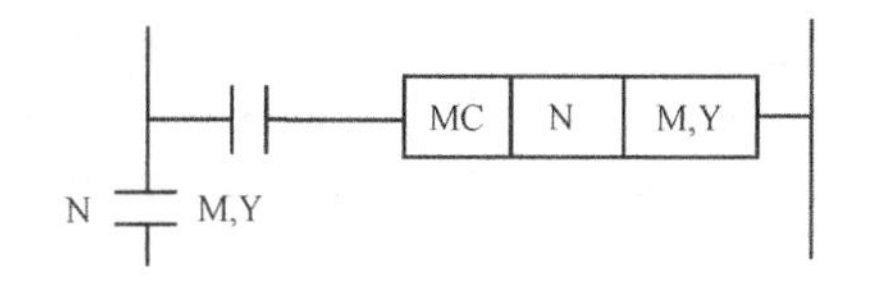

图 2-4-2　MC 指令格式及效能

在不同版本 PLC 编程软件中，主控命令 MC 及主控复位命令 MCR 的梯形图格式会有所不同，图 2-4-2 则是在 SWOPC FXGP/WIN-C 版本中主控指令 MC 形式，体现出母线串联的常开触点控制特征。而 GX Develop 版本的输入形式并未出现该母线触点，但功能上与图 2-4-2 形式没有区别，使用时需要注意该指令执行后到主控复位指令 MCR 间的程序段均受主控指令 MC 指定触点总控。为强化主控指令功效及延续低版本的程序格式，本书梯形图中仍延续原有格式，在使用时注意区别。

MC 指令的功效相当于在原梯形图中新构建了一条“子母线”，“子母线”范围被界定于MC与MCR指令间，该“子母线”上所编辑的梯形图被执行条件是主控指令MC中定义的触点闭合。在主控指令MC定义的子母线上起始的触点同样需要以LD或LDI等指令开始。主控复位指令MCR表示“子母线”的结束并返回原母线。

如图2-4-3所示的梯形图及指令表STL 2-4-1，是主控指令MC与主控复位指令MCR在上述三相电动机正反转控制中的运用形式，将停车按钮X002、过载保护X003的作用定义为一个主控辅助继电器M100，当X002、X003没有动作时，则“垂直触点”M100闭合，中间的两个梯形图回路块能够被执行；只要X002或X003中任意一个触点有动作，则“垂直触点”M100将断开，执行主控复位指令MCR，中间两回路块停止工作且PLC执行程序时绕过该部分程序。

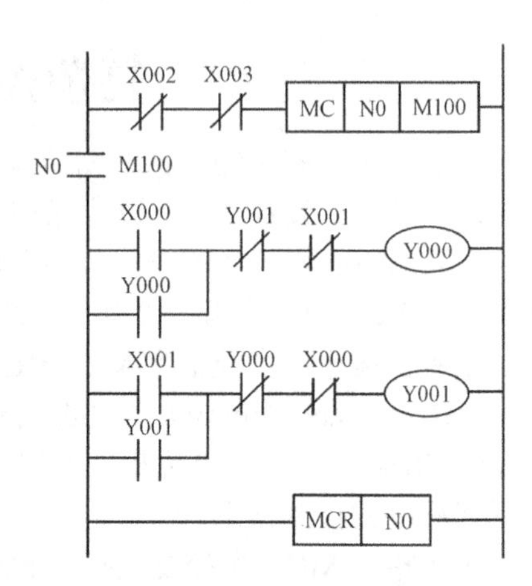

图2-4-3 MC、MCR指令的梯形图

若在MC与MCR指令间通过更改级数N、“软继电器”Y、M地址，再次或多次使用主控指令MC，从而形成了主控指令MC的嵌套级数N编号要求从小到大，主控复位指令MCR返回则对应由大到小逐级解除嵌套（主控指令MC后的软元件号也应避免出现相同的双线圈输出现象）。主控指令MC的嵌套，嵌套级数最多为8级，N的编号只能为N0～N7，且由小到大编号，不能重复。若主控指令MC使用中不形成嵌套而呈并列结构关系时，则N0可重复使用，但Y、M注意不能重复使用。

STL 2-4-1

步序号	助记符	操作数	步序号	助记符	操作数
0	LDI	X002	9	OUT	Y000
1	ANI	X003	10	LD	X001
2	MC	N0	11	OR	Y001
		M100	12	ANI	Y000
5	LD	X000	13	ANI	X000
6	OR	Y000	14	OUT	Y001
7	ANI	Y001	15	MCR	N0
8	ANI	X001	17		

图2-4-4所示为简单的主控指令MC嵌套用法示例。

图2-4-4（a）中主控①、主控②之间属于主控指令MC嵌套，主控①中嵌套了主控②，当主控①中MC N0 M100有效，才能执行到MC N1 M101，返回母线操作反过来先执行MCR N1由M101后二级子母线回到上一级子母线再通过MCR N0回到主母线。图2-4-4（b）中的主控①与主控②、③间形成主控指令MC的嵌套，而主控②、③间并没有嵌套关系仅形成主控并列关系。

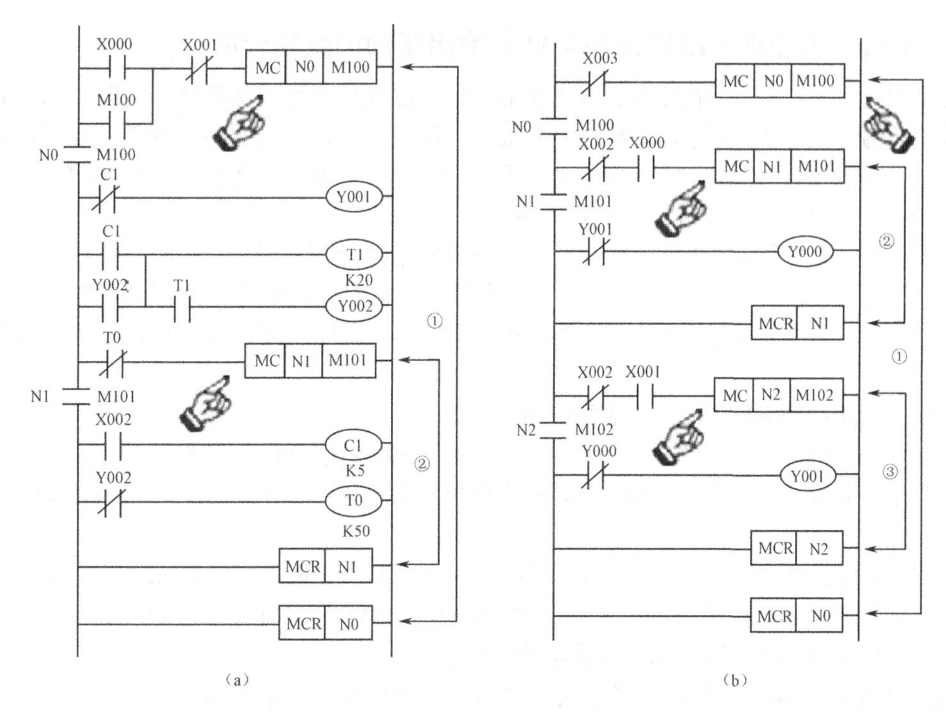

图 2-4-4　主控指令 MC 的嵌套用法示例

当主控复位指令 MCR 执行后，主控指令 MC 与主控复位指令 MCR 间的用 OUT 驱动的软元件如输出继电器 Y、辅助继电器 M、非累积定时器 T 及计数器 C 等均会变为断开状态；但如果由置位指令 SET 驱动或是采用累积型定时器、计数器则在主控复位指令 MCR 复位后相应状态保持不变，若需要复位则要用 RST 指令对其进行复位操作。

专业技能培养与训练

双速电动机变极调速 PLC 控制电路的设备安装与调试

任务阐述：本控制任务是针对继电接触控制线路典型任务之一——三相异步电动机变极调速控制，通过对控制线路的控制条件与输出驱动的逻辑分析，结合 PLC 基本控制单元及联锁要求实现 PLC 控制梯形图，并完成该控制任务的电气设备的安装与调试。

设备清单参见表 2-4-1。

表 2-4-1　变极调速 PLC 控制设备安装清单

序号	名　称	型号或规格	数量	序号	名　称	型号或规格	数量
1	PLC	FX_{2N}-48MR	1	7	启动按钮	绿	1
2	PC	台式机	1	8	停止按钮	红	1
3	三相异步电动机	双速电动机（型号略）	1	9	交流接触器	CJx2-10	3
4	断路器	DZ47C20	1	10	热继电器	JR16B	1
5	熔断器	RL1	4	11	端子排		若干
6	编程电缆	FX-232AW/AWC	1	12	安装轨道	35mm DIN	

一、变极调速控制线路的控制条件与输出驱动的逻辑分析

对于继电—接触控制线路采用逻辑变换的方法，通过作图实现梯形图，有助于初学者对梯形图含义的理解。但实际应用中此方法很少采用，较多是结合控制线路的功能、要求，采用对原线路的控制逻辑进行分析，判别各控制对象的动作方式、驱动的条件等，结合 PLC 梯形图的基本控制单元及联锁要求进行 PLC 的程序设计。

控制线路逻辑分析的方法是建立在对控制任务功能的分析基础上，搞清楚完成此功能所要产生动作（输出）、动作的顺序，依据分解动作找出输出的驱动条件。本控制任务实现变极调速是通过 KM1 实现低速接法、KM2、KM3 实现高速接法，低速到高速的切换通过时间继电器控制实现。

1. 低速接法线圈 KM1 的驱动条件分析

（1）KM1 驱动控制。按钮 SB1 常开闭合、SB2 常开触点在 KM1 线圈未通电时均可驱动 KM1 的线圈。采用带复位功能的启动按钮控制，非点动控制均需利用 KM1 常开触点实现对启动控制的自锁。

（2）KM1 停止（或称复位）条件。按钮 SB3 常闭断开、时间继电器 KT 延时动断触点开路、过载 FR1 或 FR2 常闭断开；设备控制中的联锁：KM1 与 KM2、KM3 间存在联锁关系。

2. 高速接法线圈 KM2、KM3 的驱动条件分析

高速时 KM2、KM3 呈并联连接方式，故两者的驱动与复位条件相同。

（1）KM2、KM3 驱动控制。KT 延时动合触点闭合实现驱动。

（2）KM2、KM3 复位条件。SB3 常闭断开、过载 FR1 或 FR2 常闭断开。设备控制中的联锁：KM2、KM3 与 KM1 间存在联锁关系。

3. 时间继电器 KT 线圈的驱动条件

（1）KT 的驱动：按钮 SB2 常开闭合，KT 瞬时常开触点实现自锁。

（2）KT 的复位条件。按钮 SB3、SB1 的常闭断开、过载 FR1 或 FR2 常闭断开。

二、PLC 的 I/O 定义

结合上述控制任务的分析，I/O 端口地址分配参见表 2-4-2。

表 2-4-2　I/O 端口地址分配表

I 端口		O 端口	
SB1	X000	KM1	Y000
SB2	X001	KM2	Y001
SB3	X002	KM3	Y002
FR1	X003		
FR2	X004		

PLC 的时间控制均利用内部定时器实现，本例中定义 PLC 通用定时器 T0 对应 KT 的作用，通过其延时常开、常闭触点实现低速到高速的切换。但时间继电器 KT 瞬时常开触点的自锁，由于 PLC 的定时器只有延时触点而无瞬时触点功能，解决的方法是定义辅助继电器 M0，其 M0 线圈与定时器线圈并联，其驱动、复位条件和定时器一致，利用 M0 的常开触点解决定时器的自锁问题。

三、控制梯形图的绘制

梯形图的设计可从两个方面考虑：遵循动作顺序与控制功能相对应的梯形图回路；每一回

路结构与“启—保—停”基本结构形式相对应的“三要素”。本任务中依顺序有 Y000、T0 及 Y002 与 Y003 组合的三个回路，结合上述驱动条件分析实现梯形图如图 2-4-5 所示。

（1）梯形图功能分析，低速启动自动切换到高速运行的控制。停止状态下直接按下 X001。试结合梯形图分析实现方法。

（2）低速启动低速运行、手动实现高速的控制。先按下 X000，电动机以低速方式启动后低速运行；当需要切换到高速时按下 X001 经延时后实现高速运行。

（3）高速运行到低速运行的控制。只要电动机处在高速状态，按下 X000 即切换到低速状态。

梯形图中回路块 3 中启动 X001 常开触点，对应所接的具有自动复位功能的按钮开关，因定时器常开触点 T0 闭合前，辅助继电器 M0 已闭合，所以 X001 在此处没有任何意义，可去掉。对于梯形图各回路块中均含有编号及形式相同的触点，可尝试借助辅助继电器及多输出方式进行梯形图转换。

四、主控指令下的变极调速的控制

假设在该控制任务中要求提供急停控制：定义输入端口 X005 为急停开关控制端口，接常闭触点形式的急停开关 SB4，结合主控指令 MC 及主控复位指令 MCR 实现急停控制功能。在原控制程序中对于停止控制、过载保护措施也均可结合主控方式实现。如图 2-4-6 所示为变极调速控制任务的采用主控指令 MC 及主控复位指令 MCR 的梯形图，试理解其工作原理及嵌套级别安排的合理性。

该梯形图能否将急停、过载保护及停车控制组合起来采用一级主控指令实现集中控制。试结合控制原理、功能上及工程实际控制要求、控制方式等方面分析。

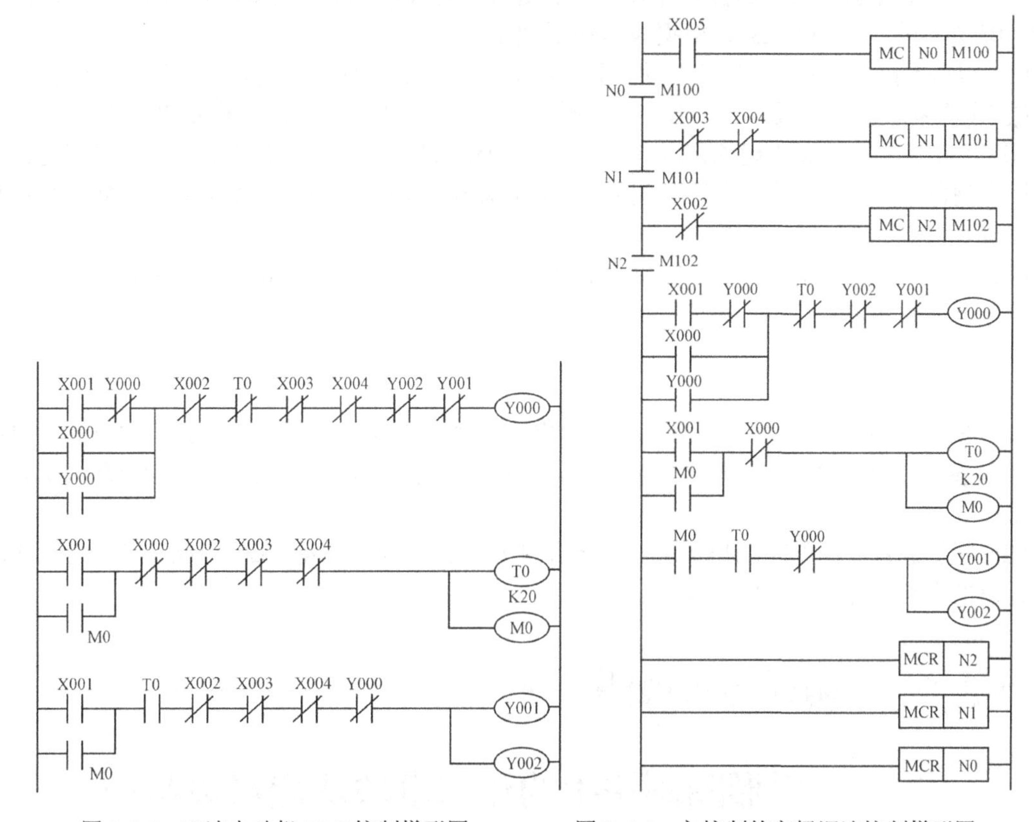

图 2-4-5　双速电动机 PLC 控制梯形图　　　　图 2-4-6　主控制的变极调速控制梯形图

五、双速电动机的PLC控制电路

结合上述分析及双速电动机控制的任务，可画出PLC连接电路，如图2-4-7所示。

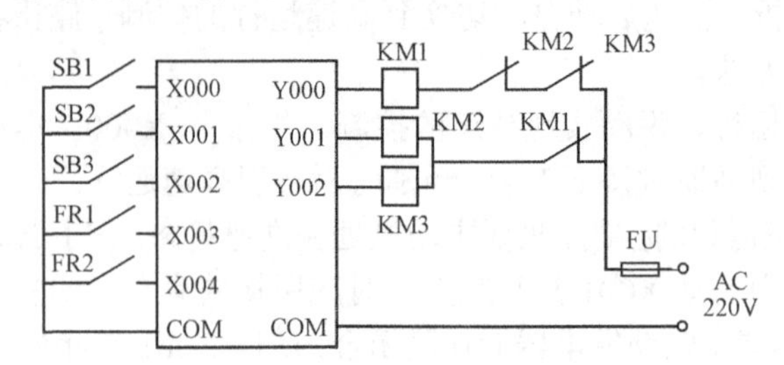

图2-4-7　双速电动机PLC控制电路

六、设备安装与调试训练

（1）根据双速电动机控制的设备清单表，正确选取元器件并进行常规检测。

（2）根据PLC的安装要求、变极调速控制主电路及安装基板，设计元器件布局并画出元件布局图、主电路安装接线图、PLC控制电路连接图。

（3）按工艺规范要求进行PLC及配套元件安装，并按先PLC控制电路、后主电路的安装顺序进行线路连接。线路检查后注意观察双速电动机与普通电动机的端盒出线端，正确识别各出线端，确保主电路与电动机连接的正确性。

（4）用RS-422/232C电缆连接PC与PLC，检查无误后，将PLC功能选择开关置于"STOP"位置，接通PLC电源。利用编程软件采用梯形图编辑输入方式完成图2-4-5控制任务梯形图的编辑、编译，利用RS-422/232C数据线传输至PLC。

（5）根据本控制任务中的低速启动、手动高速运行；低速启动自动切换到高速运行；高速运行到低速运行控制的要求设计调试方案，在监控状态下进行程序调试，以验证PLC控制程序。

（6）在上述程序调试正确的情况下，按上述的先空载、后负载进行设备调试，调试过程中注意用电规范；在教师监控下进行负载调试。注意观察启动过程中接触器KM1、KM2及KM3动作情况。

（7）试分别结合多重输出、主控指令的转换梯形图，完成程序调试及设备调试，比较程序结构、功能上的区别。

思考与训练

（1）试结合星形/三角形换接降压启动继电—接触控制线路，采用逻辑分析的方法找出各线圈驱动条件，画出PLC控制梯形图，与等效转换方法的梯形图比较，并设计空载调试方案进行验证。

（2）根据急停控制的功能与要求，试结合星形/三角形换接启动PLC控制任务，讨论实现急停控制的方法，并编辑、模拟调试。

梯形图画法中的注意事项及应对策略

通过前面相关指令格式、用法及典型任务的控制梯形图的认知训练，结合对简单任务分析的 PLC 梯形图绘制方法的认识，进一步讨论在梯形图绘制时一些须加以注意的细节性、逻辑性转换的问题。

1．程序结构与程序步数关系

在如图 2-3-2（b）、图 2-3-3（b）所示的并联块串联指令 ANB、串联块并联指令 ORB 用法示例中，对于两梯形图若分别作先后、上下顺序的颠倒可对应得出如图 2-4-8 所示的梯形图，变换前、后梯形图功能没有任何变化，但对应的指令表在变换后串联块、并联块结构发生了变化，成为简单的与、或运算。

进行梯形图设计，一般能实现“与”运算则不必采用“块串联”运算，绘制梯形图在出现串联逻辑运算时将复杂连接部分调整先后顺序放于回路的左前方；能以“或”运算实现的则不必采用“并联块”结构，在出现并联结构时可将复杂连接支路放在上方；即使对于不能以“与”、“或”运算解决的，上述处理方法在梯形图设计时同样适用。对含有多输出线圈的驱动设计时一般按能并行输出不采用纵接输出、能采用纵接输出不采用多重输出方式，优选顺序中多重输出方式为优选级别最低的方案。

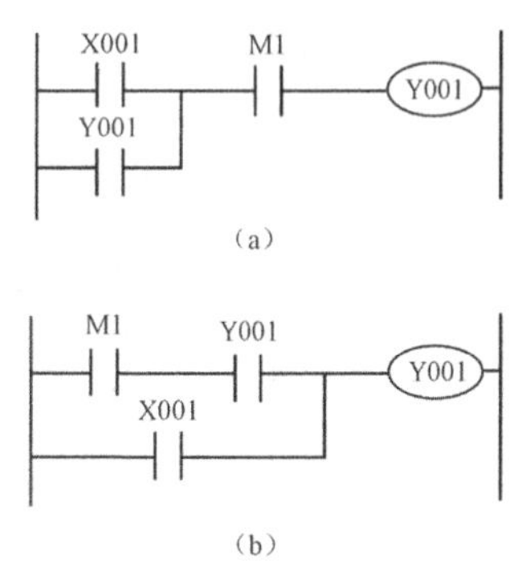

图 2-4-8　不同用法示例

2．双重线圈输出问题

如图 2-4-9 所示，对于输出继电器 Y000 在顺控程序中出现了两次（或以上）的做法称为双重输出（或双线圈现象）。即便此种接法不违反逻辑运算及梯形图画法要求，由于 PLC 程序串行执行方式决定了双重输出的最终输出状态优先的原则。但通常双线圈输出的结果仍然会出乎设计者预料，结合如图 2-4-9 所示的梯形图，当 X000 接通、X001 及 X002 断开状态下，PLC 执行过程：执行梯形图回路块 1，输出继电器 Y000 对应的映像寄存器在位置①处为“ON”状态；当执行回路块 2 时，Y001 因 Y000 接通处于“ON”状态并存入 Y001 映像寄存器；当执行到回路块 3 时则因 X002 断开导致位置②处 Y000 被重新置“OFF”状态。在 PLC 输出刷新阶段有输出继电器 Y000 为 OFF，Y001 为“ON”状态（注意：Y001 并未受位置②处 Y000 影响，原因是同一扫描周期 PLC 自上而下的串行工作方式决定的）。而第二个扫描周期若 X000 无输入，则在输出刷新阶段又出现 Y000、Y001 均为“OFF”状态，此时初学者容易被回路块 1 中 Y000“自锁”所混淆。

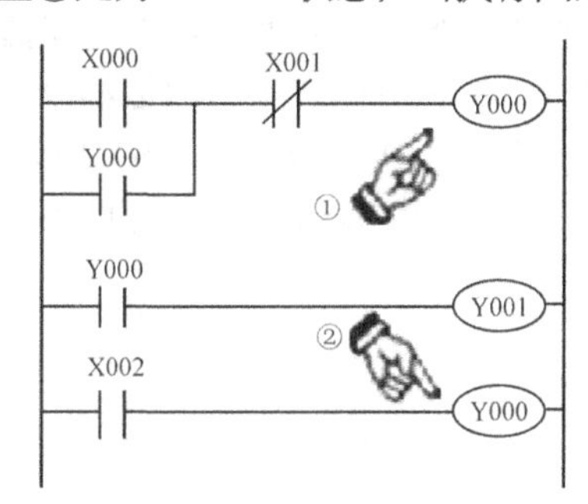

图 2-4-9　双线圈输出问题

如图 2-4-10（a）所示为某控制任务的梯形图，其中 Y001 为呈现双线圈输出形式，如何避免双线圈输出带来输出状况难以预料的后果，一般顺控程序中可采用以下方式解决：①图 2-4-10（a）中前面的 Y000 输出梯形图回路（虚线框内程序）由于对输出不能产生影响，其控制作用可忽略，采取删除处理。此处理方式弊端在于可能会出现部分欲实现的控制功能丢失。②按图 2-4-10（b）形式将两部分逻辑合并，将两个回路控制条件合并相或对输出进行控制，此方式建立在扫描周期短可忽略程序执行先后顺序对过程产生的影响的前提下。③按图 2-4-10（c）的处理方式，利用 PLC 的辅助继电器作为过程控制的中间量，最终合并进行输出控制，解决了双线圈输出问题同时兼顾 PLC 程序执行的过程。综合比较：方式①不太严谨；方式②体现了控制逻辑的简洁性；方式③体现了控制逻辑的科学性。

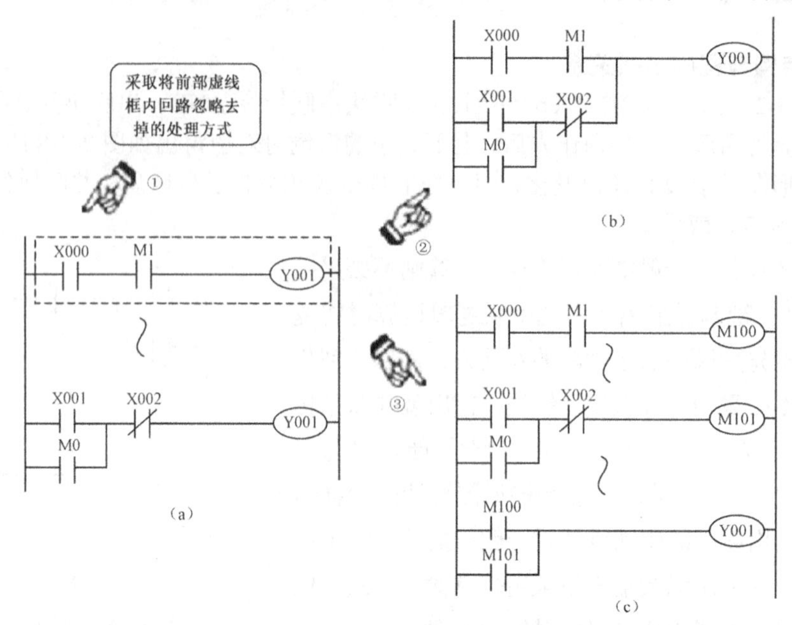

图 2-4-10 输出双线圈的处理方法

除上述方法外，还可利用顺控程序中实施程序流向控制方法如跳转指令，或者利用在模块四中介绍的步进状态程序控制中通过不同状态步实施对同一线圈的控制。

3．桥式逻辑结构的处理

在 PLC 梯形图中，除主控指令在母线上出现垂直串接的触点形式外，其他均不允许在梯形图中出现触点的垂直接法。但在继电器接触控制线路转换时或逻辑关系运算时会出现形同如图 2-4-11 所示结构形式（称为桥式逻辑结构），梯形图中不允许出现桥式结构。对于桥式逻辑结构在绘制梯形图时可结合“能流”概念进行相应的逻辑转换。按照“能流”只能从左到右方向进行，故只能产生如图 2-4-12（a）所示的四条路径的“能流”，对四条“能流”进行综合分析其等效于如图 2-4-12（b）所示的梯形图，解决了上述桥式逻辑结构问题。显然桥式结构中垂直触点的逻辑关系可参照此办法进行解决。

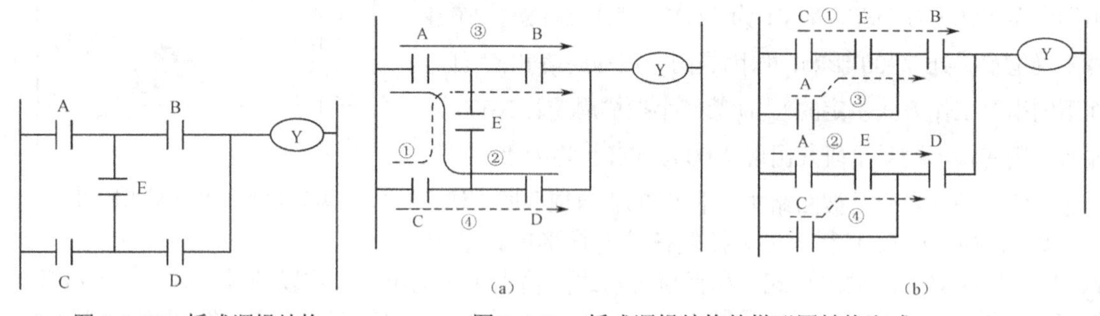

图 2-4-11 桥式逻辑结构　　图 2-4-12 桥式逻辑结构的梯形图转换方式

在 PLC 程序中，相同功能梯形图可采用符合 PLC 梯形图画法要求的不同描述方法（结构画法），而结构简洁，程序所用指令少、程序长度（步数）短具有减少占用 PLC 的有效资源、减少逻辑故障及缩短执行时间（扫描周期）的作用。

>>> 模块三

检测、变频及气动技术的PLC控制与应用

【教学目的】

- 通过本模块相关任务的学习与实训，结合PLC的应用认知和编程方法的训练，熟悉PLC应用中检测器件的检测与使用方法，了解常见控制设备功能及控制方法。
- 理解和熟悉PLC的边沿操作、脉冲输出指令、反向指令等功能、用法；进一步熟悉PLC常见基本指令的用法和强化编程软件的基本操作。
- 了解现代气动、液动技术中控制及执行器件，控制回路组成及控制方法；通过PLC对变频器控制运用，了解三菱E540变频器的基本用法。
- 熟悉和了解三菱GX Simulator虚拟仿真软件基本组成和虚拟调试方法。

任务一　工作平台自动往返PLC控制电路的安装与调试

【任务目的】

- 了解传感器的应用知识，了解接近开关、磁性开关等作用，熟悉常用三端式接近开关的运用及PLC的连接方法，熟悉位置检测、限位措施及控制的方法。
- 熟悉和理解边沿操作指令、脉冲输出指令及反向指令等功能与用法。
- 熟悉工作平台自动往返控制任务的分析方法，学会该控制任务设备安装与调试方法。

想一想：

现代加工设备中许多工序环节采取自动加工方式，往往一次启动后相关工序不需要人为干涉，均自动进行下去直到工序完成或停止操作。特别是涉及位置控制时的自动运行特征尤为突出，如何实现位置的自动控制？

作为一个PLC设备管理、系统开发、运行维护人员，不能仅局限于PLC的设备性能、程序编制方法具备一定认知能力，还需要对现代的基本机电设备运行与控制方式有所认识。

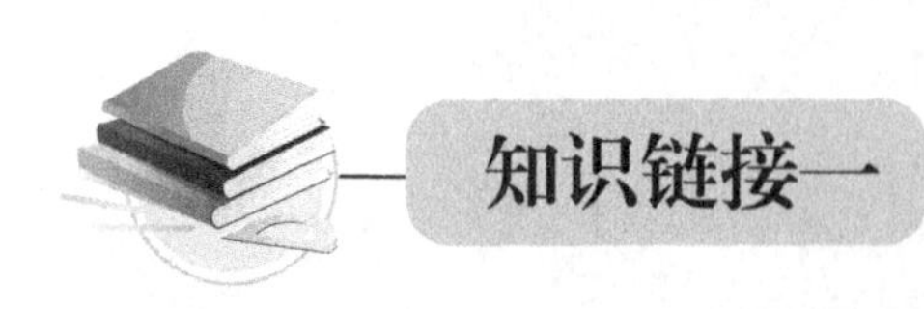

工作平台自动往返控制的方法

如图 3-1-1 所示为三相异步电动机通过丝杆拖动往复式平台工作的示意图，当电动机正转时，经联轴器带动丝杆正转、往复式平台左移，电动机反转则平台右移。为保证设备控制及设备安全，往复式平台机构均须采取位置检测措施用以实现位置控制、限位保护等。图中采用按钮式行程开关 SQ1、SQ2 分别进行工作平台左、右工作位置的检测，从而判断工作状态的切换条件实现位置控制；行程开关 SQ3、SQ4 分别用于对工作平台左、右极限位置进行判断，实施限位保护。如图 3-1-2 所示为利用行程开关实现工作平台的自动往返继电—接触控制电路。

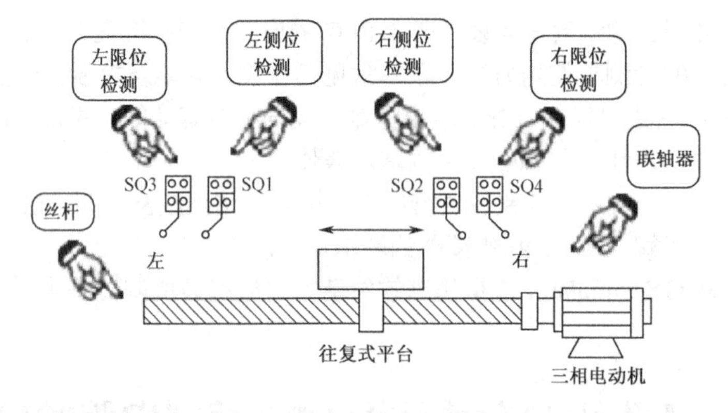

图 3-1-1　三相异步电动机丝杆拖动往复式平台工作的示意图

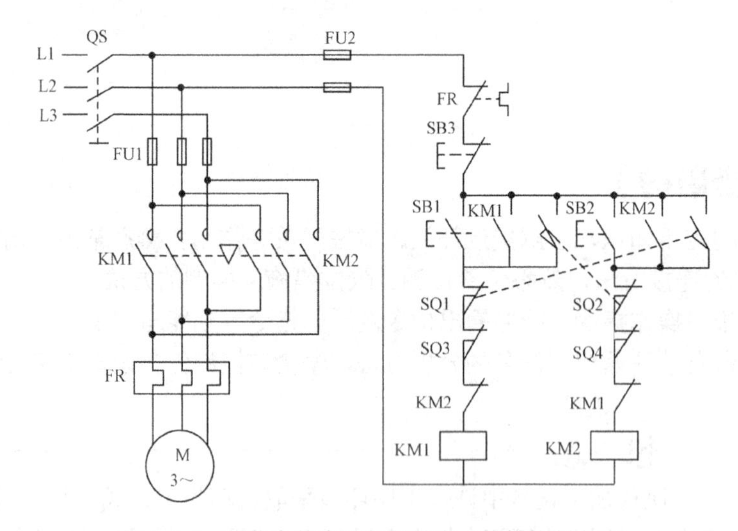

图 3-1-2　工作台的自动往返继电—接触控制电路

现代控制技术中常用的接近开关，除采用非接触性检测方式、全封闭无触点开关形式外，还具有较低的运行故障率、较长的工作寿命及极高的响应速度等优点，被广泛地应用于机床电气、自动流水线及数控系统等设备检测中。接近开关的种类较多，在机床设备中常采用电感式或涡流式传感器，该类接近开关可在一定作用距离（一般为几毫米至几十毫米）内检测有无物体靠近。

当在作用距离内检测到物体时会向外输出一个检测开关信号，检测物体离开则检测信号消失。接近开关分常开型和常闭型，有检测信号时常开型输出“ON”信号，常闭型则输出“OFF”信号，该开关量信号可直接作为 PLC 输入端信号，用于实现物体的位置检测。

三相异步电动机拖动工作平台往复运动机构尽管设备简单、成本较低，但由于控制的精度不高主要用于常规普通机床中。在要求较高的场合，如在经济型数控设备中，工作平台的移动则采用步进电动机带动丝杆拖动平台移动，但其硬限位检测方式相同。采用步进电动机拖动工作平台的位置还可以通过转数与丝杆螺距换算确定，但其检测与控制仍须通过 PLC 实施。将图 3-1-1 所示往复式平台位置检测行程开关替换成接近开关，并利用 PLC 实现上述控制功能是本次任务所要探讨的目标。

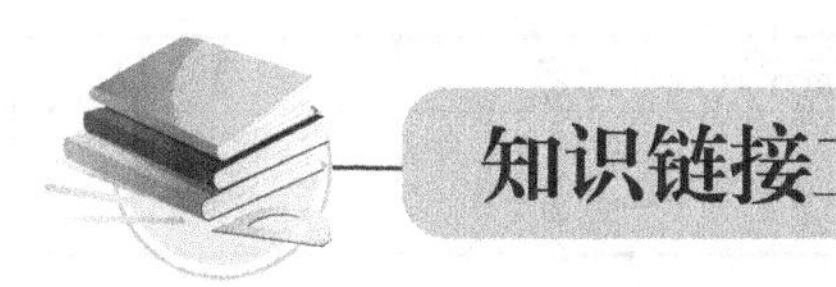

知识链接二

基本边沿类指令及反向指令的认知训练

指令链接一：边沿操作指令

三菱 FX 系列 PLC 提供了一类根据触点由断开到接通或接通到断开瞬间信号变化的趋势进行控制的边沿操作指令。边沿触发的操作指命只能针对于触点的常开形式，边沿操作指令分为上升沿触发形式、下降沿触发形式两种。边沿触发操作指令有上升沿指令 LDP、ORP、ANDP 和下降沿指令 LDF、ORF、ANDF。

1. 取脉冲上升沿指令 LDP

指令格式、操作对象及功能说明如下：

名　称	指　令	功　能	梯形图形式及操作对象	程序步数
取脉冲上升沿	[LDP]	上升沿运算开始	XYMSTC	2

说明：该指令用于反映与母线相接的常开触点或触点块起始常开触点接通瞬间的上升沿状态变化。

2. 取脉冲下降沿指令 LDF

指令格式、操作对象及功能说明如下：

名　称	指　令	功　能	梯形图形式及操作对象	程序步数
取脉冲下降沿	[LDF]	下降沿运算开始	XYMSTC	2

说明：该指令用于反映与母线相接的常开触点或触点块起始常开触点断开瞬间的下升沿状态变化。

3. 或脉冲上升沿指令 ORP

指令格式、操作对象及功能说明如下：

名　称	指　令	功　能	梯形图形式及操作对象	程序步数
或脉冲上升沿	[ORP]	上升沿并联连接	XYMSTC	2

说明：该指令用于反映与单个触点或触点块并接的单个常开触点的上升沿触发的功能。

4．或脉冲下降沿指令 ORF

指令格式、操作对象及功能说明如下：

名　称	指　令	功　能	梯形图形式及操作对象	程序步数
或脉冲下降沿	[ORF]	下降沿并联连接	XYMSTC	2

说明：该指令用于反映与单个触点或触点块并接的单个常开触点的下降沿触发的功能。

5．与脉冲上升沿指令 ANDP

指令格式、操作对象及功能说明如下：

名　称	指　令	功　能	梯形图形式及操作对象	程序步数
与脉冲上升沿	[ANDP]	上升沿串联连接	XYMSTC	2

说明：该指令用于反映与其前面触点或触点块相串接的常开触点上升沿触发的功能。

6．与脉冲下降沿指令 ANDF

指令格式、操作对象及功能说明如下：

名　称	指　令	功　能	梯形图形式及操作对象	程序步数
与脉冲下降沿	[ANDF]	下降沿串联连接	XYMSTC	2

说明：该指令用于反映与其前面触点或触点块串联的常开触点下降沿触发的功能。

上述 6 条边沿触发指令的程序步数均为 2，边沿触发方式的功能体现于触发软元件接通或断开瞬间，其所控制输出线圈产生一个扫描周期的脉冲输出。如图 3-1-3 所示，同为 X001 对 M10、M11、M12 的输出驱动，梯形图回路块 1 采用非边沿触发方式，M11、M12 分别受 X001 的上升沿、下降沿触发控制，M11、M12 不管 X001 闭合时间的长短均仅输出一个扫描周期的脉冲，而 M10 输出时间长短取决于 X001 的闭合时间。

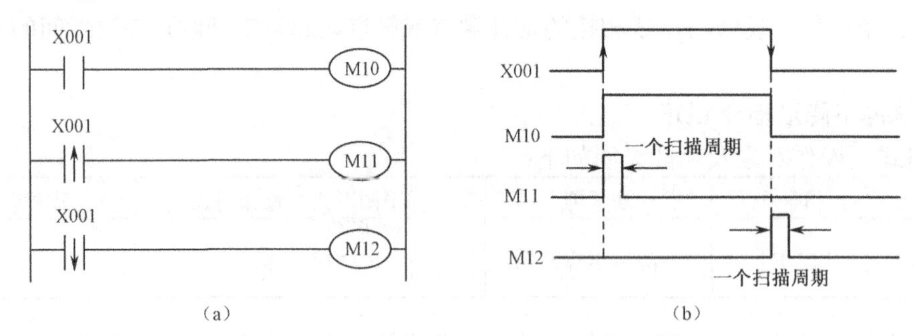

图 3-1-3　边沿触发指令的用法及时序图

边沿触发指令没有常闭触点的形式，程序中可采取边沿触发的常开触点加上取反指令的组合形式实现常闭触点的边沿控制功能。

指令链接二：脉冲输出指令 PLS 和 PLF

PLS 为上升沿脉冲输出指令，PLF 为下降沿脉冲输出指令。上升沿脉冲输出指令 PLS 用于实现利用触发脉冲上升沿控制输出或辅助继电器产生一个扫描周期宽度的脉冲；下降沿脉冲输出指令 PLF，用于实现利用触发脉冲下降沿控制输出或辅助继电器产生一个扫描周期宽度的脉冲。

指令格式、操作对象及功能说明如下：

名　称	指　令	功　能	梯形图形式及操作对象	程序步数
上升沿 脉冲输出	［PLS］	输出得电触点 动作一个扫描周期	PLS　YM 特殊 M 除外	1
下降沿 脉冲输出	［PLF］	输出失电触点 动作一个扫描周期	PLF　YM 特殊 M 除外	1

脉冲输出指令的操作对象只有输出继电器和辅助继电器（特殊辅助继电器除外，不能用作该指令的操作对象）。

脉冲输出指令 PLS 和 PLF 功能可结合如图 3-1-4（a）所示的梯形图来说明，如图 3-1-4（b）所示为该例的时序图，程序指令表参见 STL 3-1-1。当 X000 闭合瞬间，上升沿脉冲输出指令 PLS 所控制对象辅助继电器 M0 输出一个窄脉冲；X001 在断开瞬间，下降沿脉冲输出指令 PLF 操作对象辅助继电器 M1 输出与 M0 同样宽度的窄脉冲；窄脉冲宽度与 X000、X001 宽度无关，只与 PLC 扫描周期有关。输出继电器 Y000、Y001 驱动条件相同但驱动方式不同，工作方式上的区别试自行分析。

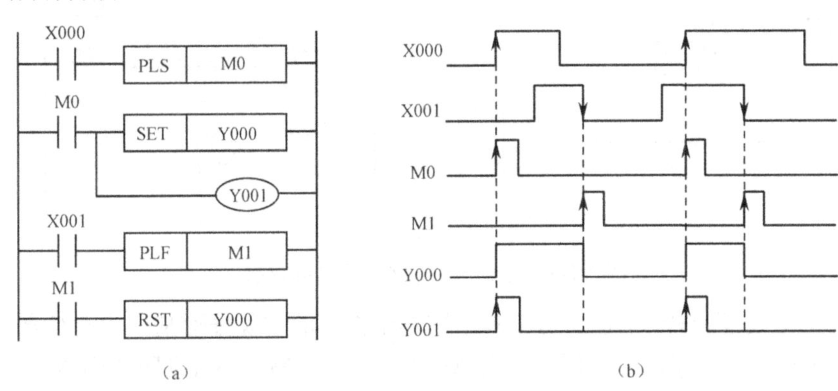

图 3-1-4　脉冲输出指令 PLS 及 PLF 应用示例及时序图

显然，利用 PLS、PLF 可用于将输入宽脉冲转化为 PLC 一个扫描周期宽度的窄脉冲信号，脉冲宽度取决于扫描周期，而 PLC 扫描周期主要与 PLC 运算速度、工作方式、程序长度及指令种类（不同指令执行时间不同）有关。

STL 3-1-1

步序号	助记符	操作数	步序号	助记符	操作数
0	LD	X000	5	LD	X001
1	PLS	M0	6	PLF	M1
2	LD	M0	7	LD	M1
3	SET	Y000	8	RST	Y000
4	OUT	Y001			

指令链接三：反向指令 INV

指令格式、操作对象及功能说明如下：

名 称	指 令	功 能	梯形图形式及操作对象		程序步数
反向指令	[INV]	运算结果取反	INV	无操作对象	1

逻辑取反 INV 指令用于将以 LD、LDI、LDF、LDP 开始的触点或触点块的逻辑运算结果取相反状态，即对结果由“ON→OFF”、“OFF→ON”，此指令不需指定软元件及软件元件号。

试分别编辑如图 3-1-5 所示的梯形图，并结合 X000、X001 的各组合状态比较运算结果，显然尽管两梯形图形式不同，但图 3-1-5（a）、（b）的功能相同。可以借助数字逻辑运算关系来理解：在图 3-1-5（b）对于输出 Y000、Y001 的驱动条件中，均用到 INV 指令对从母线开始的触点运算结果进行取反，有逻辑表达式 $Y000=\overline{X000 \cdot X001}$，其含义是除了 X000、X001 均闭合以外的所有组合，恰恰对应于图 3-1-5（a）回路块 1 中 X000、X001 的三种串联块组合；同样，图 3-1-5（b）中 $Y001=\overline{X000+X001}$，说明 Y001 只有在 X000、X001 全部“OFF”时才会有输出，与图 3-1-5（a）回路块 2 表述形式不同，含义完全一致。

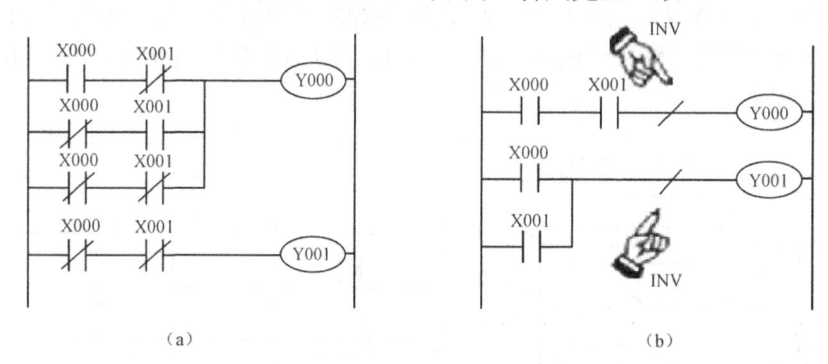

图 3-1-5　与非、或非运算的实现方法

INV 指令的取反逻辑转换，在运用于多个控制条件下的实现排除某一特定组合时极为方便有效，如图 3-1-6（a）所示的梯形图中，有 X001、X002、M0、M1 四个控制条件，显然只有 X001、X002、M1 状态为 1，M0 状态为 0 的条件成立时 Y001 无输出，其余组合均有输出。当利用图 3-1-6（a）中 M10 与图 3-1-6（b）中 INV 指令设计含义是相同的。

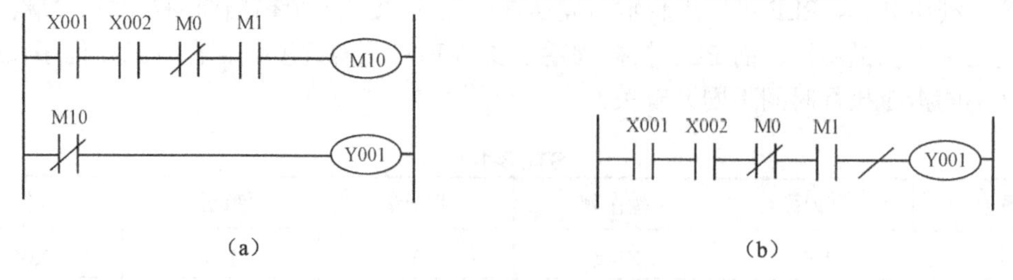

图 3-1-6　INV 指令的用法示例

为进一步熟悉 INV 指令的用法及规则，仍以上述 X001、X002、M0、M1 驱动条件和输出 Y001 来说明，Y001 的输出条件为 X001、X002 为“ON”、“ON”状态、M0、M1 不能为“OFF”、“ON”组合。实现方法如图 3-1-7（a）所示，先对 M0 常闭、M1 常开组合进行取反，用辅助继电器 M11 表示，再让 M11 与 X001、X002 进行相与。而采用如图 3-1-7（b）所示梯形图，可以有两种指令表形式与之对应，指令表 STL 3-1-2 实现的是对从母线开始的所有触点组合的取反；指令表 STL 3-1-3 中的取反操作仅对 M0 常闭、M1 的常开组合取反，符合上述控制要求。关键

是同一梯形图如何实现对 M0 开始串联块取反，则需要通过对指令表编辑，实现（或对梯形图转换后指令表修改实现）。由该应用可知：INV 指令的执行针对 LD、LDI 的指令处开始的。

STL 3-1-2

步序号	助记符	操作数	步序号	助记符	操作数
0	LD	X001	3	AND	M1
1	AND	X002	4	INV	
2	ANI	M0	5	OUT	Y001

STL 3-1-3

步序号	助记符	操作数	步序号	助记符	操作数
0	LD	X001	4	INV	
1	AND	X002	5	ANB	
2	LDI	M0	6	OUT	Y001
3	AND	M1			

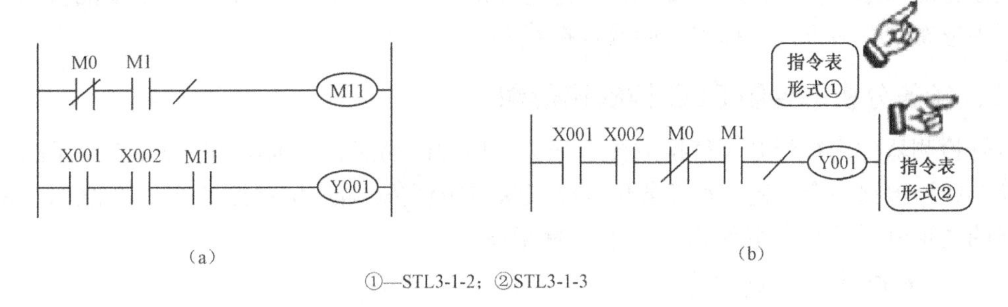

①—STL3-1-2；②STL3-1-3

图 3-1-7　同一梯形图不同指令表

练一练:

（1）试编辑如图 3-1-7(b)所示梯形图，并结合反向指令 INV 用法中与 LD 或 LDI 指令的关系尝试实现不同的逻辑功能。在 X001、X002、M0、M1 排列顺序及 INV 指令位置不变的情况下可实现几种不同逻辑功能？

（2）试编辑如图 3-1-3 所示梯形图，M11、M10 的动作因一个扫描周期非常短难以观察。为观察 X001 上升沿、下降沿的控制功能，试结合置/复位指令和输出继电器设计观察方案并验证；在图 3-1-3 所示梯形图基础上利用 INV 指令实现常闭触点的边沿触发方式。

上述同一梯形图不同功能（指令表形式）的实现方法：①梯形图编辑方式，编辑后转换为指令表形式，对指令表中相应指令进行修改。②直接在指令表编辑方式下编辑，再转换为梯形图。

专业技能培养与训练

工作平台自动往返的 PLC 控制任务的设备安装与调试

任务阐述：在如图 3-1-1 所示的往复式工作平台基础上利用三端常开型接近开关替代原行

程开关 SQ1～SQ4，SQ1、SQ2 分别实现左侧位检测、右侧位检测，SQ3、SQ4 分别实现左、右端限位保护功能。利用 PLC 通过对三相异步电动机转向控制实现平台的往返运动，要求能够实现双向启动、停止控制及具备必要的电气保护。

设备清单参见表 3-1-1。

表 3-1-1　工作平台的自动往返 PLC 控制设备安装清单

序号	名　称	型号或规格	数量	序号	名　称	型号或规格	数量
1	PLC	FX_{2N}-48MR	1	7	启动按钮	绿	2
2	PC	台式机	1	8	停止按钮	红	1
3	三相异步电动机	Y132M2-4	1	9	交流接触器	CJx2-10	2
4	断路器	DZ47C20	1	10	热继电器	JR16B	1
5	熔断器	RL1	4	11	接近开关		4
6	编程电缆	FX-232AW/AWC	1	12	安装轨道	35mm DIN	

一、实训任务准备工作

按设备清单选取器件，对主要器材设备进行检查，对核心控制器件进行必要的检测，观察接近开关形态、安装方式、标志说明及连接线颜色等。

二、任务分析、绘制 PLC 控制梯形图

尽管检测器件由行程开关替换成接近开关，但控制功能、要求与如图 3-1-2 所示的继电—接触控制线路电路完全相同，本任务仍延续模块二中任务四的程序设计方法，在继电—接触控制线路的逻辑分析基础上实现 PLC 控制的梯形图。

1. PLC 控制的 I/O 端口定义

（1）分析：工作平台的往复是通过电动机的两种工作状态实现的，三相异步电动机正转实现左移运动，电动机反转实现右移运动。正、反相序电源是分别通过接触器 KM1、KM2 控制实现的。

（2）正转、反转的控制要求：实现正、反转的控制按钮 SB1、SB2，停止按钮 SB3；位置控制器件：正向（左移）位置控制 SQ2、反向（右移）位置控制 SQ1；保护措施：设备的限位保护 SQ3、SQ4，电动机过载保护 FR。

各输入控制器件与输出设备的 PLC 的 I/O 端口地址分配参见表 3-1-2。

表 3-1-2　I/O 端口地址分配表

I 端口				O 端口	
SB1	X000	SQ1	X003	KM1	Y000
SB2	X001	SQ2	X004	KM2	Y001
SB3	X002	SQ3	X005		
FR	X007	SQ4	X006		

2. 控制逻辑分析与梯形图

1）输出 Y000 的控制逻辑分析

（1）左移启动条件：启动控制 SB1（X000）闭合、右侧位置检测开关 SQ2（X004）常开闭合；自锁 KM1 对应的 Y000 常开触点实现。

（2）左转停止条件：停止按钮 SB3（X002）、左侧位检测 SQ1（X003）常闭断开、左限位

SQ3（X005）、右限位SQ4（X006）闭合、FR（X007）过载断开。

（3）联锁措施：通过反相序输出KM2（Y001）的辅助常闭触点实现。

2）输出Y001的控制逻辑分析

（1）右移启动条件：启动控制SB2（X001）闭合、左侧位置检测SQ1（X003）闭合；输出Y001的常开触点实现自锁。

（2）右转停止条件：停车按钮SB3（X002）、左侧位检测SQ2（X004）常闭断开、左限位SQ3（X005）、右限位SQ4（X006）闭合、FR（X007）过载断开。

（3）联锁措施：正相序输出KM1（Y000）的辅助常闭触点。

3）画梯形图

结合“启—保—停”结构、联锁措施和上述逻辑分析，可画出梯形图如图3-1-8所示。

注意：

（1）启动条件采用常开触点形式，若多个条件均能分别实现启动则相应的常开触点间采取相或逻辑，输出常开触点的自锁是通过与启动常开触点相或实现的。

（2）停车条件一般采取外部按钮常开而程序中采用对应常闭触点的形式，应与启动条件构成“启—保—停”中“停”的形式，若停车条件有多个且任意一个均可实现停车控制，则所有停车条件均采取常闭相与形式。联锁措施均为常闭形式并与各回路停车条件相与。

当工作平台左移失控时X005产生动作，此故障与右侧位限位X006无关，且X006不会产生任何动作。同样，梯形图回路中右移限位X006在左移回路也显多余。但程序中如此处理说明只要有故障信号且无论是哪个方向的故障，设备均应停止等待处理，从设备控制角度来讲更体现故障处理的科学性。

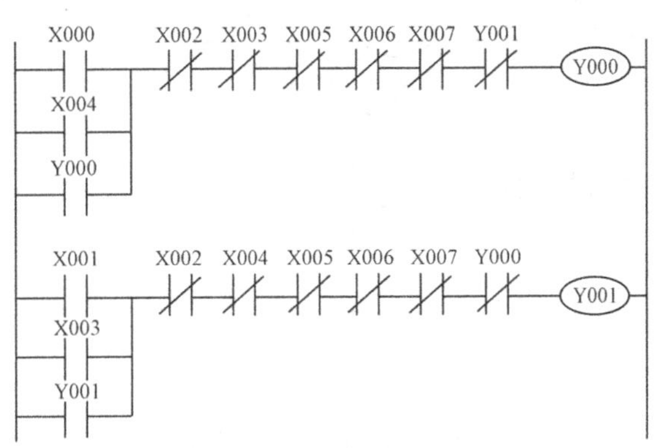

图3-1-8 工作平台自动往返控制梯形图（一）

3. 绘制PLC控制连接图

绘制的依据是控制任务的I/O端口定义和工程中PLC控制对对输入控制开关、按钮类型的要求（如急停应为常闭触点，一般启动、停止为常开等）。可画出本控制任务PLC控制连接图如图3-1-9所示，PLC提供是对输出端接触器线圈的控制功能，而电动机主电路与何种控制方式无关、仍然与继电—接触控制中的三相电动机正、反转主电路相同。

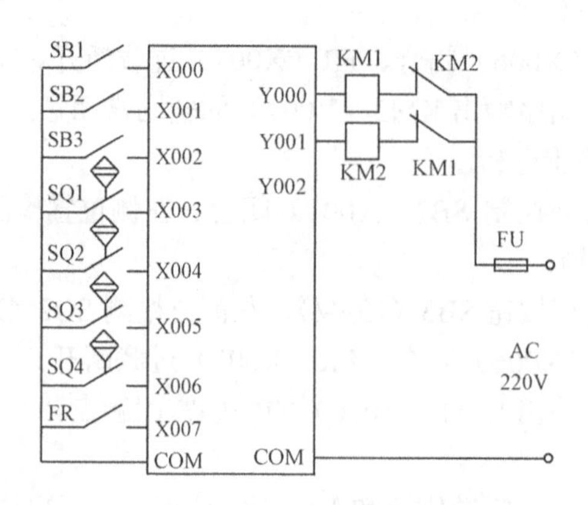

图 3-1-9　工作平台控制 PLC 接线图

4. 功能的延伸与拓展

程序设计过程中，有时采用的方法是首先完成设备的基本控制功能，在此基础上结合一些特殊功能要求采用相应的方法、相关的指令进行补充与修改。结合如图 3-1-8 所示的梯形图，试实现工作平台移动过程中的手动往返控制，手动往返要求先断开当前运动再启动相反状态，结合复合按钮常闭触点的联锁功能分别于梯形图回路块 1、回路块 2 支路中串入对方启动按钮的常闭触点。在实际短行程、近检测点的控制时，可采用边沿类操作指令解决掌控按钮操作时间与输出动作的时间关系的矛盾。

在如图 3-1-10 所示的梯形图中，首先采取过载、限位动作组合的主控指令控制方式，实现系统故障检测与排除处理优先；利用边沿操作指令实现自动、手动往返控制及异常停止于检测位的自动调整的功能。试结合边沿操作指令的控制特征分析程序功能。

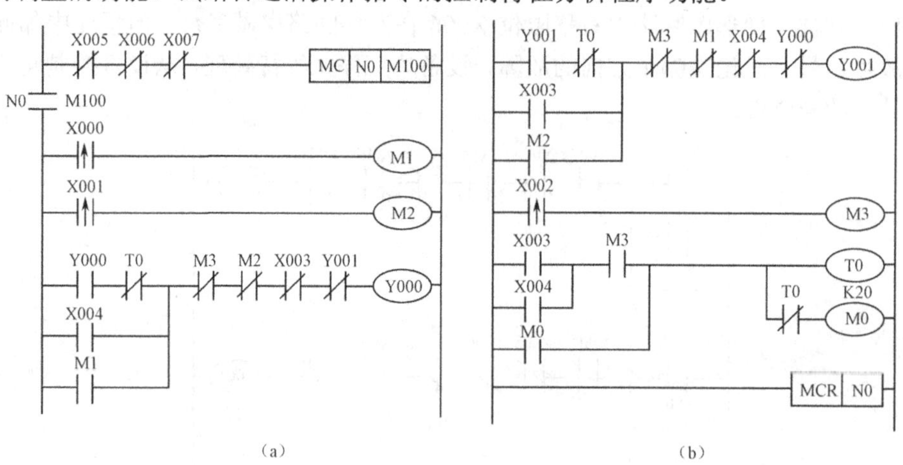

图 3-1-10　工作平台自动往返控制梯形图（二）

三、设备安装与调试训练

（1）结合器件清单表选取并检测器件，结合图 3-1-2 所示主电路进行器件合理布局，了解检测器件的功能、安装方法。

（2）根据 PLC 控制连接图连接 PLC 控制部分线路，对于所选用“三端”接近开关，采取按棕色线接 PLC 输入端“+24V”直流电源、蓝色线接“COM”、而黑色线接 PLC 对应输入端。接近开关的工作电压范围为 18～35V（工程上采用标准直流 24V 电压）。

（3）编辑如图 3-1-8 所示的梯形图，试设计调试方案（工作平台可用一金属块替代、检测距离约几毫米），要求能够完成正反向启动、自动切换实现正反转、限位保护动作等。结合监控观察程序运行及运行条件的变化关系。

（4）理解如图 3-1-10 所示的梯形图的功能，编辑梯形图，并根据控制要求设计调试方案，重复上述要求进行设备调试，观察按下“停止”按钮同时左或右位置检测到信号的运行状态。

（5）结合程序调试、观察现象，归纳控制条件与输出驱动的因果逻辑关系，并理解相关指令用法和功能。

思考与训练：

（1）在进行如图 3-1-8 所示的梯形图调试时，某学生发现该程序存在以下问题：当工作平台恰好处于检测位置时按下停止按钮，出现电动机停转而松开按钮电动机重新启动现象；当异常断电时工作平台在停止检测位置，当恢复供电时设备会自行启动。该学生利用辅助继电器 M0，对上述梯形图进行改进后的控制梯形图如图 3-1-11 所示。试进行调试并分析其控制原理。

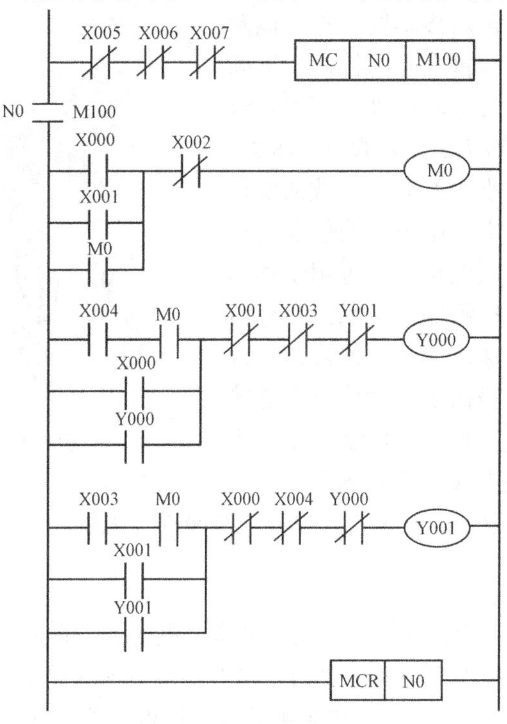

图 3-1-11　改进后的控制梯形图

提示与要求：

（1）主控复位 MCR 命令执行后，除执行 SET 置位处理的各继电器均恢复到主控命令 MC 执行前的状态。

（2）注意输出 Y000、Y001 驱动条件部分的指令表形式，结合梯形图的编辑、编译转换进行观察对比。

（2）结合本任务控制要求，在 PLC 启动后前 2s 内进行对工作平台位置的检测，若限位开关 SQ3、SQ4 检测到信号，输出故障显示；若 SQ1、SQ2 检测到信号，输出左、右位置信号对应到反向启动按钮指示灯，实现提示性正、反转启动操作。

注意：选取带指示灯按钮，并阅读说明书，掌握指示灯工作电压及指示灯、按钮的接线。

提示：可结合PLC运行状态辅助继电器M8002作为触发信号，控制定时器进行定时对SQ3、SQ4状态检测，通过结果进行总控。

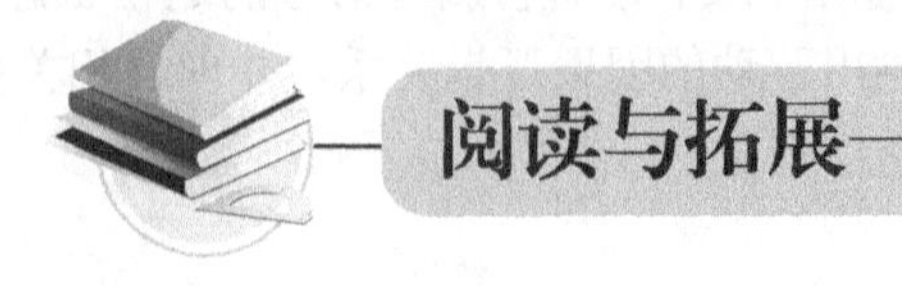

阅读与拓展一

传感技术与常用传感器

因人体有视、听、嗅、味及触觉等感官系统，将人体的这种感知系统运用于各类检测控制技术中，称为传感技术。传感技术中的核心部件是一种能将被测的非电量变换成电量的器件，该核心部件称为传感器。常见传感器有电阻传感器、电感传感器、电容传感器、电涡流传感器、超声波传感器、霍尔传感器、热电偶及光电传感器等。根据不同材料电阻的特性，不同电阻传感器件可分别实现气体、温度、压力及湿度等检测；电感传感器能对力、工件尺寸、压力、加速度及振动等可转化为小位移变化参数的量进行检测；电容传感器主要用于压力、液位及流量的检测；利用压电效应的压电传感器可用于物体振动及运动设备的加速度检测等；电涡流传感器除主要用于金属探测、转速、表面状态及微小位移等检测外，还常用于无损探伤及制作具有非接触性检测功能的接近开关，如图3-1-12所示为不同形状、几何尺寸、安装方式的传感器件。

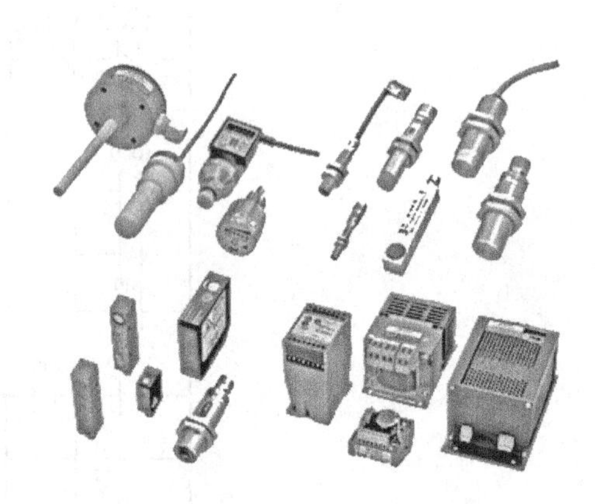

图3-1-12　常见传感器件

在电气设备检测中常用接近开关、光电开关及磁性开关等。

一、接近开关

接近开关是一种无触点行程开关，可在一定作用距离（一般为几毫米至几十毫米）内检测有无物体靠近。在作用距离内检测到物体时，常开型接近开关输出端产生开关“ON”信号，常闭型产生输出开关“OFF”信号。近年来绝大部分接近开关采取了将感辨装置与测量转换电路一体化封装，壳体带有螺纹的设计形式，极大地方便了检测机构的安装、调整。现代接近开关的应用已突破了行程开关原先仅限于位置控制、限位保护的范畴，被广泛地应用于生产部件的加工定位、生产零部件的计数、运行机构的测速等领域。

接近开关根据所作用的检测对象材料性质进行分类，这种分类方式有助于使用者根据所需测量对象进行设备选取。常见的有只对导电性能良好的金属起作用的电感传感器；有对接地导电物体起明显作用或对非金属被测物介电常数敏感而产生动作的电容式传感器；有只对强磁性物体起作用的磁性干簧管开关（又称磁性开关或干簧管）；有只对导磁性材料起作用的霍尔式传感器等。其他常见的分类方式：按触点开关形式分为常开、常闭两种形式；按输出方式分为继电器输出、OC门输出两种方式。

接近开关由于采用非接触性检测且全封闭无触点开关形式，使其更能适宜各种复杂的工作环境，如易燃、易爆、腐蚀性等恶劣环境。其低故障率、较长的工作寿命大大降低了维护工作量，其极快的响应速度更适合于现代数字控制技术的需要。其缺点是输出过载能力差，使用时需要加以注意。常用接近开关较多采用三线制：棕色线接电源正极，蓝色线接电源负极，黑色为检测开关信号输出端。以三菱 FX_{2N} 系列 PLC 为例，三端式接近开关的棕色线接 PLC 输入端口一侧的+24V 电源，蓝色线接 COM 端（24V 电源负极），黑色连接至 PLC 所分配的输入端口。

二、光电传感器

当光照射到某些特殊材料表面，材料因吸收光子能量而发生相应的电效应现象，称光电效应。光电传感器件是利用光电材料的光电效应原理进行工作的，利用不同光电效应，可得到不同特性的光电传感器。利用在光线作用下，电子逸出物体表面的外光效应，可得到光电管、光电倍增管；利用物体在光线作用下，材料的电阻率变小的内光电效应，可生产出光敏电阻、光敏二极管、光敏三极管等；而利用光作用下物体内部产生一定方向的电动势的光生伏特效应，可生产出节能环保的光电池。

利用光电传感器制作的光电开关分遮断型、反射型两种。遮断型光电开关检测距离可达十几米，安装时红外发射器和接收器要求相对安装并使轴线严格对准一致。当有物体经过遮挡红外光束时，接收器接收不到红外光束而产生开关输出信号。反射式光电开关又分反射镜反射型、散射型光电开关。反射镜反射型传感器采取传感器、反射镜于被测物两侧安装，反射镜角度需校对以获取最佳反射效果。散射型光电开关安装较方便，要求被测物不能是全黑物体。散射型光电开关的检测距离与被测物颜色深度有关，一般小于几十厘米，而反射镜反射型可达几米。

利用光电开关的检测技术，在自动包装机、灌装机及装配流水线等自动化机械装置中，可以很方便地进行物体位置的检测、产品的计数控制等。除此之外，光电传感器在光量测量、温度检测、位置检测、人体检测、火灾报警及感光照相等方面也有非常广泛的应用。

三、磁性开关

利用能对强磁性材料起反应作用的磁性干簧管、霍尔元件，制作成的具有接近开关功能的器件称为磁性开关。磁性干簧管开关一般为两极型器件，有常开型、常闭型两种，两极磁性开关的棕色导线连接 PLC 时接于输入端，而黑色接于“COM”端。利用霍尔效应工作的霍尔元件磁性开关一般为三极，三极的霍尔开关与光电开关的引线、接法要求均与接近开关相同。磁性元件可用于如气缸位置检测、液位检测等，霍尔元件磁性开关则广泛地应用于物体位置的精确检测或设备精确定位控制等方面。

两只双作用气缸轮流往返 PLC 控制电路的安装与调试

【任务目的】

能够对气动元件功能、气动回路组成、工作方式形成一定的认知，熟悉单、双作用气缸、电磁换向阀等气路元件在回路中作用、控制方式，能进行简单气动回路的连接。
- 掌握利用 PLC 对气动回路的控制方法；熟悉电磁开关在位置检测及控制中的运用。
- 进一步熟悉基本指令的运用及常用软元件如定时器在控制中功能，进一步熟悉逻辑分析的梯形图程序设计方法。

想一想：

除电磁机构可以传递动力、实现位置移动控制外，在实际应用、控制技术中可以利用压缩气体为介质进行机械能传递，如何实现对以压缩气体为介质进行能量传递的控制？

知识链接三

气动回路与气缸的控制

气压传动是以空气压缩机（又称气泵）为动力源，以压缩空气为工作介质驱动作用气缸的动作实现动力或信号传递的实用工程技术。如图 3-2-1 所示，气泵输出的压缩空气经如图 3-2-2 所示的集空气过滤、气压调节、油雾润滑于一体的气动三联件，可以为气动回路提供一定压力、洁净及具有润滑作用的动力介质。气压传动除具有反应灵敏、响应速度快、维护和调节方便外，还具有结构简单、环保性能优良、制造工艺成本低及寿命长等优点，被广泛运用于数控加工、物料分拣等自动化程度较高的生产设备及自动化生产流水线中。

图 3-2-1　气泵

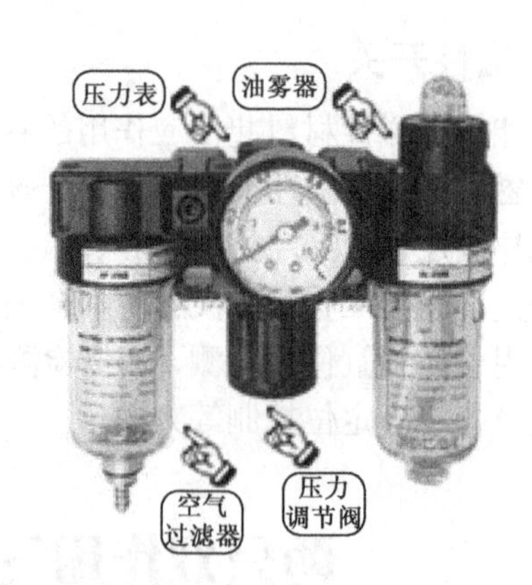

图 3-2-2　气动三联件

气压传动系统组成一般由空气压缩机为动力源，气缸、气压电动机为执行元件，各类方向、压力及流量控制阀组成的控制调节元件，以传感器、过滤器、消声器等确保系统稳定可靠运行的辅助元件四部分组成。执行器件是将压缩空气的压力能转换为运动部件机械能的能量转换装置，执行器件有输出旋转运动的气压电动机和输出直线运动的作用气缸，但由于气动执行元件的输出推力或推力转矩较小而仅适用于轻载工作系统或控制系统。

气缸的工作方式、结构形状有多种，分类方式也有多种。这里仅介绍常用的以压缩空气对活塞端面作用力方向进行分类的单作用和双作用气缸。单作用气缸是指气缸靠压缩空气推动活塞完成一个方向的运动，气缸的复位是靠其他外力，主要依靠有弹簧的弹力等。该类气缸有具结构简单，耗气量小等优点，但由于采取弹簧复位方式，导致活塞杆输出推力和活塞有效行程的减小，导致输出推力及运动速度的不稳定。单作用气缸主要用于如定位、夹紧等短行程及对输出推力和运动速度要求不的场合。而双作用气缸是指气缸伸出与缩回的往返运动均依赖于相反流向的压缩空气完成的，克服了上述单作用气缸弹簧复位带来的缺陷，如图 3-2-3 所示。

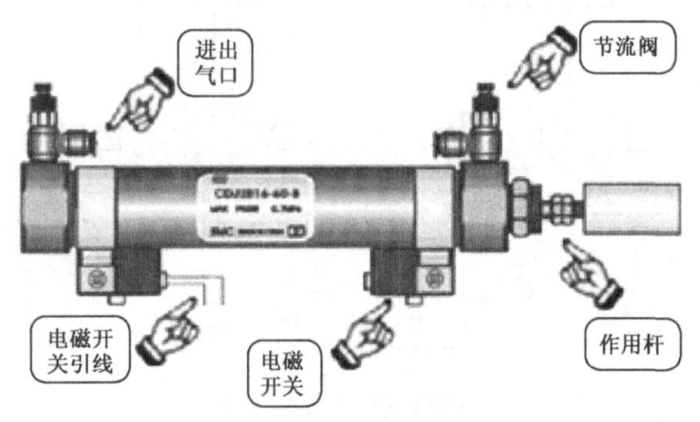

图 3-2-3 双作用气缸

压缩空气的气体流向是通过换向控制阀来实施控制的，自动控制回路中主要采用电磁式换向阀完成方向控制，电磁换向阀分为单电控、双电控电磁换向阀。如图 3-2-4（a）所示为气动回路采用的先导式电磁换向阀。先导式电磁换向阀换向的方法是利用电磁机构控制从主阀气源节流出来的一部分气体，产生先导压力去推动主阀阀芯移位实现换向。结合图 3-2-4（b）结构原理图，电磁阀 1 通电（电磁阀 2 断电），主阀的 K1 腔进入压缩空气，K2 腔排气，推动主阀阀芯右移，使 P 与 A 口接通，同时 B 与 O2 口接通而排气；反之，当 K2 腔进气，K1 腔排气，主阀芯向左移动，P 与 B 接通，A 口通过 O1 排气。

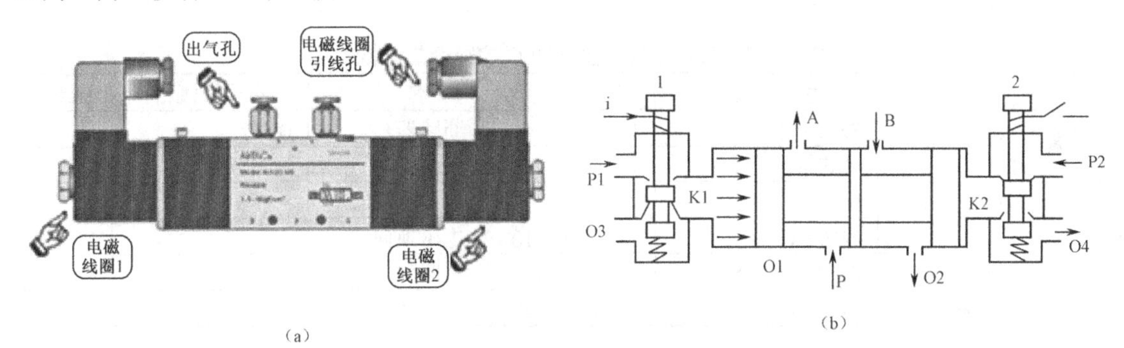

（a） （b）

图 3-2-4 先导式双电控二位五通换向阀

如图 3-2-5 所示为两只双作用气缸构成往返运动控制气动回路。其工作过程结合气缸 M1 来说明，当压缩空气从左端流进、右端流出，气缸活塞杆伸出，当压缩空气分别从右端流进、左端流出，气缸活塞杆缩回。气缸进气方向由上述的先导式电磁换向阀换向控制实现，当电磁阀 YA1 通电压缩气体由 A 口流出，B 口流进，气缸活塞伸出；当电磁阀 YA2 通电压缩气体由 B 口流出，A 口流进，气缸活塞缩回。活塞位置可通过电磁开关进行检测，当电磁开关检测到活塞环位置到达时，通过断开进气电磁阀线圈的电源实现活塞运动停止而准确定位。

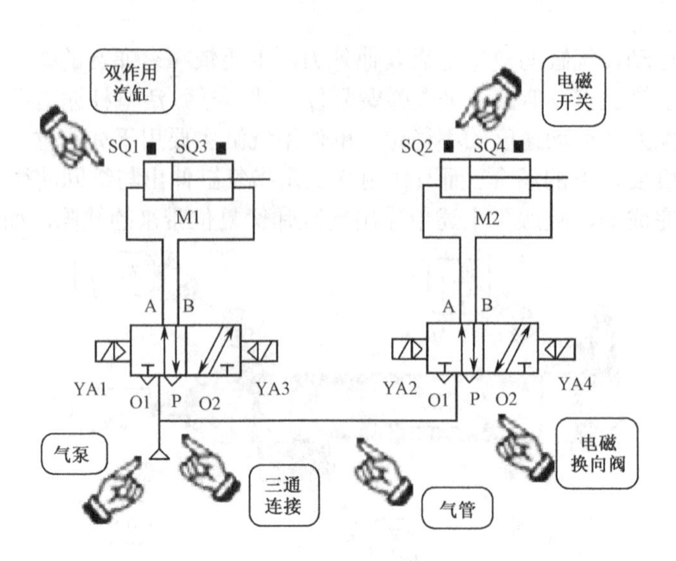

图 3-2-5　两只双作用气缸工作示意图

专业技能培养与训练

双作用气缸往返运动的 PLC 控制设备的安装与调试

任务阐述：对上述气路采用 PLC 控制实现：两只气缸做轮流伸缩运动，M1 活塞杆先伸出，停留 1s 后，M2 活塞杆再伸出，停留 2s 后，M1 活塞杆缩回，停留 1s 后，M2 活塞杆再缩回，M1 活塞杆再伸出……循环往复。

设备清单参见表 3-2-1。

表 3-2-1　双作用气缸往返 PLC 控制设备安装清单

序号	名　称	型号或规格	数量	序号	名　称	型号或规格	数量
1	PLC	FX_{2N}-48MR	1	7	断路器	DZ47	1
2	PC	台式机	1	8	气泵	静音气泵	1
3	启/停按钮	绿/红	2	9	双作用气缸		2
4	开关电源	24V/2A	1	10	电磁换向阀		2
5	编程电缆	FX-232AW/AWC	1	11	三联件		1
6	熔断器	RL1-10	1	12	气管及连接件		若干

一、实训准备

按设备清单清点实训器材，观察气动元件外观，结合设备说明了解外部结构、工作方式，熟悉设备安装、连接方法及外部检测器件的安装位置、导线颜色等。

二、控制任务分析与 PLC 控制梯形图的设计

1. I/O 定义及功能逻辑分析

1）I/O 端口定义

为便于控制，该系统中需要设置启动按钮 SB1、停止按钮 SB2。结合如图 3-2-5 所示的双作用气缸的伸缩与电磁换向阀控制关系、电磁检测器件安装位置与作用，进行 I/O 端口定义，参见表 3-2-2。

表3-2-2 I/O端口地址分配表

I端口		O端口	
SB1	X000	YA1	Y000
SB2	X001	YA2	Y001
SQ1	X002	YA3	Y002
SQ2	X003	YA4	Y003
SQ3	X004		
SQ4	X005		

2）功能逻辑分析

M1活塞伸出的启动条件：按下SB1（X000）、运行过程中SQ2检测到M2活塞复位（X003常开闭合）。YA1（Y000）自锁。

伸出停止条件：SQ3检测到活塞（X004闭合）或按下SB2（X001）。联锁YA3（Y002）常闭触点。

定时器T0的驱动条件：SQ3（X004）闭合。

M2活塞伸出启动条件：定时器T0定时1s时间到，YA2（Y001）自锁。

伸出停止条件：SQ4检测到活塞（X005闭合）或按下SB2（X001），联锁YA4（Y003）常闭触点。

定时器T1的驱动条件：SQ4（X005）闭合。

M1活塞收缩启动条件：X004闭合且定时器T1定时2s时间到，YA3（Y002）自锁。停止收缩条件SQ1检测到活塞或按下SB2（X001）。联锁YA1（Y000）。

定时器T2的驱动条件：SQ1（X002）闭合且SQ4（X005）闭合。

M2活塞收缩启动条件：T2定时1s时间到，YA4（Y003）自锁。停止收缩条件SQ2（X003）有检测信号或按下SB2（X001）。联锁YA2（Y001）常闭触点。

2．控制梯形图与PLC控制电路

在上述分析基础上，可画出控制梯形图如图3-2-6所示。

试分析梯形图回路1中启动按钮X000、停止控制按钮X001及辅助继电器M0构成的“启—保—停”结构的作用。

该气动控制电路的PLC控制连接图如图3-2-7所示。

三、设备安装与调试训练

（1）观察气动回路图，结合器件清单，选取器件合理布局。观察气泵、气路三联件（调压、过滤、油雾化器）练习气路元件间的气管的连接；观察并分辨先导式双向电磁换向阀进、出气孔、双控电磁阀接线；观察双作用杆气缸，分清伸、缩作用进、出气孔。

（2）根据三联件、电磁换向阀、气缸的安装方式，按布局要求进行气动元件的安装，并检查安装牢固性以防压力气体导致器件飞脱引起事故。在教师指导下结合气路要求选取导管、连接件，连接时应首先核查气泵输出阀关闭，按气动回路图由气泵开始进行气路连接。

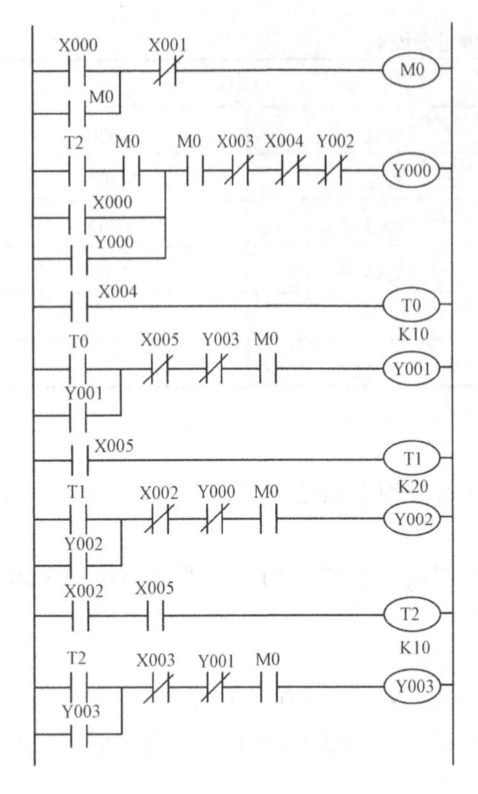

图 3-2-6　双作用气缸控制梯形图

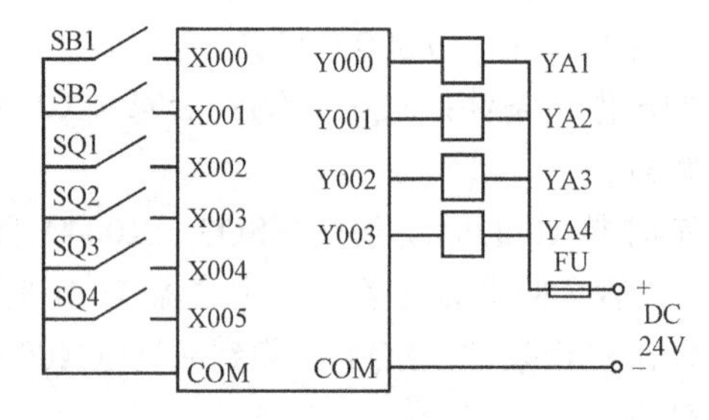

图 3-2-7　双作用气缸控制 PLC 接线图

（3）观察电磁开关的安装方式，将二端式电磁开关连接 PLC 输入端（黑色导线接 PLC 相应输入端，蓝色接公共端），在 PLC 接通工作电源情况下观察气缸伸出、缩回时 PLC 的输入端状态指示变化及电磁开关尾部工作指示灯变化，调整电磁开关位置观察。观察后断开 PLC 电源。此步骤中仅接通 PLC 工作电源，气缸一端气管拆下观察核查后再恢复连接。

（4）PLC 输出回路中电磁换向阀的连接，其中注意电磁换向阀电源极性，工作电源电压大小。安装检查后并在教师指导下按气路连接、输入检测、输出回路部分进行仔细检查（含正确性和可靠性）。

（5）在教师指导下打开气泵电源，等气泵气压上升后打开输出气阀，进行输出气压的调节。

（6）编辑如图 3-2-6 所示的梯形图，试设计调试方案，启动设备工作电源在监控状态下观察程序运行及运行条件的变化。在教师指导下练习气缸作用杆的动作速度调节，通过进气量的调节实现作用杆的平稳动作。

（7）结合定时器时间量的设定调整，观察程序执行效果，加深对时间量控制方法的理解。

（8）完成任务后，要求断开实训任务所涉设备的电源，注意关闭气泵输出阀门，再分别仔细按电路、气路拆除设备并整理归类。

思考与训练：

（1）观察上述程序停止方式，上述在控制梯形图基础上，设计实现：运行中按下停止按钮 SB2 时，气缸完成当前正在进行的工作循环后停车（两只气缸均完成缩回动作后停止）。试画进梯形图，完成编辑、调试。

（2）试设计控制梯形图：要求 M1 在完成伸出—缩回—伸出后，M2 伸出—M1 缩回—M2 缩回的循环工作过程，每一动作间保持 2s 时间间隔（提示：利用活塞 M1 第一次伸出对某一辅助继电器置位，第二伸出时复位处理，以此作为M2启动条件）。

液压传动与基本器件

液压传动系统一般由液压泵为动力元件、液压缸及液压马达为执行元件、利用密闭系统中受压液体（液压油）作为介质来实现运动和动力传递的工作方式。

液压传动系统一般由以液压油为介质的液压泵为动力源、以液压缸或液压电动机为执行元件、实现压力方向及流量控制的控制调节元件及测量、连接件等保证系统正常工作的辅助元件组成。液压系统动力源一般由储存介质的油箱、提供动力的液压泵、实现调压限流措施、溢流阀等组成，总称液压泵站，如图3-2-8所示。

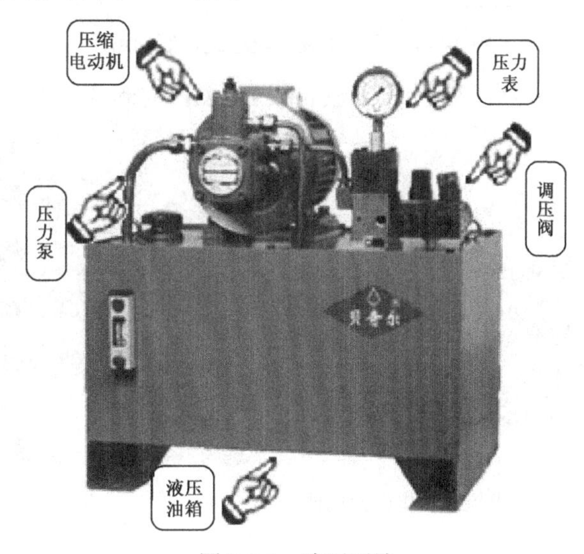

图3-2-8 液压泵站

液压系统中的执行器件同样包括提供提供直线动力的液压缸和提供角度位移的液压电动机。不同于气动执行机构，液压缸、液压电动机除可输出较大推力或推力转矩外，液压系统的自行润滑特点决定其寿命长并可方便地实现无级调速。液压缸均为双作用缸，工作方式及控制方式和双作用气缸相似。液压系统中常用的双电控电磁换向阀，工作原理及控制方式基本也与气动元件相似。液压系统作为精密数据设备辅助控制手段及大型设备的压力传动机构应用非常广泛。

如图3-2-9所示为两只液压缸构成的往返控制回路，以液压缸M1为对象，其工作过程及控制如下：当液压油从左端流进、右端流出，活塞杆伸出，当压力油分别从右端流进、左端流出，液压缸活塞杆缩回。液压缸进油方向由双电控电磁换向阀控制，当电磁阀 YA1 线圈通电液压油由A口流出，B口流进，液压缸活塞伸出；当电磁阀线圈YA2通电液压油由A口流进，B口流出，液压缸活塞缩回。不同于气缸活塞位置的检测，液压缸活塞杆位置检测是通过外部设置的行程开关类器件完成的。

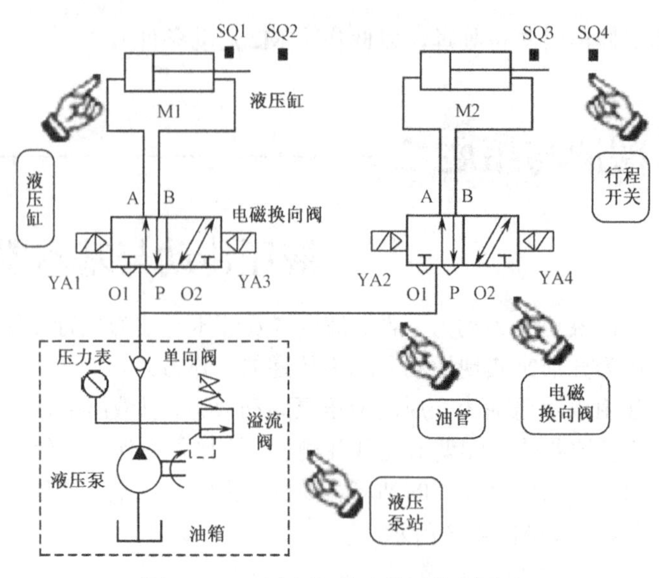

图 3-2-9　两液压缸轮流往返控制回路

如图 3-2-10 与图 3-2-11 所示分别为双电控液压电磁换向阀及液压缸。

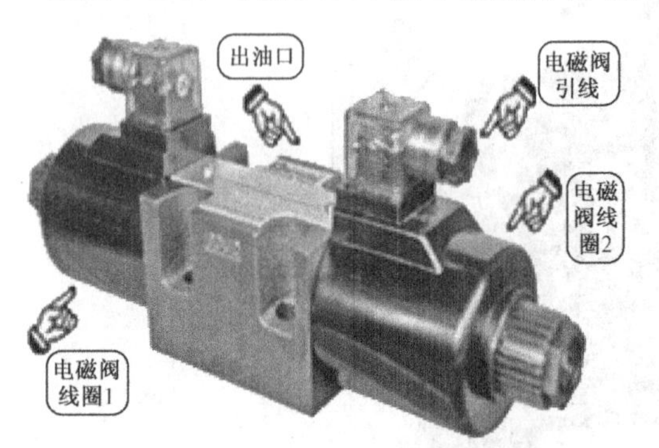

图 3-2-10　双电控液压电磁换向阀

图 3-2-11　液压缸

任务三　变频器的三段速 PLC 控制电路的安装与调试

【任务目的】

- 通过 PLC 对 E540 变频器三段速控制任务的分析设计及安装训练，熟悉变频器的速度控制的基本功能、学会基本的变频参数的设置方法。
- 熟悉变频器常用控制端的功能及接法，学会利用 PLC 输出开关量实施变频器高、中、低速运行控制方法。
- 通过设备控制进一步熟悉计数器的使用方法，强化对 PLC 基本指令的用法掌握。

想一想：

现代机电控制设备中三相异步电动机仍然是主要设备动力提供者，随变频技术的成熟和变频器的使用，给三相异步电动机的控制带来了方便，如何利用PLC通过变频器实施对电动机的转速控制？

知识链接四

E540型变频器三段速运行的PLC控制线路的连接

随自动化程度、设备性能的提高，但以三相异步电动机为电力拖动动力主体的地位并未有所变化，各种动力控制最终仍以三相异步电动机的主体作用来体现。随生产加工工艺对设备性能要求的提高，三相异步电动机的调速性能及控制显得越来越重要，而传统变极、改变转差率调速方式已远远不能满足现代控制的需要。随变频技术的发展和成熟，通过改变电源频率的变频器调速在现代生产控制中应用日趋广泛，变频器运行的PLC控制是二者应用和发展的需要。

可编程控制器对变频器的控制主要有以下几种方式：一是通过对变频器的RH（高速端）、RM（中速端）、RL（低速端）进行多速段控制，向外提供可满足设备加工需要的多级转速；二是通过频率一定的数量可变的脉冲序列输出指令 PLAY 及脉宽可调的脉冲序列输出指令PWM对变频器控制实现平滑调速；三是通过通信端口实现PLC与变频器间的通信，利用通信端口实施运行参数的设置实现对变频器的控制。

对于第一种多段速控制，通过在PLC与变频器间进行简单的连接，利用PLC的输出端口对变频器相应控制端输出有效的开关信号。第二种需要额外的D/A转换接口电路或PLC扩充功能模块来实现。第三种则需要在 PLC 基本单元上安装 RS-485 通信扩展板卡并通过变频器RS-485通信口进行通信连接（在后续模块中介绍）。本任务将讨论第一种方式在不增加任何设备的情况下，实现PLC对变频器高、中、低速输出的控制。

如图3-3-1所示为FX_{2N}系列PLC与三菱E500系列变频器连接示意图，该连接图基本上适用于三菱系列PLC与三菱常见系列变频器间控制连接，可实现对变频器的高、中、低速及正、反转的控制。PLC输出端Y000、Y001对应连接变频器正、反转控制端STF、STR，通过Y000、Y001 输出开关信号实现正、反转控制；Y002 接至变频器高速控制端 RH、Y003、Y004 对应接至中速控制端RM和低速控制端RL，分别实现对变频器的三种转速的控制。SD为控制公共端与PLC输出COM端相接，与上述各控制端形成控制回路。

三菱E500系列变频器高、中、低速均对应所设定的运行频率，出厂默认设置RH、RM及RL 分别为 50Hz、30Hz 及 20Hz（其他系列出厂设置均相同），变频器驱动电动机的实际转速除取决于输出频率外，还与电动机极对数、转差率有关，同一台电动机转速是与三段频率对应成正比。高、中、低速对应的频率可以根据要求进行设置，上述接法可实现一般 PLC 与变频器控制应用的要求。

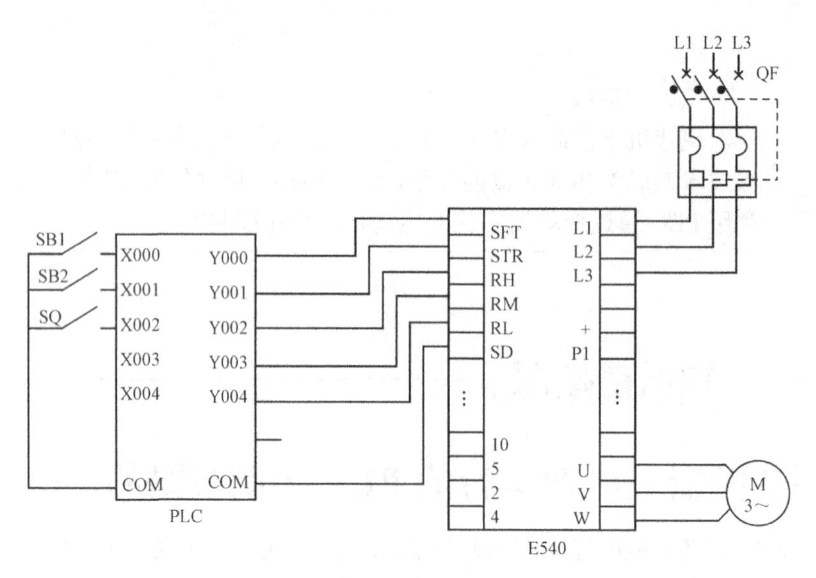

图 3-3-1　变频输送带 PLC 控制连接图

注意：对变频器实施正、反转控制时，正转只能有 STF 有输入即 STF 相对于 SD 接通，反转时 STR 有输入，STF、STR 两者不能同时接通，否则变频器停止运行。在对变频器进行三段速运行控制时，由于具有低速段优先的控制逻辑，所以允许 RH、RM、RL 三者中同时有多个输入，但以其中的相对低速段输出转速。

计数器分类及用法认知

与定时器、输出继电器的驱动一样，三菱 PLC 内部计数器的驱动也是通过输出指令 OUT 实现的，指令格式及步数可参阅 OUT 指令的说明。

计数器用于对软元件触点动作次数或输入脉冲个数进行计数。FX_{2N} 计数器分内部计数器和外部计数器。内部计数器是对机内 X、Y、M、S、T 等软元件动作进行计数的低速继电器，内部计数器的计数方式与机器的扫描周期有关，故不能对高频率输入信号进行计数。若需实现高于机器扫描频率信号的计数需要用到外部计数器（即高速计数器），高速计数器由于采用了与机器扫描周期无关的中断工作方式，其计数对象是通过 PLC 固定输入端（X000～X005）输入的高速脉冲，故称为外部计数器。

FX_{2N} 系列 PLC 中内部计数器分为以下几种：

（1）16 位加法计数器。16 位加法计数器编号范围为 C0～C199，其中 C0～C99（100 点）为通用加法计数器；C100～C199（100 点）为 16 位掉电保护继电器。16 位加法计数器的设定值范围为 1～32767。

如图 3-3-2 所示的梯形图，当 X001 接通和断开一次则计数器 C0 数值增加 1，可见计数器的驱动控制本身具有断续的工作状态特征，能完成计数功能的计数寄存器均具有记忆功能，决定了所有计数器只能通过使用复位指令使其复位。但非掉电计数器在掉电时的所计数值在供电恢复时被自动复位，而掉电保持功能计数器在掉电时具有将当前值保持下来的功能。由于计数器的记忆功能不论是掉电保持计数器还是非掉电保持计数器，在程序设计中均需设置相应的复位操作。

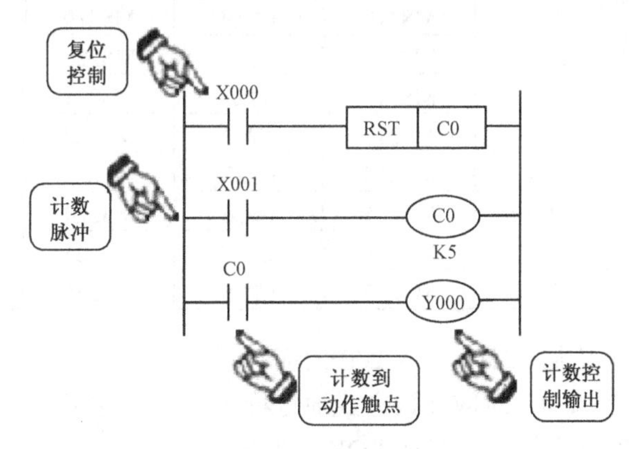

图 3-3-2　计数器梯形图

在上例中，输入 X000 闭合时可实现对计数器 C0 进行复位操作，计数脉冲通过 X001 送至计数器 C0 进行计数，随脉冲变化一次计数器当前值增加 1。当计数值达到设定数值 5 时，计数器 C0 常开触点动作闭合，则 Y000 输出状态为由 OFF→ON，直到计数器 C0 被 X000 复位。图 3-3-3 所示的工作时序图，反映了该梯形图的计数器工作与控制过程。

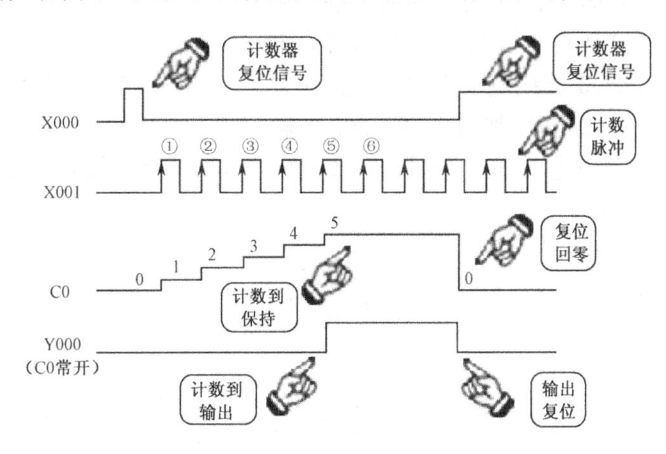

图 3-3-3　计数器工作时序图

（2）32 位加/减计数器。32 位加/减计数器共计有 35 点，设定计数值范围为-2147483648～+2147483647。其中有编号范围为 C200～C219 共 20 点的 32 位通用加/减计数器和编号范围为 C220～C234 共 15 点的 32 位具有断电保持功能加/减计数器两种。

对于 C220～C234 的 32 位加/减计数器的计数加/减工作方式的实现，分别对应由特殊辅助继电器 M8200～M8234 进行设定，对应关系如表 3-3-1 所示。当与某一计数器相对应的特殊辅助继电器被设置为 0 状态实现加法运算，设置 1 状态则实现减法运算。不同于 16 位加法计数器的计数值达到设定值时保持设定值不变的特点，32 位加/减计数器采取的是一种循环计数方式，即当计数值达到设定值时仍将继续计数。32 位加/减计数器在加计数方式下，将一直计数到最大值 2147483647，到最大值时继续计数时则加 1 跳变为最小值-2147483648。相反地在减计数方式下，将一直减 1 到最小值-2147483648，继续减法计数则转变成最大值 2147483647。

表 3-3-1　32 位加/减计数器的加减方式控制用的特殊辅助继电器

计数器编号	加减方式	计数器编号	加减方式	计数器编号	加减方式	计数器编号	加减方式
C200	M8200	C209	M8209	C218	M8218	C227	M8227
C201	M8201	C210	M8210	C219	M8219	C228	M8228
C202	M8202	C211	M8211	C220	M8220	C229	M8229
C203	M8203	C212	M8212	C221	M8221	C230	M8230
C204	M8204	C213	M8213	C222	M8222	C231	M8231
C205	M8205	C214	M8214	C223	M8223	C232	M8232
C206	M8206	C215	M8215	C224	M8224	C233	M8233
C207	M8207	C216	M8216	C225	M8225	C234	M8234
C208	M8208	C217	M8217	C226	M8226		

如图 3-3-4 所示为 32 位加/减计数器 C200 的应用示例梯形图，C200 的设定值为-4，对应计数方式通过特殊辅助继电器 M8200 在 X012 未闭合时默认“OFF”状态，计数器 C200 为加法计数方式；当 X012 闭合时，M8200 线圈得电为“ON”状态，C200 为减计数工作方式。X014 计数脉冲输入端，对计数脉冲上升沿进行计数。

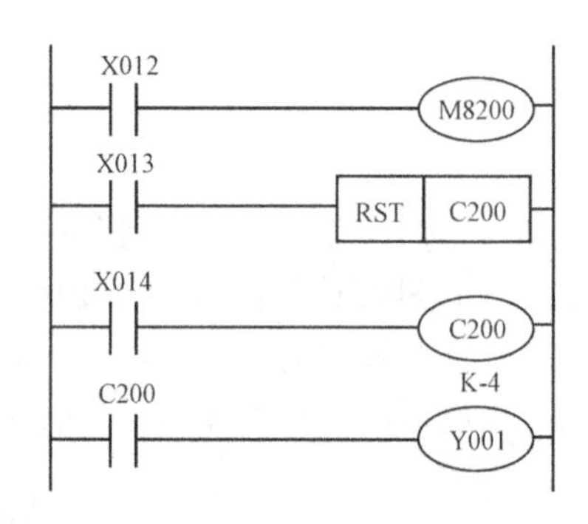

图 3-3-4　计数器 C200 应用示例梯形

需要注意的是，32 位加/减计数器与 16 位加计数器的触点动作方式也不相同，结合如图 3-3-5 所示的本例工作时序可见：C200 的计数设定值为-4，若当前值由-5 变为-4 时，则计数器 C200 的接点动作相应常开闭合。若由当前值-4 变为-5 时（减法），则计数器 C200 的触点复位。当 X13 的接点接通执行复位指令时，C200 复位，C200 常开接点断开，常闭接点闭合。

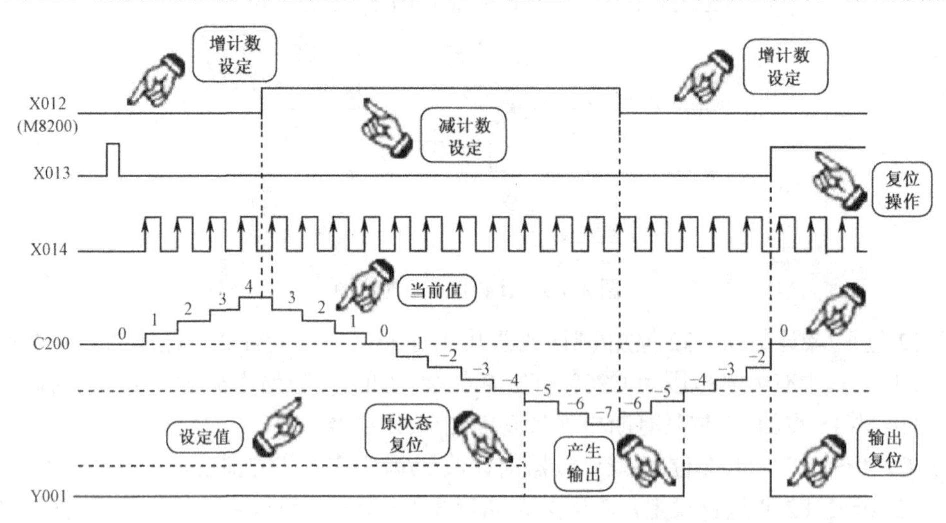

图 3-3-5　计数器 C200 工作时序图

由于 PLC 是采用循环扫描工作方式反复不断地读取输入信息并进行相应逻辑运算，在一个扫描周期中若计数脉冲多次变化，则计数器 C200 将无法对它进行计数，故输入端的计数脉冲的周期必须大于一个扫描周期，也就是说内部计数器的计数频率是受到一定限制的。对应较高频率的计数可采用中断方式的 C235～C255 共计 21 点的高速计数器。

专业技能培养与训练

PLC与变频器三段速基本控制任务的设备调试与安装

（1）任务阐述。采用变频器对三相异步电动机（假设该电动机单极对数、转差率约为0可忽略）实施控制，要求启动以300r/min低速拖动输送带，在启动后5min内检测到货物即以900r/min速度运转。若未检测到货物或已检测到货物信号后2.5min内未再检测到货物则以150r/min转速反向拖动输送带直到停车，设计PLC的控制程序并完成设备安装与调试。

设备清单参见表3-3-2。

表3-3-2　启—保—停PLC控制设备安装清单

序号	名　称	型号或规格	数量	序号	名　称	型号或规格	数量
1	PLC	FX_{2N}-48MR	1	7	启动按钮	红	1
2	PC	台式机	1	8	停止按钮	绿	1
3	变频器	E540（D700）	1	9	光电开关		1
4	断路器	二极、三极	各1	10	端子排		
5	编程电缆	FX-232AW/AWC	1	11	导线		若干
6	三相电动机	Y132M2-4	1	12	安装轨道	35mm DIN	

（2）系统分析。该传送系统采用高速900r/min、中速300r/min、低速150r/min三种转速拖动输送带，对应于变频器高、中、低三段速频率分别为15Hz、5Hz及2.5Hz（均需对变频器进行参数设定，设定方法见阅读与拓展），正、反转控制通过STF、STR实现。本任务中需要考虑的是任务中与前次检测信号产生后2.5min内检测信号的有无判断。

一、控制任务逻辑分析与梯形图

设备控制I/O端口定义参见表3-3-3。

表3-3-3　I/O端口地址分配表

I端口		O端口	
SB1	X000	STF	Y000
SB2	X001	STR	Y001
SQ	X002	RH	Y002
		RM	Y003
		RL	Y004

SB1（X000）用于设备启动控制、SB2（X001）用于实现停车控制，SQ（X002）为物料检测开关。正转控制STF（Y000）、反转控制STR（Y001）两者不允许同时有输出。正转STF（Y000）、RH（Y002）为“ON”时，变频器输出为正相序15Hz三相交流电；STF（Y000）、RM（Y003）为“ON”时，则变频器输出正相序5Hz三相交流电，所接电动机正转。在反转STR（Y001）、RL（Y004）为“ON”时，提供给电动机反相序、频率为2.5Hz的三相交流电。

（1）实现Y000、Y003输出的中速运行事件的驱动条件：按下启动按钮（X000接通）；中速停止的条件：按下停止按钮X001、定时器T0设定的5min时间到或在5min内X002检测到货物信号。

（2）实现Y000、Y002有输出的高速运行事件驱动条件：在设备启动5min内有检测信号；停止条件：按下停止按钮X001、在高速运行的上一次检测信号后2.5min内没有检测信号。

（3）Y001、Y004 有输出的低速反转事件，由题意可知其驱动条件为设备启动中速 5min 内无检测信号、高速运行后 2.5min 内无检测信号，对应于运行状态下非高速、非低速运转状态。停止条件：按下停止按钮 X001。

为简化控制逻辑，设置辅助继电器 M0 的运行/停止状态标志。运行状态：M0 为“ON”；停止状态：M0 为“OFF”。对于 2.5min 内有无检测信号的判断，本例中通过计数器 C0、C1 分别实现对检测信号（X002）的奇、偶次计数，利用计数器动作触点分别实现定时器 T1、T2 的控制来进行判断，试结合如图 3-3-6 所示的梯形图进行分析、理解。

控制梯形图如图 3-3-6 所示，该梯形图对应指令表参见 STL 3-3-1。

STL 3-3-1

步序号	助记符	操作数	步序号	助记符	操作数
0	LD	X000	13	ANI	T0
1	OR	M0	14	OR	Y002
2	OUT	T0	15	AND	M0
		K3000	16	ANI	T1
5	ANI	X001	17	ANI	T2
6	OUT	M0	18	OUT	Y002
7	LD	M0	19	LD	Y003
8	ANI	X002	20	OR	Y002
9	ANI	T0	21	OUT	Y000
10	ANI	Y002	22	LDI	Y002
11	OUT	Y003	23	AND	T0
12	LD	X002	24	OR	T1
25	OR	T2	40	ANI	C1
26	OR	Y001	41	OUT	T2
27	AND	M0			K1500
28	ANI	Y000	44	LD	X002
29	OUT	Y001	45	AND	Y002
30	OUT	Y004	46	OUT	C0
31	LD	Y002			K1
32	AND	M0	49	OUT	C1
33	MPS				K2
34	ANI	C0	52	LD	C1
35	OUT	T1	53	ORI	M0
		K1500	54	ORI	Y002
38	MPP		55	RST	C0
39	AND	C0	56	RST	C1

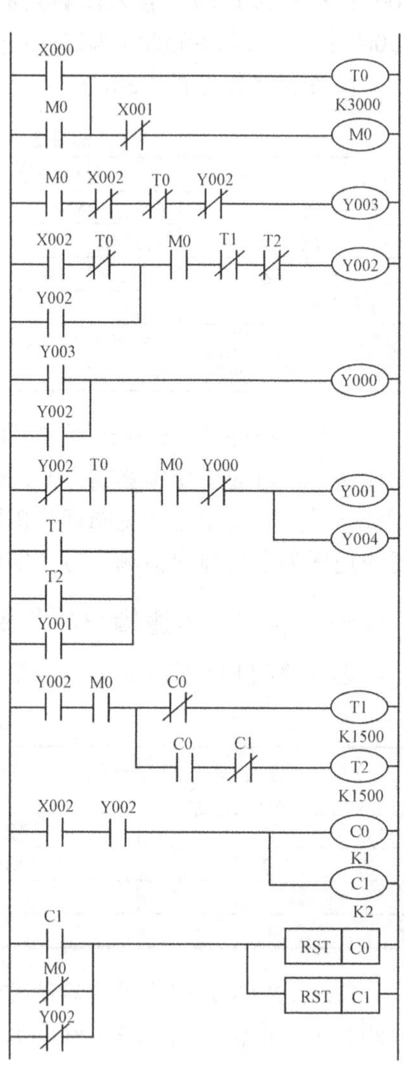

图 3-3-6　变频器三段速控制梯形图

程序理解上的注意事项：

（1）程序中出现多重输出，注意栈指令用法。

（2）计数指令 OUT C1 K2 等，用于对输入脉冲个数进行计数。

（3）复位指令 RST，对操作对象进行强行复位功能，可用于对输出线圈、积算定时器、计数器等软元件的复位。

二、PLC变频输送带控制电路

PLC与变频器的连接如图3-3-1所示。变频器的安装接线方法与要求可参阅“阅读与拓展：E500系列变频器简介”。

三、设备安装与调试训练

（1）结合实训设备清单选取器件、设备，观察变频器的型号、外观；利用搜索引擎结合变频器厂家、型号等查询并下载三菱FR-E500变频器使用手册，阅读并掌握有关变频器的安装方法要求。

（2）根据PLC控制连接图，结合各器件特别是变频器的安装要求，画出电气设备布局图。在教师指导下，练习三菱FR-E500变频器的前盖板、辅助板、操作面板等拆卸与安装；观察内部控制接线端位置、符号标志及主线路接线标志，结合手册熟悉各接线端功能与接法要求。

（3）结合图3-3-1所示电路进行连接，检查核对并确保无误。在教师指导下接通变频器电源电路并参照三菱变频调速器FR-E500使用手册，对Pr.4、Pr.5、Pr.6进行高、中、低速对应参数的设定，频率参数的设置分别对应15Hz、5Hz及2.5Hz。

（4）利用编程软件编辑图3-3-6所示梯形图程序，对程序编译并进行检查，利用RS-422数据线传输至PLC，观察PLC状态指示。

（5）根据控制任务要求设计调试方案，并将PLC功能选择开关置于“RUN”位置，通电运行并按常规设备调试要求进行调试。重点在负载运行调试时，试模拟不同作用时间的检测信号，观察电动机运行状态及监控状态下梯形图程序的控制条件、执行结果的对应关系。

（6）针对实训中存在问题需及时反馈、或小组讨论或自行研究解决，及时归纳总结并结合学习资料归类存档。

思考与训练：

（1）根据逻辑取反INV指令的用法与功能，结合图3-3-6所示梯形图的回路4的控制功能，试用INV指令实现。

（2）利用PLC实现变频调速，要求按下启动按钮SB1，电动机启动后以10Hz频率低速运行，25s后以40Hz高速运转。按下停止按钮电动机转速降至5Hz频率运转，10s后停止。从安全角度考虑设计急停控制措施，试结合本任务的实训设备完成设备调试。

E500型变频器简介

由三相异步电动机的转速公式可知，通过改变电源频率可以实现三相异步电动机转速的控制。现代电力拖动设备通过变频器实现电源频率的改变，达到控制电动机转速控制目的，变频调速的基本工作原理是将输入的交流电源经整流处理转变为直流电，再经过专门的大电流逆变电路转化成频率可调的交流电。下面结合如图 3-3-7 所示的三菱 E540 型变频器，重点讨论其最基本的使用方法。

图 3-3-7　E540 型实物

一、三菱变频器面板的拆卸与功能接线端的识读

E540 型变频调速器（简称变频器）属三菱主流 E500 系列中的一款典型产品，主要由主机箱和面板组成。在打开该款变频器的前盖板后，E540 型变频器功能指示、安装接线端子按功能区域分布如图 3-3-8 所示。使用和安装变频器时，必须要学会面板的拆装方法，掌握功能指示、控制端功能定义及连接方法。

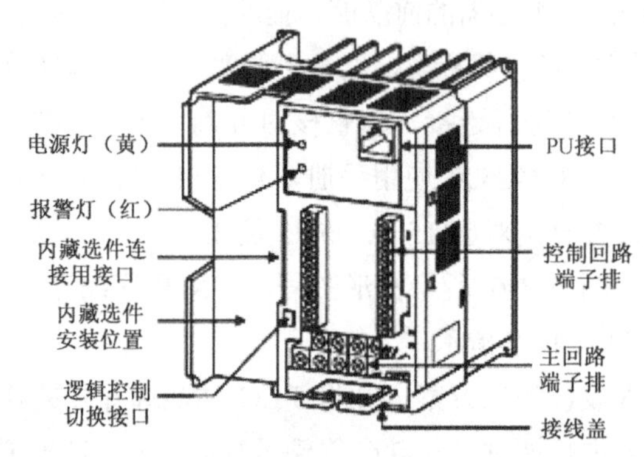

图 3-3-8　E540 型安装连接界面

如图 3-3-9 所示，主要面板附件有前盖板、辅助盖板（需另行购置的选件操作面板）和接线盖等。对变频器控制参数进行设置和调整，需要用到设备选件之操作面板。

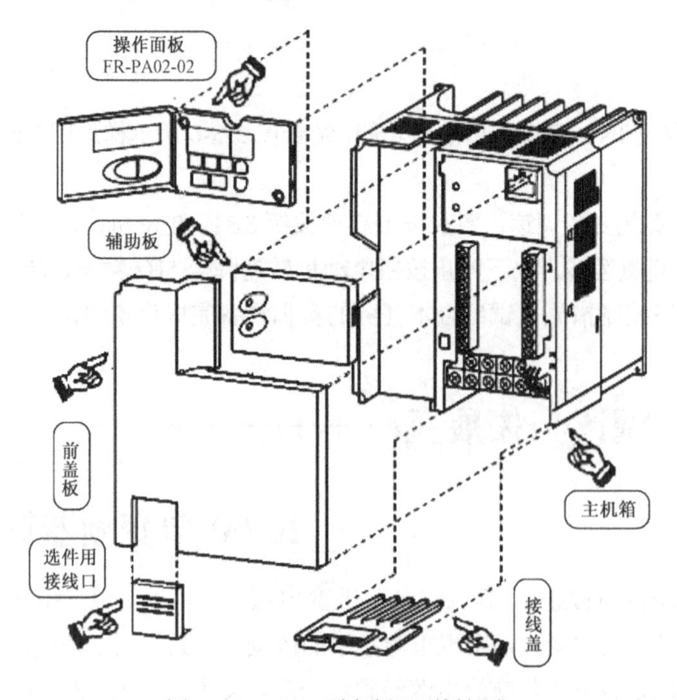

图 3-3-9　E540 型变频器面板组成

选件操作面板的安装：首先拆除辅助盖板，辅助盖板拆卸方法：手指扣住右侧凹部轻轻向外翻转即可拆卸，于拆卸处采用辅助盖板拆卸相反步骤替换安装操作面板，将锁扣对准轻压发出“咔嗒”声即完成。进行设备连接时前盖板的打开方法：在变频器上端用手指轻压锁扣位置并轻轻向外翻转即可拆下前盖板，当前盖板拆下后可将接线盖向外轻拉即可取出，安装步骤与方法相反。

三菱E540型变频器各功能接线端、三相电源及电动机接线端分布如图3-3-10所示，使用时各接线端应严格按功能及控制要求进行接线。

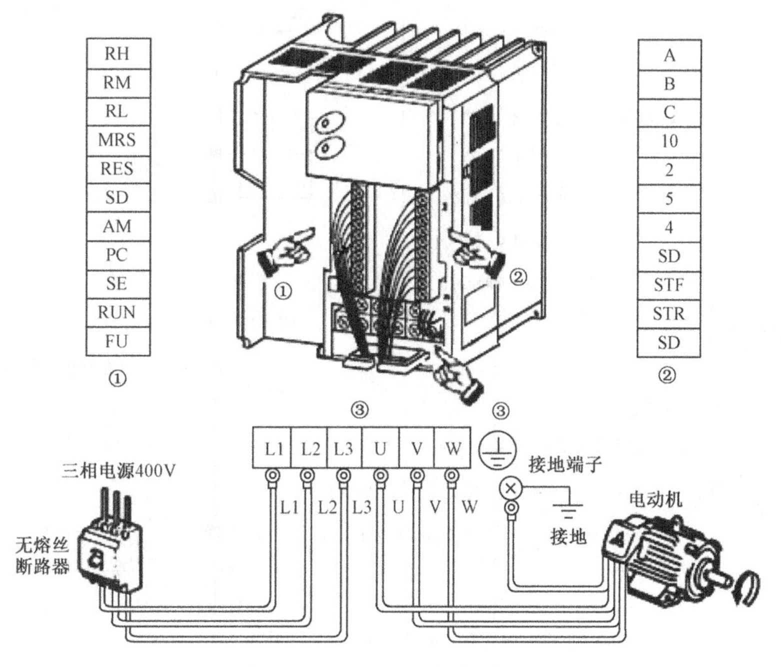

图3-3-10 三菱E540型变频器接线端定义及位置

二、变频器的功能接线端的分类、功能说明

如图3-3-11所示为E500型变频器各接线端的用法示意图，其功能分类及接法如下。

1. 主回路接线端

（1）L1、L2、L3端为E500型变频器的三相交流电源引入端，用于连接供电系统的动力380V、50Hz三相交流电源。U、V、W端为变频器的变频电源输出端，用于连接三相交流电动机。

（2）“+”、PR端为制动电阻器连接端，可在端子“+”与PR之间连接制动电阻器（选件）。“+”，“−”制动单元连接端，可连接作为选件的制动单元、高功率整流器（FR-HC）及电源再生共用整流器（FR-CV）。

（3）“+”、P1端可连接用于改善电路功率因素的DC电抗器，连接时需拆开原端子“+”、P1间的短路片，将直流电抗器（选件）接入，不接直流电抗器时此短接片不能拆除。

主电路电源接法：电源进线必须接L1、L2、L3，对电源进线相序没有要求，但绝对不能接于变频器U、V、W端，否则会导致变频器的损坏；三相电动机按U、V、W相绕组对应接至变频器的U、V、W端，电动机外壳与变频器接地端进行可靠连接（工程中规定三相电动机从轴向看逆时针旋转方向为正方向）。

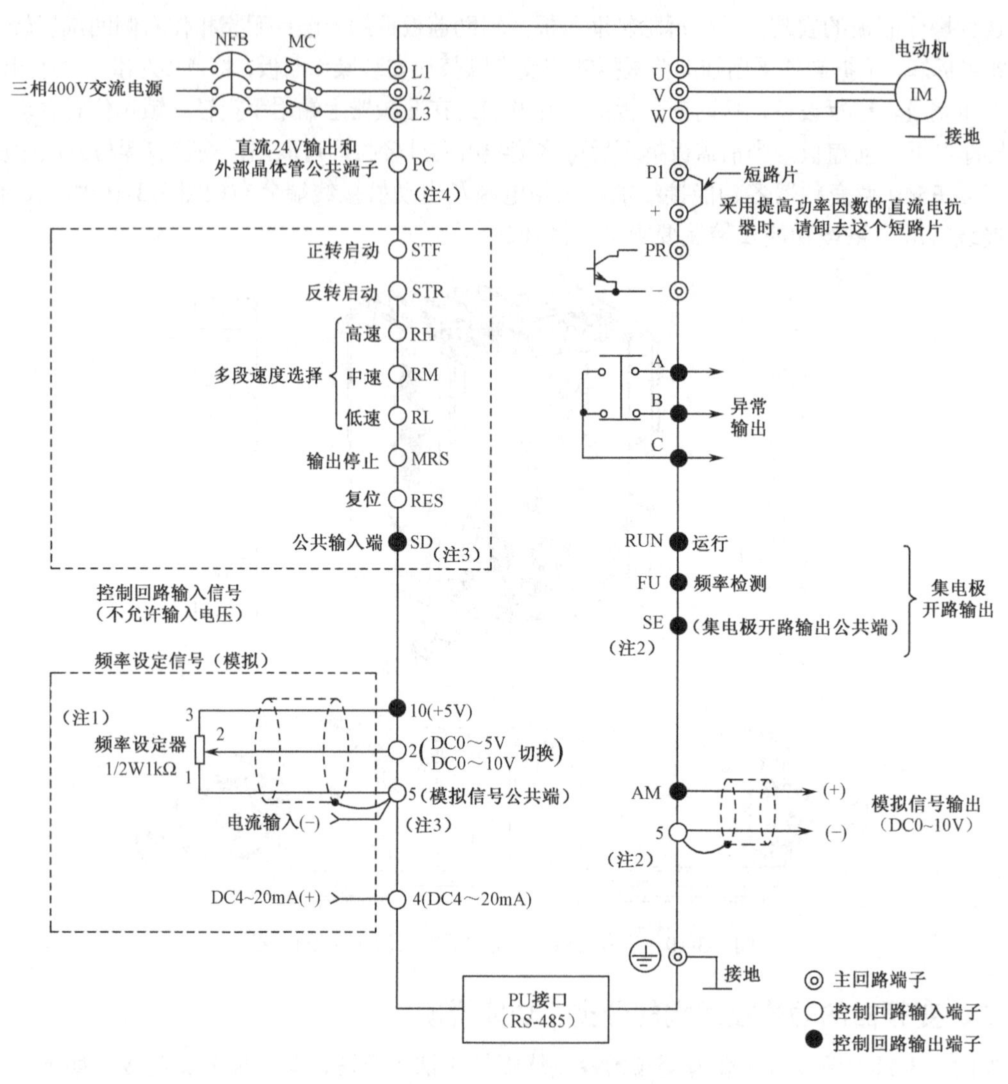

图 3-3-11　E540 型变频器功能端接法示意图

2. 各控制回路端子

1）输入控制信号端

（1）电动机正反转控制信号 STF、STR。当 STF 相对于公共端 SD 接通时三相交流电动机可实现正转；而 STR、SD 接通时，电动机进入反转状态。当 STF、STR 两者同时与 SD 接通时，三相电动机处于停止不转状态。

（2）RH、RM、RL 多段速度选择控制端。RH、RM、RL 端分别对应高速、中速及低速端，在变频器的外部操作或组合工作模式下，通过 RH、RM、RL 的不同组合可实现多段速度选择。通常各输入端状态组合 100、010、001 分别对应高速、中速、低速，三种转速可以结合参数设置改变（注意：三种组合中遵循低速优先原则）。

（3）MRS 为输出停止控制端。当 MRS 相对于公共端 SD 接通“ON”状态达到 20ms 时，变频器停止输出。当采取电磁制动方式对电动机实施制动时，可用于断开变频器的输出。

（4）RES 为保护复位控制端。当端子 RES 处于“ON”状态仅需达到 0.1s 以上后断开，便可解除变频器保护回路动作的保持状态。实际使用中可通过对参数 Pr.75 进行设定，仅在变频器发出警报时才能进行复位、（复位解除约 1s 后进行系统复原）。

（5）PC 端。直流 24V 电源输出和外部晶体管输出公共端（可作为源型接点输入公共端）。当用于连接晶体管集电极开路输出型（如连接晶体管输出型可编程序控制器）时，将晶体管输出用的外部电源公共端接于此端，可防止因漏电引起的误动作。

（6）SD 端。漏型接点输入公共端，在 PC、SD 端间可向外提供 24V、0.1A 的直流电源。

2）模拟量输入

（1）端子 10。标准+5V 工作电压输出端，可向外输出+5V 的直流电压、10mA 容许的负荷电流，用于连接外部频率调节电位器。

（2）端子 2。频率设定电压输入端：可由外部输入 0～5V（或 0～10V）的频率调节电压，电压最大值 5V（或 10V）对应于变频器的最高输出频率。变频器的输出频率随该输入电压的调节变化成正比关系，调节电压范围的最大电压与输出频率对应值可以通过变频器的相关参数进行设定。

（3）端子 4。频率设定电流输入端，在端子 AU（通过变频器参数 P180～P183 设定频率电流输入端工作方式）与 SD 处于接通时，可采用输入 4～20mA 的直流电流实现变频器的频率控制。与模拟电压输入一样，输入电流最大值 20mA 对应于输出最高频率，此时变频器的输出频率与该端输入电流成正比。

（4）端子 5。用于频率设定的公共端，用于模拟量电压输入端 2、模拟电流输入端 4 及模拟量输出端 AM 的公共端。

3）输出信号

（1）A、B、C 端均为变频器运行异常输出接点。其中变频器正常运行时“A”、“C”端间呈常开触点形式、“B”、“C”端间呈常闭触点形式；当变频器故障时会导致“A”、“C”间导通、“B”、“C”间断开。利用 A、B、C 端可实现因变频器保护功能动作导致输出停止时，提供外部电路报警指示或检测用开关信号。

（2）RUN 为变频器运行状态输出端。该端采用集电极开路输出形式，当变频器输出频率为启动频率（出厂值 0.5Hz，可通过参数设定）以上时呈现低电平状态；当处于停止或者变频器处于直流制动时输出高电平，由此端输出电平的高、低可判定变频器的工作状态。

（3）FU 为频率检测输出端。采用集电极开路输出形式，当变频器输出频率为设定检测频率以上时输出呈低电平状态，低于该检测频率时则输出呈高电平状态。可根据对该端输出电平的检测做出工作频率是否符合要求的判断。

（4）SE 为集电极开路输出公共端。该公共端区别于上述的 PC 端，SE 端仅为 RUN、FU 集电极开路输出端的公共端。

（5）AM 端为模拟量输出端。可通过参数设置从输出频率、电动机电流或输出电压中选取一种作为该端输出，输出信号与对应监测项目的大小成正比关系，出厂设定为电压（0～10V）输出。

3．PU 通信接口

该通信接口遵循 RS-485 的通信接口标准，通信速率可达 19200b/s。采用该 PU 通信接口可以实现与 PC、PLC 间距离不超过 500m 的通信。

通过上述接线端的认知可发现变频器具有丰富的功能，其用法、性能的进一步了解，需要学会查阅厂家提供对应型号的变频器手册，该手册会随机器提供用户参考，应作为重要设备使用与维护参考资料妥善保管，也可利用网络资源查找下载。

任务四 四人抢答器系统的程序设计训练

【任务目的】

- 通过对程序设计过程、方法的概括总结，结合四人抢答器系统的控制任务设计运用与体验，强化对 PLC 控制任务设计方法、步骤的认知。
- 通过本任务的程序设计，进一步掌握设备功能分析、逻辑控制要求和基本指令运用方法；熟悉 PLC 控制中七段数码显示、报警功能的实现方法。

想一想：

结合前述 PLC 控制任务的设备控制方法，对于 PLC 应用特别是程序设计方面有哪些规律可循？

知识链接六

编程方法的体验

通过模块二学习任务中继电—接触控制线路转换控制梯形图的训练，对 PLC 梯形图形成、结构规则及控制思路有了一定认识，形成了对基本指令功能、格式及用法的认知。随着对基本控制功能梯形图的认识和对基本指令的运用认知的提高，主要在模块三的编程训练中运用了控制任务逻辑分析的“经验程序设计”方法。在训练过程不难体会到 PLC 的编程能力的培养需要有累积的编程体验，有一定的指令功能、用法的掌握，一定的 PLC 基本控制方法、应用的认知。在一定编程体验的基础上，不难发现程序设计的有章可循、有经验可借鉴，这种章法及经验主要体现在以下几个方面。

（1）从梯形图编程来看，其根本点是找出符合控制要求的系统输出及每个输出的工作条件，这些条件又总是以机内各种软元件的逻辑关系体现的。

（2）梯形图的基本模式为“启—保—停”电路，每个单元一般只针对一个输出，这个输出可以是系统的实际输出，也可以是中间变量。

（3）梯形图编程中有一些约定俗成的基本环节，它们都有一定的功能，可以像积木一样在许多地方应用。

一般“经验程序设计”的编程步骤如下：

（1）在准确了解控制要求后，合理地为控制系统中的驱动事件分配 I/O 端口。选择必要的机内软元件，如定时器、计数器、辅助继电器等。

（2）对于一些控制要求较简单的输出，可直接写出其工作条件，依据基本“启—保—停”电路模式完成相关梯形图支路，工作条件较复杂的可借助辅助继电器实现。

（3）对于较复杂的控制要求，为了能用“启—保—停”电路模式绘出各输出的梯形图，要正确分析要求，明确组成总的控制要求的关键点。在空间类逻辑为主的控制关键点作为影响控制状态的触点，在时间类逻辑为主的控制关键点作为控制状态转换的时间。

（4）将关键点用梯形图表达出来。关键点总是要用机内软元件来表示，在安排软元件时需要合理安排。绘关键点的梯形图时，可以使用常见的基本控制环节，如定时、计数，振荡、分频等环节。

（5）在完成关键点梯形图的基础上，针对系统最终的输出进行梯形图绘制。结合关键点综合相关因素确定最终输出的控制要求。

（6）检查梯形草图，进行查缺补漏，更正错误。

（7）进行梯形编程设备输入，进行模拟调试，有针对性改进。

当然经验并非严格的章法，在设计过程中如若发现设计构想不能或难以实现控制要求时，可换个角度、思路。随系统设计的经历增加，经验将越来越丰富，运用将更能得心应手。

专业技能培养与训练

四人抢答器的程序设计与调试训练

任务阐述：结合模块一中四人抢答器PLC控制电路的功能要求：当竞赛抢答现场主持人按下允许开始按钮时，四组选手开始抢答，由七段数码显示器件显示最先按下抢答按钮的工位号，并封锁其他路抢答。附属功能要求：主持人未发出允许抢答指令，有选手抢答，则显示工位且蜂鸣器报警，该题作废；对抢答器实施初始复位和七段数码管清零后，开始下轮抢答控制。

一、控制任务分析

确定输入控制与输出驱动，列出PLC控制I/O端口地址分配表，I/O端口地址分配参见表3-4-1。

表3-4-1　I/O端口地址分配表

I端口		O端口	
复位按钮SB1	X000	数码管a段	Y000
开始按钮SB2	X005	数码管b段	Y001
1号位按钮	X001	数码管c段	Y002
2号位按钮	X002	数码管d段	Y003
3号位按钮	X003	数码管e段	Y004
4号位按钮	X004	数码管f段	Y005
		数码管g段	Y006
		报警蜂鸣器	Y007
		开始指示灯	Y010

二、画PLC控制接线图

由I/O定义可画出PLC控制接线图，四人抢答器PLC控制电路连接图如图1-2-2所示。

三、控制任务的分析与程序设计中关键点的程序设计解读

本控制任务梯形图程序在模块一中作为GX Developer软件编辑训练对象已有所认识。本任务主要来分析其设计过程中关键点的处理方法，为分析方便起见，对该梯形图进行分段处理，如图3-4-1所示。

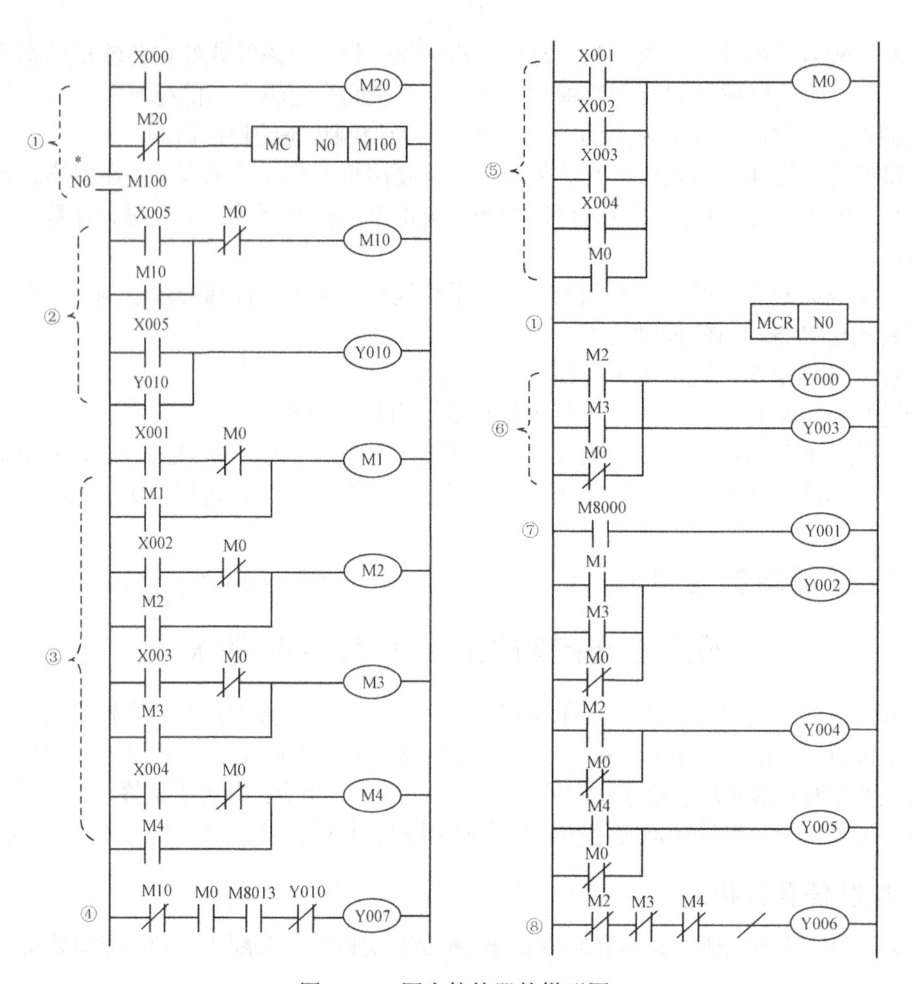

图 3-4-1　四人抢答器的梯形图

通过对抢答器工作控制流程的分析，该控制任务的程序设计中有以下几个解决程序设计控制的关键点。

（1）复位操作。复位操作对本控制任务而言，主持人用于清除允许抢答状态、异常抢答输出信息、正常抢答结束的输出信息及各状态下数码显示。

解决方法：利用主控指令 MC 与主控复位指令 MCR 控制实现，如图 3-4-1 所示，①部分，按下控制按钮 X000 瞬间通过 M20 执行主控复位指令 MCR 使 M0～M4、M10、Y007 及 Y010 复位。不同于一般主控指令 MC 的编程，本例中采用点动方式进行主控复位的处理，未进行复位操作时则主控指令 MC 始终有效。

（2）异常抢答报警。异常抢答报警的处理首先要实现的是判断主持人有无发出抢答指令，利用 M10 及指示灯 Y010 反映主持人的抢答指令发出，实现方法见梯形图 3-4-1 中②部分；其次要实现的是判断是否有人抢答，M0 表示已有人抢答，实现方法见梯形图 3-4-1 中⑤部分；最后实现判断是否异常抢答，判断方法即 M10、Y010 未动作，M0 动作，利用 M8013 输出时钟驱动 Y007 的指示灯工作，实现方法见梯形图 3-4-1 中④部分。

（3）抢答成功对其他抢答位的封锁，结合有人抢答状态 M0 常闭触点与各抢答按钮串联实现，实现方法见梯形图 3-4-1 中③的四个回路。

（4）本控制任务中采用 PLC 的 7 个输出端分别控制数码管的 7 只发光二极管，实现抢答工位信息的显示，用于抢答成功或异常抢答时显示抢答工位号 1～4 数码，在设备准备阶段或复位时应显示零。

为能够对所选数码管进行有效控制，对数码管的结构排列、工作方式要有一定的认识，如图 3-4-2 所示为数码管 a～g 七段排列规律。七段 LED 数码管是常用的数字显示器件，分共阳极、共阴极两种接法，如图 3-4-3（a）、（b）所示分别为七段半导体数码器件的共阳极、共阴极接法原理图及发光二极管的排列顺序。共阳极接法的发光段需要对应接低电位，而共阴极发光段对应段则需要接高电平。本例中 PLC 输出为高电平，应采用共阴极接法半导体数码显示器件，试结合表 3-4-2 所示显示数码与引脚控制电平间关系理解数码器件工作原理，并试推导显示其他数码对应的控制电平。

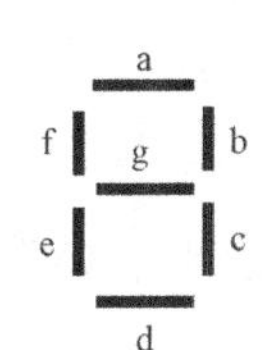

图 3-4-2　七段数码管排列

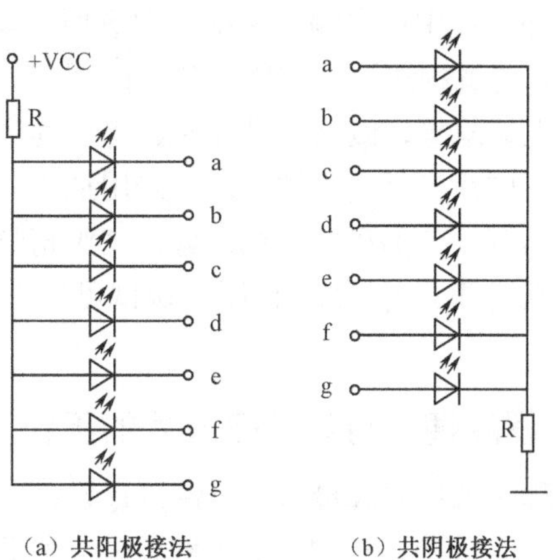

图 3-4-3　数码管两种接法

表 3-4-2　七段数码管显示式位号真值勤表

工位状态	七段数码引脚状态							显示数码
	a	b	c	d	e	f	g	
复位或无抢答	1	1	1	1	1	1	0	0
1 号工位	0	1	1	0	0	0	0	1
2 号工位	1	1	0	1	1	0	1	2
3 号工位	1	1	1	1	0	0	1	3
4 号工位	0	1	1	0	0	1	1	4

对于复位或无人抢答的显示，主控复位时 M0 和无人抢答 M0 状态一栏均呈“OFF”状态，显然利用 M0 常闭触点与复位或无抢答对应，可控制除 g 段外的 a～f 段；结合表 3-4-2，当 2 号、3 号工位有抢答时均能使 a 段、d 段发光，即 M2、或 M3 为“ON”时有 Y000、Y003 输出。实现控制方法见梯形图 3-4-1⑥；同样分析 Y001 对应的 c 段，显然无人抢答和有人抢答该段均发光即任何状态下均发光（运行时），所以该段控制利用 M8000 实现，见梯形图 3-4-1⑦；其余段控制方法相同。最后再来分析 g 段的控制，在准备阶段、无人抢答、1 号工位抢答时该段不工作，控制该段工作显然为对应 2、3、4 号工位 M2、M3、M4 相或实现对该段的控制。结合反向指令 INV 可转换为梯形图 3-4-1⑧，试分析 INV 的转换方法并理解该控制段逻辑功能。

四、指令表列写训练

指令表有助于初学者对梯形图的进一步理解和对指令用法的掌握，试根据梯形图列写指令表，列写有疑问时可通过梯形图编辑转换验证。

本例中由于采用主控指令及主控复位指令，在梯形图的控制回路中用于实现停止的常闭触点并未出现，原因在于主控复位指令 MCR 本身具有将介于主控指令 MC 与主控复位指令 MCR 间所有输出复位到原状态功能。所以，程序设计过程中在应用基本控制结构和典型软元件用法时还需注意与其他指令间的关系。由于三菱 PLC 不支持没有条件控制的输出，对于不受任何条件制约的输出可利用特殊辅助继电器 M8000 作为其驱动条件。对于一些只读型特殊辅助继电器在程序中可根据其特定功能加以运用，达到事半功倍的效果，如本例中 M8013 用于指示灯的控制。

五、程序的编辑、编译与调试

在程序设计中程序编辑调试非常重要，系统程序调试可采用边编程边调试、先编程后调试两种方法。边编程边调试实质是分功能调试，在调试过程中可及时发现所设计程序的语法上错误、功能上缺陷等，做到及时补充、完善程序，给最终整体程序功能的调试降低难度。对于在程序设计完成后进行的总调试，常采用插入“END”分段进行调试，要求设计者的设计思路十分清晰并具有一定的程序调试经验，这对初学者有相当的难度。任何程序设计最终均需通过调试来验证功能和完善程序，程序的调试可借助 GX Simulator 模拟调试软件仿真或空载模拟运行两种方式。

六、程序调试与设计完成后的工作

（1）程序调试完成最后，应带执行设备进行调试，并结合调试过程可能出现的异常分析故障原因并练习排除，直到设备能够反复正常运行。

（2）程序设计完成后，应能及时进行总结。对程序中出现的问题、解决的措施、指令或特殊软元件的使用，参数的合理设计等能够进行记录，并在遇到类似问题时借鉴是提高编程水平、效率的有效途径。

思考与训练：

（1）试在四人抢答器控制任务基础上实现 PLC 控制的 8 人抢答器的设计。

（2）对于抢答器控制任务，要求实现 10s 无人应答作放弃处理，并要求蜂鸣器按鸣 1s、停 0.5s 方式报警，如何实现。

技能拓展与训练

模拟调试软件 GX Simulator 的仿真训练

三菱 PLC 模拟调试软件 GX Simulator 又称 PLC 虚拟仿真软件，该仿真基于计算机安装的 GX Developer 编程/维护软件上运行。本书介绍的 GX Simulator 6c 可在任何版本的 GX Developer 上运行，在系统配置上能满足三菱 GX Developer 软件安装要求的计算机均可安装 GX Simulator 6c 软件。

在安装有 GX Developer 软件的计算机上安装 GX Simulator 软件后可实现离线调试。离线调试功能包括监视和测试本站/其他站的软元件及模拟外部设备 I/O 的运行。GX Simulator 软件允许在单台 PC 上进行顺控程序的开发和调试，可以极为迅速地且十分方便地对程序进行检查修改。

同时在单台PC上还可实现针对外部设备模拟的I/O系统设置和针对特殊功能模块缓冲存储器的模拟功能。由于没有与实际设备相连接，即使程序存在缺陷而导致异常输出仍可在模拟环境下安全地继续调试。GX Simulator软件作为独立的程序调式工具使用，克服了以传统的方法使用PLC在线调试不仅需要PLC基本单元，而且需要足够的I/O端口、特殊功能模块及外部设备等缺点。对学习者而言有了自主学习的平台，对于教育机构而言不再需要做人手一台的PLC准备。

图3-4-4所示的三菱调试软件GX Simulator 6c模拟的内容如下：

（1）键开关、指示器显示功能；

（2）模拟CPU 运行的功能；

（3）模拟CPU 软元件内存的功能；

（4）模拟一个特殊功能模块的缓冲存储器区域的功能；

（5）监视成批软元件内存数据的功能；

（6）以图表的格式显示软元件内存变更的功能；

（7）模拟外部设备I/O 运行的功能；

（8）模拟与外部设备通信的功能；

（9）检查使用MELSOFT产品的用户应用程序的运行；

（10）将软元件内存或缓冲存储器数据保存到文件或从文件中读取的功能。

三菱PLC的仿真调试软件GX Simulatorver 6c，支持除FX3U以外所有三菱FX，AnU，QnA和Q系列的各种型号PLC。

图3-4-4 三菱调试软件GX Simulatorver 6c

一、三菱PLC模拟调试软件GX Simulator的安装

三菱PLC模拟调试软件GX Simulator压缩软件包文件GX-Simulator 6c.rar可在三菱官方网站注册后下载。确认当前机器已安装有三菱编程/维护软件GX Developer，对上述压缩文件解压后于解压文件夹GX-Simulator 6c下运行SETUP.EXE文件，在GX Simulator安装向导提示下进行该应用软件的安装直到安装完成。其中要求输入的产品ID（产品授权安装序列号）可事先在GX Developer软件窗口的主菜单帮助下选取产品信息弹出的对话框如图3-4-5所示ProductID处获取（也可通过网络查询到，但须在不违反知识产权的前提下）。

不同于一般Windows应用软件，仿真软件GX Simulator安装完成后，在桌面或者开始菜单中不会出现该仿真软件的图标，原因是该仿真软件被集成到编程软件GX Developer中，该仿真软件成为编程软件GX Developer主界面的程序工具条上的一个虚拟仿真按钮“”插件及菜单工具下拉菜单中的梯形图逻辑测试启动功能选项插件，如图3-4-6所示。

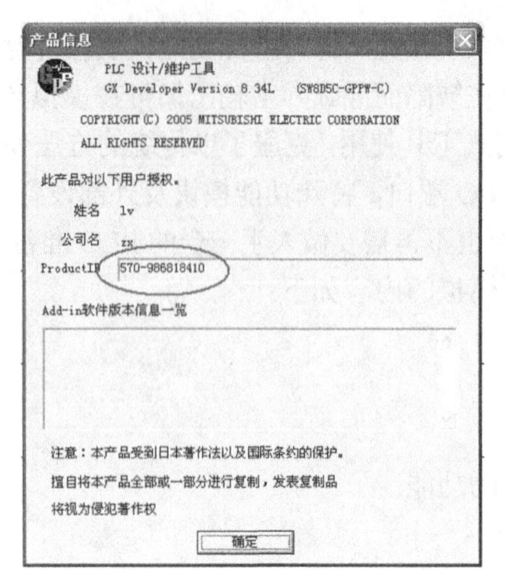

图 3-4-5　GX Developer 产品信息对话框

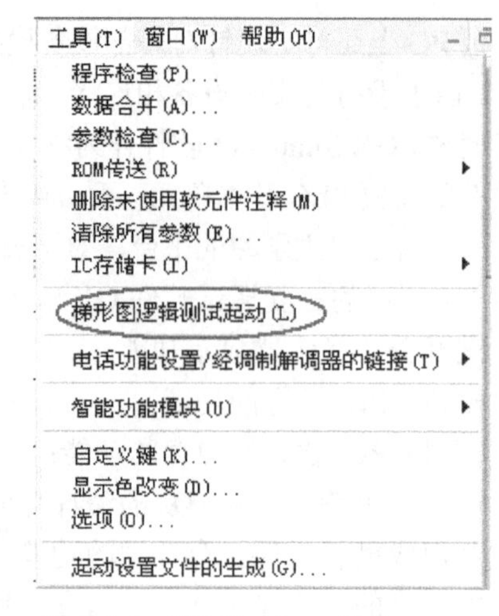

图 3-4-6　GX Simulator 插件

安装完成后，运行 GX Developer 软件并编辑梯形图程序后，程序界面如图 3-4-7 所示。

仿真软件的功能是将编辑完成的程序在计算机中虚拟运行，没有编辑完成的程序也就无仿真而言。当没有编辑梯形图程序或 GX Developer 软件处于刚打开执行界面时，上述的仿真按钮呈灰色不可选状态。

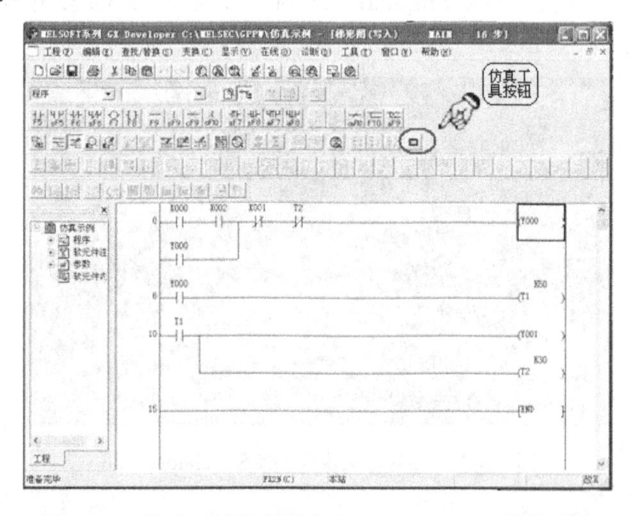

图 3-4-7　仿真示例程序及安装 GX Developer 程序界面

二、梯形图仿真模拟调试的方法与训练

结合如图 3-4-7 所示的梯形图编辑窗口的示例梯形图，实现模拟仿真的步骤如下：

（1）启动编程软件 GX Developer，创建一个“仿真示例”新工程，编辑上述窗口中梯形图并完成程序检查、编译工作。不难理解上述程序功能，程序功能的理解是确定调试方案的依据。为方便仿真，对上述程序按如图 3-4-8 所示的梯形图修改，可在完成仿真学习后思考这样处理的理由。

（2）GX Simulator 仿真的启动。一种方法是在 GX Developer 的工具下拉菜单中选取梯形图逻辑测试启动功能项；另一种方法直接单击程序工具条上的虚拟仿真按钮“□”，此时先后弹出 LADDER LOGIC TEST TOOL 窗口和 PLC 写入对话框，如图 3-4-9、图 3-4-10 所示，由 GX Developer 创建的顺控程序和参数将被自动地写入至 GX Simulator 虚拟 PLC 中。

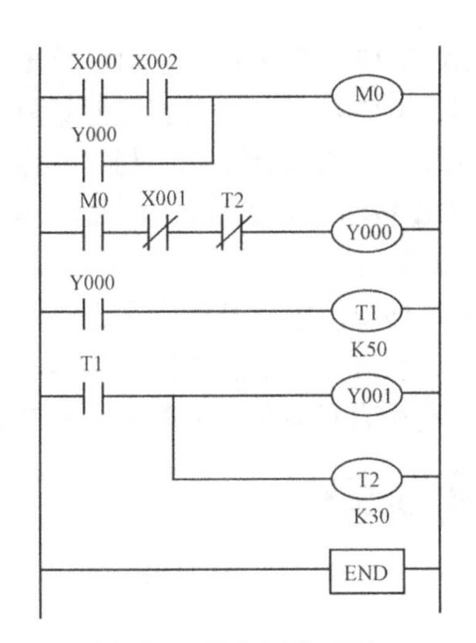

图3-4-8　仿真用梯形图

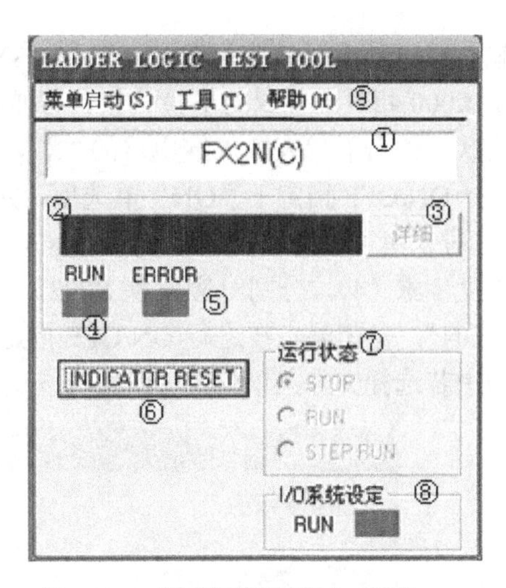

图3-4-9　梯形图逻辑测试工具窗口

如图3-4-9所示梯形图逻辑测试工具窗口部件的认知：①CPU类型：用于显示当前所测试工程中所选择的CPU类型。②LED显示器：当指示灯显示说明CPU运行出错，出错信息最多只显示16个字符。③详细：当CPU出错时单击该按钮将弹出反映错误、出错步等信息的对话框。④RUN。⑤ERROR：针对所有的QnA、A、FX、Q系列CPU和运动控制器有效，用于反映运行或出错指示。⑥INDICATOR RESET按钮：单击该按钮可以清除LED显示。⑦运行状态栏：显示GX Simulator的执行状态，单击各单选按钮可以更改执行状态。⑧在执行I/O系统设置的过程中LED亮灯，双击该处，将显示当前I/O系统设置的内容。⑨该窗口的功能设置菜单栏。

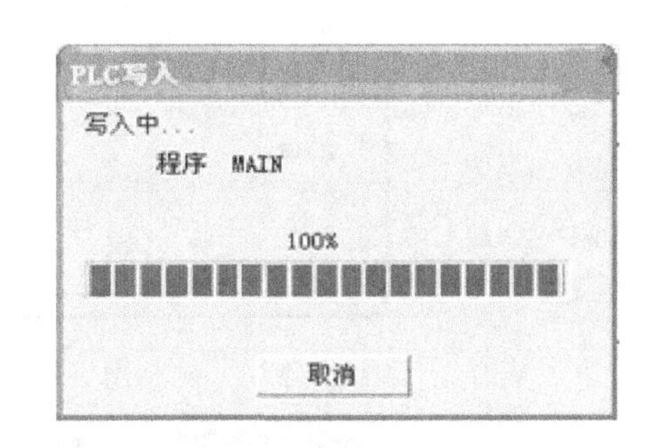

图3-4-10　PLC写入对话框

（3）顺控程序的离线调试方法。PLC写入完成后，在LADDER LOGIC TEST TOOL程序窗口中，单击菜单启动并选取I/O系统设定功能项，如图3-4-11所示。启动I/O SYSTEM SETTING窗口，如图3-4-12所示。

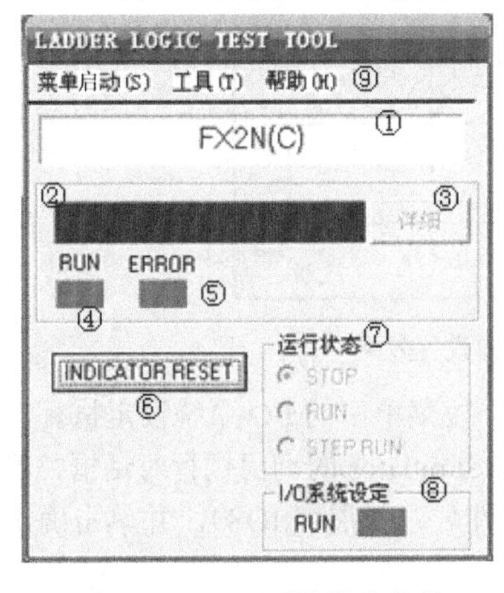

图3-4-11　I/O系统设定菜单

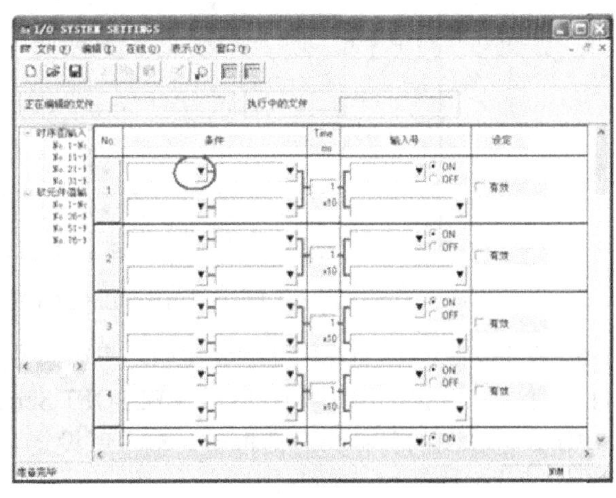

图3-4-12　I/O SYSTEM SETTING窗口

（4）输入继电器模拟参数的设置。在I/O SYSTEM SETTING窗口中，对应单击与梯形图回路块1中X000相对应位置的下拉按钮，可弹出如图3-4-13所示软元件指定对话框，在该对话框中单击软元件名下代表输入继电器的“X”，在软元件号输入与梯形图中相对应输入继电器号“0”，选择ON/OFF指定下“ON”单选项，并单击OK按钮，完成输入继电器X000的设置（在模拟运行时未单击该处按钮则呈现断开状态，单击实现闭合）。

（5）重复步骤（4），分别对应设置X002、X001中，梯形图中常开触点在进行ON/OFF指定时选择“ON”，常闭触点在进行ON/OFF指定时选择“OFF”。设置完成如图3-4-14 所示。在设定过程中若选择文件菜单中的I/O系统设定复位，则所有设置均无效恢复窗口初始状态。

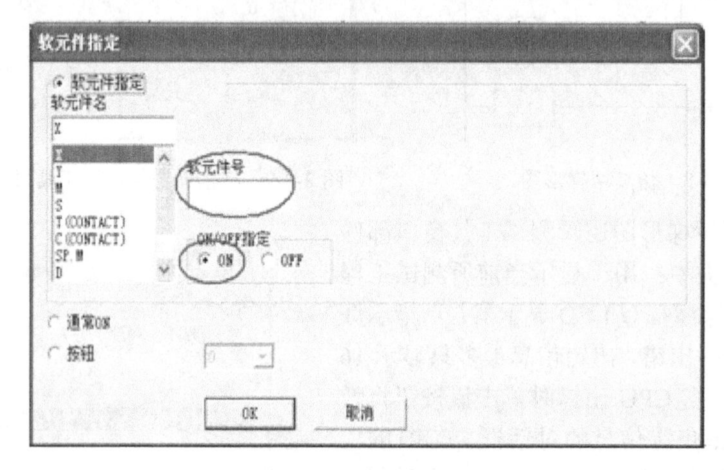

图3-4-13　软元件指定对话框

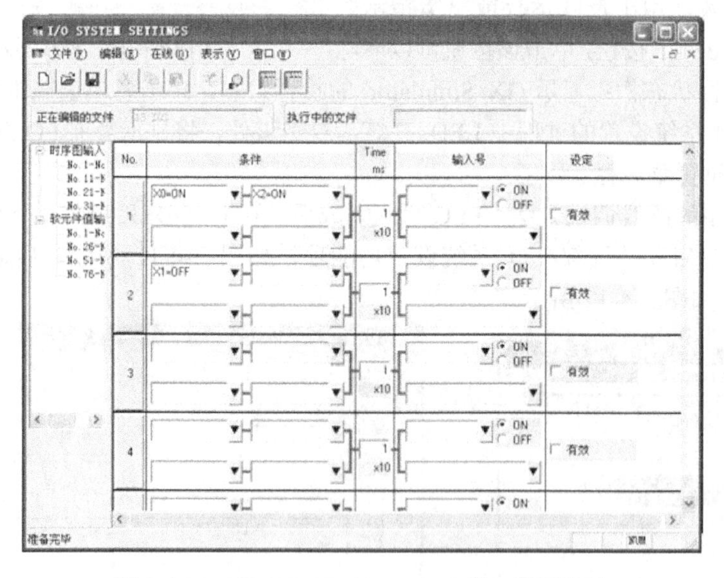

图3-4-14　I/O SYSTEM SETTING窗口设置效果

（6）在I/O SYSTEM SETTING窗口，单击文件选取下拉菜单中的I/O系统设定执行，如图3-4-15所示，弹出如图3-4-16所示MELSOFT Series GX Simulator的询问执行对话框，单击确认按钮。在弹出的另存为对话框中，输入所设定系统文件名（扩展名.IOS），并单击确认按钮。

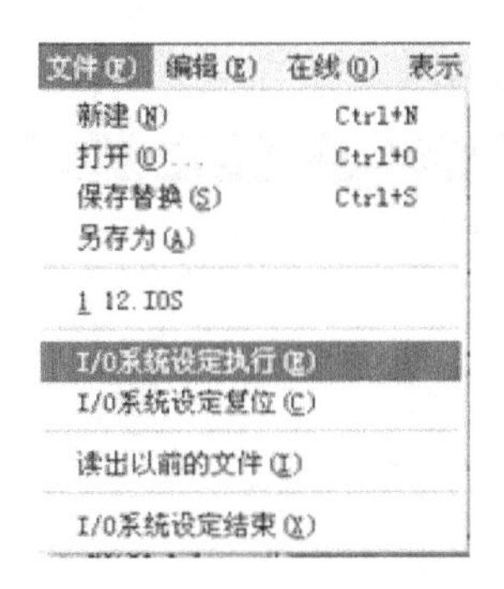

图 3-4-15　文件下拉菜单

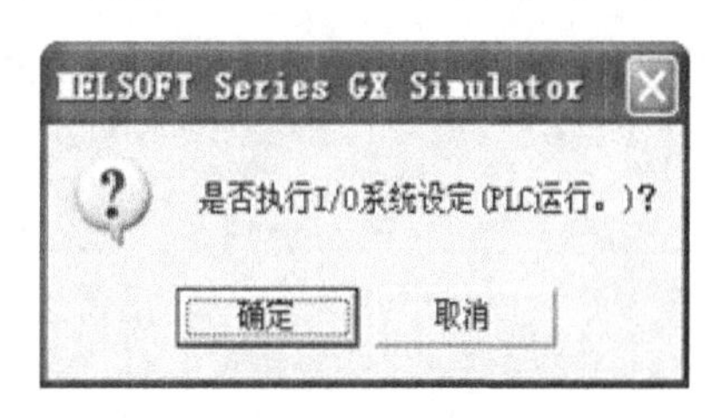

图 3-4-16　询问执行对话框

（7）I/O 系统设定执行与仿真。在上述确认操作执行弹出如图 3-4-17 所示 MELSOFT Series GX Simulator 的执行确认对话框中，单击确认按钮，若程序没有错误则 LADDER LOGIC TEST TOOL 的窗口中 RUN、I/O 系统设定指示灯均工作呈发光状态；程序有错误则 LED 显示器显示出错信息、ERROR 指示灯发光。

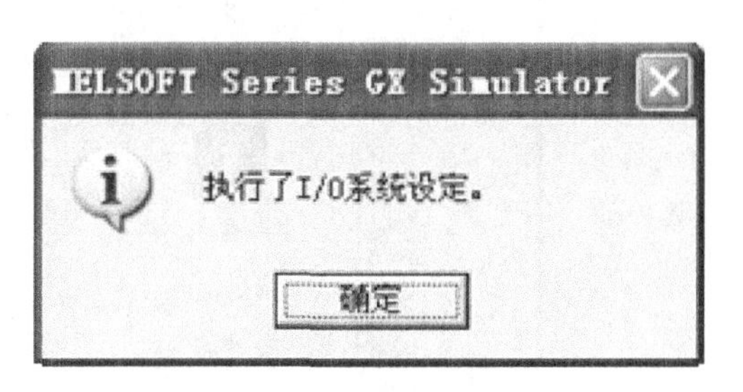

图 3-4-17　执行确认对话框

（8）执行 I/O SYSTEM SETTING 窗口中在线菜单下的监视开始功能选项，则 I/O SYSTEM SETTING 设置窗口、GX Developer 梯形图窗口分别如图 3-4-18、图 3-4-19 所示。当单击如图 3-4-18 中输入继电器 X0、X2 使其闭合，可观察到如图 3-4-19 所示的梯形图窗口的程序执行情况：输出继电器、定时器的动作与 GX Developer 中 PLC 在线监控效果一致，按下 X1 则梯形图运行状态复位（仿真状态下的输入继电器对应控制器件不具有自动复位功能，需要产生按钮动作效果时需连续按动两次：第一次闭合，第二次断开）。

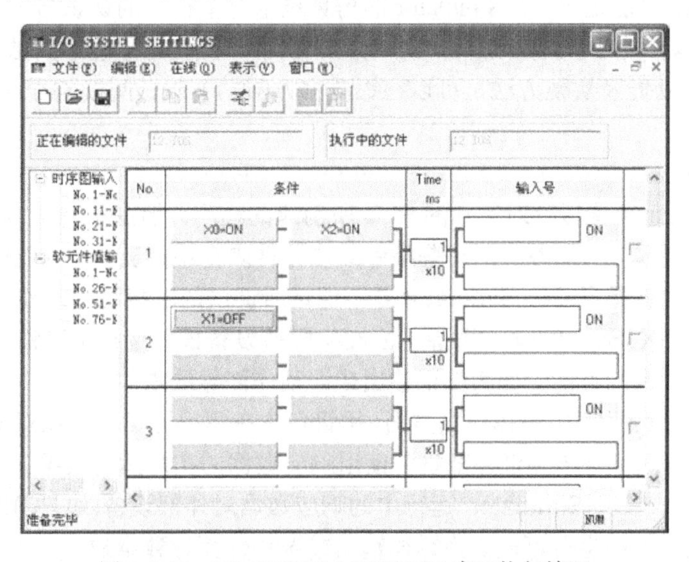

图 3-4-18　I/O SYSTEM SETTING 窗口执行情况

（9）执行 I/O SYSTEM SETTING 窗口中在线菜单下监视停止功能项，则 I/O SYSTEM SETTING 窗口复位至如图 3-4-14 所示的状态；执行文件菜单下当前 I/O 设定结束则设定窗口关闭。注意：此时 GX Developer 梯形图仍处于仿真状态。

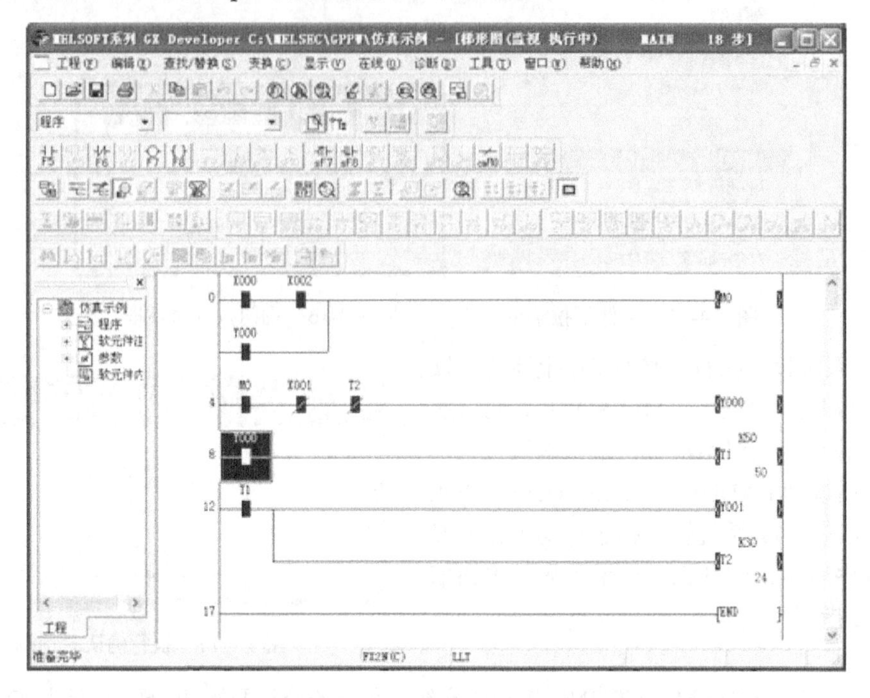

图 3-4-19　仿真状态下 GX Developer 梯形图窗口

三、GX Simulator 梯形图仿真模拟调试的退出

仿真的退出可以采用在 GX Developer 界面选择主菜单工具，在其下拉菜单中选取梯形图逻辑测试结束功能选项；或直接单击程序工具条上的虚拟仿真按钮“ ”。

上述仿真训练，只能是对 GX Simulator 的仿真技术有个初步的认识与了解，其强大的程序调试功能还有待不断的实践与探索，通过不断实践积累熟能生巧才能达到融会贯通（对于 GX Simulator 仿真更多功能及实现方法，可以在三菱官方网站下载、阅读 GX Simulator 相应版本的操作手册）。

GX Simulator 可模拟针对实际的 PLC 所创建的程序，但由于 GX Simulator 不可以访问 I/O 模块或特殊功能模块，对有些指令或软元件内存不能支持，因此仿真结果可能不同于实际运行，也就是说 GX Simulator 并不保证所调试的顺控程序的实际运行。要求在所设计程序通过 GX Simulator 调试后，应在实际待设备投入运行前确保能在 PC 与 PLC 实际连接中调试。否则可能会因为错误输出或误动作而导致事故。

GX Simulator 在 PLC 通信仿真方面，尽管包含有串行通信功能以对来自外部设备的请求作出响应，但同样并不保证外部设备使用响应数据的实际运行效果。故除了进行检查之外，不要使用来自 GX Simulator 运行中的响应数据对外部设备(如 PC)执行串行通信功能的验证或测试，否则也有可能因为错误输出或误动作而导致事故。

>>> 模块四

PLC 状态编程及在控制中的应用

【教学目的】

- 通过模块所设任务的学习与实训，熟悉三菱 FX_{2N} 系列 PLC 的状态继电器的功能、用途；掌握步进梯形图开始指令 STL、状态返回指令 RET 的用法。
- 熟悉步进顺控状态编程的方法，结合对步进顺控状态编程的“三要素”的理解，初步掌握步进顺控梯形图的程序设计方法；熟悉步进顺控状态转移图的画法规则。
- 理解和熟悉步进顺控状态编程中的选择性分支和条件分支的程序结构、编程方法及要求；熟悉相关应用指令 ZRST、BIN、ALT、SMTR 等的功能、用法。

任务一　在双作用气缸往返运动中状态编程方法的认知训练

【任务目的】

- 理解步进顺控状态编程的概念，通过双作用气缸轮流往返控制任务及过程的状态分析，熟悉步进顺控梯形图的编程方法。
- 了解 FX_{2N} 系列 PLC 状态继电器的分类、用途；掌握反映状态特征的“三要素”并学会状态分析方法，初步了解和熟悉单流程状态梯形图程序设计方法。
- 初步掌握步进梯形图指令 STL、状态返回指令 RET 的功能及用法，熟悉应用指令 ZRST、BIN 的用法。

想一想：

在模块二和模块三中，在对 PLC 程序设计梯形图画法的基本要求及一般规律认识的基础上，利用逻辑分析方法进行了简单程序的设计和训练，显然此种方法对任务分析能力、严密的逻辑思维能力均有一定的要求。在复杂任务编程时，这种逻辑分析并不是很容易掌握并被熟练运用的，除此我们还有什么好办法？

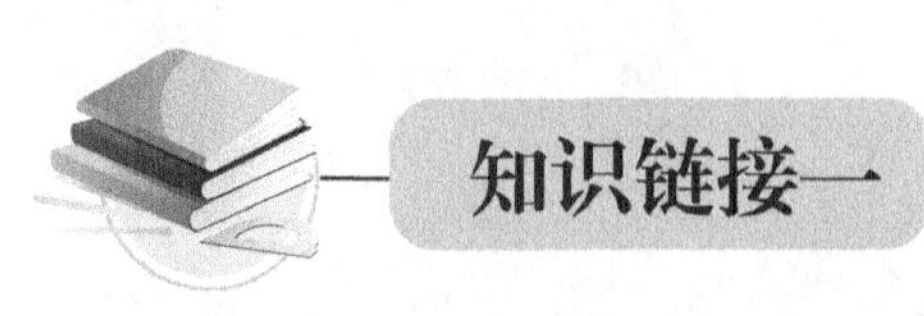

步进顺控状态编程的基本思路

前面所述及 PLC 控制任务的实现采用了以“经验程序设计”为主导的编程方法，该编程方法中对于工艺的表述较烦琐，且工序间逻辑的关联性较复杂，给逻辑分析设计带来了麻烦。因此，日本三菱公司在小型 PLC 基本指令的基础上增加了用于步进梯形图编程的 STL（Step Ladder）和 RET 指令，步进梯形图编程采用一种符合 IEC1131—3 标准中定义的 SFC 图（Sequential Function Chart，顺序功能图或状态转移图）的通用流程图语言进行编程。状态转移图相当于国家标准（GB6988.6—86）《电气制图》的功能表图（Function Charts），基于状态转移图的编程方式是一种具有流程图的直观，又有利于复杂控制逻辑关系的分解与综合的图形语言的程序设计方法。故此种编程方法特别适于具有顺序控制特征任务的程序设计，具有的编程直观性、方便性，为初学者有效理解和掌握程序设计方法提供了捷径。

基于状态转移图程序设计的思路与特点：

（1）将一个复杂的控制任务或控制过程进行分解成为实现该控制任务的若干道工序（称状态步）。对于每一个独立的、具体的过程工序，使其控制条件、输出状态及停止控制均具独立性，剥离了复杂的关联性。

（2）将各工序的输出驱动、工序间转换（状态转移）条件按顺序综合便完成整体工序的汇合，采用“积木”方式实现任务控制程序的设计。

（3）对应顺序状态的状态元件可直观地展现出状态间的转换关系，控制流程清晰明朗，具有较强的可读性，易于理解，便于实现状态编程的步进顺控梯形图转化。

步进顺控状态编程是将一个控制任务分解成若干状态步组成，每一个状态步对应于一个不同编号的状态元件 S 表示，状态编程就是围绕反映工序任务的指定目标（状态步）、输出负载驱动及状态间转移的条件三个要素进行的。把反映状态的“状态步”、“转移条件”和“负载驱动”称为状态编程的“三要素”。只有相应的状态步得电时，才能直接驱动或通过一定逻辑条件驱动相应的负载完成相应的工序，如图 4-1-1（a）所示的状态元件直接驱动，如图 4-1-1（b）所示的触点组合逻辑驱动负载方式。状态步（对应的状态元件）得电的前提是对应的转移条件成立，状态的转移条件有如图 4-1-2（a）所示的单一转换条件及如图 4-1-2（b）所示的复合逻辑转移条件两种，状态间转换条件（工序间转换条件）是进行状态编程的关键。

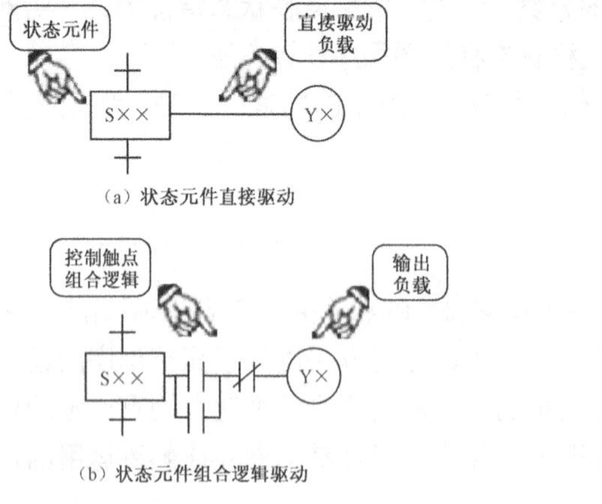

图 4-1-1　负载的驱动方式

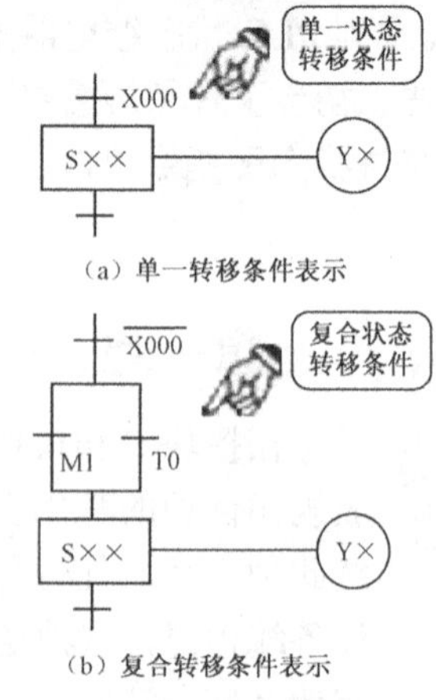

图 4-1-2　状态转移条件的表示

状态元件是构成状态转移和状态编程的基本要素，状态元件就是 PLC 内部的状态继电器。FX_{2N} 系列 PLC 可用的状态继电器编号范围 S0～S899 共 900 点，另有专用的信号报警状态继电器 100 点，编号范围 S900～S999。其分类、编号、功用参见表 4-1-1。

表 4-1-1　状态继电器分类、编号及功能表

FX_{2N} 系列 PLC 的状态继电器				
类　别		元件编号	数　量	功能用途
初始状态		S0～S9	10	用做状态转移的初始状态
一般状态	返回	S10～S19	10	用做多运行模式控制中返回原点的状态
	中间	S20～S499	480	用做状态转移的中间状态
掉电保护状态		S500～S899	400	用做需要实施掉电保持功能，能恢复继续运行的状态元件
信号报警状态		S900～S999	100	用做报警元件使用

由表 4-1-1 可知，通用型状态继电器 S0～S499 共有 500 点，其中 S0～S9 共 10 点在编程时主要用于状态的初始化，而 S10～S19 共 10 点常用于设备的状态回零（或称复位）处理，用于控制任务工序的一般状态则采用由 S20 开始的编号 S20～S499 的状态继电器。若需考虑工作状态的累积与失电状态保护则须选用 S500～S899，在失电时可将原状态信息保持下来。

步进顺控状态编程时状态元件的编号必须结合上述规定选取，在不使用状态编程指令时，状态元件可作为辅助继电器使用。

步进顺控指令链接：步进顺控梯形图指令 STL/RET

STL 指令称步进梯形图开始指令，RET 指令为步进返回指令。STL/RET 指令梯形图格式、功能及用法如下：

名　称	指　令	功　能	梯形图形式及操作对象	程序步数
步进梯形图开始指令	［STL］	步进梯形图开始	S	1
状态返回	［RET］	步进梯形图结束	RET	1

步进梯形图开始指令 STL 的功能，是将 PLC 内部状态继电器 S 定义为顺控程序中对应于某工序的状态步的指令。执行该指令在梯形图上反映出从母线出发实现该状态的开始，相当于在该指令状态的右侧具有建立“副母线”的功能，以使该状态下的所有操作均于该“副母线”后进行。

而步进返回指令 RET 则是用来表示状态流程的结束，具有从副母线返回主母线操作的功能。当步进顺控程序执行完后必须从状态子程序即副母线返回到主母线上，所以，状态程序结束时必须使用 RET 指令。

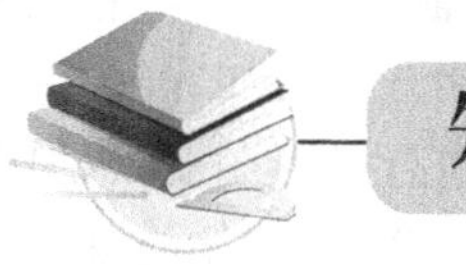

知识链接二

步进顺控指令表示与用法

1．状态转移图——SFC 图

SFC 图是状态编程的最直观形式，如图 4-1-3（a）所示。SFC 图能将状态编程“三要素”

以最直观的图形方式表现出来的程序形式。

状态编程开始于初始状态步，把程序开始处通过 STL 指令以外的触点驱动的状态称为初始状态，用于初始状态的状态继电器编号 S0～S9。

除初始状态外，需要通过来自于其他状态内的 SET（或 OUT）对状态步进行驱动的状态称为一般状态，程序中除去用于初始状态 S0～S9 以外的 S10～S499（失电保持状态继电器也属此类）可用做一般状态定义。当某一状态步已处于被激活工作状态下且实现向其他状态转移的条件满足时，则该状态步将自动复位，指定转移的状态步则被激活为工作状态，实现输出驱动、检查状态转出条件是否满足。

如图 4-1-3（a）所示的状态转移图中，利用开机初始脉冲 M8002 产生一个瞬间脉冲对初始状态步 S0 进行驱动，即 PLC 运行初瞬间产生的初始信号脉冲使初始状态继电器 S0 得电，状态 S0 中并未驱动任何实质性负载，等待状态转移的条件（X000 闭合、X002 断开）成立。当状态转移条件满足时执行 SET S20 使状态继电器 S20 得电，S20 得电同时初始状态 S0 则被复位，状态 S20 中的输出 Y000 属于直接驱动而产生动作，直到状态顺序转移条件 X001 闭合，则执行 SET S21 转移到顺序状态 S21，此时 Y000 随继电器 S20 失电而停止输出。状态 S21 得电……依次类推。

2．步进顺控梯形图

如图 4-1-3（b）所示为状态编程的步进指令梯形图形式，也是状态编程最常用的形式。状态继电器是在转移条件满足时用 SET 指令驱动，状态的执行则通过起始于母线的步进状态触点 STL 指令说明，始于 STL 指令右边“副母线”的触点参照取、取反等指令的用法。

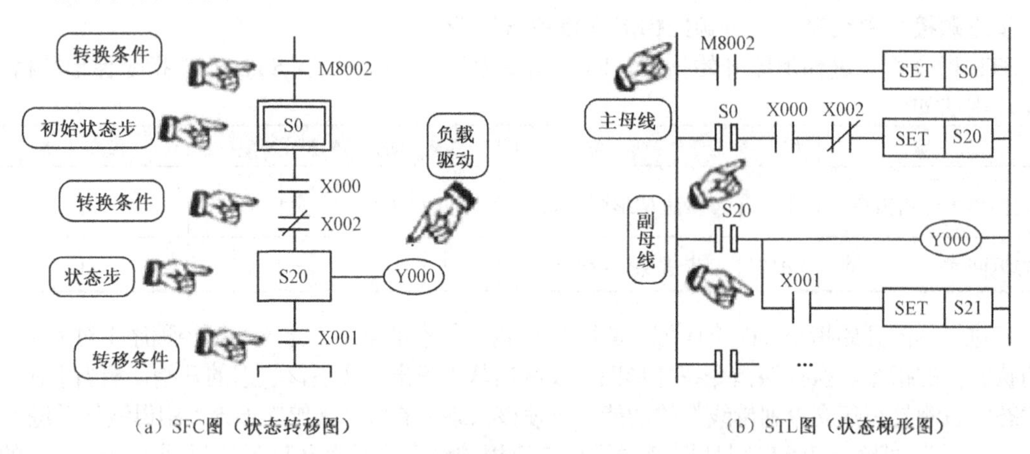

（a）SFC图（状态转移图）　　（b）STL图（状态梯形图）

图 4-1-3　步进顺控指令的编程方式

对于初学者在状态梯形图编程或转化时，对如图 4-1-4 所示状态内输出驱动要有一定的认识：在如图 4-1-4 所示的步进顺控梯形图程序的 S20 状态步内，从状态内副母线开始，自上而下若出现 LD 或 LDI 等指令写入后（如 Y002），对不需要触点指令的直接输出（如 Y003）无法再编程（转换时提示梯形图错误）。此时可按图中①、②所示指示的方法进行梯形图变换处理，其中方法②中 M8000 为 PLC 运行状态监控特殊辅助继电器，在 PLC 处于 RUN 时始终处于闭合状态。

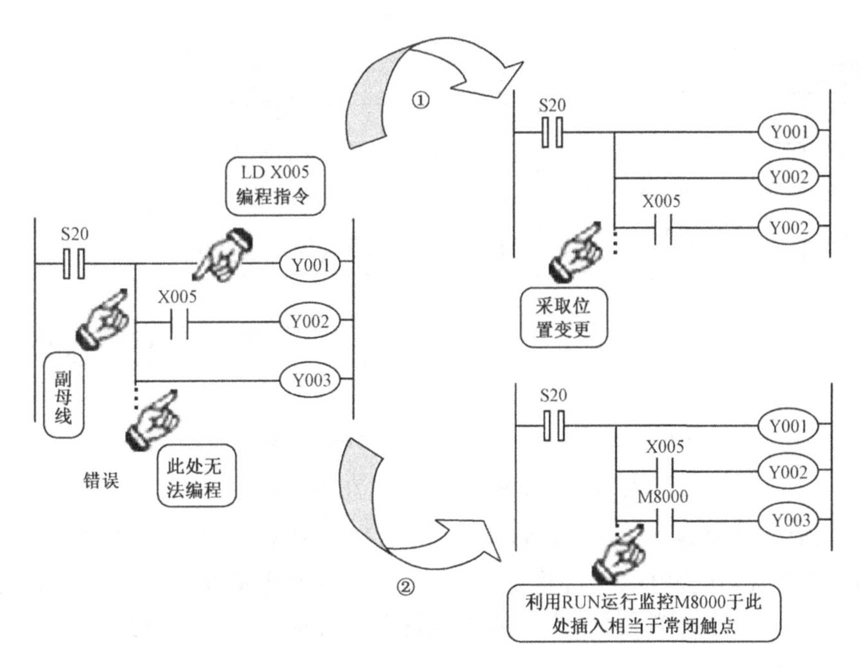

图 4-1-4 步进顺控制梯形图状态内负载驱动方法

3. 步进顺控程序的指令表形式

指令表 STL 4-1-1 为如图 4-1-3（b）所示的顺控梯形图对应的指令表形式。结合步进顺控状态编程的指令表需要注意：①用于状态步线圈驱动 SET 指令与步进梯形图开始指令 STL 指令配对使用；②步进状态触点 STL 后始于右母线触点用法指令；③STL 后可直接驱动负载的用法与母线不能直接对负载进行驱动的不同；④在结束状态执行时即步进程序结束要用步进状态返回指令 RET 返回主母线。还须注意的是，在 STL 与 RET 指令间不能使用主控指令 MC 及主控复位指令 MCR 编程。

STL 4-1-1

步序号	助记符	操作数
1	LD	M8002
2	SET	S0
3	STL	S0
4	LD	X000
5	ANI	X002
6	SET	S20
7	STL	S20
8	OUT	Y000
9	LD	X001
10	SET	S21
⋮	⋮	⋮

应用指令链接一：区间全部复位指令 ZRST

FX_{2N} 系列 PLC 在步进顺控梯形图指令编程时，常在初始状态驱动同时对一般状态步进行复位处理，结合具有特殊功能的应用指令可以有效地提高编程效率。

试分别编辑如图 4-1-5 所示的两个梯形图，试模拟运行并进行功能比较。

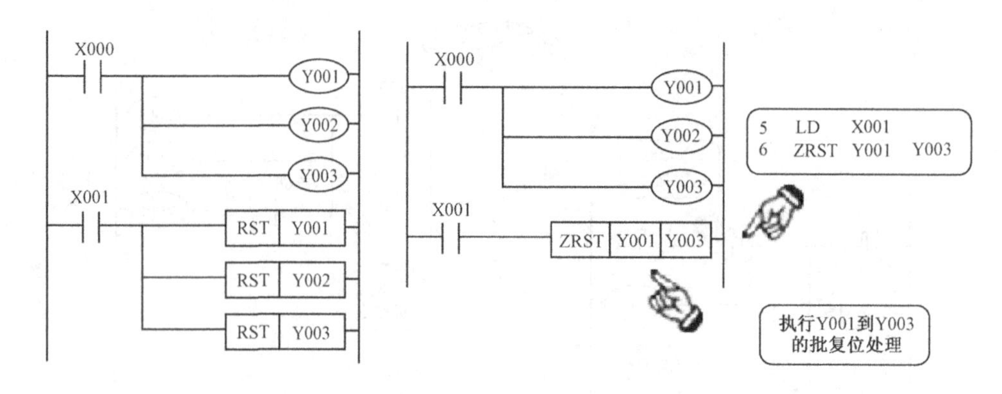

（a）逐个分别复位　　（b）功能指令批复位处理

图 4-1-5　软继电器状态复位操作梯形图

如图 4-1-5 所示的梯形图实现的控制功能完全一样，图 4-1-5（a）采取的逐一复位方式，图 4-1-5（b）采用在 X001 为“ON”时，将 Y001～Y003 通过批处理功能的 ZRST（ZONE RESET）区间复位指令实现一次性全部复位。显然在一定场合下功能指令的使用可简化编程工作，并有效地提高执行效率。

区间全部复位指令 ZRST 的格式与用法如图 4-1-6 所示。

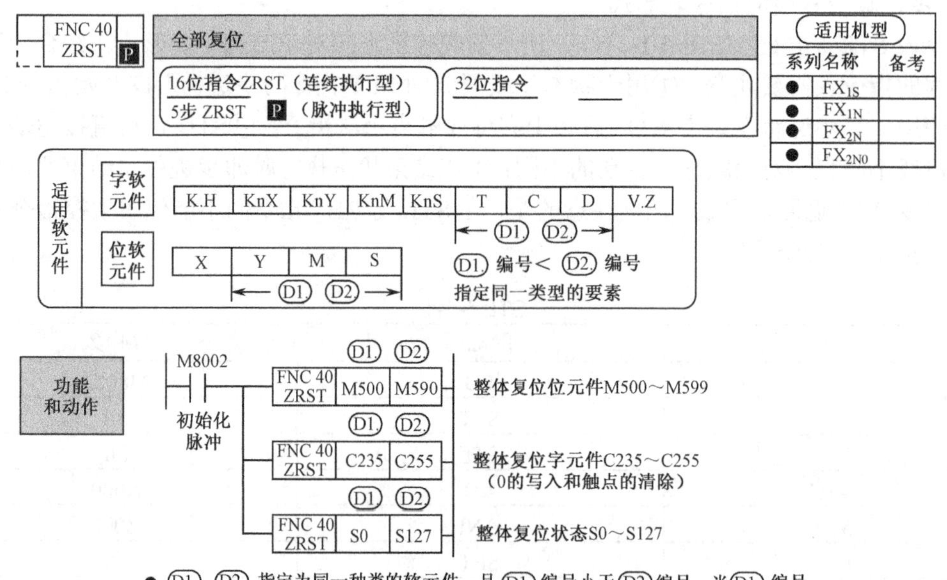

图 4-1-6　ZRST 指令的格式与用法

如图 4-1-6 所示为三菱 FX 系列编程手册中应用指令格式及样本，以下相关应用指令的介绍均采取编程手册的样式，便于熟悉工程实践手册查阅的方法。格式中相关参数标注方法及含义可结合本任务后“阅读与拓展”理解。

该指令用于对指定（D1.）～（D2.）编号范围内的目的元件进行全部复位处理。目的元件类型包括：①字软元件：T（定时器）、C（计数器）、D（数据寄存器）；②位软元件：Y（输出继电器)、M（辅助继电器)、S（状态继电器)。

(D1.)、(D2.)指定的必须为同一类型软元件，且要求(D1.)编号小于(D2.)编号才能对(D1.)～(D2.）间软元件进行全部复位；若出现（D1.）编号大于（D2.）编号则仅对 D1 进行复位。

ZRST 指令属于 16 位应用指令，但仍能对指定的 32 位计数器进行操作，但不能混合指定，也就是若对 D1 指定了 16 位而对 D2 指定的是 32 位计数器是不允许的。用法见指令格式的“功能和动作”示例。

专业技能培养与训练

双作用气缸往返运动的步进顺控状态编程的训练

该控制任务的任务阐述与设备清单同模块三中的任务二的要求。

一、状态编程的方法及步骤

为了能准确地对控制任务进行解动作，需要仔细认清图 3-2-5 所示两只双作用气缸往返运动的动作过程：M1 活塞杆先伸出，停留 1s 后，M2 活塞杆再伸出，停留 2s 后，M1 活塞杆缩回，停留 1s 后，M2 活塞杆再缩回，M1 再伸出……循环往复。

1．任务分解与状态分析

结合上述控制任务的工作过程，按状态编程的思路与要求，将任务过程按独立工序进行分解，每一独立工序对应于一个状态步：

- 初始状态 S0：开机状态，一般用于进行设备初始化，等待设备启动指令；
- 状态一 S20：M1 活塞杆伸出运动，通过 YA1（Y000）输出实现；
- 状态二 S21：M1 活塞杆伸出后停留 1s 时间；
- 状态三 S22：M2 活塞杆伸出运动，通过 YA2（Y001）输出实现；
- 状态四 S23：M2 活塞杆伸出后停留 2s 时间；
- 状态五 S24：M1 活塞杆缩回运动，通过 YA3（Y002）输出实现；
- 状态六 S25：M1 活塞杆缩回后停留 1s 时间；
- 状态七 S26：M2 活塞杆缩回运动，通过 YA4（Y003）输出实现。

2．I/O 端口定义分析

由任务及状态分析，确定控制任务中 I/O 端口（除 I/O 端口定义外，还可以结合功能分析对所涉及功能软件元件如定时器、计数器等进行定义说明），为便于与模块三中任务二中程序进行比较，本任务 I/O 端口分配定义与模块三中任务一相同。

3. 状态负载驱动与状态转换条件

状态编程的工序分析是对控制任务分解到工序的过程，是将完整任务拆解成若干状态步过程。通过任务分解，每一独立的状态步均呈现单一功能特性，通过对应于输出继电器动作或内部功能软元件（如定时器、计数器等）的负载驱动体现。本任务的各状态输出驱动如下：

- S20：驱动输出继电器 Y000；
- S21：驱动定时器 T0 定时 1s；
- S22：驱动输出继电器 Y001；
- S23：驱动定时器 T1 定时 2s；
- S24：驱动输出继电器 Y002；
- S25：驱动定时器 T2 定时 1s；
- S26：驱动输出继电器 Y003。

状态间转移条件的分析、确定是状态编程的核心，解决状态间转换条件是将状态汇合还原成完整控制任务进行编程的前提。

本任务中初始状态 S0 除采用 M8002 驱动外，利用 X001 也能实现驱动，且通过对一般状态的批复位处理，满足适时停车的控制要求。其他一般状态的转移条件（转移进入条件）分别如下：

- S20：启动按钮 SB（X000）按下；
- S21：电磁开关 SQ3（X004）闭合；
- S22：定时器 T0 定时 1s 时间到；
- S23：电磁开关 SQ4（X005）闭合；
- S24：定时器 T1 定时 2s 时间到；
- S25：电磁开关 SQ1（X002）闭合；
- S26：定时器 T2 定时 1s；
- S26 返回 S20 条件：S26 中检测到 SQ2（X003）闭合。

本任务中的状态的转移逻辑均呈单一转换条件的简单逻辑形式。

初始状态的驱动：一般常用初始化脉冲接点 M8002 作为初始驱动的转移条件，也可根据控制需要由相应的触点作为转移触发条件。工程上常采用对初始状态驱动同时还对一般所用状态实施批复位处理。

4．状态转移图（SFC）的实现

步进顺控程序的状态转移图由首部的初始梯形图块 LAD0（初始状态驱动条件）、尾部梯形图块 LAD1 和状态流程的 SFC 块三部分组成。状态转移图 SFC 和梯形图 LAD、指令表 STL 一样均可在 GX Developer 编程/维护软件中进行编辑、编译及传输等操作（有关步进顺控程序 SFC 图表的编辑将在模块五中介绍）。

结合状态步进编程的要求，LAD0 用于对初始状态 S0 进行驱动的，其驱动条件是由外部实现的，必须采用梯形图形式。本例中利用 PLC 初始化脉冲 M8002 实现状态 S0～S30 的全部复位并驱动初始状态 S0，与 M8002 相或的常开触点 X001 的实际意义是实现设备工作的立即停止功能。LAD1 梯形图实现返回母线操作及表明 SFC 块程序的结束。一般状态 S20～S26 反映了步进顺控程序的主体：状态步、状态转移条件和各状态的负载驱动，如图 4-1-7 所示。两只双作用气缸轮流往返的动作过程由这 7 个分解动作组成，最终分解动作又由转移条件建立联系构成整个控制任务。

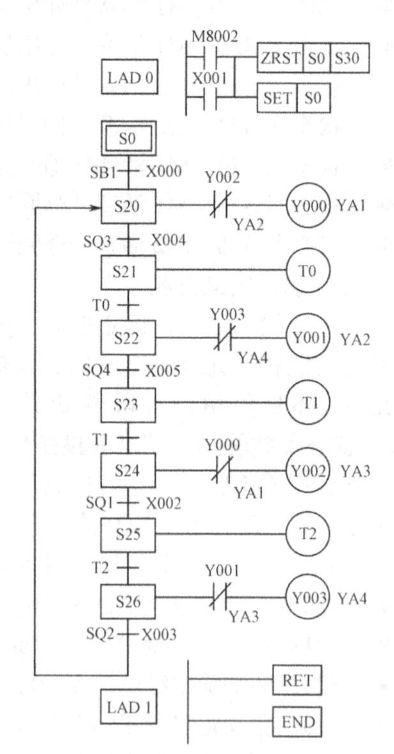

图 4-1-7　双作用气缸步进控制状态转移图

由步进状态程序的执行特点，特别是针对于如图 4-1-7 所示的单流程程序，由于只能有一个状态步处于激活状态，所以输出继电器间联锁也无须考虑，程序可进一步简化。

> 状态转移及步进顺控的编程规则：先进行负载驱动，后进行状态转移处理。负载的驱动是建立在执行STL指令状态运行的前提下，负载非直接驱动逻辑以STL子母线上进行，允许多重输出负载驱动。状态的转移使用分两种：①顺序下移或相连流程转移用SET命令；②向上移或非相连的转移不能用SET而须用OUT进行转移。
>
> 步进顺控程序在执行时，若程序为单流程顺序控制，除初始状态外其他的所有状态只有当一个状态处于运行"激活"且转移条件成立，才能向下一状态过渡。同时一旦转移至下一状态即下一状态被"激活"成当前状态，则前一状态被自动关闭。

5．步进顺控的梯形图与指令表

同一控制任务可由不同形式表述、编辑是PLC程序的特点，步进顺控指令的梯形图形式与SFC状态转移图是步进状态编程的两种基本形式，两者形式上不同但实质相同。状态转移图与步进顺控梯形图存在着清晰的对应关系，如图4-1-8所示为上述SFC图对应的梯形图形式。对于经过一定梯形图程序设计训练的学习者来说，初学状态转换图编程存在着思维方式转换的障碍，结合以上两者明确的对应关系可能会认为状态转换图编程多此一举，原因是在理解状态编程的思路、编程要求后发现仍由梯形图形式入手会很容易，编程的难度比经验法要小得多。对于简单任务确实如此，但面对较复杂控制任务时就会发现仍以梯形图来描述则会感觉到混乱，此时的SFC图表则能清晰地表述。所以，针对初学状态编程时建议由梯形图形式入手，但注意与SFC的相互印证为进一步的状态编程学习和提高打基础。

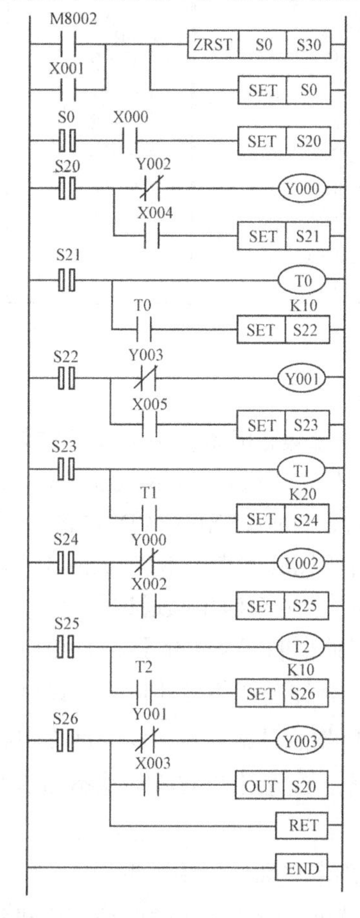

图4-1-8　双作用气缸的步进顺序控制梯形图

在步进状态编程中，步进顺控梯形图是以继电器风格梯形图形式展现，SFC 则是以工作流程（工序）形式表现出来的，编译转换后的指令表形式完全相同。指令表 STL 4-1-2 是该控制任务状态程序的指令表形式。

STL 4-1-2

步序号	助记符	操作数	步序号	助记符	操作数
1	LD	M8002	28	STL	S23
2	OR	X001	29	OUT	T1
3	ZRST				K20
		S0	32	LD	T1
		S30	33	SET	S24
8	SET	S0	34	STL	S24
9	STL	S0	35	LDI	Y000
10	LD	X000	36	OUT	Y002
11	SET	S20	37	LD	X002
12	STL	S20	38	SET	S25
13	LDI	Y002	39	STL	S25
14	OUT	Y000	40	OUT	T2
15	LD	X004			K10
16	SET	S21	43	LD	T2
17	STL	S21	44	SET	S26
18	OUT	T0	45	STL	S26
		K10	46	LDI	Y001
21	LD	T0	47	OUT	Y003
22	SET	S22	48	LD	X003
23	STL	S22	49	OUT	S20
24	LDI	Y003	50	RET	
25	OUT	Y001	51	END	
26	LD	X005			
27	SET	S23			

二、设备安装与调试训练

（1）参照模块三中任务二实训步骤完成本任务的设备安装、线路及气路的检查。

（2）步进顺控梯形图的程序编辑，注意 GX Developer 环境下 STL 指令后副母线的形成与梯形图中画法不一样，且与低版本的 SWOPC FXGP/WIN-C 的编辑方式有差别，如图 4-1-9 所示。除此还要注意以下几点：①步进梯形图开始指令 STL 表示不一样；②状态中多输出形式的梯形图编辑，除第一输出支路取自副母线，其余输出须通过从第一条分支画竖线引分支实现；③直接输出的方法直接从副母线上引出（此处的左竖线介于 STL 与后面 SET 间均为副母线）。

（3）梯形图编辑完成后，试结合控制任务设计适当的调试方案，练习 GX Simulator 模拟仿真；在仿真基础上进行空载及带负载的设备调试，调试过程中结合运行监控观察步进程序运行过程中的转移条件、状态变换关系，注意比较被激活状态与非激活状态触点、线圈等软元件的工作状态。

（4）试结合实训设备完成“思考与训练”中习题。

（5）结合步进顺控梯形图与模块三中该任务的顺控程序进行比较，主要从程序结构清晰程度、逻辑设计的难度等方面进行比较。

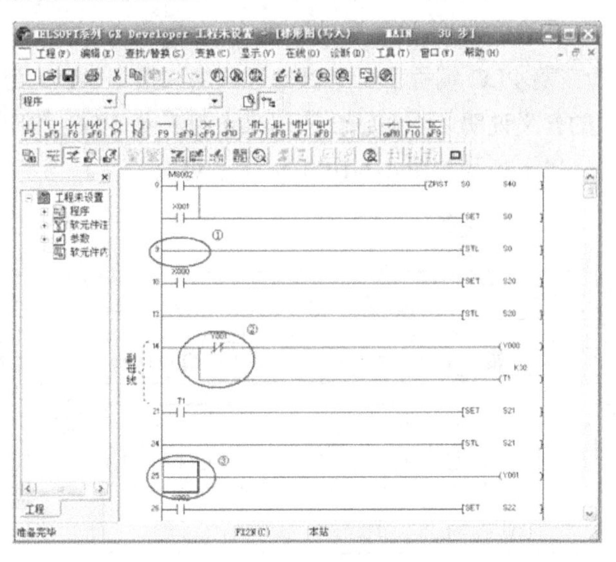

图 4-1-9 GX Developer 梯形图的编辑界面

思考与训练：

（1）在两只双作用气缸轮流往返控制中若需实现在按下启动按钮时，两气缸要求复位（气缸活塞杆呈缩回到位）再按顺序伸缩，如何实现？

（2）工程设备控制往往需要设备启动时进行初始位置的检查，若不在指定位置需要进行自动操作使其满足要求称设备复位。结合本控制任务试实现按下启动按钮时先进行气缸作用杆的初始位（缩回）位置的检测，若不满足先进行复位，再进行正常工序流程。

应用指令格式的识读

为进一步满足控制的需要和拓展可编程序控制器功能，三菱 FX_{2N} 系列 PLC 在基本指令和步进顺控指令外，又为用户提供了多达 138 条应用指令（或称功能指令）。功能指令类似一个由多个基本指令构成的具有特定功能子程序，用户可以在程序设计过程中根据需要实现的功能直接引用对应的指令。三菱 FX_{2N} 系列 PLC 基本单元支持的应用指令见本模块附表 A：应用指令表。

由于三菱 PLC 提供的应用指令数量较多，掌握和利用这些应用指令除可满足一些特殊控制功能需要外，在有些情况下还可以大大简化利用基本指令所设计的控制程序。但限于本教材篇幅，只针对常用且具代表的部分应用指令予以介绍，其余指令的学习可借助于相关书籍或技术资料进行。工程实践中也需要能够识读厂家的技术资料如三菱 PLC 编程手册（可向厂家索取或网络下载相关 PDF 文件），该手册提供了完整的应用指令的用法、功能及注意事项。

三菱 FX_{2N} 系列所提供的应用指令的格式、用法形式总体与基本指令中的逻辑线圈指令相似，但所有应用指令的介绍格式方面与基本指令、步进顺控梯形图指令不同，下面针对三菱PLC 编程手册中统一应用指令的说明格式予以介绍。

如图 4-1-10 所示为三菱 PLC 编程手册中以二进制加法指令 ADD 为例进行应用指令的符号、格式、功能及用法的含义说明，下面结合该例来学习三菱 PLC 的应用指令功能、格式说明中所包含信息的识读（以下序号与图 4-1-10 中标注呈对应关系）。

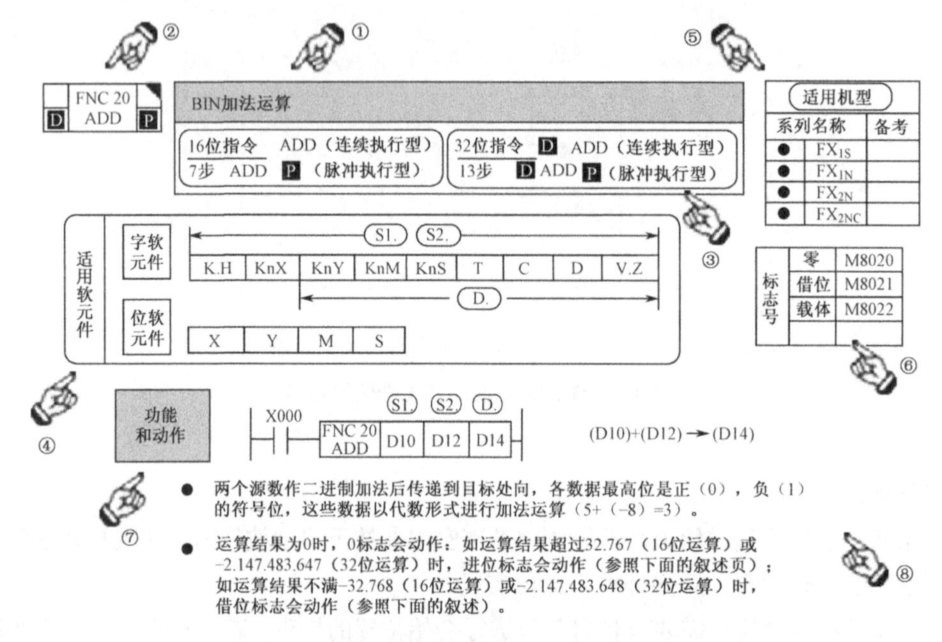

图 4-1-10　三菱 FX_{2N} 系列 PLC 编程手册应用指令

①指令的名称。用于对指令实现功能的简略叙述，如图 4-1-10 所示的指令名称“BIN 加法运算”，即表明该指令的功能是实现二进制数加法运算。

②应用指令执行方式的图形符号。含应用指令的地址号（功能号）、指令符号及指令用法特征。图形符号及组成部分含义参见表 4-1-2。

表 4-1-2　应用指令图形符号含义

序　号	格 式 形 状	功 能 含 义
1	FNC □□ ○○○	左侧上、下的虚线说明该指令不属于 16 位或 32 位数据指令，是与其无关的单独指令。如 FNC07（功能号）WDT（指令符号）
2	FNC □□ D ○○○	左侧上部实线说明该指令属于 16 位数据指令、下部符号 D 表示可以用于 32 位数据指令。如 FNC12　MOV
3	FNC □□ ○○○	左侧下部的虚线表示不能用于 32 位数据的指令，上部实线则表示只能用于 16 位数据的指令。如 FNC00　CJ
4	FNC □□ D ○○○	左侧上部的虚线表示不能用于 16 位数据的指令、下部符号 D 表示可以用于 32 位数据指令。如 FNC53　HSCS
5	FNC □□ ○○○ P	右侧上部实线表示该指令可用于连续执行型，右侧下部符号 P 表示可用于脉冲执行型。如 FNC10　CMP
6	FNC □□ ○○○	右侧下部虚线表示可以使用脉冲执行型指令的指令，右侧上部的实线只可以使用连续执行型指令。如 FNC24　INC
7	FNC □□ ○○○	右侧上部的斜角表示如果采用连续执行型指令则每一个运算周期终端的内容发生变化的指令。如 FNC24 INC

在用于数值处理的应用指令中，根据所处理数据对象的位长可分为16位、32位运算指令；此外根据指令的执行方式又分“连续执行型”、“脉冲执行型”两种，如图4-1-11所示。

对于脉冲执行型指令，以指令MOV（P）为例，如图4-1-11（a）所示，数据移位指令只在控制触点X000从OFF→ON变化瞬间执行一次，其他时刻（扫描周期）指令不执行（触点闭合以后即便源地址中数据变化，目的地址中数据仍保持闭合瞬间移送来的数据）。在指令中用（P）表示脉冲执行型，脉冲执行型指令在执行条件满足时仅执行一个扫描周期，这点对数据处理有很重要的意义。

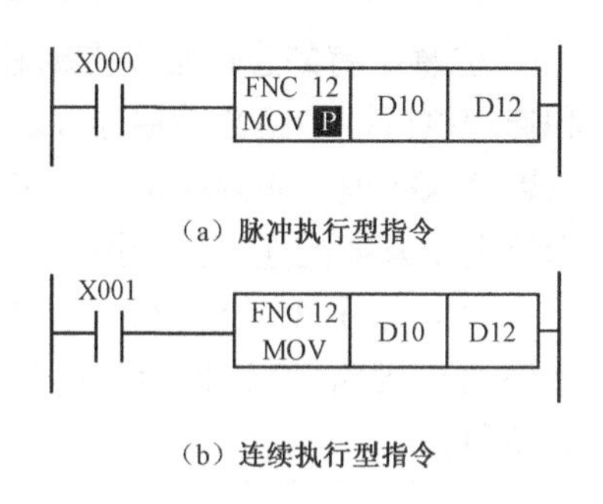

（a）脉冲执行型指令

（b）连续执行型指令

图4-1-11　指令执行方式

对于连续执行型指令执行方式，如图4-1-11（b）所示，在各个扫描周期只要X001接通均分别执行一次数据由D10→D12的移位操作。连续执行方式在执行条件满足时，每一个扫描周期都要执行一次，在指令说明中的图形符号旁边用“◥”加以突出显示。

③是对②的简略图形形式的文字化详述形式。含16位指令、32位指令或非数据指令类型，指令的执行方式及指令运行的程序步数说明。

④适用软元件表示。对于形同一位输入继电器X、输出继电器Y、辅助继电器M及状态继电器S，在机器内只能用于处理和反映ON/OFF信息的软元件称为位元件。与此相对的定时器T、计数器C及数据寄存器D等用于数值处理的软元件称为字元件，若将4个（或8个）等连续编号的位元件组合则同样可用于进行二进制数值的处理，则以位数Kn和起始软元件号的组合表示字元件。故字元件分为三种：

- 常数：“K”表示十进制常数，“H”表示十六进制常数，如K25，H03A8。
- 位元件组成的字元件：有KnX、KnY、KnM、KnS，如K2Y0。
- 数据寄存器类元件：有D、V、Z 、T、C，如D100，T5。

对于位元件组成的字元件如KnX、KnY、KnM、KnS，其中n的用法：在执行16位功能指令时有n=1～4，而在执行32位功能指令时n=1～8。具体用法：K1X0由X4～X0组成4位字元件，X0为低位，X4为高位；K2Y0由Y7～Y0组成的两个4位字元件，Y0为低位，Y7为高位。每4位可分别采用不同编码方式用于表示1位十进制数或1位十六进制数。

应用指令操作对象可用表示源元件的（S）和表示目的元件的（D）来指定相应的字、位元件。源元件（S）用于说明数据或状态不随指令的执行而变化的元件。如果源元件可用变址修改软元件编号的则用（S.）表示，如果有多个可变址源元件则可用（S1.）、（S2.）等表示，如该例中参与加法运算的加数（S2.）、被加数（S1.）。

目的元件（D）是指数据或状态随指令的执行而变化的元件。目的元件可以变址则用（D.）表示，同样有多个目的元件可用（D1.）、（D2.）等区别表示。注意：（D）只能指定K、H及KnX外的软元件，不能用于指定K、H及KnX。

另外有些指令中的符号m、n，表示既非源元件又非目的元件外的元件，当元件数量多时则用m1、m2、n1、n2等分别表示。

⑤应用指令运行影响标志位说明。用于显示应用指令执行时对机器内部相应标志位（相应的特殊辅助继电器）的影响。

⑥表明三菱PLC不同系列对该指令支持与否，{●}表明支持该指令。

⑦相关说明。如指令的基本动作方式、使用方法、应用实例、功能特点及使用注意事项。

注意：有的应用指令是单独连续执行、有的是单独脉冲执行型，也有是脉冲执行型和连续执行型的组合使用形式。指令说明中标有(P)的表示该指令可以是脉冲执行型也可以连续执行型。如果在指令使用时标有（P）为脉冲执行型，而在指令使用时没有(P)的表示该指令只能是连续执行型。

对可用于 16 位、32 位数据指令，指令前未加 D 为 16 位，在 16 位指令前或功能号中添加 D 则为 32 位指令；对于 32 位计数器（C200～C255）不能当做 16 位指令的操作数使用。

例： MOV 是 16 位数据传送指令，如何转变 32 位数据传送？

MOV 是 16 位数据传送指令，相应的功能号 FNC 12，由此实现 32 位传送指令的方法有以下两种方法：①在 MOV 前加上 D 即成为 32 位指令 DMOV；②将相应功能号 FNC 12 转变为 FNC D12 或 FNC 12D。

任务二 送料小车自动控制系统的设计、安装与调试

【任务目的】

- 通过本任务的学习与实训，进一步熟悉状态编程的任务分析方法；掌握步进顺控指令的用法及基本编程的方法。
- 熟悉步进状态程序的调试方法；掌握单流程状态分析的 SFC 图画法和循环工作方式的 PLC 控制方法。
- 熟悉步进顺控状态编程中单分支、选择条件分支和并行分支等程序控制结构、格式及方法。

想一想：

任务一中设备的运行具有典型的顺序运行特征，自动生产线上这种确定的单一流程的顺序控制并不能体现 PLC 控制的优势。在设备运行过程常出现有两个加工或多个加工流程，如生产线上检验出产品有合格品与非合格品之分，需要加以辨别、分拣并采取不同工序处理，如何进行？

知识链接三

状态编程中的条件分支的处理

如图 4-2-1 所示为步进顺控梯形图，试结合 STL 指令及用法理解 S20 中不同条件下的状态转移。

当状态 S20 被激活时，当 X001～X003 三个转移条件中只要某一转移条件满足时，则程序转移至相应状态，这种根据转移条件决定程序流向的控制方式，称状态编程的分支控制。例如，S20 激活时若 X001 闭合则 PLC 转向执行状态 S21……。若 X003 闭合则 PLC 转向执行 S23 状态。这种根据条件判断执行不同分支的步进顺控方式称为条件分支（或称为选择性分支）。除条件分支外，状态程序还可分为单分支、并行分支和混合分支共四种的分支结构。

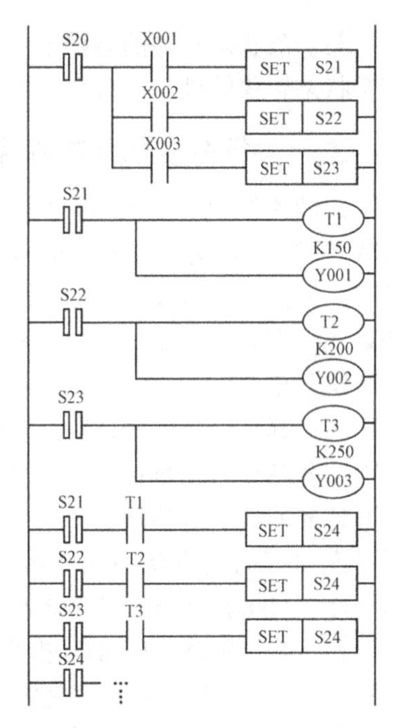

图 4-2-1　部分步进顺控制梯形图

采用状态转移图 SFC 可直观地分辨出状态程序的四种分支结构，单分支是最常用的一种单一流程形式，图 4-1-7 中任务一状态转移图显然只具有唯一的加工流程。下面主要来认识最常用、最基本的两种分支结构状态程序。

一、选择性分支状态程序

如图 4-2-2 所示为选择分支结构状态转移示意图。该分支的特点是当状态 Sxx 激活有效时，采取先形成分支，后设立不同的分支转移条件，根据转移条件判断决定程序在不同分支中的选择。如图 4-2-2（a）所示，如果 X0ax 为 ON，则选择执行左分支 Sax；如果 X0bx 为 ON，则选择中间分支 Sbx；而 X0cx 闭合时则执行右分支 Scx。但须注意的是，在 Sxx 处于激活状态时，作为条件选择分支结构程序流向只能有一个方向的选择，若只有一个方向的条件成立则执行对应的分支；若状态转移条件 X0ax、X0bx、X0cx 中有两个或以上非同时满足，则取决于最先满足的状态转移方向（该结构程序设计时必须考虑不能有多个条件同时满足）。

在状态 Sxx 被激活后，若分支条件均不满足则程序处于等待状态，在工程设计时同样要考虑在条件均不成立时程序如何执行。

对于条件选择分支的程序，在分支程序执行完毕时必须进行分支的会合处理，如图 4-2-2（b）所示，无论执行的是何条分支程序，最终均须通过各自的状态转移条件激活会合状态 S××，各分支支路的汇合状态均相同。

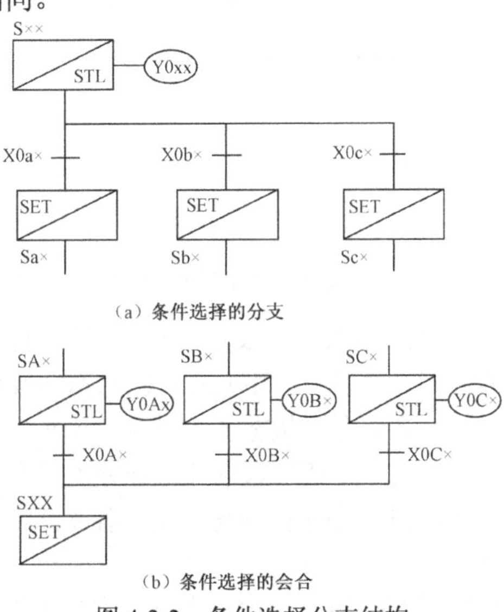

（a）条件选择的分支

（b）条件选择的会合

图 4-2-2　条件选择分支结构

与一般状态程序的编程一样，需要先按顺序进行各分支程序的设计，最后按顺序排列进行会合状态转移的处理，会合后继续向下编程。

二、并行分支的状态程序

如图 4-2-3 所示为并行分支结构的状态转移示意图。并行分支结构的特点是当状态 Sxx 激活有效时，采取先设立相同的转移条件再形成分支，只要转移条件满足则各分支对应状态均被激活，各分支均被同时执行。图 4-2-3（a）中当状态 Sxx 下面的转移条件 X0xx 满足时 Sax、Sbx、Scx 均同时得到驱动。各状态被驱动时分别顺序执行各分支状态程序，第一条支路由 Sax 顺序执行至 SAx，第二支路 Sbx 顺序执行至 SBx，第三支路 Scx 顺序向 SCx 执行。

与选择性分支一样，当各支路执行完成后进行汇合处理。与选择性分支结构不同的是并行分支须各条支路均执行完才能进行会合处理，只要有一条支路未执行完，则无法完成会合，此时其他支路处于等待状态。

在执行向会合状态的转移处理时要注意程序的顺序号，分支列与会合列不能交叉。如图 4-2-3（b）所示，步进顺控梯形图各分支顺序对应的最后状态分别为 SAx、SBx、SCx，在表示并行会合的连续的 STL 指令中，会合处理顺序则应为 STL SAx、STL SBx、STL SCx。在执行连续 STL 指令后顺序完成转移驱动再执行转移。另外，状态编程对并行分支的分支数有限制即要求分支路数在 8 路以下。

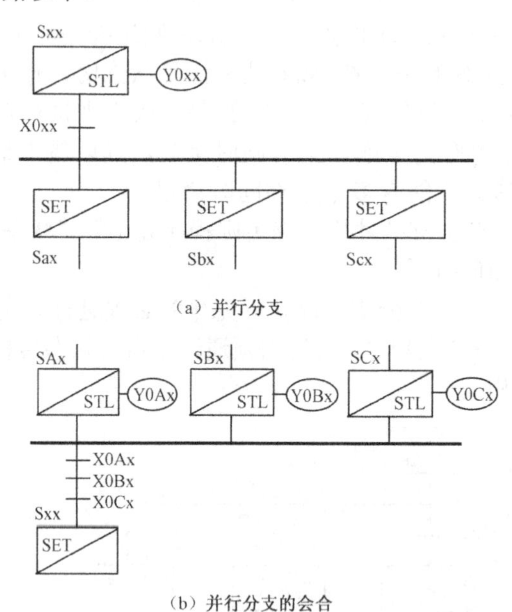

图 4-2-3　并行分支结构

如图 4-2-4（a）、（b）所示分别为选择性分支、并行分支结构程序的步进顺控梯形图形式，进行对照比较可以找出两者的异同。主要有以下几点：①状态转移条件、状态的转移形式有区别；②各分支支路画法形式（特别是汇合前状态表示形式）相同；③选择分支结构与并行分支结构的会合形式不同；④在执行方式上尤其注意条件选择分支只有一条支路处于工作状态，而并行分支的几条支路均处于工作状态。⑤并行分支结构中各支路中的触点可以利用互为条件，但不合理引用会造成相互窜扰。

对于组合分支结构状态程序可查阅相关书籍或资料，本书不作介绍。

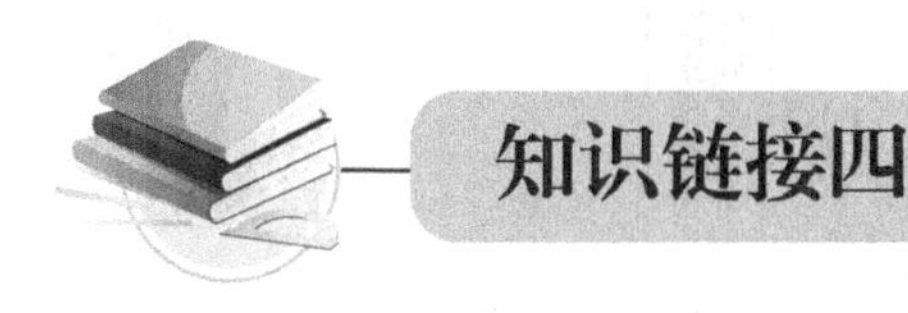

状态编程中非顺序转移的处理

一、非顺序转移的概念

如图 4-2-5 所示的状态转移梯形图，为典型的设备启动自检步进顺控梯形图形式，启动时进行设备复位检查，当满足复位条件时转移到设备正常运行状态，不满足复位条件时转向复位状态执行复位程序。在一般状态 S20 激活时，通过 M0 对状态复位条件进行判断，M0 的 ON/OFF 对应已复位/未复位，复位满足则转移到 S21 工作状态，否则转向非顺序的复位状态 S10 执行复位操作。这一设计思路在任务一“思考与训练”题中已有所体现。

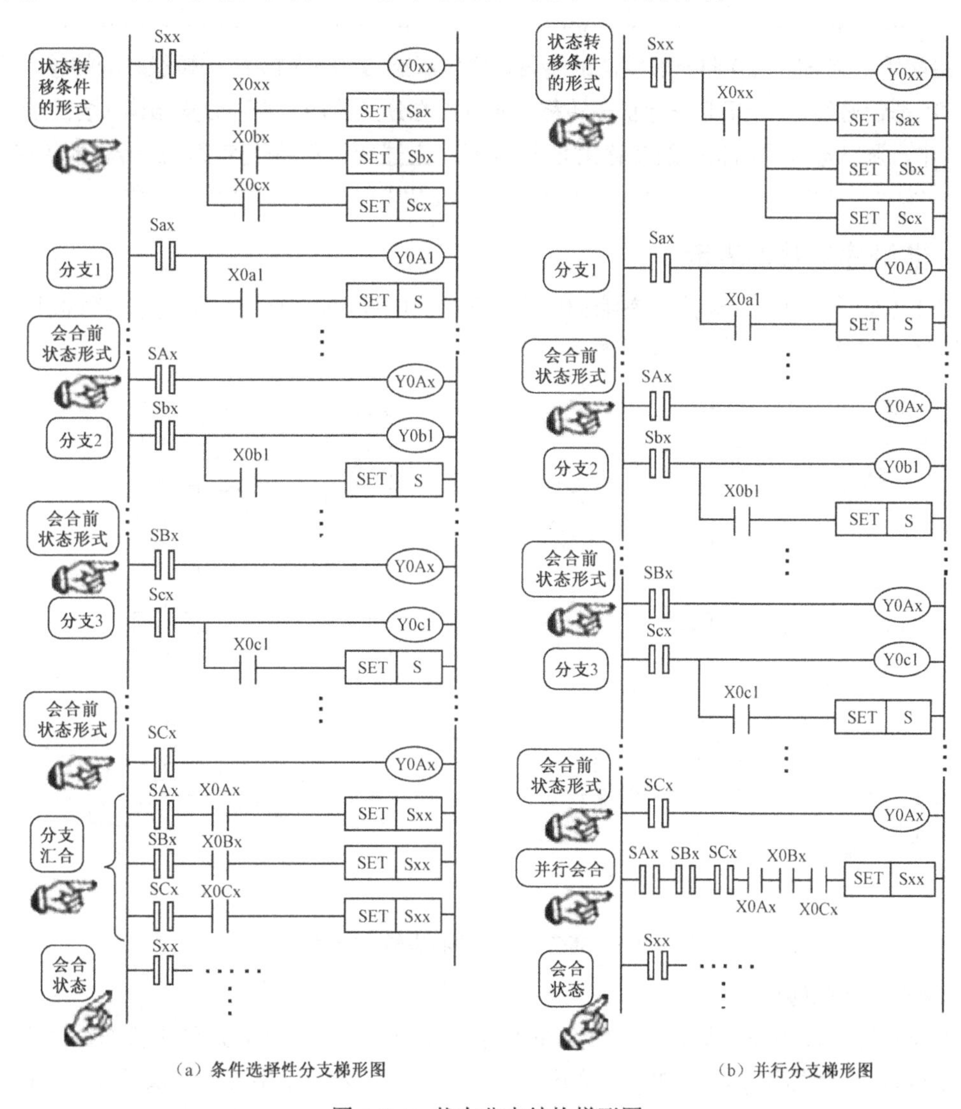

图 4-2-4 状态分支结构梯形图

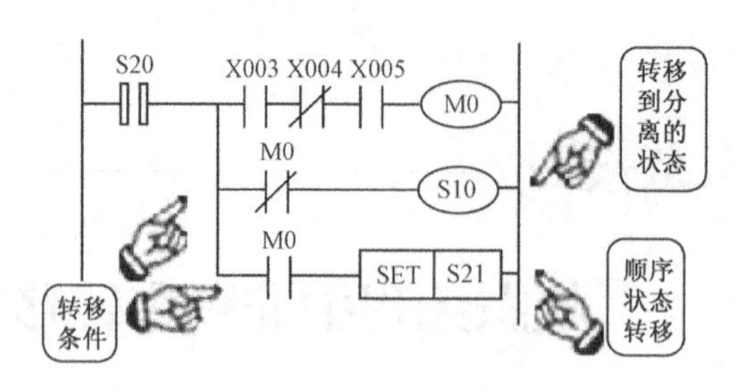

图 4-2-5　状态转移方法

上述状态间的转移分为顺序转移和非顺序转移。顺序状态的转移通过 SET 指令实现，而非顺序转移则采用 OUT 指令实现。上例中的 OUT S10、前面所涉示例中的 OUT S0 均为非顺序转移，在步进顺控梯形图中使用 OUT 指令驱动状态继电器则表明向分离状态的转移。OUT 指令与 SET 指令对于指令执行后即 STL 指令生效后具有同样的功能，都将自动复位转移源（原）状态，STL 指令不同于一般触点具有自保持功能。

由初始状态 S0～S9 向一般状态的转移、复位状态 S10～S19 向一般状态的转移，尽管非连续状态但必须采用 SET 进行状态转移；而选择性分支结构、并列分支结构（含组合分支结构）中，源状态向目的状态的转移由 SET 实现。上述转移不受非连续状态转移的约束。

二、非顺序转移的表示

如图 4-2-6 所示为步进顺控状态编程中常见的非顺序转移的形式。非顺序转移按状态转移方向、转移方式的不同可分为以下几种。

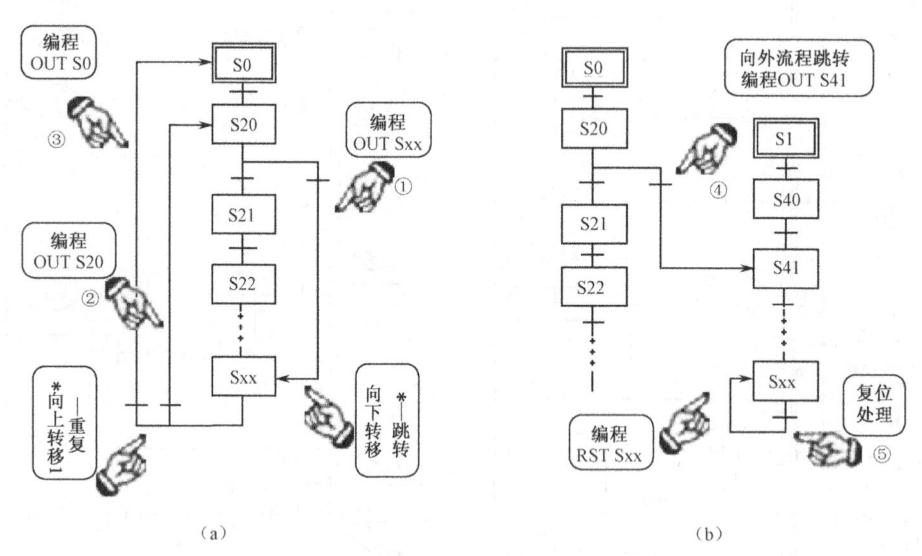

图 4-2-6　SFC 中非顺序状态转移的形式

1．状态向下的转移

从上面状态跳过相邻的状态步转移到下面非连续的状态步，特征为目的状态编号大于（源状态编号+1），一般称作跳转。如图 4-2-6（a）①所示，当相应转移条件满足时，从 S20 状态步跳过 S21、S22…转到 Sxx 状态步。跳转方式常用于程序中实现一定条件下跳过一定步骤（工艺）转去执行后续工艺的操作。

2．状态向上的转移

从下面状态跳回到上面的状态步，特征为目的状态编号小于源状态编号也称为重复，如图4-2-6（a）②、③所示，当Sxx状态中两个不同转移条件（一般为相反互补条件）分别满足时，分别从Sxx状态步可跳回到S0或S20状态步。其中跳转回S0则可实现停车处理，而一般跳转到S20可实现工艺的循环加工处理，当然也可视需要跳转到其他状态步，重复前面从某道工序开始的加工步骤。

3．不同流程间跳转（或不同分支间跳转）

如图4-2-6（b）所示，初始状态S0的流程当执行状态步S20时向外跳转条件成立时则执行OUT S41，此时程序跳转执行隶属初始状态S1流程中的S41状态步。

4．对同一状态步的复位操作

如图4-2-6（b）所示，当执行到Sxx状态步时，若转移条件成立，则重复执行该状态步，称复位。复位操作时为有别于不同状态间的转移而采用RST指令，即图示⑤用编程指令RST Sxx表示对Sxx的自复位操作。

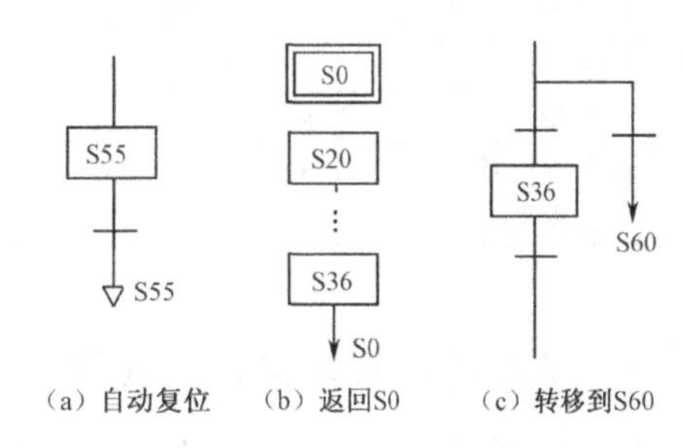

图4-2-7 SFC中状态转移及复位表示

在GX Developer环境下，SFC块编辑时非连续状态的转移均采用特定的箭头符号表示，如图4-2-7所示。

对于非连续性状态转移：在SFC图对于某状态的复位，以符号“▽”表示，如图4-2-7（a）所示；而向上面的“重复”转移、向下面非连续的状态“跳转”转移及向分离的其他流程上的状态转移均用符号“↓”表示，如图4-2-7（b）、（c）所示。

专业技能培养与训练

送料小车的步进顺状态编程与设备调试训练

任务阐述：某送料小车工作示意图如图4-2-8所示。小车由电动机拖动，电动机正转时小车前进；而电动机反转时小车后退。对送料小车有自动循环控制的要求：第一次按动送料按钮，预先装满料的小车前进送料，到达卸料处B（前限位开关SQ2）自动停下来卸料，经过卸料所需设定时间30s延时后，小车则自动返回到装料处A（后限位开关SQ1），经过装料所需设定时间45s延时后，小车再次前进送料，卸完料后小车又自动返回装料，如此自动循环。试结合以下控制要求进行系统设计，并完成设备的安装与调试。

（1）基本功能系统。①工作方式设置：在A点B点均能启动，且能自动循环；②有必要的电气保护和互锁。

（2）功能升级系统。送料小车上要求设置如压力传感器类装置，用于检测小车是否装载货物。实现设备启动时，根据小车中有料与否决定小车是直接到终点卸货还是回到起点装货，停车按钮按下时应在完成货物卸载后实现停车。

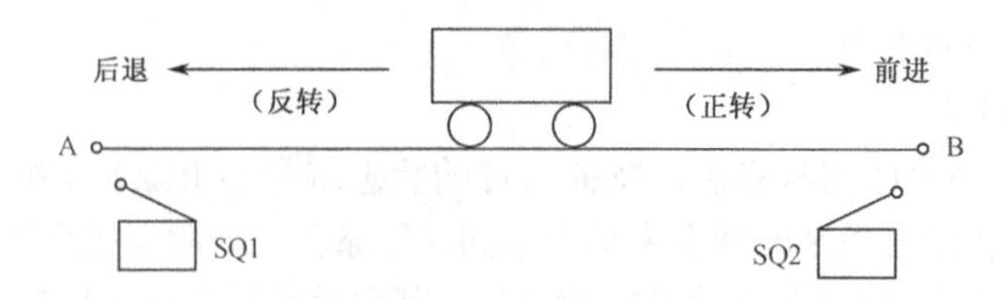

图 4-2-8　送料小车工作示意图

设备清单参见表 4-2-1。

表 4-2-1　送料小车设备安装清单

序号	名　称	型号或规格	数量	序号	名　称	型号或规格	数量
1	PLC	FX_{2N}-48MR	1	8	启/停按钮	绿、红	2
2	PC		1	9	指示灯	橙（24V）	2
3	三相异步电动机	小功率电动机	1	10	交流接触器	220，CJx2-10	2
4	断路器	DZ47C20	1	11	热继电器	JR36B	1
5	熔断器	RL1-10	1	12	端子排		
6	编程电缆	FX-232AW/AWC	1	13	安装轨道	35mm DIN	
7	行程开关	LX	2				

一、基本功能系统设计与实训

（1）I/O 端口定义。根据上述任务的功能要求分析，实现该任务所需的控制、检测及输出驱动设备。对应的 PLC 控制 I/O 端口地址分配参见表 4-2-2，其中卸货、装货机构用指示灯替代。

表 4-2-2　I/O 端口地址分配表

I 端口		O 端口	
启动按钮 SB1	X000	正转 KM1	Y000
停止按钮 SB2	X001	反转 KM2	Y001
行程开关 SQ1	X002	卸货机构	Y002
行程开关 SQ2	X003	装货机构	Y003
过载保护 FR	X004		

（2）根据加工工艺，设计控制状态转移图或步进顺控梯形图。

本控制任务对停止按钮（X001）、过载保护（X004）均无特殊说明，在程序中采用立即停止（按下停车或检测到过载信号设备立即停止）的控制方式处理，故初始状态驱动 LAD0 如图 4-2-9 所示。

状态分析如下：

- S20：启动位置检测状态，用于判断小车位置，驱动条件启动时 X000 闭合。
- S21：正转 Y000 有输出，驱动条件 A 点行程开关压下或者开机小车在 A、B 两点间，即 X002、X003 均没有检测信号。
- S22：B 点位置卸货 Y002 有输出，驱动条件：①启动时小车恰在卸货位置 X003 闭合；②运行过程中小车行驶到卸货位置，行程开关 X003 闭合。
- S23：反转 Y001 有输出，驱动条件为卸货时间到。
- S24：小车到达装货位置停车装货即 Y003 有输出，驱动条件为 X002 闭合。

装货时间到循环，即转移回到 S20 状态。

如图 4-2-9 所示为该控制任务分析与设计时采用的状态转移图 SFC 的两种常用形式，注意与实际 GX Developer 环境下 SFC 编辑形式是不同的，易导致误解。

结合 SFC 图，该控制任务程序中两处用到非连续状态转移，其中一处是由 S20 向 S22 的跳转，另一处由 S24 向 S20 的重复转移方式。

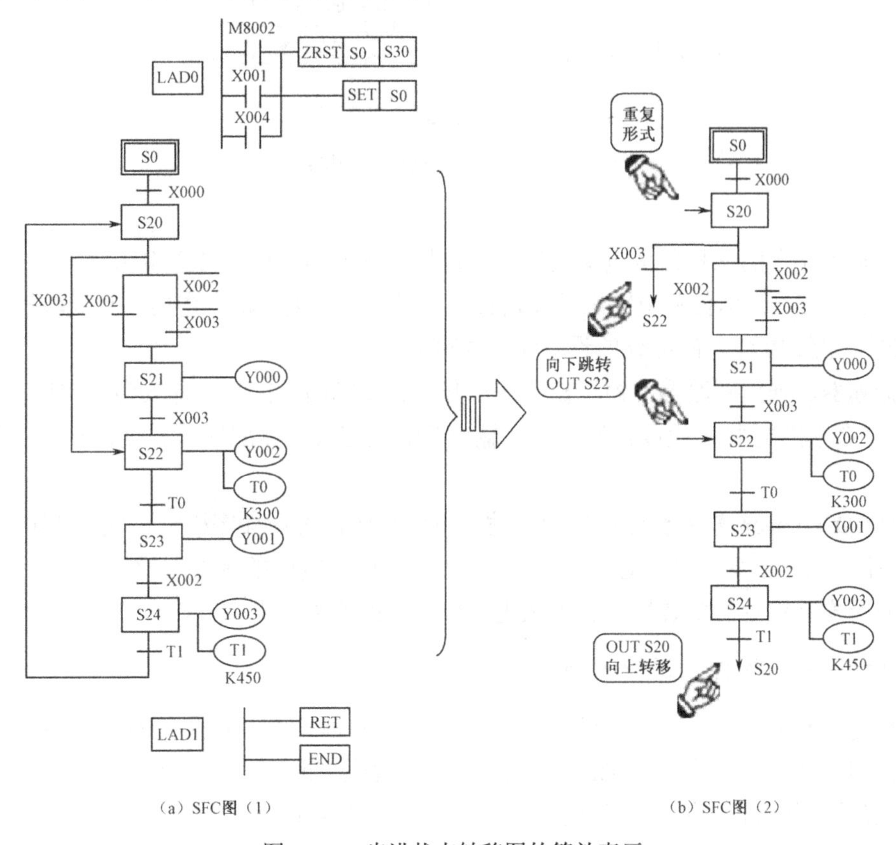

(a) SFC图（1） (b) SFC图（2）

图 4-2-9 步进状态转移图的等效表示

（3）由 SFC 图可方便地转化为步进顺控梯形图，梯形图如 4-2-10 所示，试练习列写指令表。

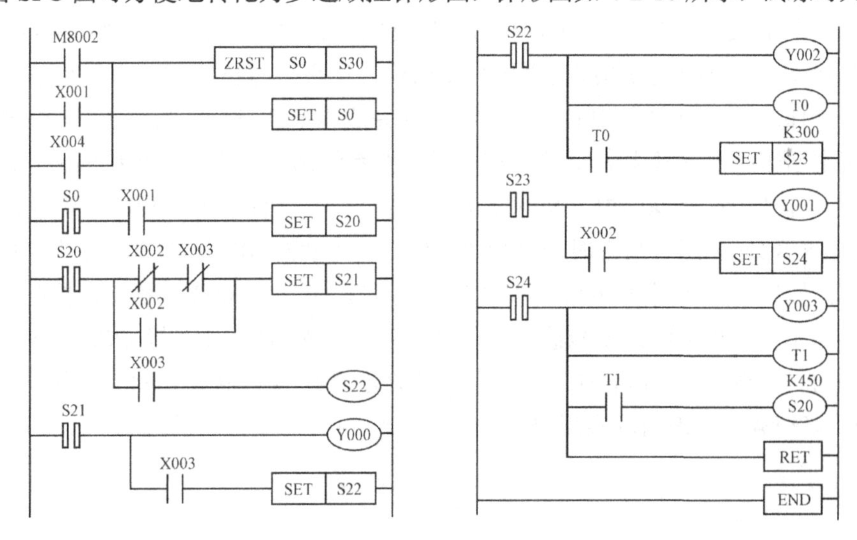

图 4-2-10 自动卸料小车控制梯形图

（4）结合 I/O 端口定义及控制设备要求画出如图 4-2-11 所示的 PLC 控制连接图。

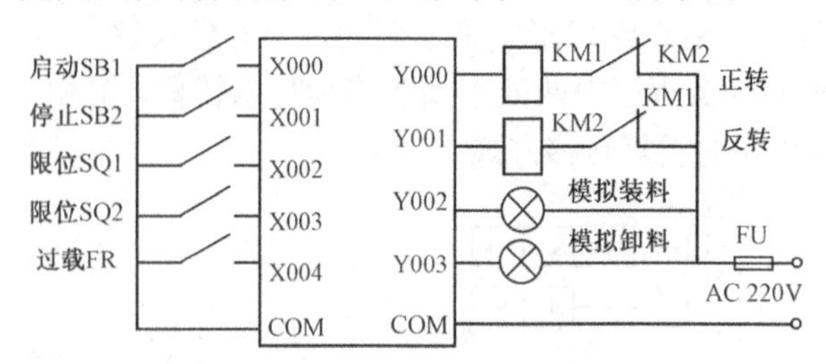

图 4-2-11　送料小车 PLC 控制接线图

注意：拖动小车的三相异步电动机的主电路与前述电动机正反转主电路相同。

（5）安装与接线（本任务中输出只需连接交流接触器，电动机主电路与正反转控制线路相同不需安装，完成 PLC 控制部分的设备调试即可）：

①将熔断器、低压断路器、模拟板、按钮开关、接线端子排等元件安装在实训基板上。

②按 PLC 控制连接图完成控制器件、输出负载的连接，在配线上布置要合理，安装要准确、牢固。

（6）GX Developer 软件操作：编辑上述梯形图程序，进行程序检查、模拟调试。

（7）进行程序、设备调试，验证程序功能，理解程序结构中的重复与跳转作用与实现方法。

（6）对所安装设备的安装质量、工艺进行分析、评价并改进完善。

二、功能升级系统的设计与实训

（1）系统程序设计的方法。上述控制是在预先装满料前提下，工程中这种现象可能性不大，为获得较高的生产效率，常采用方法是通过检测装置进行判断是否已装有一定量的料，若未装满料要求先反转至装料点装料；若已装满料则正转到卸货点卸货。

分析：可通过在车厢下部安装一只压力传感器或压力开关类装置，在基本功能系统 I/O 端口定义中增加：检测开关 SQ3（X005）。本控制任务的程序设计主要核心是解决启动时决定卸货/装载工序选择的问题、完成当前工作任务（卸货完成）的停车方式。如图 4-2-12（a）所示的状态转移图，程序设计对装载/卸货采用分支结构，结合压力传感器对小车空载/负载的检测实现状态流向的选取。由于该控制任务停车要求在完成当前卸货任务后停止，一般结合“启—保—停”梯形图结构设置停车检测状态，在步进顺控系统循环工作方式系统的末状态进行停车状态的判断。故在程序 LAD0 块中 X000、X001 采用“启—保—停”程序结构设置了运行/停止状态辅助继电器 M0，用于结束时控制程序流向，运行状态 M0 为“ON”状态，控制 S25 转移回 S20 实现循环工作，运行中按下停车 X001 则对应 M0 为“OFF”状态，控制 S25 转移回到 S0 停车。在本控制任务中由于装载、卸货采有条件分支结构，所以，末状态 S25 除需对运行/停止状态 M0 检测外，还需要比较压力传感器件的空载/实载状态，只有在按下停车按钮并且已完成卸货（空载）状态情况实现停车。

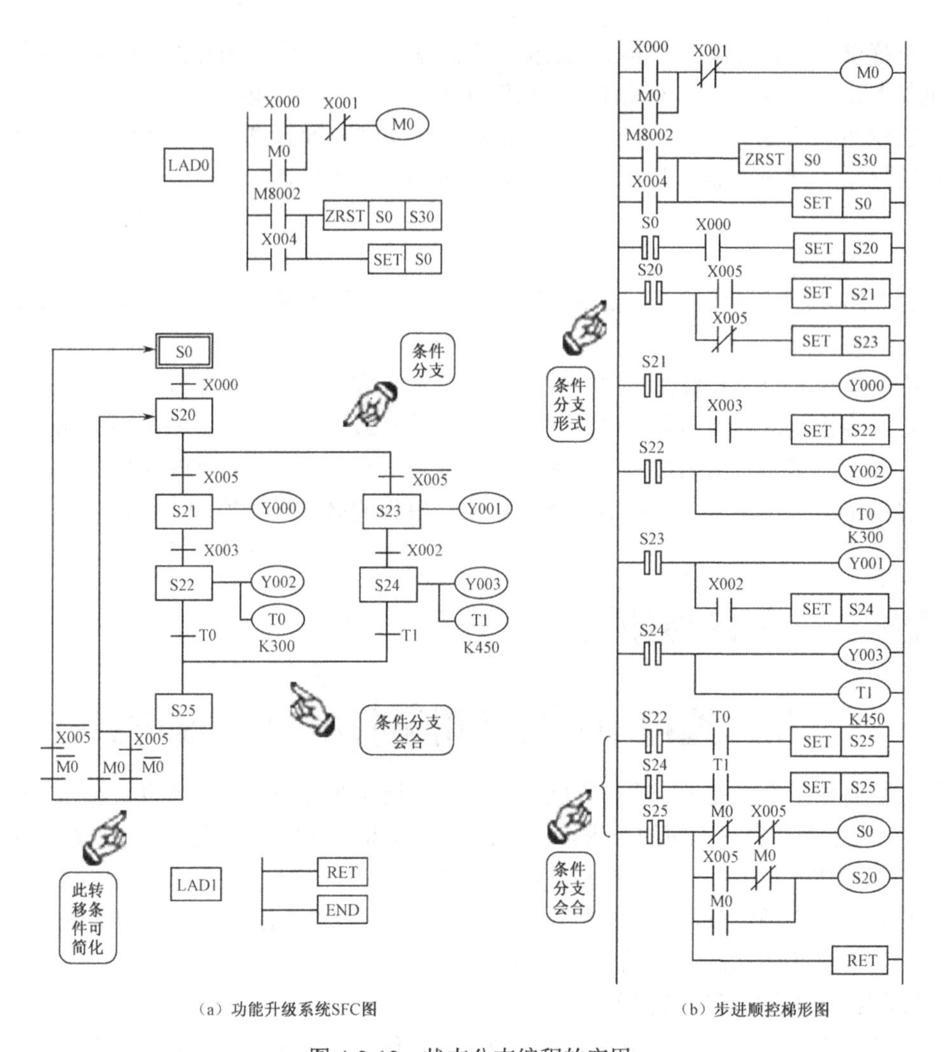

（a）功能升级系统SFC图　　（b）步进顺控梯形图

图 4-2-12　状态分支编程的应用

在 SFC 图中状态 S25 没有实质性负载驱动，是为在条件分支及并行分支程序中解决分支汇合问题而设立的“虚拟状态”，此“虚拟状态”同时提供了分支会合后状态转移的平台。在两个有紧邻先后关系的分支结构过渡时需要灵活运用“虚拟状态”。

试结合基本功能系统中的状态分析、非连续转移的实现及梯形图功能分析来理解上述 SFC 图设计思路。图 4-2-12（b）所示为该控制任务的步进顺控梯形图，在 SFC 转化或直接梯形图程序设计时应注意条件分支的绘制特点、分支会合与并行分支的区别。

（2）系统 PLC 控制连接图如图 4-2-13 所示。

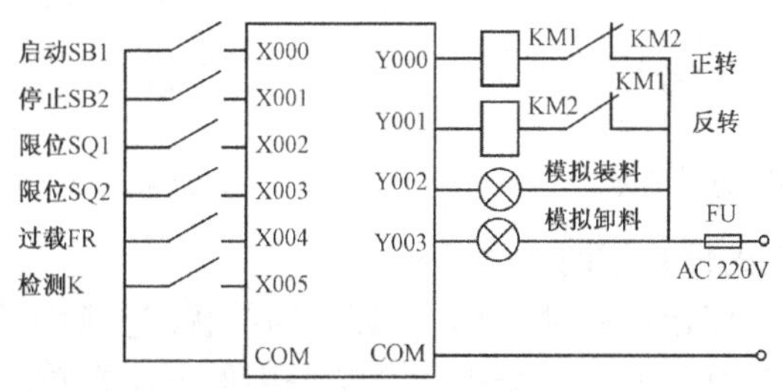

图 4-2-13　送料小车 PLC 控制连接图

（3）系统设备安装与调试。试在上述实训电路基础上，加装检测开关，连接完成检查确认无误，重复上述“基本功能系统设计与实训”任务（6）、（7）步骤。

（4）比较两次任务中程序结构、设计方法、功能实现方面区别，结合“阅读与拓展”理解程序设计的思路、方法，熟悉工程设计的工艺需求与实现方法。

思考与训练：

（1）在上述功能升级任务中，要求实现急停控制，如何实现？结合上述任务程序实现并调试运行。

（2）在状态编程时，只要在工序、转移条件、分支结构等方面安排合理，由状态转移的特性决定一般不会出现联锁性故障，但工程上为防患于未然常需要设置一些故障检测，当出现一般性故障时往往要求系统给出警示并在完成当前循环后自动停车，而有些安全隐患则采用立即停止并报警的措施。试结合上述控制任务探讨上述措施的必要性和实现方法。

状态编程中几种常用运行/停止控制方式

因控制任务中对加工工艺、设备性能及生产安全措施等方面要求的不同，对工程设备的启动/停止的控制方式也会有不同的要求。例如，有些设备可以随机停止，有些工艺加工过程中则不能随停车操作实现立即停止，有些状况下要求必须立即停止（如急停）等，这些控制方式在进行程序设计时必须能够灵活地运用。如图 4-2-14 所示为常用的初始状态驱动方式，各种停止方式都是建立在初始状态中的批复指令基础上实现的。

1．立即停止的控制方式的实现

立即停止含义是在运行过程中任意时刻按下停车按钮，设备立即停止当前的操作状态，返回到初始状态。常用的方法如图 4-2-15 所示，是利用图 4-2-14 所示的初始状态中批复位指令，在按下 X001 时强行“激活”初始状态，将程序中一般状态进行复位实现的。

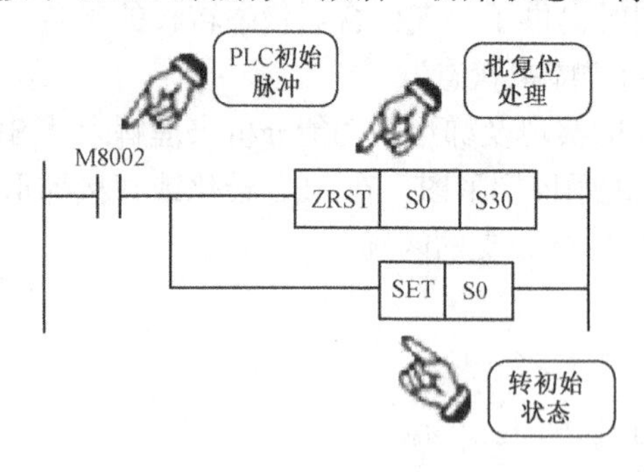

图 4-2-14　常用初始的驱动方式

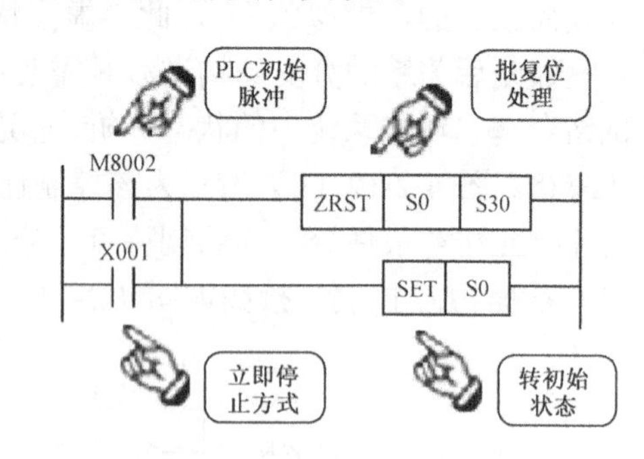

图 4-2-15　立即停止的控制方式

2．当前工作循环完成的停止控制

该停止方式要求在按下停止按钮时，必须保证将当前状态及后续所有工序均按设计要求完成后，即完成一个完整的工作过程后才能停止。常采用的方法在首尾梯形块中利用启动/停止按钮及辅助继电器 M××构成“启—保—停”控制结构，启动时用于初始状态实现向一般状态转移的条件，而需要停止时用于在循环状态结束时控制程序的流向返回 S0 实现停车。程序结构及控制如图 4-2-16 所示。

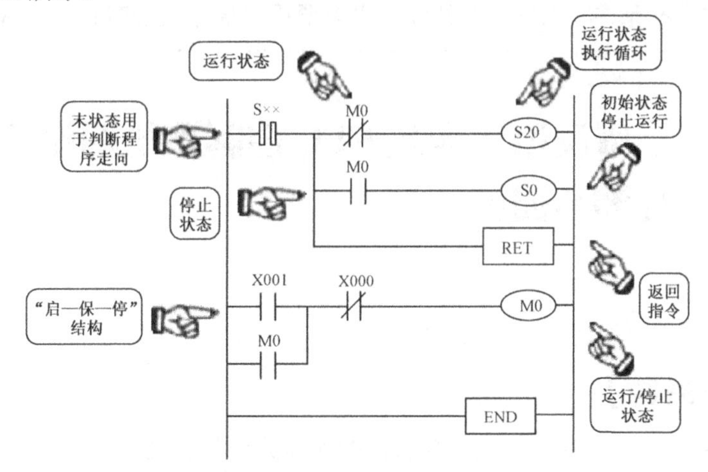

图 4-2-16 完成当前工作循环的停车控制

3．工作循环中任一工作状态异常跳转至指定状态进行处理后停止的控制

某任务工序 S20～S35 为主要加工工序，S36～S40 仅为后续加工程序的一部分，同时是设备异常时处理工序，要求只要加工状态出现异常信号，立即转向后续处理工序，处理完毕停止运行。

在单分支程序中可采用的方法是在 S20～S34 各状态中均加入如图 4-2-17 所示梯形图中的异常状态 M0 向下跳转至异常处理状态（如 S36）实现的，S35 中 X012 是正常顺序转移条件，尽管 M0 是异常转移，由于此处均指向 S36 属顺序转移关系，故采用 SET S36 形式。在末状态 S40 中结合要求可在程序中加入正常循环 OUT S20，或停止控制及异常状态 M0 控制的 OUT S0 实现。

4．实现急停的设备控制方法

一般程序设计中（如普通逻辑构成的顺序控制程序）可采用总控指令 MC 及总控复位指令 MCR 实现急停控制，但状态编程中注意 SFC 块中不要采用此指令。在状态程序设计中可利用批复位 ZRST 使所有状态复位或利用特殊辅助继电器 M8034 禁止所有输出实现，除此还可利用 M8037 强制 PLC 停止运行，执行 STOP 指令。

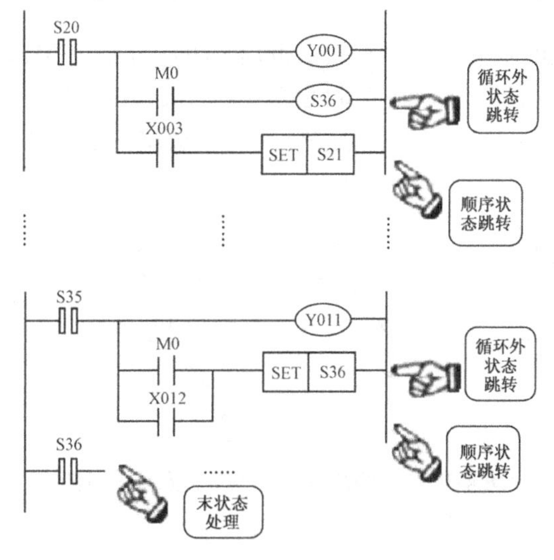

图 4-2-17 完成复位操作的立即停车控制梯形图

注意：普通电气设备中急停要求断开设备总电源，而对于数控设备如数控机床按国家相关安全规定是不允许在急停时断开设备主电源而是通过实现禁止 PLC 输出实现的。

三级皮带运输机 PLC 控制系统的设计、安装与调试

【任务目的】

- 熟悉三级皮带传送机构 PLC 步进顺控编程的状态分析与编程方法。
- 掌握状态步内 OUT 与 SET 输出驱动的区别与用法；掌握分支结构程序的设计方法与调试方法。
- 掌握不同循环工作方式的 PLC 控制方法，熟悉 ALT 在程序控制中的用法。

想一想：

在现代自动生产线或物流仓储流水线中涉及自动输送带机构，为有效利用设备资源、实现传输高效管理与控制，利用 PLC 可进行有效的控制，如何进行系统设计以满足传送机构的控制要求？

专业技能培养与训练

PLC 控制皮带传送机构的设计、安装与调试

任务阐述：某生产线的末端有一部三级皮带运输机，分别由 M1、M2、M3 三台电动机拖动，要求按 M1→M2→M3 的顺序、以彼此间隔 10s、15s 的时间顺序启动；当 M3 启动后 20s 后按 15s 的时间间隔及 M3→M2→M1 的顺序停止，三级皮带运输机传送系统如图 4-3-1 所示。

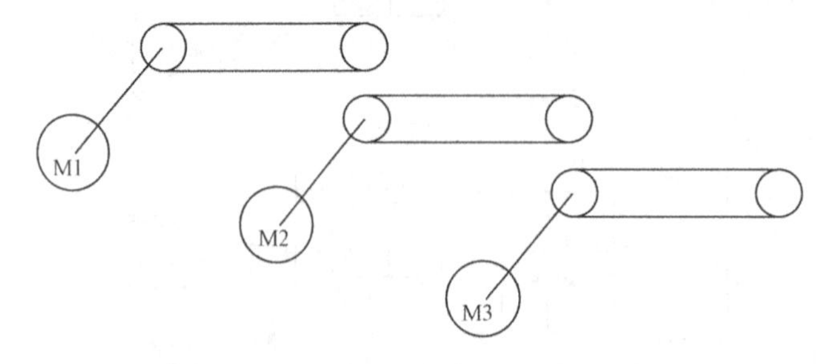

图 4-3-1　三级皮带运输机传送系统示意图

基本功能要求如下：

（1）工作方式设置。按下手动启动按钮，完成一次上述完整工作过程。按下自动按钮，输送

带启动，在 M1 停止 5min 后自行启动并重复上述过程循环，按下停止按钮完成当前循环后停车。

（2）要求设有急停、保护、必要的电气保护和互锁措施。

设备清单参见表 4-3-1。

表 4-3-1 三级皮带传送设备安装清单

序号	名称	型号或规格	数量	序号	名称	型号或规格	数量
1	PLC	FX_{2N}-48MR	1	8	启/停按钮	绿、红	4
2	PC		1	9	指示灯	橙（24V）	2
3	三相异步电动机	Y132M2-4	3	10	交流接触器	220，CJx2-10	3
4	断路器	DZ47C20	1	11	热继电器	JR36B	31
5	断路器	三极	10	12	端子排		
6	熔断器	RL1-10	1	13	安装轨道	35mm DIN	
7	编程电缆	FX-232AW/AWC	2				

一、设计方案的确定：

根据所要实现的功能和任务要求，结合基本工程实践经验，三级传送机构可采用三台三相异步电动机进行拖动。三相异步电动机具有成本低、运行可靠，可较方便地实现启、停控制，无须额外设备。且从功能可扩展角度出发，三相异步电动机很容易实现正、反向运行、调速及快速制动停车等方面控制。三台电动机实现三级传送带拖动的主电路原理图如图 4-3-2 所示。

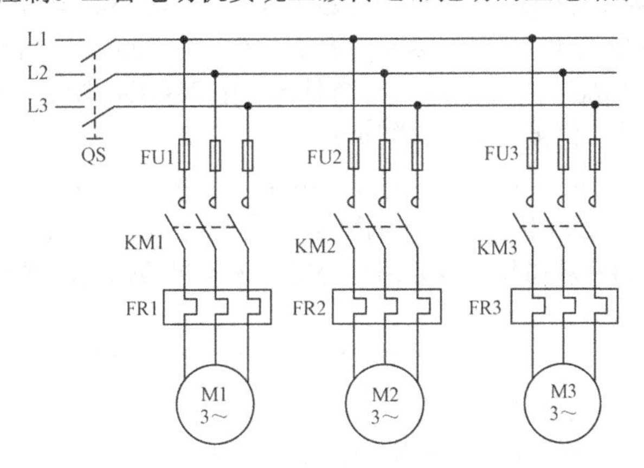

图 4-3-2 三级传送带拖动的主电路原理图

二、控制系统的设计与训练

1. I/O 端口的定义

根据控制任务及基本控制要求进行分析，可确定所需的输入端口与输出控制，列出 PLC 控制 I/O 端口地址分配参见表 4-3-2（本控制中采用输出控制回路的过载保护措施，见 PLC 控制接线图）。

表 4-3-2 I/O 端口地址分配表

I 端口		O 端口	
手动按钮 SB1	X000	电动机 M1	Y001
自动按钮 SB2	X001	电动机 M2	Y002
停止按钮 SB3	X002	电动机 M3	Y003
急停按钮 SB4	X003		

2．控制任务及控制要求分析

本控制任务中因存在“手动控制”、“自动控制”两种方式，手动方式实质就为单循环方式，即完成一次循环自动停止，没有外界控制停止的必要性；自动控制方式为一个自动循环工作方式，即只要按下启动将一直重复运行下去，当停止按钮作用时，完成当前循环后停止。“自动控制”重复循环与停止控制利用辅助继电器 M0 表示运行/停止状态，控制状态返回 S0、S20 来实现。手动按钮的单次循环是在自动控制状态 M0 无效时，直接利用手动按钮在状态 S0 中与 M0 常闭触点串联实现启动状态转移。

1）根据控制任务进行加工工序分解和状态分析

（1）初始状态——S0：状态驱动利用开机脉冲 M8002、急停 X003 实现，通过对辅助继电器 M0 判断确定系统的自动/手动工作方式，实现向一般状态 S20 的转移。

（2）状态判断——S20：驱动条件自动控制方式 M0 闭合，结合电动机 M1、M2、M3 对应 Y001、Y002、Y003 及启动/停止要求，结合 Y003 判定设备系统运行/停止。

- M1 启动——S21：驱动条件 Y3 停止（说明系统停止），手动 X000 闭合，驱动输出 Y001；
- M2 启动——S22：Y001 运行 10s 定时器定时到，输出驱动 Y001、Y002。
- M3 启动——S23：Y002 运行 15s 定时器定时到，输出驱动 Y001、Y002、Y003。
- M3 停止——S24：S20 状态检测 Y003 运行闭合（Y003 运行 20s 定时器定时到，试结合程序理解），驱动 Y001、Y002 输出，对 Y003 复位停止。
- M2 停止——S25：Y003 停止 15s 定时器定时到，驱动 Y001 输出，对 Y002 复位停止；
- M1 停止——S26：Y002 停止 15s 定时器定时到，对 Y001 复位停止。
- 分支合并（虚似状态）——S27。驱动条件 S23 中 20s 定时器定时到或 S26 中定时器定时 5min 到，用于判定停车、循环工作方式。

本控制任务中存在连续状态中同一输出继电器均被驱动，此种现象可采用置位 SET 指令进行控制，避免每一状态均须重复输出处理，于不需该输出的状态步中采用 RST 指令对其复位处理。

2）状态编程中输出驱动的处理方法

如图 4-3-3 所示为步进顺控状态编程中输出驱动的基本方法：图 4-3-3（a）采用输出驱动命令 OUT 驱动输出继电器 Y005；图 4-3-3 （b）采用置位命令 SET 对输出继电器 Y005 进行置位操作。

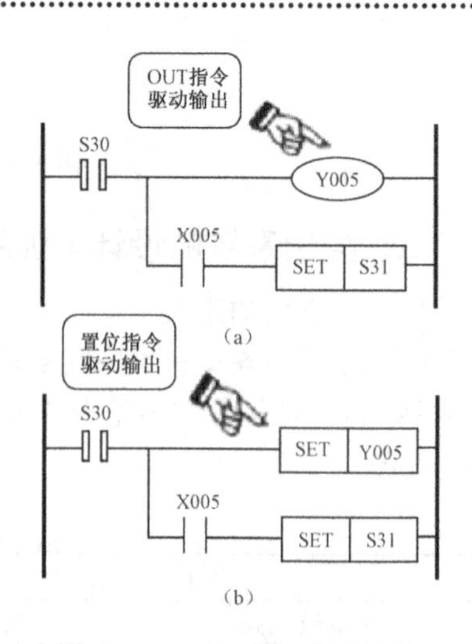

图 4-3-3　OUT/SET 指令用法

尽管两者均可使 Y005 产生输出，但 OUT 指令仅在当前状态中有效，当状态转移条件成立发生状态转移即停止输出；而置位 SET 指令产生的输出继电器动作无论在当前状态还是发生状态转移均有输出，当遇到复位指令 RST 对其复位才停止输出。

结合状态编程中的两种输出驱动的基本方式，根据上述任务分析可画出该控制任务控制梯形图如图 4-3-4 所示。

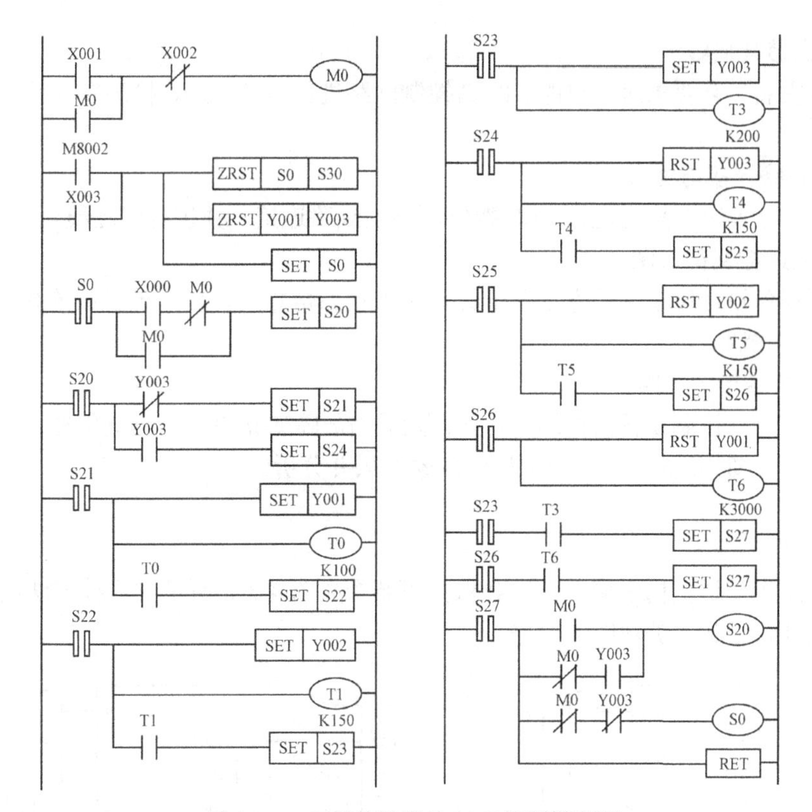

图 4-3-4 三级传送带的 PLC 控制梯形图

3．画接线图与主电路图

画出 PLC 控制接线图及设备控制的主电路图。

由于本控制任务中涉及三台电动机 M1、M2 及 M3 的过载保护，采用输出端实施过载的保护措施有如图 4-3-5 所示的两种形式，试结合工作过程分析两者在保护措施上的异同，并结合控制过程分析利弊，探讨最佳解决方案。

设备控制主电路图如图 4-3-2 所示。

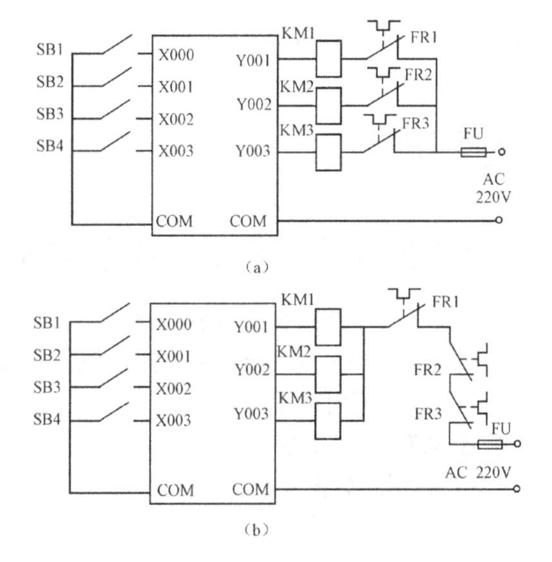

图 4-3-5 三级传送带 PLC 控制接线图

4．设备安装与接线

根据设备安装工艺要求对主电路、PLC 控制回路进行器件布局，检测及安装，设计线路敷设方案。

5．PLC 线路连接与检查

根据设计方案及工艺规范进行 PLC 控制回路的线路连接，并进行线路检查。

6．编辑上述控制梯形图

结合控制任务设计设备调试方案并于计算机上动态仿真进行程序调试；连接 PLC 进行程序传送，进行空载调试。

7. 根据需要连接主电路

连接电动机进行控制设备的试运行，并设置适当故障如其中某一热继电器过载保护，进行设备调试。结合如图 4-3-5 所示的两种接法观察结果并分析。

思考与训练：

（1）三级皮带传送机构中输入端过载保护可结合如图 4-3-6 所示的两种方法实现，试采用单分支结构设计含过载保护功能的程序。

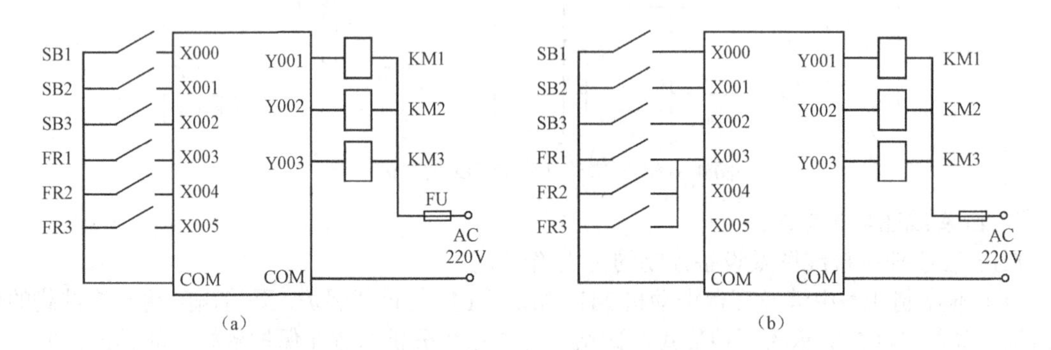

图 4-3-6　传送带传送机构中过载保护的实现

（2）工程中常会利用一只按钮开关实现设备的启动/停止控制，试结合“阅读与拓展：交替输出 ALT（P）指令的用法”在本程序中尝试自动状态的“单键启动/停止”控制功能。

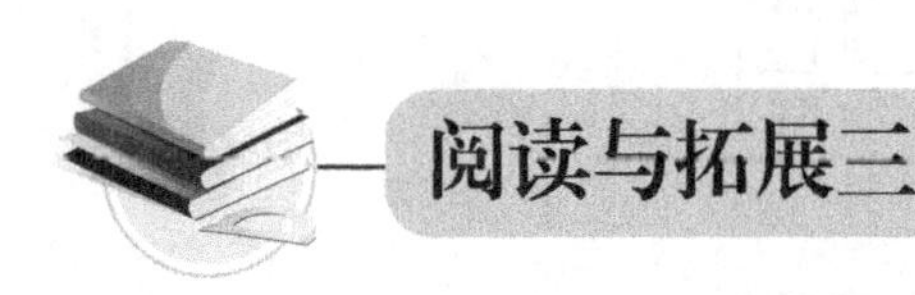

设备启动、停止单键控制的方法

设备控制系统中常采取同一控制按钮或按键实现所控设备的启动/停止、上升/下降、前进/后退等相反状态的控制，该种设备控制方式称为单键控制。例如，单键启动/停止控制中，第一次控制按钮按下时设备启动，再次按下时则实现停止。

应用指令链接二：交替输出 ALT（P）指令

交替输出 ALT（P）指令格式、用法如图 4-3-7 所示。

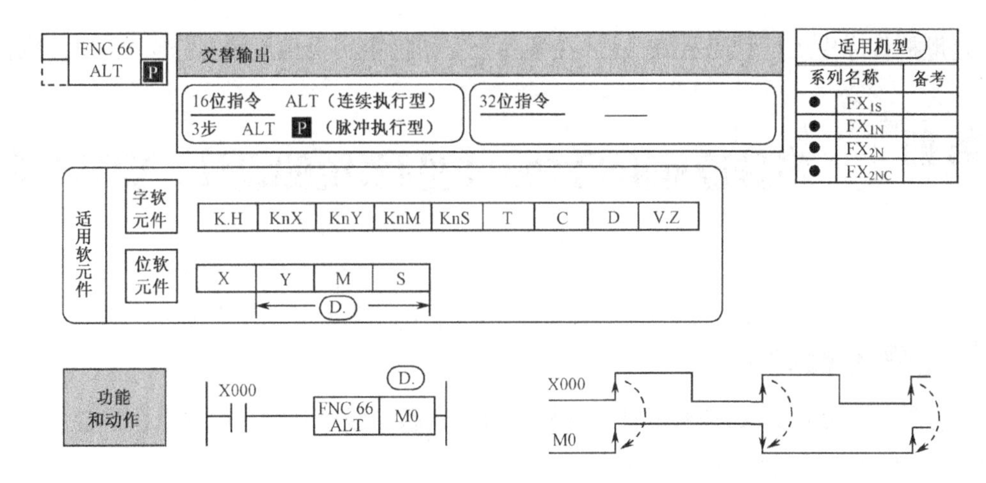

图 4-3-7 交替输出 ALT（P）指令格式、用法

交替输出指令 ALT 的功能可结合“功能和动作”中的时序图和图 4-3-8 示例说明。

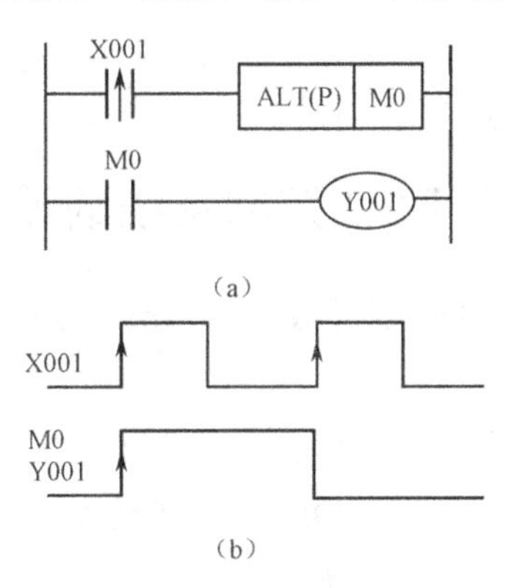

图 4-3-8 ALT 指令格式

当驱动输入 X001 完成第一次由 OFF→ON 的变化时，M0 产生状态由 0→1 的变化并保持，Y001 随之产生外部输出；当 X001 完成第二次由 OFF→ON 的变化时，M0 产生状态由 1→0 的变化，Y001 停止输出。其控制时序如图 4-3-8（b）所示。

利用梯形图交替输出指令 ALT（P）可以实现控制中单键启动/停止控制外，还可采用交替输出指令级联方式实现多级分频输出。

ALT（P）的应用：如图 4-3-9（a）所示的梯形图，当按下按钮 X000 时，Y000 有输出；再次按下 X000 时，Y000 停止输出，Y001 状态与 Y000 相反。如图 4-3-9（b）所示，当输入 X001 闭合，定时器 T0 每隔 1s 瞬时动作，T0 的常开触点通过交替输出指令控制 Y000 输出周期性脉冲。

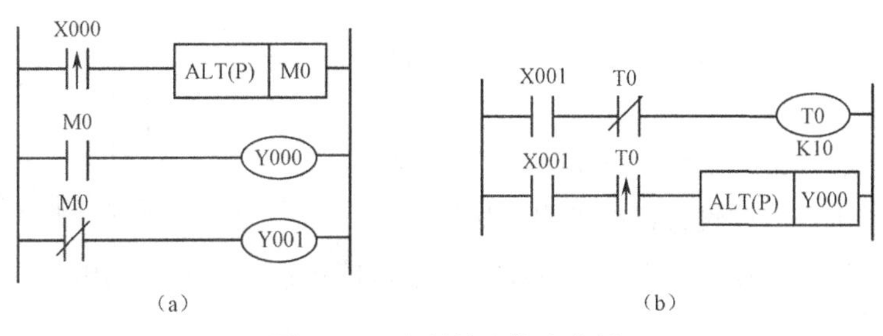

图 4-3-9 交替输出指令应用

步进顺控程序中还可利用 ALT（P）在条件分支结构中实现相反状态分支流向的控制。

任务四 多种液体混合 PLC 控制系统的设计、安装与调试

【任务目的】

- 进一步熟悉、掌握 PLC 控制的任务分析方法；熟悉工程控制的一般要求，学会从工程角度实现步进顺控制状态编程方法。
- 进一步熟悉和掌握 PLC 控制的设备安装要求，学会程序、设备的调试方法；了解特殊 PLC 控制功能的实现方法。

专业技能培养与训练

工业多种液体混合 PLC 控制系统的设计、安装与调试

任务阐述：如图 4-4-1 所示为工业多种液体混合系统组成与工作方式示意图，该液体混合系统工作过程及控制要求如下：

（1）初始状态，容器要求排空状态，且进液口电磁阀 Y1、Y2、Y3，排液口 Y4 均为 OFF 状态，液面位置传感器 L1、L2、L3 均为 OFF，搅拌机 M、电炉 H 均为 OFF。

（2）按下启动按钮，Y1=ON，液体 A 进容器，当液体达到 L3 时，L3=ON，Y1=OFF，Y2=ON；液体 B 进入容器，当液体达到 L2 时，L2=ON，Y2=OFF，Y3=ON；液体 C 进入容器，当液面达到 L1 时，L1=ON，Y3=OFF，电动机 M 开始搅拌。

（3）搅拌到 10s 后，搅拌电动机 M=OFF，电炉 H=ON 开始对液体加热。

（4）当温度达到一定时，温度检测 T 触点为 ON 状态，则电炉 H=OFF 停止加热，电磁阀 Y4=ON 排放已混合液体。

（5）当液面下降到 L3 后，L3=OFF，过 5s，容器完全排空，电磁阀 Y4=OFF。

（6）要求中间隔 5s 后，开始下一周期，如此循环。

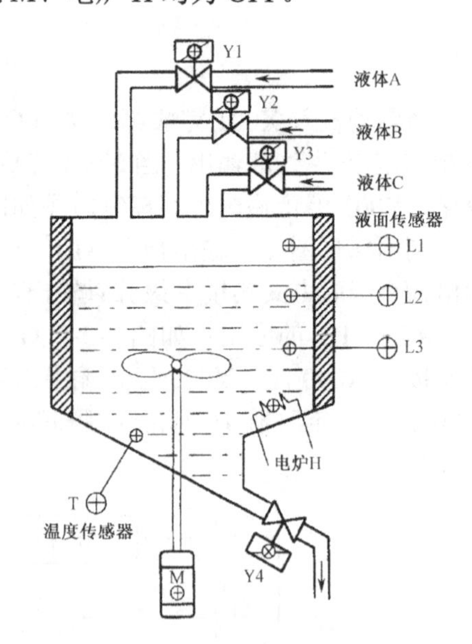

图 4-4-1　多种液体混合系统结构示意图

控制要求：①工作方式设置：按下启动按钮后自动循环，按下停止按钮要在一个混合过程结束后才可停止；②有必要的电气保护和互锁措施。

设备清单参见表 4-4-1。

表 4-4-1 多种液体混合 PLC 控制设备安装清单

序号	名称	型号或规格	数量	序号	名称	型号或规格	数量
1	PLC	FX_{2N}-48MR	1	7	启动/停止按钮	绿、红	2
2	PC	台式机	1	8	指示灯	绿（24V）	3
3	断路器	DZ47C20	1	9	指示灯	红（24V）	6
4	熔断器	RL1	1	10	拨动开关		4
5	编程电缆	FX-232AW/AWC	1	11	端子排		若干
6	开关电源	24V/3A	1	12	安装轨道	35mm DIN	若干

（1）电路设计。根据任务分析及工程控制需要，列出 PLC 控制 I/O 端口地址分配表参见表 4-4-2（含与液面传感器对应的液面位置指示灯）。

表 4-4-2 I/O 端口地址分配表

I 端口		O 端口	
启动按钮 SB1	X000	进液阀 Y1	Y001
停止按钮 SB2	X001	进液阀 Y2	Y002
液面传感器 L1	X011	进液阀 Y3	Y003
液面传感器 L2	X012	搅拌电动机 M	Y004
液面传感器 L3	X013	加热电炉 H	Y005
温度传感器 T	X014	排液阀 Y4	Y006
		液位指示 L-1	Y011
		液位指示 L-2	Y012
		液位指示 L-3	Y013

（2）控制状态分析及 PLC 控制梯形图的设计。

- 状态 S20：进液阀 Y1 开启（Y001 输出），驱动条件为设备启动信号；
- 状态 S21：进液阀 Y2 开启（Y002 输出），驱动条件为液面传感器（低）闭合（X013 动作）；
- 状态 S22：进液阀 Y3 开启（Y003 输出），驱动条件为液面传感器（中）闭合（X012 动作）；
- 状态 S23：搅拌器 M 动作（Y004 输出），驱动条件为液面传感器（高）闭合（X011 动作）；
- 状态 S24：电炉 H 加热（Y005 输出），驱动条件为搅拌工艺定时器定时 10s 到；
- 状态 S25：排液阀 Y4 开启（Y006 输出），驱动条件为温度传感器检测到温度设定值；
- 状态 S26：排液阀 Y4 复位，驱动条件为液位传感器（低）断开后定时器 5s 定时到；
- 状态 S27：5s 等待停止状态，状态转移条件定时器定时 5s 时间到；
- 状态 S28：工作方式判断：用于对停止或循环工作方式判断并执行。

由以上分析可画出控制梯形图如图 4-4-2 所示。

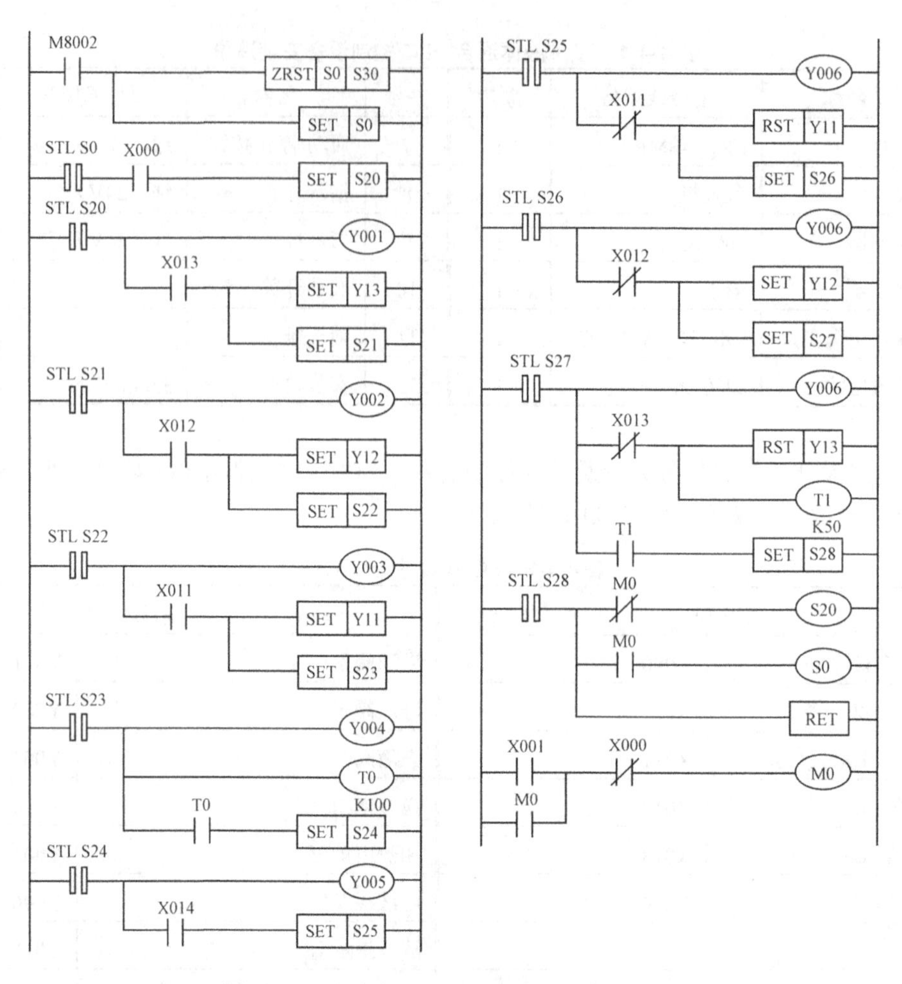

图 4-4-2　多种液料混合系统 PLC 控制梯形图

（3）根据 I/O 端口地址定义及控制任务要求，画出 PLC 控制接线图（教学实训模拟可以采用指示灯替代相应设备），模拟实训控制连接图如图 4-4-3 所示。

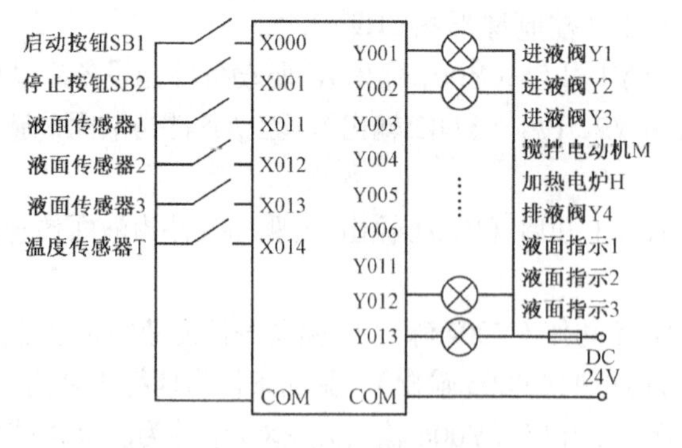

图 4-4-3　液料搅拌 PLC 控制连接图

液体混合机构模拟板系统可采用 24V 信号指示灯替代电磁阀 Y1～Y4、搅拌电动机 M、加热炉 H 等，用拨动开关代替相应的液面传感器、温度传感器等，该 PLC 控制连接图非实际设备控制接线图。

（4）观察液体混合装置，绘制器件布局图，并进行设备安装，连接控制线路并检查输入回路检测器件接法、输出回路各输出端、公式端及电源的接法。

（5）结合 GX Developer 编辑梯形图，结合控制任务设计设备调试方案，并于计算机上进行动态仿真调试或监控状态下利用 PLC 进行空载调试。

（6）在上述调试完成后，结合仿真指示灯根据控制任务的条件对模拟设备进行调试，结合调试过程出现的问题要求学会分析、并进行简单故障排查。

思考与训练：

（1）结合本控制任务，试完成具有单键启停控制、急停控制功能的程序设计、调试训练。

（2）结合“阅读与拓展：程序中设定工作状态指示及工程设备安装的注意事项”试设计本控制系统的工作状态指示系统，并完成安装、调试。

（3）结合程序状态 S25～S27 中 Y006 工作状况，试利用置/复位（SET/RST）指令对 Y006 进行控制。

阅读与拓展四

程序中设定工作状态指示及工程设备安装的注意事项

一、工程设备中工作状态的指示方法

1. 利用 ALT（P）指令实现的方法

如图 4-4-4（a）所示的控制梯形图，当开关 X000 闭合后，控制用定时器 T0 的 1s 计时到常开触点闭合所产生的上升沿及常闭触点的自复位功能，控制交替输出指令 ALT(P)驱动 Y000 输出周期 2s、脉冲宽度 1s 的周期性信号，控制信号时序如图 4-4-4（b）所示。

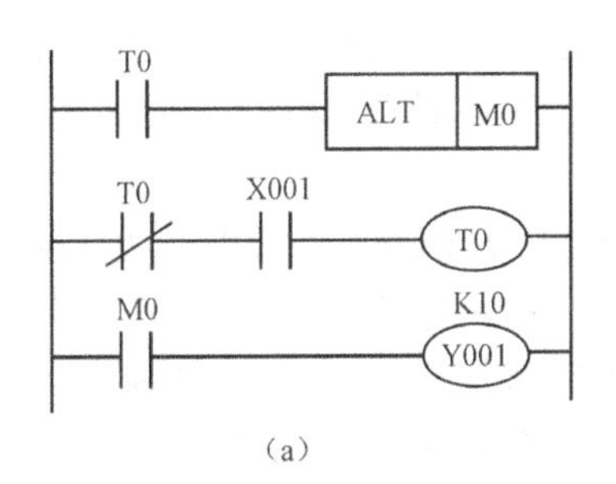

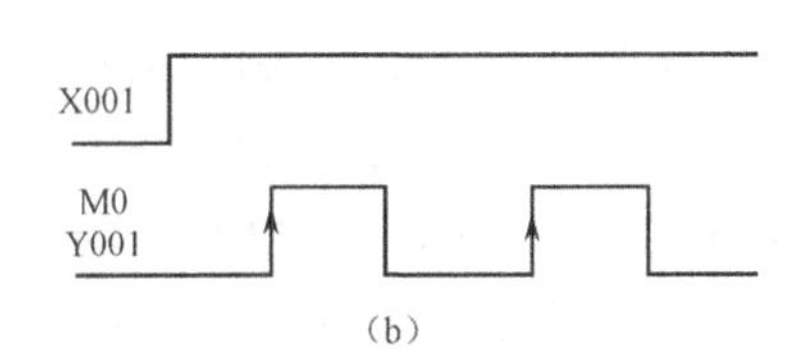

图 4-4-4 ALT 指令格式

2. 利用功能指令 STMR 实现的方法

应用指令链接三：特殊定时器指令 STMR

特殊定时器指令 STMR 的格式与用法如图 4-4-5 所示。

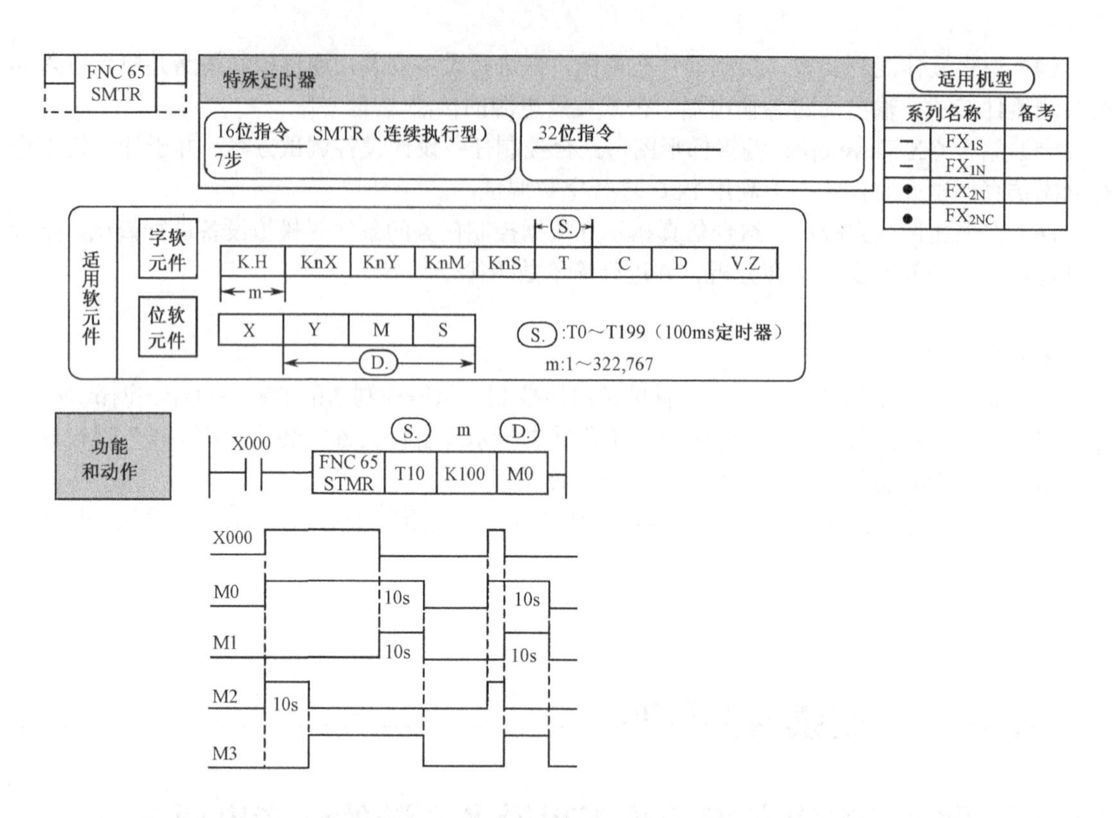

注：① m用于S.指定定时器的时间设定值，本例中设定定时值10s；② M0具有将输入接通状态延时设定时间10s的定时器功能；③ M1为输入断开（0N→OFF）后定时10s单触发定时器功能；④ M2在输入接通且保持状态下有输出设定时间脉冲功能；⑤ M3具有M2下降沿触发置位、M0下降沿复位功能。

图 4-4-5 特殊定时器指令 STMR 的格式与用法

特殊定时器指令 STMR 的操作对象为定时器，可控制影响的目的位元件为 Y、M、S。用于分别实现四种特殊延时定时器。结合“功能和动作”示例梯形图程序执行后 M0～M3 的输出波形，其中：①M0 在 X000 断开后的设定 10s 时间到由 ON→OFF，具有断电延时的功能；②M1 在 X000 断开时翻转输出宽度为设定时间 10s 的脉冲，起输入下降沿触发的单稳态触发器功能；③M2 在一定输入脉冲宽度前提下可实现输入上升沿触发的单稳态触发器功能，输出宽度由定时器设定值决定；④M3 在输入脉冲宽度大于设定值时同时具有通电、断电延时继电器功能。

如图 4-4-6 所示为 STMR 应用与控制梯形图，将 M3 常闭触点与控制开关 X000 相与用于驱动器 STMR 指令，可实现 SMTR 指令构成的振荡电路形式。结合上述 M0～M3 功能及时序图分析：当 X000 接通时，由 M2 控制的 Y000 所接的信号灯呈现周期性闪烁效果。当 X000 接通时 M2、M1 均可输出相反状态的周期性振荡信号。而当控制开关 X000 断开时，则停止输出。

练一练：

结合特殊定时器指令 STMR 的用法、“功能与动作”示例中对 M0～M3 的控制功能及时序图规律，分析讨论如图 4-4-6 所示梯形图的控制方法和 M1～M3 的输出时序图成因，并结合如图 4-4-7 所示时序图进行比较。

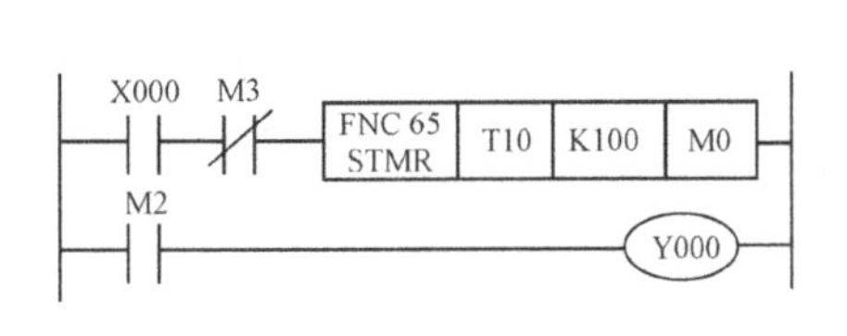

(a) 特殊定时器指令的应用

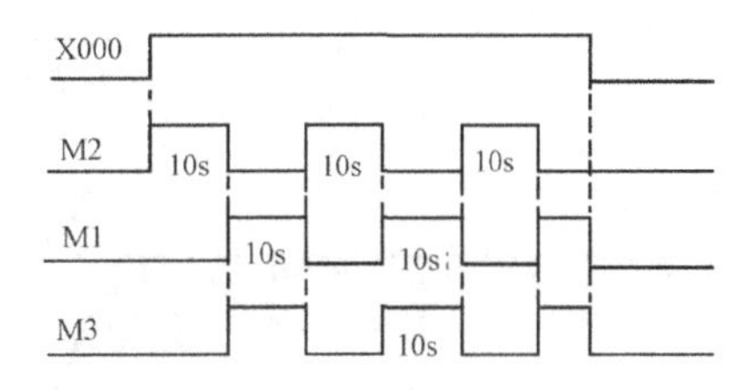

(b) 应用实例控制时序图

图 4-4-6 STMR 应用示例

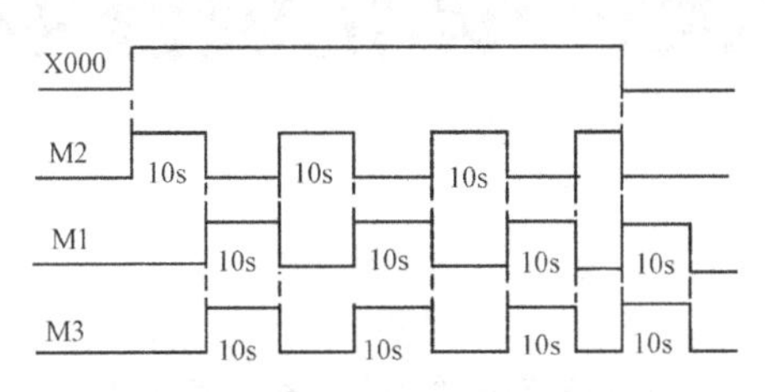

图 4-4-7 STMR 指定的用法时序图

特殊定时器指令 STMR 使用的某一编号定时器，不得在同一程序中再次被 STMR 使用，同时还须注意不能出现所控对象的双线圈输出。

二、工程设备安装、控制的注意事项

1. 急停控制方式

前面对于 PLC 控制任务中急停控制方式已做了简单介绍，急停实现的方法有多种，其中初始状态中 ZRST 批复位指令的运用是步进状态编程中常用方法，原理、形式上均与立即停车的控制方式一样。工程中对于急停控制的要求：首先急停控制须选用没有自动复位功能的蘑菇帽式按钮，其次必须采用按钮的常闭触点。究其原因若选用常开触点形式，当急停回路出现异常开路故障时，需要急停时无法实现，有极大的安全隐患。

2. 不同工作电源设备的连接方法

对于工作电源交流电压低于 250V、直流电源电压低于 30V 以下，且功率非常小的情况下（不同输出形式、不同电源性质所允许电流大小不一样，在直接连接时需要查阅相关手册予以确认）可直接连接。而在多种液料混合系统中的实际负载如电炉、搅拌电动机即便是设备工作电压为 220V，但实际设备功率不会小，均不能直接于输出端进行负载电路的连接，而应通过接触器驱动负载回路。另外在 PLC 的输出端口定义时需要注意结合不同电源进行分组，以充分利用 PLC 的输出资源。

3. 设备复位检测要求

对于设备的复位要求，一般要求开机时进行设备的复位检测。不同设备的复位状态不一样，需要结合设备的加工工艺要求进行。对于多种液料混合系统的复位则应该满足开机时搅拌器不工作、进液、排液阀门关闭、加热器未通电、容器内无残留液等（无残留液特征是低位液体检测传感器断开）。复位的处理，由于自动控制设备的状态均可通过检测装置反映，利用开机时设备初始状态的检测结果进行相关处理操作。如容器内无液料残留是多种液料混合系统的初始条件之一，若开机检测时低液位传感器处于 ON 状态，则驱动排液阀门工作进行排液处理，即便排液到该传感器 OFF，采取让排液阀继续工作一定时间确保液体全部排空（无残留）后再进行关闭。

>>> 模块五

PLC 在机电一体化设备中的应用

【教学目的】

- 通过本模块的学习与实践，能熟悉不同控制任务的表述形式、逻辑关系的转换方法；进一步培养学生分析、解决实际问题的能力。
- 结合学习与训练能够拓展对 PLC 的应用领域的认知，了解现代步进电动机、气动机械手的工作方式与控制方法，做到理论与实践的有机结合。
- 在巩固 PLC 的基本指令用法基础上熟悉特殊功能指令 MOV、TRD、TZCP、SFTR、SFTL、CMP 及触点比较类 LD 等指令的功能、用法。
- 熟悉和理解初始化指令 IST 的用法，熟悉掉电保护类软元件的用法，拓展学生的应用能力及提高学生专业认知水平。

十字路口交通信号灯 PLC 控制系统的设计、安装与调试

【任务目的】

- 结合交通信号灯 PLC 控制任务的设计、调试训练，拓宽对 PLC 控制应用范畴的认知。
- 理解和熟悉时序图任务功能描述的方法，学会利用时序图任务分析进行程序设计的方法。
- 熟悉 PLC 系统时钟数据读出指令 TRD、数据传送指令 MOV 的指令格式及用法。

想一想：

我们经过十字路口必须在信号灯的控制指挥下通过，交通信号灯的变化一般情况下是按不变规律周而复始变化的，但有时需根据要求作以调整，如为提高通行效率结合道路通行规律在不同时间段对不同方向通行时间予以调整等，如何利用 PLC 控制实现？

常见十字路口交通信号灯如图 1-1-7 所示，分别于十字路口的东、西、南、北方向均分别装设红、绿、黄三色交通信号灯。为了保证交通安全和通行效率，各个方向的红、绿、黄三色信号灯必须按照一定规律轮流发光、熄灭。这种交通灯变化的规律可采用“时序图”方式表述，能够正确识读时序图也是控制任务分析、设计所需要掌握的技能。

专业技能培养与训练

十字路口交通信号灯的PLC控制的实现

任务阐述：十字路口交通信号灯的工作控制时序如图 5-1-1 所示。

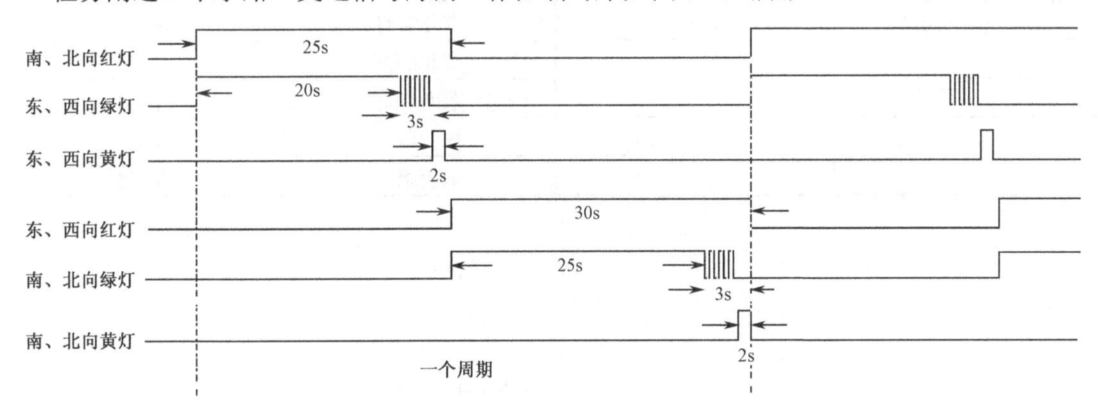

图 5-1-1　交通信号灯时序图

控制要求：当按下启动按钮时，信号灯系统开始工作；当需要信号灯系统停止工作时，按下停止按钮即可。

设备清单参见表 5-1-1。

表 5-1-1　十字路口交通信号灯设备安装清单

序号	名称	型号或规格	数量	序号	名称	型号或规格	数量
1	PLC	FX_{2N}-48MR	1	7	启动按钮	红	1
2	PC	台式机	1	8	停止按钮	绿	1
3	断路器	DZ47C20	1	9	信号灯	24V	红 4
4	熔断器		1	10		24V	黄 4
5	编程电缆	FX-232AW/AWC	1	11		24V	绿 4
6	安装轨道	35mm DIN	1	12	端子排		

一、系统分析程序设计

1. 控制时序图的识读与功能分析

由如图 5-1-1 所示的各路信号灯工作控制时序图可知，当信号灯系统开始工作时，南、北向红灯及东、西向绿灯同时工作。南、北向红灯工作维持 25s，在南、北向红灯工作的同时东、西向绿灯也工作并维持 20s。东、西向绿灯在 20s 到时，呈现绿灯闪烁，绿灯闪烁周期为 1s（亮 0.5s。熄 0.5s），绿灯闪烁 3s 熄灭后，东、西向黄灯开始工作并维持 2s，2s 到时，东、西向红灯工作，同时东、西向红灯熄，南、北向绿灯工作。

东、西向红灯工作 30s，南、北向绿灯工作 25s 到 25s 时转为周期 1s 的闪烁状态，持续 3s 熄灭后，南、北向黄灯持续工作 2s。南、北向黄灯熄灭时，南、北向红灯工作，同时东、西向红灯熄灭，东、西向绿灯亮，开始第二个周期的动作。按此方式周而复始，直到停止按钮被按下为止。

2. I/O 端口定义与 PLC 控制接线图

根据控制任务分析可以确定对输入、输出控制要求，见 PLC 的 I/O 端口地址分配表 5-1-2。

由 PLC 控制特点，有了 I/O 端口定义，借此可画出 PLC 控制连接图，十字路口交流信号灯的 PLC 控制连接图如图 5-1-2 所示，注意实际连接时每一路输出对应同一走向两端指示灯的并联（实际应连接 12 盏指示，两两并联）。

表 5-1-2　I/O 端口地址分配表

I 端口		O 端口	
启动按钮 SB1	X000	南北红灯	Y000
停止按钮 SB2	X001	南北黄灯	Y001
		南北绿灯	Y002
		东西红灯	Y003
		东西黄灯	Y004
		东西绿灯	Y005

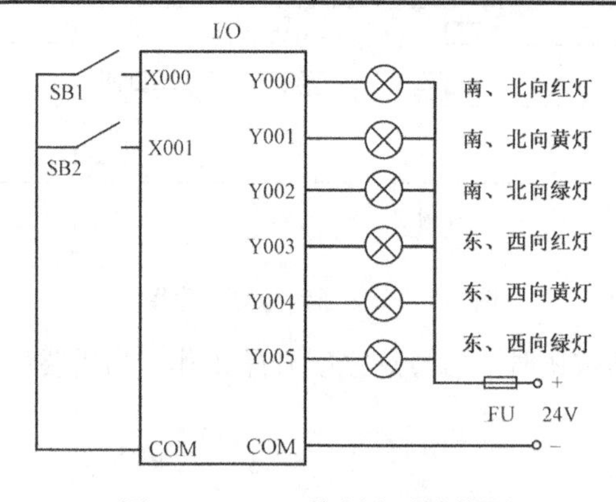

图 5-1-2　PLC 控制电路连接图

3. 时序图的状态分析

由于此任务各时段工作规律性特征明显，采用步进顺控程序设计较简洁，结合时序图进行状态分析，如图 5-1-3 所示。

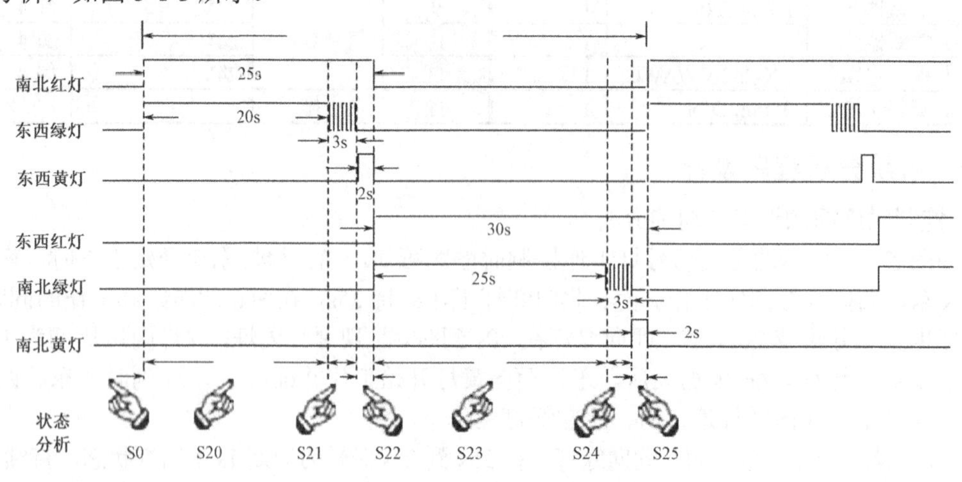

图 5-1-3　工作时序分析

（1）初始状态S0：Y000～Y005复位状态，结合控制要求采取立即停止方式，故利用初始化脉冲M8002与停止按钮X001常开相并联，进行复位处理与实现初始状态的驱动。

（2）东西绿灯、南北红灯S20：驱动Y000、Y005输出，驱动条件：X000闭合，循环开始。

（3）南北红灯、东西绿灯闪烁S21：驱动Y005、Y000输出，Y000由外部定时器T11构成振荡器控制，转移驱动条件20s定时器T0定时到。

（4）南北红灯、东西黄灯S22：驱动Y004、Y000输出，转移驱动条件3s定时器T1定时到。

（5）南北绿灯、东西红灯S23：驱动Y002、Y003输出，转移驱动条件2s定时器T2定时到。

（6）东西红灯、南北绿灯闪烁S24：驱动Y002、Y003输出，Y002由外部定时器T11构成振荡器控制，转移驱动条件25s定时器T0定时到。

（7）东西红灯、南北黄灯S25：驱动Y002、Y001输出，转移驱动条件3s定时器T1定时到。2s定时器T2定时到返回S20重复。

4．结合状态分析可画出梯形图

交通信号灯控制梯形图，如图5-1-4所示。

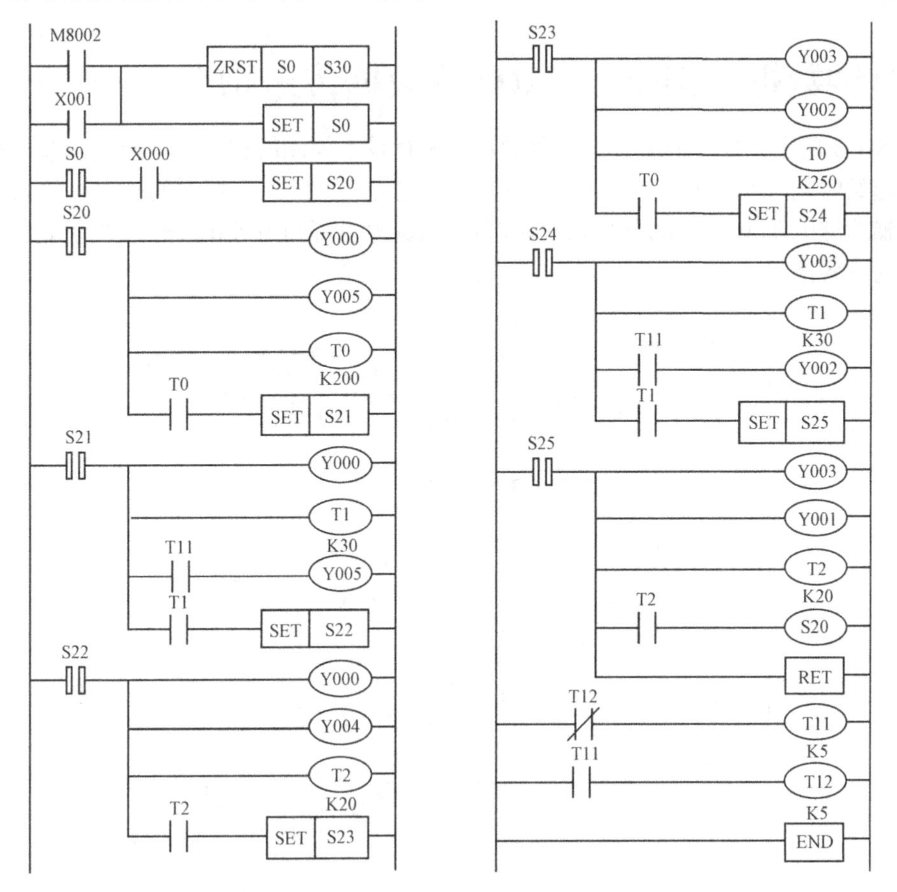

图5-1-4　交通信号灯控制梯形图

二、实训与操作

（1）尝试自行列写程序指令表。

（2）编辑梯形图程序，检查程序错误并编译转换，比较列写的指令表，设计调试方案，结合仿真进行程序调试。

（3）结合 PLC 控制连接图进行设备安装与连接，连接 PC 与 PLC；经检查无误后进行程序设备调试，注意观察输出现象，对照时序图进行分析比较直到符合设计要求。

（4）注意正确使用工具和仪器设备，并确保人身及设备工作安全。

思考与训练：

（1）试结合逻辑分析法，利用基本指令的顺序控制程序设计实现交通信号灯的控制？

（2）结合“阅读与拓展：时钟数据读出指令 TRD 及数据传送指令 MOV”，在上述任务中实现时间控制，要求清晨 6：00 至晚 22：00 正常工作，晚 22：00 至次日清晨 6：00 各路黄灯均以间隔 3s 闪烁方式工作。

阅读与拓展一

时钟数据读出指令 TRD 及数据传送指令 MOV

如图 5-1-5 所示为典型的通过时间段的设定进行设备控制的程序段，通过读取的系统时间与设定的起始时刻（8：00）、终止时刻（8：15）进行比较，当系统时间处于该时间段内通过所定义的辅助继电器 M1 对相关设备进行控制。该例中也可利用 M0、M2 实现起始时刻前、终止时刻后的设备控制。

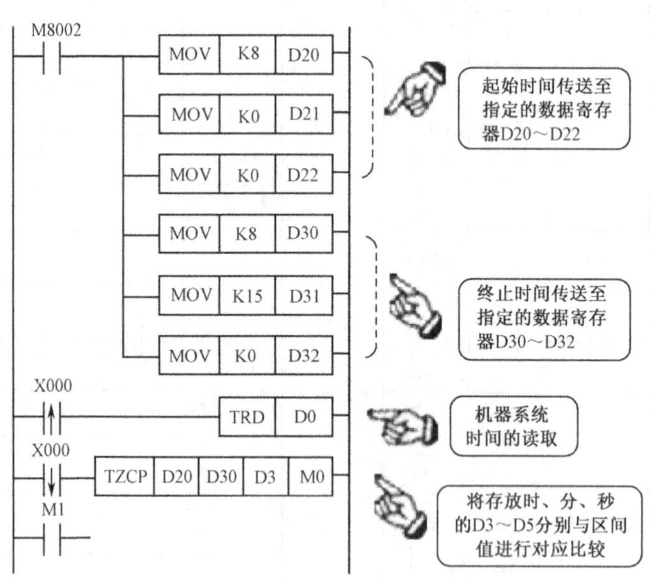

图 5-1-5 时间量的程序控制

该梯形图中涉及数据传送指令 MOV、时钟数据读取指令 TRD 及时钟数据区间比较 TZCP 指令。下面介绍各指令的功能及用法。

应用指令链接一：数据传送指令 MOV

MOV 指令的格式、功能及用法如图 5-1-6 所示。

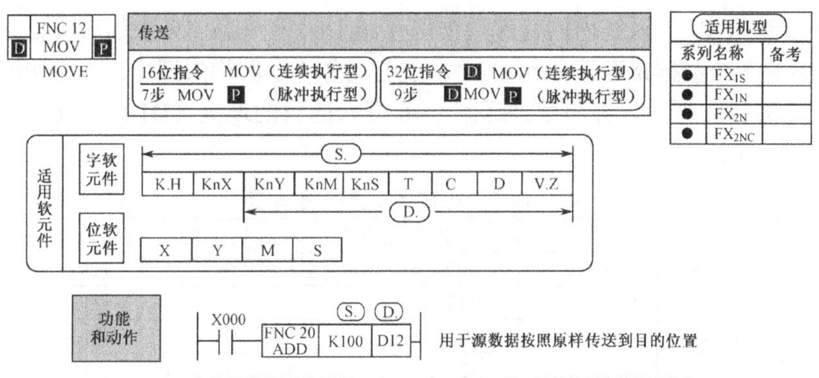

注：① 将源数据向目标传送，当X000为OFF时，源、目的数据均数据不变化；
② 十进制常数K100被自动转换成二进制BIN码。

图 5-1-6 传送指令 MOV 的格式、功能及用法

数据传送指令 MOV 在涉及数值运算的程序设计中运用较为频繁，用于将源元件（S.）中的操作数值传送到目标单元（D.）中。用法如“功能和动作”示例，在 X000 闭合时将十进制数值 K100 转化对应的二进制数据形式传送至数据寄存器 D10 中。

数据传送指令还可用于定时器、计数器类器件的当前值的读取和参数的间接设置，其用法如图 5-1-7 所示。

如图 5-1-7（a）所示是将计数器 C5 当前值读到数据寄存器 D10 中，通过 D10 则可以获悉计数器的当前数值或用于满足运算的需要；如图 5-1-7（b）所示则是通过 D11 作为中间量对定时器进行参数设定，此方式可解决运用变量赋值的方法进行定时器参数设置，同样适用于其他参数的设置。

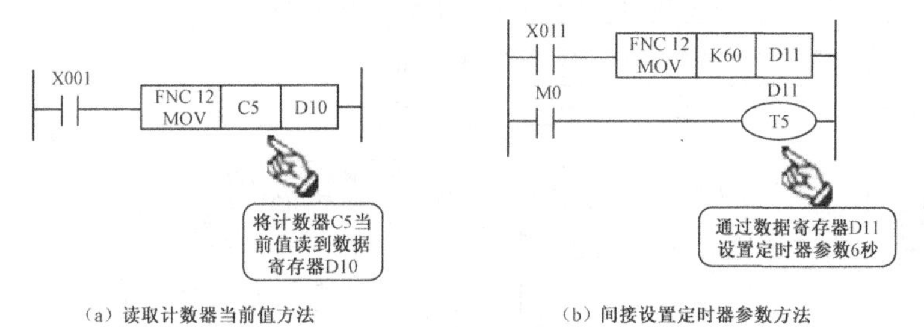

图 5-1-7 MOV 指令的应用示例

应用指令链接二：时钟数据读取指令 TRD

TRD 指令的格式、功能及用法如图 5-1-8 所示。

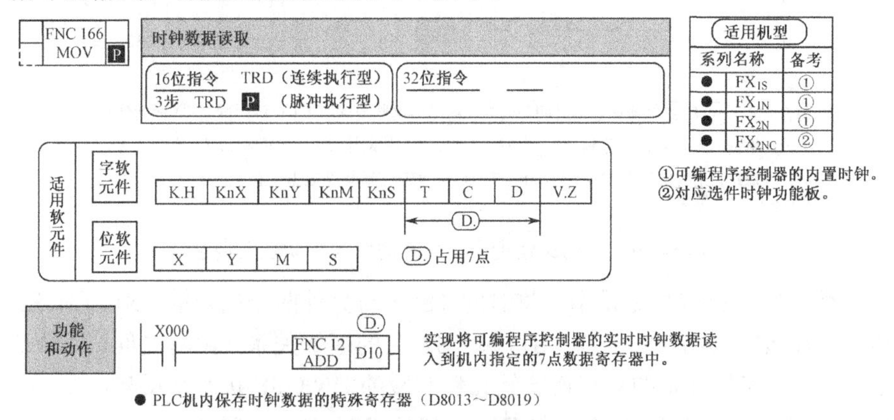

图 5-1-8 读取指令 TRD 的格式、功能及用法

该指令用于读取 PLC 系统内的特殊数据寄存器 D8013～D8019 中的时钟信息并存放于由（D.）指定开始的 7 个数据寄存器单元中。“功能与动作”示例梯形图中，当 X000 接通时 TRD 指令执行时读取时钟数据源、并将数据送到 D10 开始的目的地址（D10～D16）中，其数据格式及要求参见表 5-1-3。

表 5-1-3　时钟用特殊数据寄存器

	源元件	项目	时钟数据	源目关系	目的元件	项目
特殊数据寄存器实时时钟用	D8018	年（公历）	0～99(公历后两位)	→	D10	年（公历）
	D8017	月	1～12	→	D11	月
	D8016	日	1～31	→	D12	日
	D8015	时	0～23	→	D13	时
	D8014	分	0～59	→	D14	分
	D8013	秒	0～59	→	D15	秒
	D8019	星期	1（日）～ 6（六）	→	D16	日期

注：D8018（年）可以切换为 4 位的模式（详细可查阅手册有关 FNC167 TWR 指令）。

应用指令链接三：时钟数据区间比较指令 TZCP

TZCP 指令的格式、功能及用法如图 5-1-9 所示。

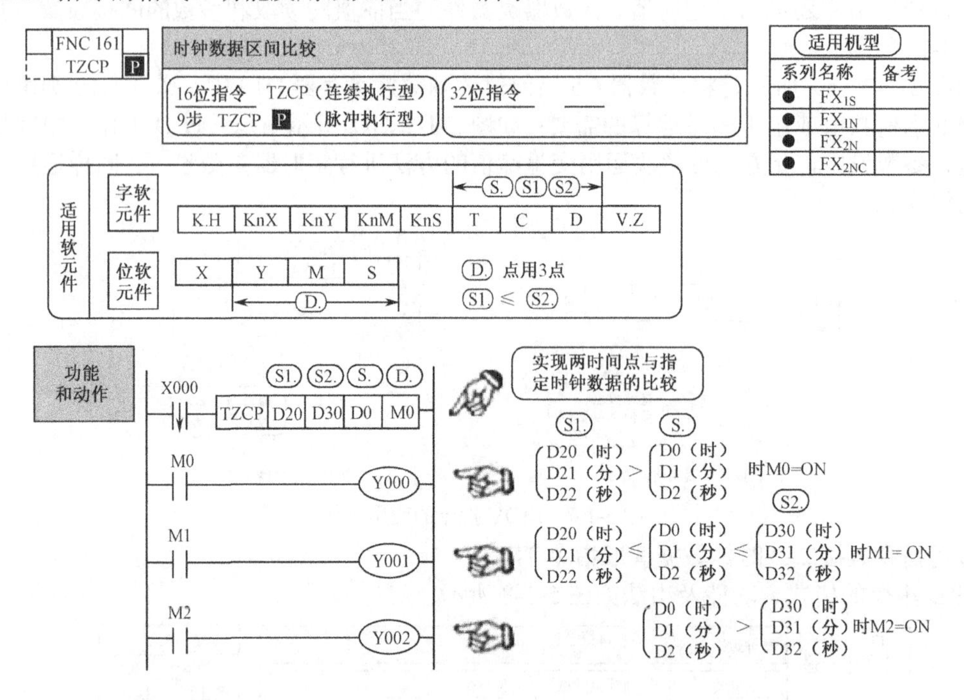

注：① 将源数据 (S1.)、(S2.) 或两者的时间与 (S.) 起始的反映情况时间的时、分、秒数据进行比较，根据大小比较的结果输出 (D.) 中指定软元件起始的连续三点的ON/OFF状态。

② 可根据需要利用时钟读取指令（FNC166 TRD）读取PLC器特殊数据寄存器中的实时时钟数据。

图 5-1-9　区间比较指令 TZCP 的格式、功能及用法

显然时钟数据区间比较指令是用于将时间（S.）与另外两个指定的（S1.）、（S2.）时间按时、分、秒进行比较，得出（S.）与（S1.）、（S2.）的区域关系（两者之间、下限之前、上限之后），以（D.）中编号开始的三点连续软元件对应的 ON/OFF 状态来反映。

“功能和动作”示例中设定（S1.）的 D20、D21、D22 对应 8 时 30 分 0 秒、（S2.）的 D30、

31、32 对应 16 时 25 分 30 秒，若（S.）的 D0 开始的 D0（时）、D1（分）、D2（秒）分别为以下三个时刻：8 时 10 分 50 秒、11 时 30 分 45 秒、22 时 15 分 10 秒，则不同时刻 M0、M1、M2 对应的状态分别为{ON、OFF、OFF}、{OFF、ON、OFF}、{OFF、OFF、ON}，比较结果可通 M0、M1、M2 对应驱动的输出进行反映。在工程控制中可利用此功能实现在指定时间段内的设备运行控制，如定时音乐喷泉的控制等。

在熟悉时钟数据读取指令 TRD、时钟数据区间比较指令 TZCP 的基础上，如图 5-1-5 所示梯形图中在执行时钟读取指令 TRD D0 时，系统时间按年、月、日、时、分、秒、星期对应顺序存放于 D0～D6 中， D3～D5 存放的是时间参数，故执行时钟数据区域比较指令时用于反映时钟的参数（S.）指定为 D3 开始的 D3～D5 数据寄存器。

使用时钟数据比较指令 TZCP，在指令执行后撤去执行条件，（D.）所指定软元件仍保持指令执行后的状态不变。

任务二　步进电动机 PLC 直接控制的实现方法

【任务目的】

- 通过本控制任务的实训操作，能够了解步进电动机基本工作方式、控制方法及控制系统的基本组成。
- 熟悉步进电动机运用的相关术语及性能指标含义；学会利用 PLC 指令设计环形控制脉冲的方法；掌握 PLC 对三相步进电动机直接控制的方法。
- 熟悉由控制逻辑真值表实现逻辑控制梯形图的方法；熟悉移位 SFTR、SFTL 指令的用法。

想一想：

在现代控制技术中，在我们观察针式打印机工作时，打印针头的准确定位在控制中是如何实现的？这类控制特征在你所实践接触的设备中还有哪些运用？

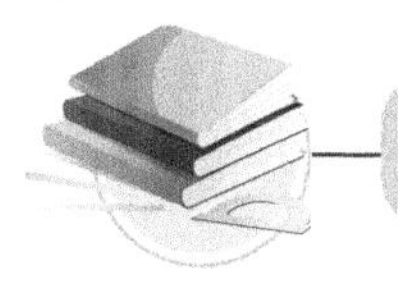

知识链接一

步进电动机基本工作方式的认知

数控机床的运动由主轴运动和进给运动组成，两种运动均由电动机提供驱动。其中主轴运动大多采用交流电动机或直流电动机提供动力，而进给运动电动机主要有三种：步进电动机、直流伺服电动机和交流伺服电动机。步进电动机具有结构简单、制造成本低，转子转动惯量小，响应快等特点，而且易于实现启动和停止、正、反转及无级调速的控制，在经济型开环进给运动的数控机床中，均采用步进电动机实现进给运动。

步进电动机属于同步电动机类的控制电动机，是一种将电脉冲信号转换成角位移的执行机构，作为进给驱动元件在数控机床中被广泛应用。在利用步进电动机带动丝杆运转，将旋转运动转化为滑块的精确直线运动等开环控制系统中可以达到较理想的控制效果。

如图 5-2-1 所示为三相反应式步进电动机的结构原理图，该步进电动机在给 A 相绕组通电时转子齿 1、3 对应转到对应定子磁极的 A、a 下，B 相绕组通电时转子齿 2、4 对应转到对应定子磁极的 B、b 下，C 相绕组通电时转子齿 3、1 对应转到对应定子磁极的 C、c 下。步进电动机的三相绕组按上述 A-B-C 的顺序再回到 A 重新开始，则转子按照每改变一次定子绕组通电方式则转过一定角度进行工作。工程上把步进电动机定子绕组每改变一次通电方式，称为一拍，把每完成一次循环改变通电方式的次数称为拍数，若一个循环中每相绕组只出现一拍，如按 A-B-C 顺序改变步进电动机的通电方式称“三相单三拍”。若每次改变两相绕组的通电方式，如 AB-BC-CA-AB，则称为三相双三拍。而按 A-AB-B-BC-C-CA-A 的顺序改变上述三相绕组的通电方式则称三相六拍。步进电动机通电方式改变得越快则电动机转动赶快，当将每相绕组通电的顺序颠倒时步进电动机实现反转。

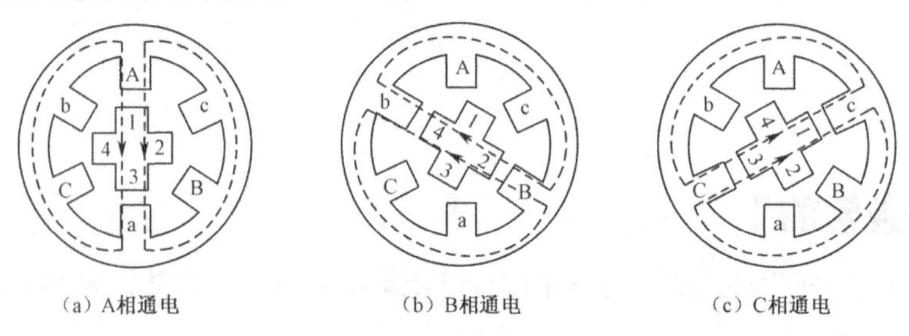

（a）A相通电　（b）B相通电　（c）C相通电

图 5-2-1　步进电动机转动方式

应用指令链接四：位右移指令 SFTR 和位左移指令 SFTL

位右移指令 SFTR 及位左移指令 SFTL 均是实现二进制数据移位操作的指令，但两者数据移位的方向相反：SFTR 实现数据的向右移位，SFTL 则实现数据的向左移位。两者指令格式、操作要求均相同，两指令的格式及功能如图 5-2-2 所示。

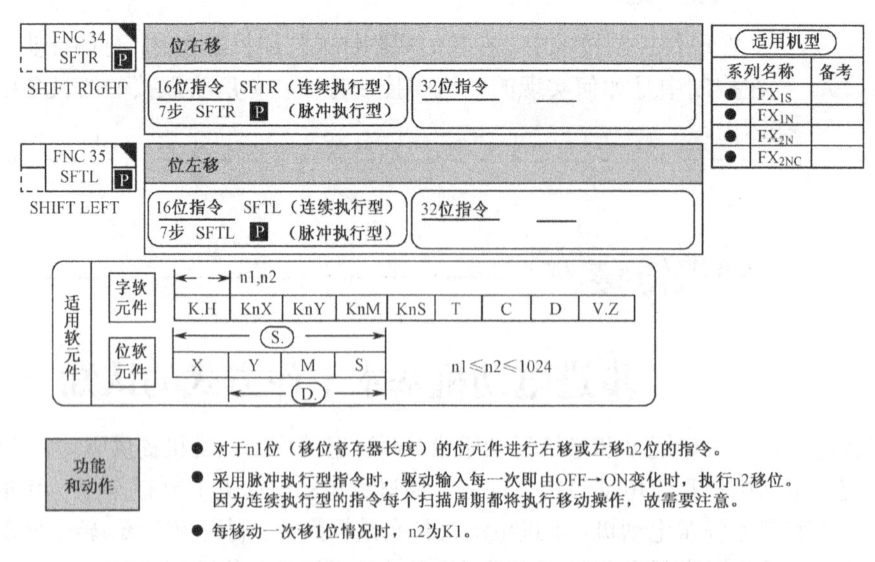

图 5-2-2　位右移指令 SFTR 与位左移指令 SFTL 的格式与功能

如图 5-2-3（a）、图 5-2-4（a）所示分别为位右移、位左移指令用法梯形图，位右移 SFTR 指令、位左移指令 SFTL 均在执行条件满足时，移位指令采取脉冲执行方式仅执行条件触点接通瞬间的一个扫描周期；采取连续执行方式则在触点接通的每个扫描周期分别执行一次移位，在编程及运用时必须注意区分。如图 5-2-3 所示为位右移指令 SFTR 的用法及命令执行效果示意图。

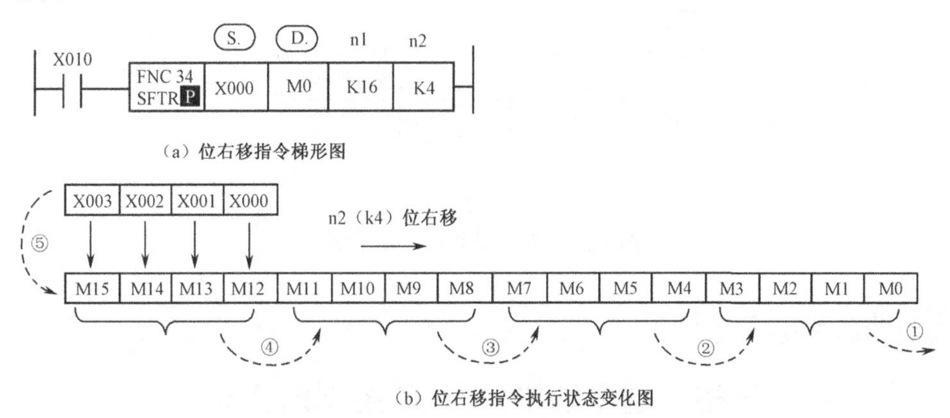

图 5-2-3　位右移指令 SFTR 的用法及命令

位左移指令 SFTL 的用法及命令执行效果如图 5-2-4 所示。

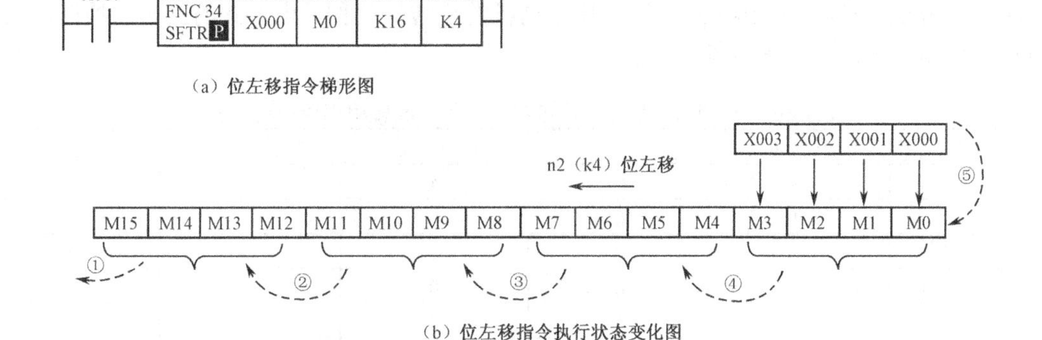

图 5-2-4　位左移指令 SFTL 的用法及命令

位右移指令 SFTR 和位左移指令 SFTL 均属于线性移位，即移位操作时右移的最低 n2 位数据、左移的最高 n2 位数据会从指定存储单元移出，该移出部分丢失现象称为溢出，而移入部位的数据是从其他源元件中获取。每次移位操作后数据均与原先数据存在着 2 的倍乘关系，故可以利用移位的此特征完成某种规律的控制功能。

为进一步理解移位指令的用法、功能，如图 5-2-5 所示的梯形图中各操作参数均与上例不同。指令参数意义：目标器件（D.）指定始端位辅助继电器 M0、n1 指定 K6 则目标元件实际为 M0～M5；源元件（S.）指定输出继电器 Y000、n2 指定 K2 则源元件实际为 Y000、Y001 两位。指定执行过程：当 X000 由 OFF→ON 时，位指定的（M005～M000）向相邻的低两位移动，同时 N2 指定的 Y001、Y000 依次由低到高对应移动移入 M005、M004，原 M005、M004 对应移入 M003、M002、…、原 M001、M000 数据移出（溢出）。

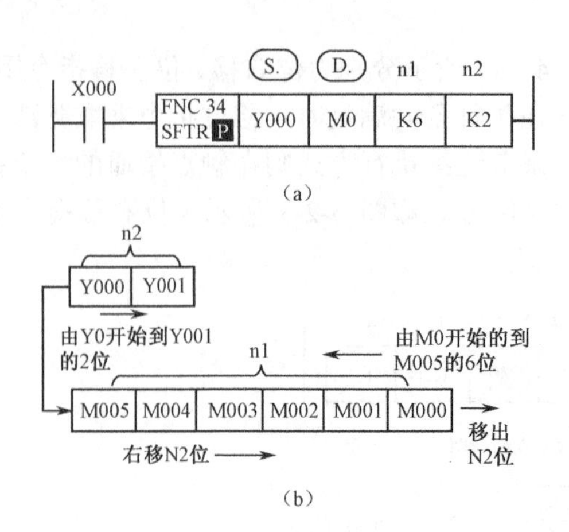

图 5-2-5　位右移指令使用示例

专业技能培养与训练

三相步进电动机的 PLC 控制的实现

（1）任务阐述。以三相六拍工作方式的三相步进电动机为控制对象，利用 PLC 实现三相绕组的直接控制。三相六拍步进电动机的正反转控制方式：当 A、B、C 三相绕组以 A-AB-B-BC-C-CA-A 顺序改变各相绕组的通电方式实现该步进电动机的正转控制，相反若将通电顺序改变为 A-AC-C-BC-B-AB-A 则实现电动机的反转。此种通电方式的三相六拍反应式步进电动机的相序控制真值表参见表 5-2-1。

表 5-2-1　三相六拍反应式步进电动机正、反转相序控制真值表

正　转			反　转		
A	B	C	A	B	C
1	0	0	1	0	0
1	1	0	1	0	1
0	1	0	0	0	1
0	1	1	0	1	1
0	0	1	0	1	0
1	0	1	1	1	0

（2）控制要求。结合上述控制真值表实现 PLC 对三相步进电动机正、反向运行、停止控制；根据步进电动机转速控制原理实现该电动机的低速、高速运转的控制。

设备清单参见表 5-2-2。

表 5-2-2　步进电动机的 PLC 控制设备安装清单

序号	名称	型号或规格	数量	序号	名称	型号或规格	数量
1	PLC	FX2N-48MR	1	7	启动按钮	红	1
2	PC	台式机	1	8	停止按钮	绿	1
3	断路器	DZ47C20	1	9	步进电动机		1
4	熔断器		1	10	驱动器		1
5	编程电缆	FX-232AW/AWC	1	11	端子排		
6	安装轨道	35mm DIN	1	12	开关电源	24V/3A	

一、步进电动机的 PLC 控制方法

1. I/O 端口地址定义

由控制任务分析可知，该控制任务的输入控制信号可由正转控制、反转控制开关，高低速控制拨动开关及停止开关组成，输出与三相绕组的 A、B、C 相对应。I/O 端口地址分配参见表 5-2-3。

表 5-2-3 I/O 端口地址分配表

I 端口		O 端口		注 释
SB1	X000	A	Y000	SB1 用于步进电动机的正转控制开关
SB2	X001	B	Y001	SB2 用于步进电动机的反转控制开关
SB3	X002	C	Y002	SB3 用于停车控制开关
SB4	X003			SB4 用于高、低速控制开关

2. 控制逻辑分析

利用周期性二进制数据的移位操作，结合移位载体辅助继电器 M0～M5（一个通电周期六拍）与输出 Y000、Y001、Y002 的逻辑设计，即可实现周期性输出正、反转控制信号；而利用移位节奏（控制移位动作频率）即可实现电动机转速快慢的控制。辅助寄存器 M0～M5 与输出继电器 Y000～Y002（对应 A、B、C 相）状态对应真值表参见表 5-2-4。

表 5-2-4 辅助寄存器移位及输出状态真值表

M5	M4	M3	M2	M1	M0	正 转			反 转		
						Y000	Y001	Y002	Y000	Y001	Y002
0	0	0	0	0	0	0	0	0	0	0	0
1	0	0	0	0	0	1	0	0	1	0	0
0	1	0	0	0	0	1	1	0	1	0	1
0	0	1	0	0	0	0	1	0	0	0	1
0	0	0	1	0	0	0	1	1	0	1	1
0	0	0	0	1	0	0	0	1	0	1	0
0	0	0	0	0	1	1	0	1	1	1	0

为满足移位频率可调的控制需要，本例中位右移指令采用脉冲执行方式，SFTR 的执行取决于定时振荡电路控制的 M0 由 OFF→ON 的变化瞬间。

由上述真值表可得各输出端 Y000～Y002 与移位辅助寄存器 M0～M5 间逻辑关系，参见表 5-2-5。

表 5-2-5 步进电动机控制逻辑

正 转		反 转	
A 相	Y000= M5 + M4 + M0	A 相	Y000 = M5 + M4 + M0
B 相	Y001 = M4 + M3 + M2	B 相	Y001 = M2 + M1 + M0
C 相	Y002 = M2 + M1 + M0	C 相	Y002 = M4 + M3 + M2

3. 控制梯形图

结合移位指令 SFTR 及正反转控制真值表、逻辑关系，可画出如图 5-2-6 所示的梯形图。其中指令 SFTR S0 M0 K6 K1 的功能：①当 M1～M5 全为 0 时的 S0 的 1 状态、M1～M5 不全 0 时的 S0 的 0 状态移入 M5 中，实现任一工作时刻 M0～M5 中只有一个 1 状态；②将 M5 中

数据 0 或 1 移至 M4、M4 中 0 或 1 移至 M3……依次高位中数据向相邻的低位中转移。在启动脉冲 M8002 或时钟控制辅助继电器 M10 作用下每次逐位移动一次，可实现上述辅助寄存器移位及输出状态真值表的数据转换。

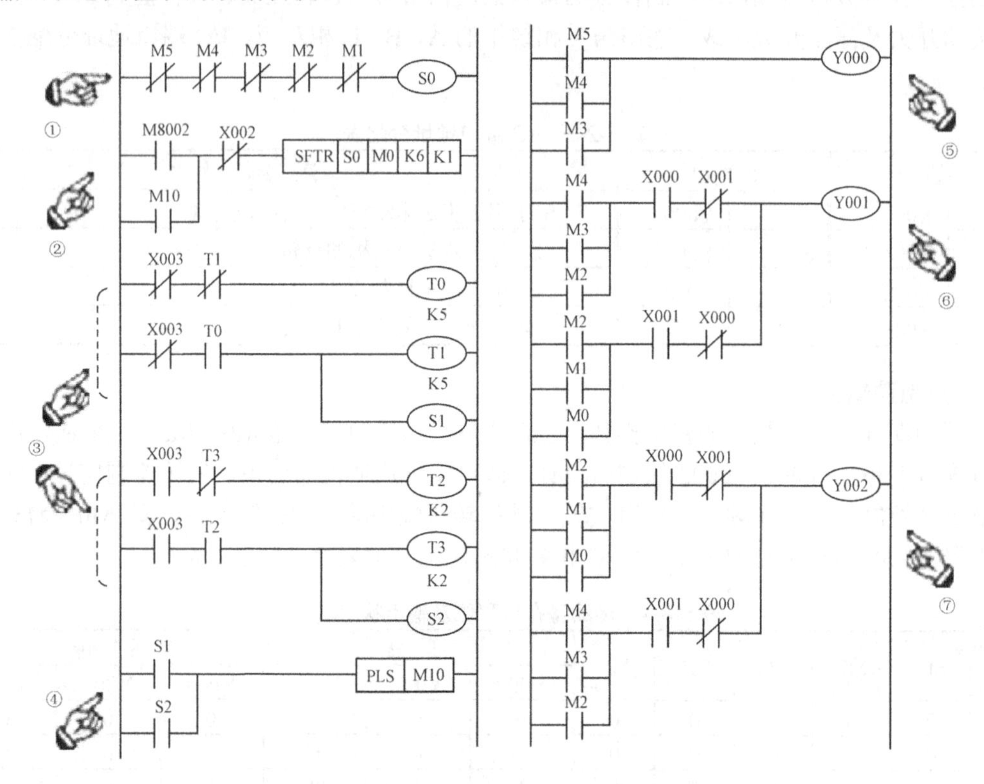

图 5-2-6　三相六拍步进电动机的 PLC 控制梯形图

注意：在程序设计与分析中对涉及的控制开关性质要有明确定义，即选用的是自动复位按钮开关还是不具有自动复位功能的开关。（如切换开关、拨动开关或拉拔开关等），不同性质控制器件在控制程序设计中要求不同。

试结合所学知识及右移位指令 SFTR 分析如图 5-2-6 所示的梯形图中各回路块①～⑦的程序功能。程序中①、②控制两回路解决了 M0～M5 移位控制及初始移位数据的问题；③、④三个回路块解决了高、低速移位控制时钟；⑤～⑦三个回路块解决了正、反转对应的 “三相六拍” 相序问题。如何实现的试讨论分析。

4．三相步进电动机的 PLC 控制电路

三相反应式步进电动机的 PLC 控制电路如图 5-2-7 所示。

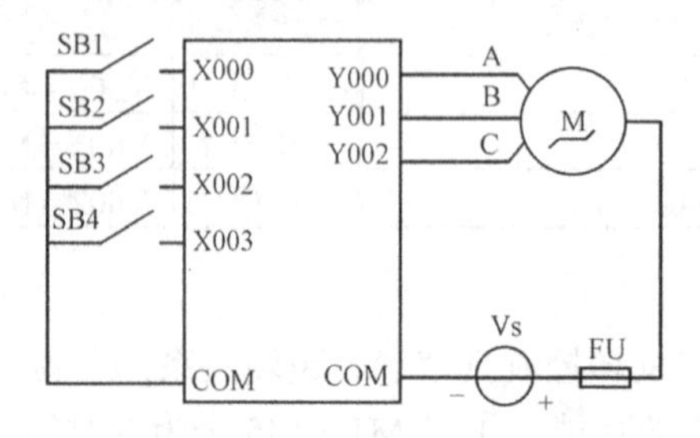

图 5-2-7　PLC 的步进电动机控制电路

二、设备安装与训练

（1）试编辑、编译图5-2-6三相六拍步进电动机控制梯形图；结合梯形图功能及控制要求设计程序、设备调试方案。

（2）按如图5-2-7所示电路连接图进行实训设备的连接。三相步进电动机的相线相序、公共端必须参阅电动机手册或说明书，防止接错并按要求采取短路保护措施等。

（3）通过RS-422数据线将所编辑程序下载传输至PLC，结合模拟仿真、空载调试，检验程序的功能。

（4）在空载调试完成情况下，接通三相步进电动机的工作电源进行负载运行调试：首先检查各工作开关位置，SB1、SB2均处于断开状态，停止按钮SB2处于复位状态、高低速控制的SB4处于低速断开状态。根据调试方案结合低速正、反转，高速正、反转功能要求进行设备调试，观察步进电动机的运行状态。

（5）根据步进电动机转速控制原理与程序中转速控制方法，结合速度控制的时间参数进行适当调整，观察运行状态分析、比较。

（6）在步进电动机脱机状态、联机停止状态下，分别用手对电动机转子施加转动力矩并进行比较，结合步进电动机工作原理和程序状态监控分析原因，试结合工程设备控制的要求理解步进电动机静止力矩的意义。

思考与训练：

（1）本控制任务采用右移位指令SFTR进行程序设计的，也可采用左移位指令SFTL进行，试设计程序并调试验证。

（2）除采用移位指令实现外，是否还有其他方法可供实现？试讨论步进状态编程的可能性，若能够实现试画出步进状态梯形图并调试运行。

步进电动机的基础知识

现代步进电动机种类繁多，分类方法较多，常采用以步进电动机的工作原理进行分类，分为反应式（VR型）步进电动机、永磁式（PM型）步进电动机和混合式（HB型）步进电动机三大类。

反应式（又称磁阻式）步进电动机定子、转子均不含永久磁铁，定子上绕有一定数量的绕组线圈，线圈轮流通电时，便产生一个旋转磁场，吸引转子一步步转动，线圈断电则磁场立即消失，输出转矩降为零（输出转矩降为零现象称不能自锁）。反应式步进电动机结构简单，材料成本低、驱动容易且步距角可做得较小，但动态性能相对较差。

永磁式步进电动机转子由永磁钢制成，换相时定子电流不太大，断电时具有自锁能力。具有动态性能好、输出转矩大、驱动电流小等优点，但存在制造成本高，步距角较大的缺点，同时对驱动电源要求较高（要求有细分功能）。

混合式（又称永磁感应式）步进电动机的转子上嵌有永久磁钢，但定子和转子的导磁体与反应式相似，故称混合式。此类电动机具有输出转矩大，动态性能好、步距角小、驱动电源电流小、功耗低等优点，同时也存在着结构较复杂、成本相对较高的缺点。但由于总体性价比很高，目前应用较为广泛。

结合如图 5-2-1 所示的三相反应式步进电动机结构原理分析，在“三相单三拍”方式下，每改变一次通电方式则转子转过 30°，该角度称为步进电动机的步距角，工程上把步进电动机每改变一次通电方式（即一拍）转过的角度称步距角，用 α 表示。该电动机若采用 A-AB-B-BC-C-CA-A 的“三相六拍”方式则步距角 α=15°。显然增加拍数可减小步距角，不难理解步距角越小则系统的稳定性、控制精度越高。

不同于我们熟悉的三相交流电动机，实现对步进电动机的控制是从方向、转角和转速三个方面进行的。方向、转角及转速的控制主要采用硬件电路控制方法或利用计算机软件的方法。一般硬件电路速度快，不易实现变拍驱动；而软件实现则可克服硬件驱动的难变拍驱动缺陷，除节省了硬件电路还可提高电路的可靠性。

步进电动机的控制与驱动系统主要包括脉冲信号发生电路、环形脉冲分配器及功率驱动电路三大部分，其组成如图 5-2-8 所示。步进电动机的脉冲信号发生电路可以是专门硬件电路或由计算机电路组成，用于产生一个频率从几赫到几万赫连续可调的变频率脉冲信号，并确保输出脉冲的个数及频率精确性，从而达到准确控制步进电动机制转角和转速的目的。由于步进电动机的各相绕组必须按一定顺序通电才能正常工作，环形脉冲分配器实现的功能是将脉冲信号发生电路输出的一定频率脉冲信号转化成满足步进电动机各相绕组的通电顺序要求的脉冲电流（环形脉冲分配器简称脉冲分配器）。功率驱动电路用于将环形脉冲分配器输出的不足以驱动步进电动机较小的功率信号进行功率放大，并同时通过光电隔离处理提高信号的抗防干扰能力。

在实际应用中常将脉冲信号发生电路、环形脉冲分配器合并在一起，功率驱动电路单独设置以满足不同控制任务、控制对象的要求（也有将后两者合并用以驱动配套设备），如图 5-2-9 所示为用于配套步进电动机的驱动器。一般含环形脉冲分配器的步进电动机驱动电路均会提供方向控制端，只需要改变该控制端输出电平的高低即可实现步进电动机转向的改变。

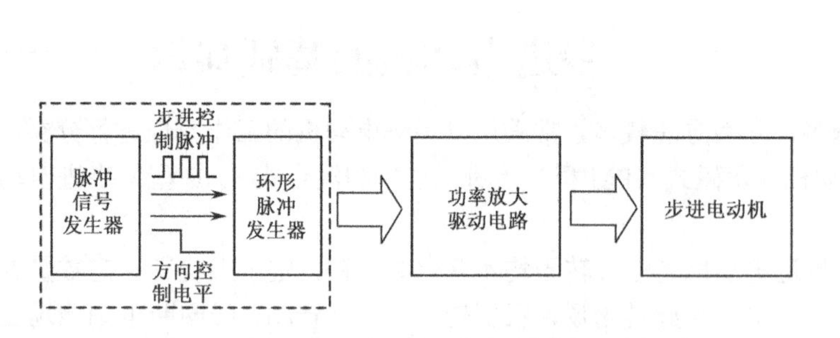

图 5-2-8　步进电动机控制系统组成框图

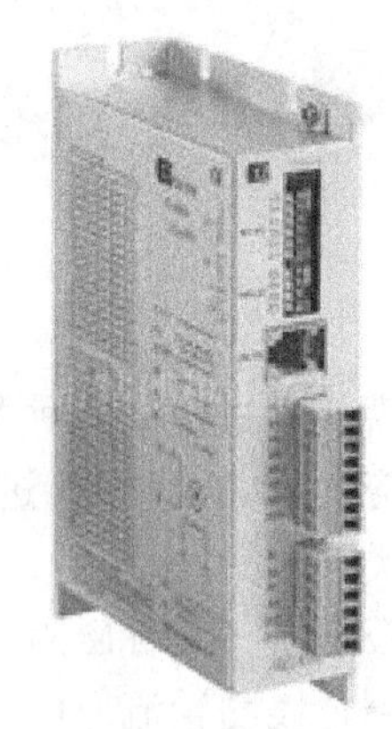
图 5-2-9　驱动器

需要注意的是，对于不同的步进电动机，有不同的驱动装置。使用时须结合步进电动机型号来选择步进驱动模块，再配以电源及信号发生装置即可驱动步进电动机运转。

随现代控制技术要求的提高，普通驱动电路已不能满足要求，许多场合的步进电动机配套采用了具有细分功能的驱动电路。步进电动机细分驱动电路不但可以提高设备的运动平稳性，而且可以有效地提高设备工作的定位精度。步进电动机的细分控制方法，是通过控制步进电动机各相绕组中的电流，使其按一定的阶梯规律上升（或下降），从而获得从零到最大相电流间的多个稳定的中间电流状态。与之相对应的磁场矢量也就存在多个中间状态，即各相合成磁场有多个稳定的中间状态。由于合成磁场矢量的幅值决定了转矩的大小，相邻两条合成磁场矢量的夹角决定微步距（与细分对应）的大小，转子则沿着这些中间状态以微步距方式转动。

细分数是衡量细分电路的主要参数，细分数是指电动机运行时的真正步距角是固有步距角（整步）的几分指一。如某一步进电动机转速控制系统，当驱动器工作在不细分的整步状态时，控制系统每发出一个步进脉冲，电动机转动 1.8°；若该驱动器工作在 10 细分状态时，其步距角只为"电动机固有步距角"的 1/10，也就是说当该驱动器工作在 10 细分状态时，电动机每次只转动了 0.18° 。试验表明：当步进电动机采用 4 细分技术时，电动机每步都可以实现准确定位，细分功能完全是由驱动器提供的控制电动机的精确相电流所保障的，与步进电动机无关。

任务三 亚龙实训设备的气动机械手的 PLC 控制

【任务目的】

- 通过 YL-235A 型机电一体化设备的机械手单元的控制，熟悉机械手的组成机构、工作机理及控制方法。
- 进一步熟悉和掌握现代控制、检测技术中传感器件的运用方法，熟悉机械手工作流程，学会机械手控制逻辑的分析方法。
- 能结合工程设计的要求掌握较为复杂设备的 PLC 控制技术、设备安装及调试方法。

想一想：

随着现代科技的发展，气动回路中的执行器件气缸及气压电动机的运用已突破简单的直线或旋转运动，许多工业场合将两者适当改进并有机组合可以实现较为复杂机械动作，工业应用的气动机械手便为典型的应用案例，气动机械手是如何工作的，利用 PLC 又是如何实施控制的？

专业技能培养与训练

气动机械手的认识与 PLC 控制

任务阐述：结合 YL-235A 机电一体化实训设备中气动机械手及配套 PLC、电源及按钮模块试完成如下工作：

（1）完成气动机械手的气动回路、控制回路与检测器件的连接。

（2）编写 PLC 控制程序，要求能够完成：当物料检测开关检测到零件时，机械手悬臂伸出→气爪下降到零件位置→气爪夹紧零件→气爪夹持零件上升到位→机械手悬臂缩回→机械手悬臂向右旋转到位→机械手悬臂伸出，对准零件进口→气爪夹持零件下降到工作位置→气爪松开零件，将零件从零件进口放在皮带输送机上→气爪回升到位→机械手悬臂缩回→机械手悬臂向左旋转复位。

（3）基本控制功能要求：①设备启动要求能够进行设备自检，保证各部件处于初始复位状态；符合要求才能进入物料搬运；反之，要求设备进行自动复位处理。②要求能够实现单步运行方式、单周期运行、循环运行方式。③必要保护措施及联锁措施。

设备清单参见表 5-3-1。

表 5-3-1　气动机械手 PLC 控制设备安装清单

序号	名称	型号或规格	数量	序号	名称	型号或规格	数量
1	实训台	YL-235A	1	3	编程电缆	FX-232AW/AWC	
2	PC	台式机	1				

一、气动机械手机构组成与控制方式的认知

YL-235A 机电一体化设备气动机械手的组成与控制：机械手构成、动作控制与检测机构如图 5-3-1 所示（天煌机械手结构与亚龙设备相似，尺寸上有区别）。

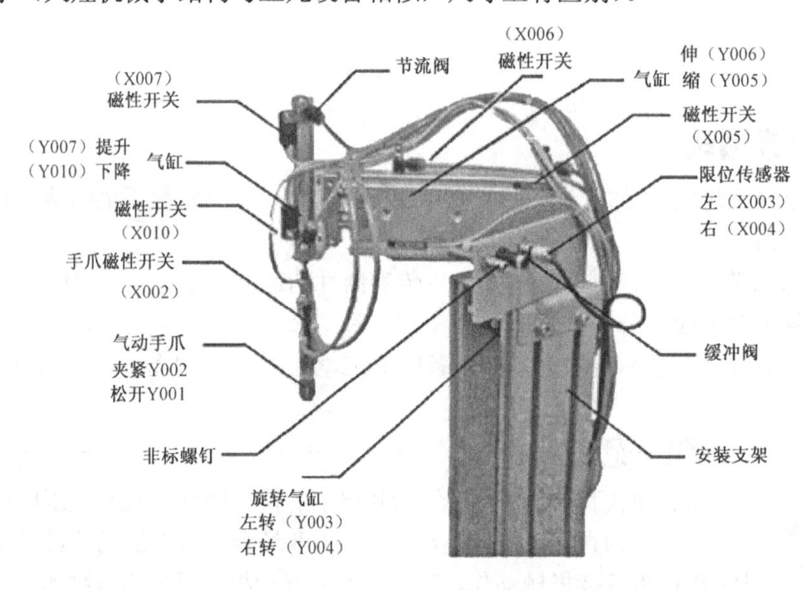

图 5-3-1　YL-235A 气动机械手的组成与 PLC 的 I/O 端口定义

（1）机械动力（气动）部分。机械手抓气缸、双作用提升气缸、双出杆双作用手臂气缸、旋转气缸（旋转电动机）。

（2）控制部分。电磁换向阀，该实训装置中对于机构手控制部分均采用双电控电磁换向阀，分别控制手抓的松紧、提升机构的升降、手臂机构的伸缩及手臂左右旋。

（3）检测器件。用于手抓松紧、气缸位置检测的电磁开关及旋转位置检测的电感传感器。

需要注意的是，电磁开关检测气缸是通过气缸活塞磁环来进行位置检测的；电感传感器用于检测手臂左、右旋转是否到位，其检测金属件有效距离 1～3mm。

二、I/O 端口定义

如图 5-3-1 所示气动机械手机构图，结合各功能组件、气缸（含气动电动机和气动手爪）工作方式、检测方式及任务控制流程熟悉设备及设备的控制方法。各主要检测、控制器件的 I/O 端口定义见图标注。

三、控制状态分析

1．机构初始状态

工程设备控制中，常需要设备具有初始化功能，设备初始化是进行正常运转须满足的条件。对于 YL-235A 机械手一般默认的初始位置是指机械手抓张开、提升机构缩回、手臂机构缩回及旋转手臂处于左侧位停止状态。

本例中，PLC 实现机械手初始状态的判断是通过相应传感器检测信号实现的，判断依据是：手抓抓紧检测电磁开关 X002 处于“OFF”状态、提升气缸上限位电磁开关 X007、手臂缩回检测开关 X005 及手臂左旋限位检测开关 X003 均处于“ON”状态。

初始状态的判断在程序中的实现方法：如图 5-3-2 所示的梯形图中，M0 为初始状态复位标志，当满足初始条件时 M0 为“ON”状态，否则为“OFF”状态，一般可利用初始状态复位标志在设备启动时决定程序的流向。

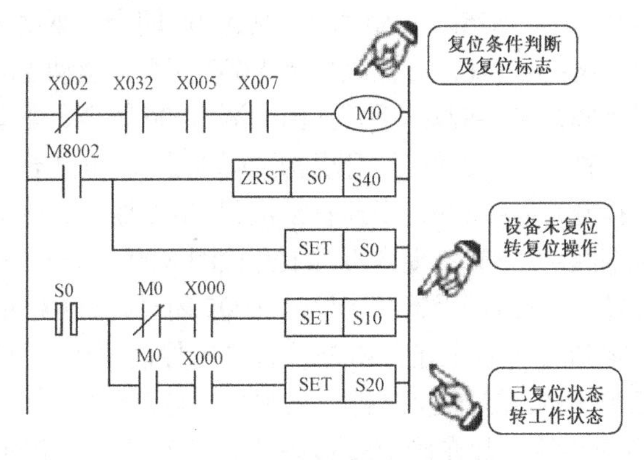

图 5-3-2　设备初始状态自检与复位控制梯形图

设备复位的处理是于 S10～S19 状态步中实施完成的，状态的复位操作可结合条件判别分别于不同状态步中实现，每一状态中状态检测作为下一状态的转移条件；也可在一个独立的状态对所有部位进行复位驱动处理，如图 5-3-3 所示。

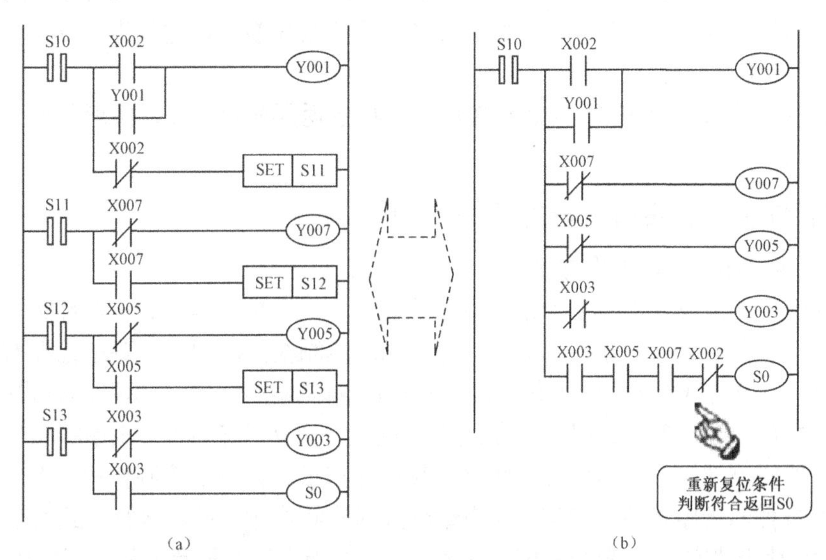

图 5-3-3　气动机械手复位控制方法

注意：手抓检测电磁开关只在抓紧时有输出信号，利用 X002 闭合驱动 Y001 复位时需要考虑自锁。

2. 工作状态分析

机械手由初始状态位置开始，将物料从左侧源位置）送至右侧目的位置然后回到初始位置为一个完整工作过程。此过程所包含工序状态如下：

- 手臂气缸左侧位伸出——S20：物料检测光电传感器 X001 闭合（源位置安装）、驱动 Y006 输出；
- 提升气缸伸出（下降）——S21：手臂气缸缩回检测 X006 闭合、驱动 Y010 输出；
- 机械手抓夹紧（取物）——S22：提升机构下降检测 X010 闭合、驱动 Y002 输出；
- 提升气缸缩回（提升）——S23：手抓收紧检测 X002 闭合、驱动 Y007 输出；
- 手臂气缸左侧位缩回——S24：提升机构上升检测 X007 闭合、驱动 Y005 输出；
- 旋转手臂气缸右转：——S25：手臂缩回检测 X005 闭合、驱动 Y004 输出；
- 手臂气缸右侧位伸出——S26：右侧位检测 X004 闭合、驱动 Y006 输出；
- 提升气缸伸出（下降）——S27：手臂伸出检测 X006 闭合、驱动 Y010 输出；
- 机械手抓张开（放物）——S28：提升机构下降检测 X010 闭合、驱动 Y001 输出；
- 提升气缸缩回（提升）——S29：手抓收紧检测 X002 断开、驱动 Y007 输出；
- 手臂气缸右侧位缩回——S30：提升机构上升检测 X007 闭合、Y005 输出；
- 旋转手臂气缸左转——S31：手臂缩回检测 X005 闭合、Y003 输出。

需要注意的是，从控制流程上看上述分析是符合逻辑控制要求，但气动回路动作相对速度较快，建立在上述转移条件下的状态转换过程一气呵成，与工程控制中对设备稳定性的要求不相符，夹持工件易甩脱造成事故，故在确定转移条件时可考虑采用定时器进行延时处理。

由上述工作状态分析可得出物料检测、搬运的控制梯形图如图 5-3-4 所示。T0、T1 用于各工序的延时以保证气动设备工作的节奏性，考虑到工艺对工序节奏无特别要求，各状态延时相同时间可减少程序长度，采取状态外梯形图块（LAD1）实施定时器驱动的方法可采用如图 5-3-5 所示的两种方式。为保证定时器的正常工作，尽管状态编程中理论上定时器在不同状态可以重复使用，但相邻状态继电器驱动的定时器应注意编号不要重复，以避免出现异常。试分析、理解如图 5-3-5 所示的两种方式的用法区别。

上述任务状态分析中的 S29～S30 状态用于机械手返回初始位置，梯形图中并未反映，试补充完整。

四、控制任务中的设备运行方式的实现

1. 单步、单循环及循环工作方式

本控制任务中，涉及工程控制中常见设备控制的方式：单步运行、单循环运行（半自动运行）及循环运行（自动运行）方式。循环运行方式的控制在前面相关任务中已经有所认识，即利用 OUT S20（重复方式）实现的工作循环。下面着重讨论单步运行、单循环方式的实现方法。

设备控制中的单步运行方式是指控制过程中满足一定转移条件时，工序状态步不能自动转移，只能通过外部控制信号的作用进行转移。其特征在于设置一个控制按钮，操作一次则完成一个符合转移条件的顺序状态的转移。在步进顺控状态程序中，单步运行方式可通过特殊辅助继电器 M8040（禁止状态转移辅助继电器）进行控制的，当步进顺控状态程序运行中出现 M8040 被驱动处于“ON”状态时，状态间的转移将被禁止。

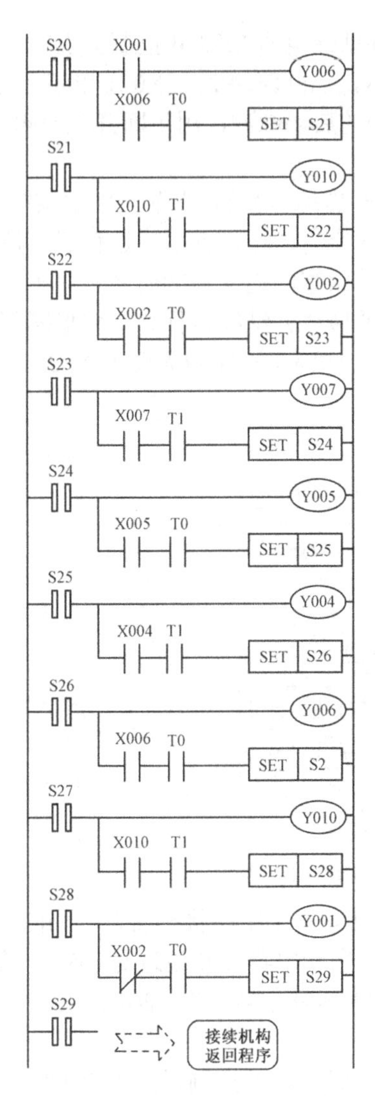

图 5-3-4 机械手物料搬运工序部分程序梯形图

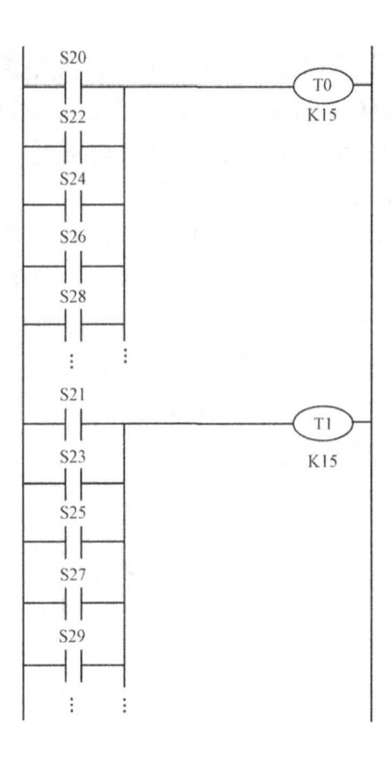

（a）动作延时处理程序梯形图方式一

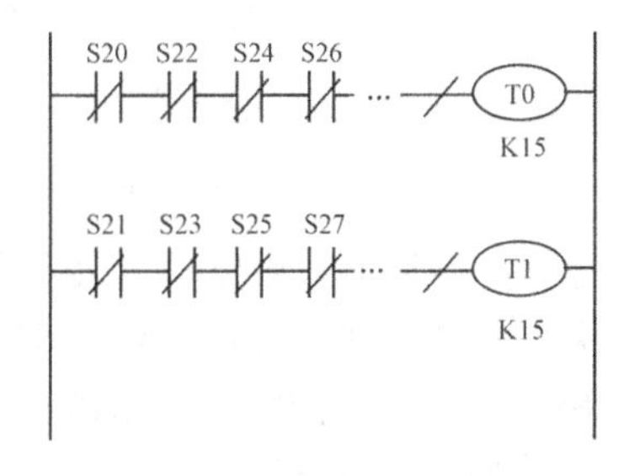

（b）动作延时处理程序梯形图方式二

图 5-3-5 状态动作延时方式

单循环（半自动运行）方式是指在控制过程中状态间满足转移条件时，状态步按规定方式工作一个完整流程，返回初始状态后自动停止。如果中途按下停止按钮，则当前状态步工序完成后停止，当再次按下启动开关后，则进入下一状态继续下道工序运转直到回原点自动停止。

在单步运行控制中，实现状态间转移的停止与继续均是通过对 M8040 的驱动/复位控制实现的。单循环运行、循环运行方式的控制区别是在结束状态步（或结束状态后的虚拟状态）中通过设置相应的判断条件决定返回初始状态 S0 实现单循环或返回一般状态开始的 S20 实现循环运行方式。另一方面单循环运行中状态暂停转移功能需要通过对 M8040 的驱动实现，循环运行方式 M8040 不能被驱动。

2. 三种基本工作方式的控制实现

单步运行、单循环运行及循环运行三种方式间存在联锁关系。一般要求采用转换开关实现机械联锁，确保只能运行于一种方式。利用 YL-235A 配套按钮盒提供的三挡转换开关可以实现，结合本任务要求该三挡分别对应定义：X021 单步运行、X022 单循环运动、X023 自动连续运行方式。

（1）单步运行方式。单步运行方式是通过对特殊辅助继电器M8040控制实现的，如图5-3-6所示。梯形图中的M8042为特殊启动脉冲辅助继电器，当回路块2中X021单步运行闭合时，启动按钮X000按下一次则M8042输出一个扫描周期的启动脉冲，用于断开M8040的驱动实现转移条件满足的状态转移。

（2）单循环运行方式。单循环运行是直接通过X000启动运行的，当前工序结束时结合OUT S0返回初始状态实现停止。图5-3-6中单循环X022闭合时，在设备启动运行后若按下停车按钮X020则M8040被驱动，状态间转换被禁止，则当前状态的输出继续而当转移条件成立时不能进行状态转换。当再次按下启动X000则进行状态的转移并继续运行。该梯形图部分解决了单循环控制中暂停状态转移的控制，而完成当前加工工序停止程序则需要由X022在末状态时控制状态返回S0实现。

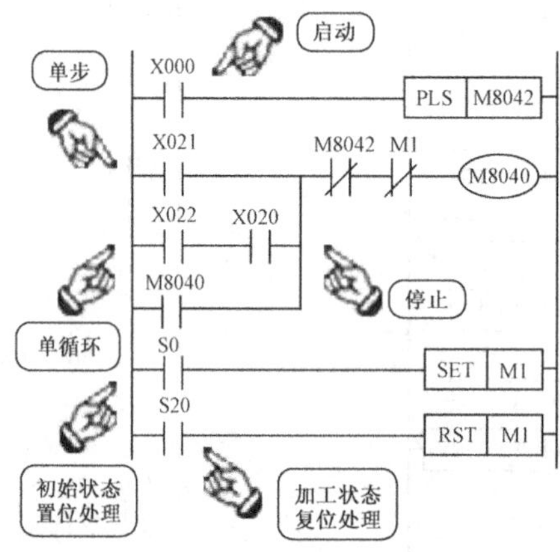

图5-3-6　单步及单循环方式的实现方法

单步运行、单循环运行中状态间转移的控制均是针对加工工序状态而言，如图5-3-6所示梯形图回路块3、4中采用初始状态继电器S0和一般状态断电器S20通过对M1置、复位处理，实现在S0～S9的初始状态及S10～S19复位状态的状态转移正常，以S20开始的加工在单步、单循环方式中受M8040的控制。

（3）循环运行方式。结合如图5-3-7所示的梯形图说明，本控制任务中X000是三种方式运行控制中的启动控制按钮，X020停止按钮。启/停按钮、辅助继电器M3构成启保停回路，M3是运行/停止状态标志。X022的单周期运行要求直接返回S0，单步、自动连续运行循环次数取决于X020的控制。

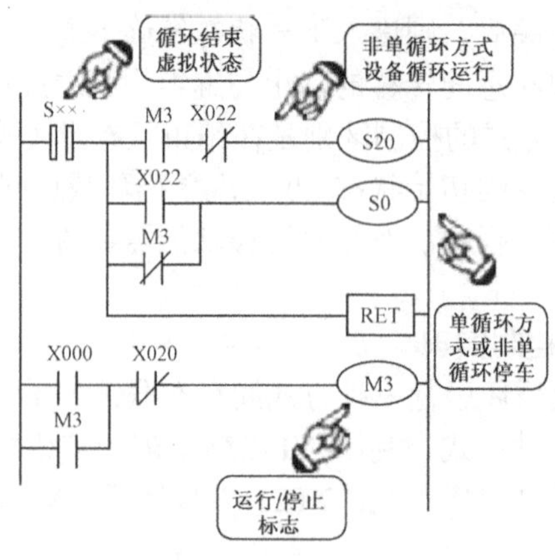

图5-3-7　不同运行模式程序流向方式

五、机械手物料搬运任务程序

做一做：试结合上述控制要求及任务分析，完成上述机械手控制程序。在程序设计与编辑中，注意如何将任务分析过程中的各功能块间建立联系，根据步进顺控梯形图的格式将首部、尾部梯形图块及中间机械手的复位检测、复位操作及机械手搬运工序的状态程序建立联系，构成完成的工作任务梯形图程序。注意中间不能出现状态梯形图和顺序梯形图的交叉。另外对于如图5-3-6所示的梯形图中回路块3、4中的SET M1、RST M1可放入相应的状态步中进行处理。

六、PLC控制电气连接图

按I/O端口定义及任务分析中对控制端的定义要求，可画出YL-235A机械手PLC控制电气连接图，如图5-3-8所示。

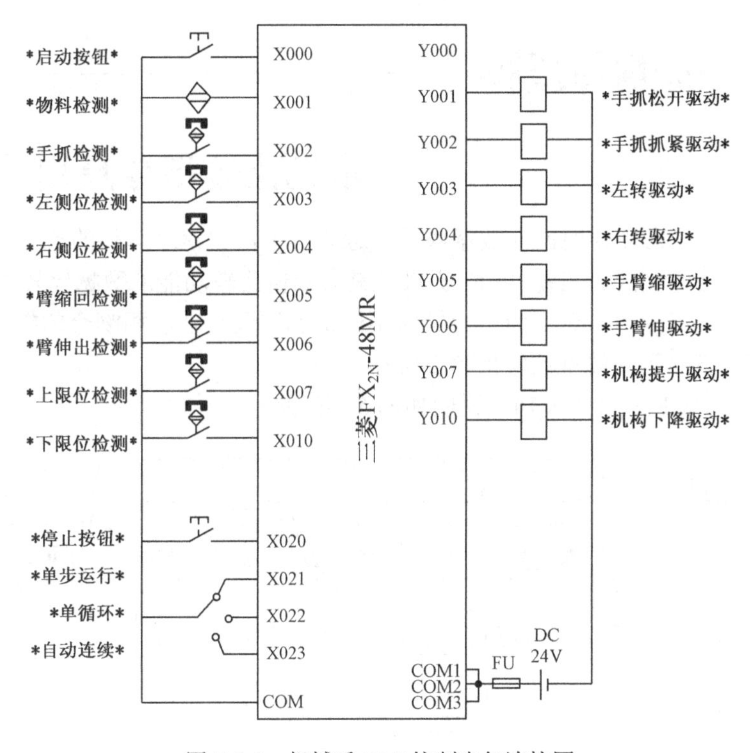

图5-3-8　机械手PLC控制电气连接图

七、设备安装与调试训练

（1）仔细观察YL-235A机械手的机构组成，熟悉动作流程及控制原理、安装连接方法。

（2）以下操作在教师指导下练习：

①机构的安装。按支架、气动元件、气动回路、检测回路、控制回路顺序进行设备连接，并做好检查，练习气动回路的基本调节。

②气动元件的手动控制。手抓抓紧、松开；手臂伸、缩；提升机构提升、下降；旋转机构左转、右转控制。

③结合手动控制，观察各检测电磁开关的工作状态。

（3）按前述要求完成机械手控制程序的设计、结合工序要求进行程序的仿真、空载调试。

（4）完成带负载调试，观察设备的运行工序是否符合要求。

（5）分别进行单步运行、单循环运行及自动连续运行方式的调试、结合监控正确理解各运行方式的功能实现与控制方法。

思考与训练：

（1）若要求初始状态机械手处于右侧位，搬运物料源位置不变，如何实现上述控制，试编写相应程序。

（2）自动循环控制系统中，常常须结合循环加工的次数实施控制，如循环六次暂停一定时间后继续运行、按下停止按钮实现立即停止或停止当前加工工序进行复位操作等，试结合阅读与拓展“程序流向控制方法”寻找解决问题的方法。

常见比较指令及用法

在设备控制技术，常需要根据计数器或数值运算结果决定程序运行的趋向，此种情况下常需结合数值比较指令来完成。三菱 PLC 提供了具有数值比较功能的数据比较指令、触点比较类、接点形式比较类等应用指令，为用户针对不同情况选取与功能相吻合的指令提供了便利。

应用指令链接五：区间数据比较指令 CMP

数据比较指令 CMP 的格式及功能说明如图 5-3-9 所示。

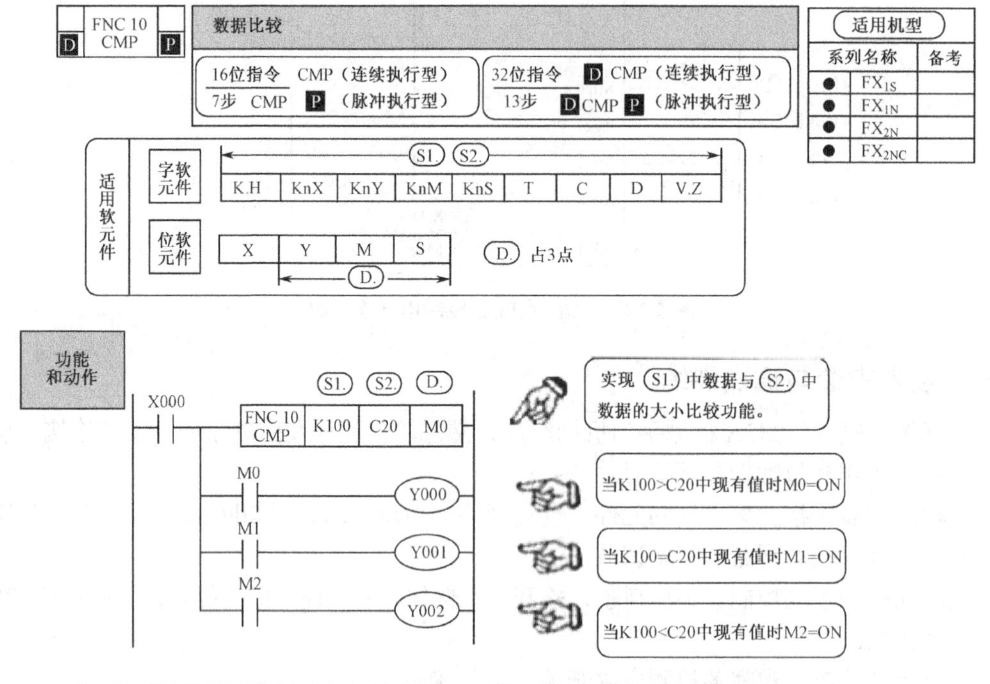

注：① 比较源数据和源数据中的内容，用于影响和改变中目的地址连续单元软元件的状态；

② 所有源数据是以二进制代数形式进行比较的，其他进制的数据被自动的转换成二进制形式。

图 5-3-9　数据比较指令 CMP 的格式及功能

需要注意的是，当 CMP 指令执行后，若执行控制触点（如上例中 X000）断开，而（D.）中指定单元（如 M0～M2）仍保持比较结果的状态。如果不再需要利用该指令执行比较的结果时，为避免对程序其他部分的影响，可以通过逐个复位或批复位处理对比较结果予以清除。

该比较指令可用于状态编程中的条件分支状态的流向控制。试在机械手程序 S26 中利用计数器 C20 对 X002 常闭上升沿计数，于 S20 中利用 C20 与 K6 比较，当 C20 计数等于 K6 时驱动作为转移条件的定时器定时或用于设备暂停处理。但此程序需结合单循环、自动循环方式不同要求考虑利用相关条件对计数器 C20 复位处理的问题。

应用指令链接六：触点比较类指令 LD（=、>、<、≠、≥、≤）

触点比较类指令 LD（=、>、<、≠、≥、≤）的格式及功能说明如图 5-3-10 所示。

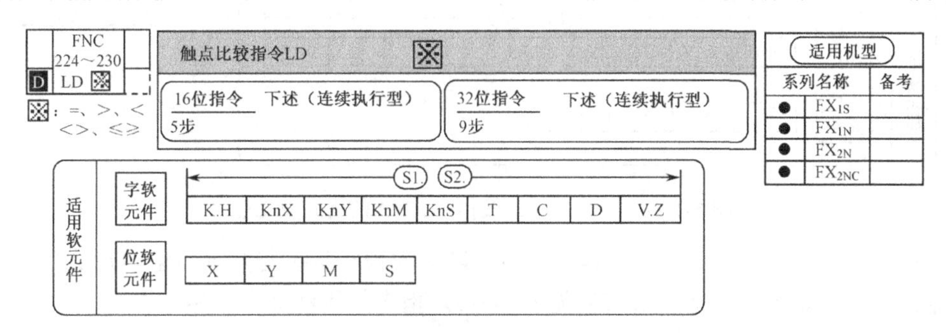

图 5-3-10 触点比较指令 LD 的格式及功能

用于对源（S1.）、（S2.）中的数据进行二进制大小的比较，比较结果则通过指令触点动作的形式（ON/OFF）对应表示，据此作为输出继电器或其他指令（包括步进指令）的触发条件。触点比较指令 LD⊠是起始于母线的比较类指令，所含指令形式及功能参见表 5-3-2，该比较类指令的用法示例如图 5-3-11 所示。

表 5-3-2 触点比较类指令形式及功能表

功能号	16位指令	32位指令	导通条件	非导通情况
224	LD=	LD D =	(S1.) = (S2.)	(S1.) ≠ (S2.)
225	LD >	LD D >	(S1.) > (S2.)	(S1.) ≤ (S2.)
226	LD <	LD D <	(S1.) < (S2.)	(S1.) ≥ (S2.)
228	LD <>	LD D <>	(S1.) ≠ (S2.)	(S1.) = (S2.)
229	LD ≤	LD D ≤	(S1.) ≤ (S2.)	(S1.) > (S2.)
230	LD ≥	LD D ≥	(S1.) ≥ (S2.)	(S1.) < (S2.)

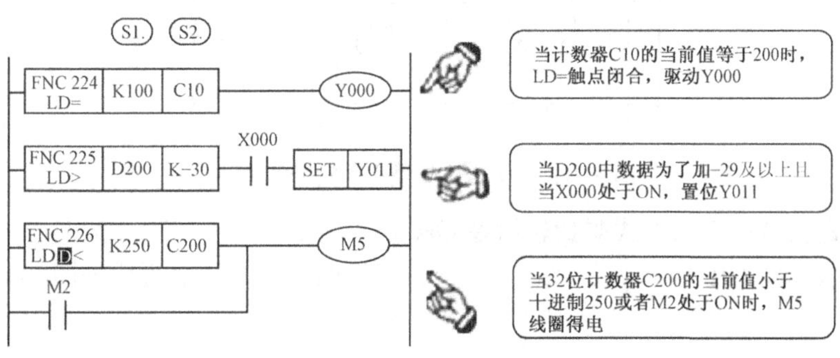

图 5-3-11 触点比较指令的用法示例

注意：当比较数据的最高位（16 位比较指令的数据 B15 位、32 位比较指令的数据 B31 位）为 1 时，说明为二进制数的负数形式，比较应按负数规则进行。对于 32 位计数器的比较必须以采用 32 位指令形式，若误用 16 位形式会导致程序或运算结果出错。

应用指令链接七：接点形式类比较指令 AND（=、>、<、≠、≥、≤）

接点类比较指令 AND（=、>、<、≠、≥、≤）的格式及功能说明如图 5-3-12 所示。

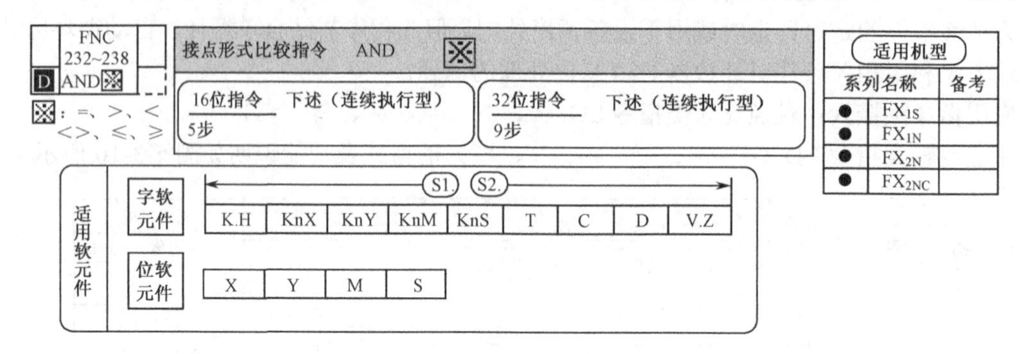

图 5-3-12 接点形式比较指令 AND 的格式及功能

此类指令用于实现数值的比较，其比较结果影响的触点状态与其前端触点形成串联逻辑与运算功能。该类指令包含的指令形式参见表 5-3-3，指令的用法如图 5-3-13 所示。

表 5-3-3 接点形式比较指令 AND 形式及功能表

功能号	16位指令	32位指令	导通条件	非导通情况
232	AND=	ANDD =	S1. = S2.	S1. ≠ S2.
233	AND>	ANDD >	S1. > S2.	S1. ≤ S2.
234	AND<	ANDD <	S1. < S2.	S1. ≥ S2.
235	AND<>	ANDD<>	S1. ≠ S2.	S1. = S2.
237	AND≤	ANDD ≤	S1. ≤ S2.	S1. > S2.
238	AND≥	ANDD ≥	S1. ≥ S2.	S1. < S2.

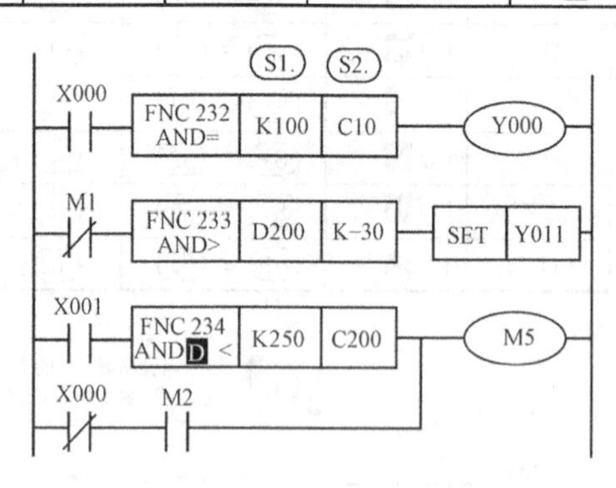

图 5-3-13 接点比较类串联指令的用法

应用指令链接八：接点形式类比较指令 OR（=、>、<、≠、≥、≤）

接点类比较指令 OR（=、>、<、≠、≥、≤）的格式及功能说明如图 5-3-14 所示。

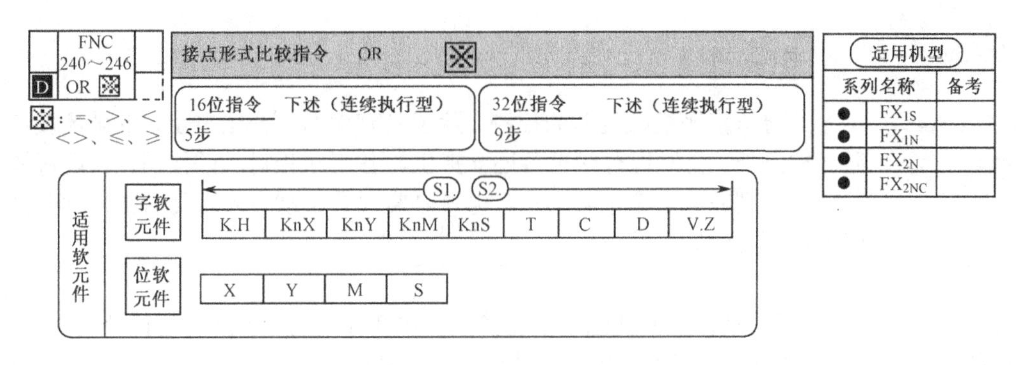

图 5-3-14 接点形式比较指令 OR 的格式及功能

此类指令用于实现数值的比较，其比较结果影响的触点状态与其上端触点形成并联逻辑或运算功能。该类指令包含的指令形式参见表 5-3-4，指令的用法如图 5-3-15 所示。

表 5-3-4 接点形式比较指令 OR 指令形式及功能表

功能号	16位指令	32位指令	导通条件	非导通情况
240	OR=	OR D =	S1. = S2.	S1. ≠ S2.
241	OR＞	OR D ＞	S1. ＞ S2.	S1. ≤ S2.
242	OR＜	OR D ＜	S1. ＜ S2.	S1. ≥ S2.
244	OR＜＞	OR D ＜＞	S1. ≠ S2.	S1. = S2.
245	OR ≤	OR D ≤	S1. ≤ S2.	S1. ＞ S2.
246	OR ≥	OR D ≥	S1. ≥ S2.	S1. ＜ S2.

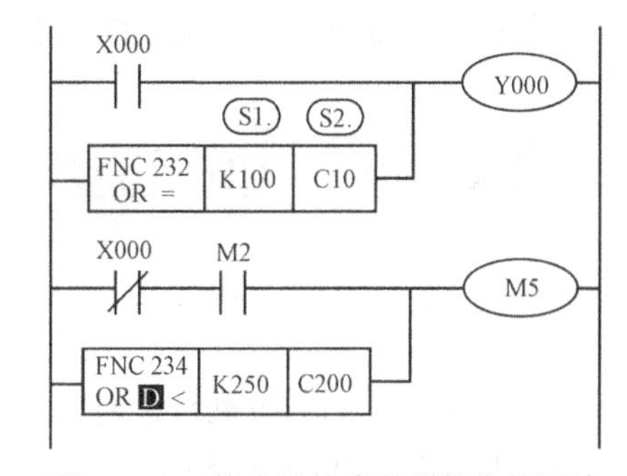

图 5-3-15 接点比较类并联指令的用法

练一练： 选择上述触点比较或接点形式比较的相关指令，试结合机械手控制任务的设计并完成计数循环的控制。

任务四 高效率的状态初始化指令 IST 在设备控制中的应用

【任务目的】

- 熟悉初始状态指令 IST 的功能、用法，熟悉 IST 功能指令下实现手动、单步、单循环及连续工作方式的实现方法。
- 通过 IST 指令的运用，加深对特殊辅助继电器 M8040～M8047 功能与用法的认识与理解，掌握 IST 用于气动机械手控制的编程方法。
- 了解程序控制中的掉电保护功能含义、实现方法，了解三菱 FX_{2N} 系列 PLC 的掉电保护性软元件及使用注意事项。

想一想：

结合所接触机械设备的控制，除了具有前面所介绍单步、单循环及连续循环控制外，会发现有些设备还会提供与各工序相对应的按钮，实现每操作一个按钮则完成一个单独动作，也就是常说的手动方式，我们能否学会并利用该控制方法？

任务三中结合机械手的动作控制介绍了设备控制中的单步运行、单周期运行及自动连续运行方式的控制功能、操作要领，对各种控制方式的区别及实现方法有了一定了解。对于机械手的单步运行：手抓抓紧、松开；提升机构提升、下降；手臂伸、缩；手臂左转、右转等，是通过状态顺序转移方式实现的，也就是当按下单步功能按钮状态顺序转移一步，执行该状态下输出动作。这种单步工作方式与工程控制要求的手动模式不一样，工程中的手动模式一般根据不同动作的要求设置有不同控制按钮，用户可根据具体要求不按工序顺序完成工序中的任一动作，包括可重复进行某一动作的控制。

初始化指令 IST 的运用

对于工程上同一机械设备需要实现多种运行方式控制的程序设计，FX_{2N}系列 PLC 提供了专用的状态初始化指令 IST。利用 IST 指令对相关特殊辅助继电器的设置与控制，在步进顺控状态编程中应用于有多种工作方式要求系统程序设计中，可有效地降低设计任务的难度、减少程序设计的工作量。

应用指令链接九：状态初始化指令 IST

状态初始化指令 IST 的格式及用法如图 5-4-1 所示。

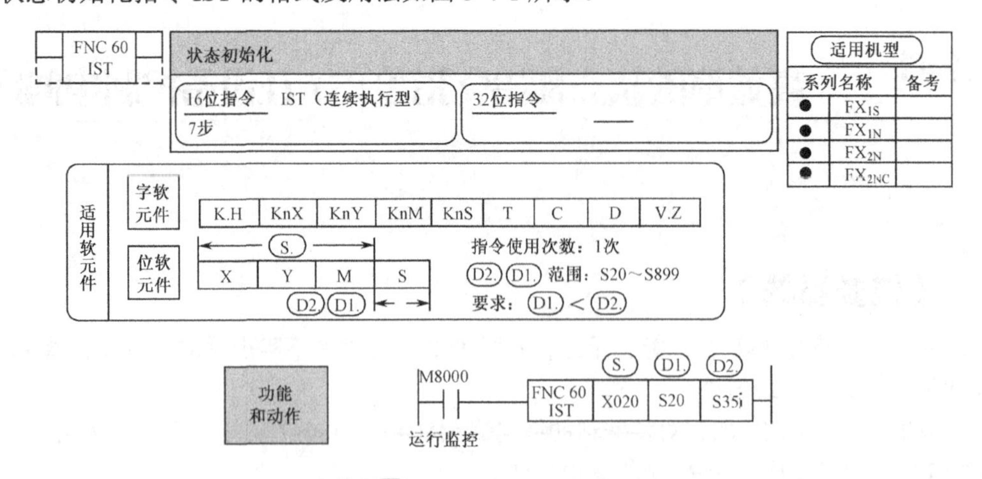

图 5-4-1　初始化指令 IST 的格式及用法

一、状态初始化指令 IST 与软元件的规定

在“功能和动作”中，PLC 运行监控辅助继电器 M8000 驱动该指令执行时，对于由（S.）指定的以 X020 开始的 5 个输入继电器 X020～X024 分别对应控制系统的手动操作、回原点、单步运行、单循环工作及连续运行 5 种工作方式。以上所列 5 种工作方式相互间独立，同时彼此不能兼容，所以在控制方式选择上采用旋转选择开关，确保同一时刻只能运行其中一种工作方式。对于使用 IST 指令编程时，指令中由（S.）指定的输入继电器的指定用法还包括 X025 的回原点开始、X026 的自动运行启动及 X027 的停止按钮功能。以“功能和动作”示例说明各输入继电器的指定功能参见表 5-4-1，指定后的输入继电器用户不得更改用途。

表 5-4-1　IST 指令输入继电器系统定义

输入继电器 X	功　能	备　注	输入继电器 X	功　能	备　注
X020	手动操作方式	相互间不能重叠，采用选择（旋钮）开关	X025	回原点开始	按钮开关
X021	回原点复位		X026	自动运行启动	按钮开关
X022	单步运行方式		X027	[停止] 按钮	按钮开关
X023	单周期运行方式				
X024	自动运行方式				

状态初始化指令 IST 的应用系统中，为控制方便起见，（S.）最常见指定以输入继电器为控制量，起始编号从一组的开始“0”到该组的“7”共计 8 位输入继电器的控制功能由系统自动定义生成。示例中 X020～X027 是结合常用的 FX_{2N}-48MR 定义的，X000～X017 可用于系统设计中其他检测信号用。而（D1.）、（D2.）分别用于指定在自动运行方式编程所用到的首状态继电器号、末尾状态继电器号，也就是说自动状态下必须开始于（D1.）指定的状态步（见图 5-4-1 中 S20）结束于（D2.）指定的状态步（见图 5-4-1 中 S35）。

二、状态初始化指令 IST 中的特殊辅助继电器功能与用法

在 IST 指令的使用中涉及特殊辅助继电器 M8040～M8047，各特殊辅助继电器的相应含义及 IST 指令中使用方法如下：

（1）M8040：禁止状态转移辅助继电器。在 IST 指令的手动控制方式下 M8040 总是处于接通为“ON”状态；在回原点方式、单周期运行方式时，在按下停止按钮后到再次按下启动按钮的期间内，M8040 一直保持为“ON”状态；在单步运行方式执行时，M8040 于启动按钮按下的瞬间断开为“OFF”状态，以使当前状态在转移条件满足时能够按顺序转移至下一状态；在连续工作方式下 M8040 均处于“OFF”状态。另外，在 PLC 由 STOP 到 RUN 切换时，M8040 保持为“ON”状态，按下启动按钮后为“OFF”状态。

（2）M8041：状态转移开始辅助继电器。用于实现初始状态 S2 向另一状态转移的转移条件。在手动及回原点方式时 M8041 不动作；在单步运行、单周期运行时仅于按下启动按钮时动作；而在自动运行方式时，按下启动按钮后 M8041 一直保持为“ON”状态，按停止按钮后为“OFF”状态。

（3）M8042：启动脉冲辅助继电器。在按下启动按钮的瞬间接通一个扫描周期。

（4）M8043：回原点结束辅助继电器。与原点条件辅助继电器 M8044 一起由用户程序进

行控制。

（5）M8044：原点条件辅助继电器。用于检测机器的原点条件是否满足。原点条件满足时驱动该继电器有效，并于 IST 所定义的全部模式中有效。

（6）M8045：全部输出复位禁止辅助继电器。在手动方式、回原点复位、自动运行模式间进行转换时，机器不在原点位置则执行全部输出停止、活动状态复位。

（7）M8047：状态驱动 STL 监控有效。当 M8047 有效为“ON”状态时，状态 S0～S899 中正在动作的状态继电器从最低号开始顺序存入特殊数据寄存器 D8040～8047，最多可存 8 个状态，与状态编程分支数不超过 8 条对应。

（8）M8046：在 M8047 监控状态下 D8040～8047 动作，则 M8046 动作为“ON”状态；

当 IST 被驱动执行时，上述各特殊辅助继电器则处于设备自动控制中（用户不可用），若 IST 指令失效时则全部处于“OFF”状态，并可以由用户程序进行设置控制。

三、IST 指令的控制功能的实现

PLC 应用指令实质是一段由基本指令构成的可以完成一定特定功能的子程序，IST 指令对应的基本指令控制梯形图及指令应用原理分别如图 5-4-2 和图 5-4-3 所示，结合两程序即可对上述 IST 指令功能及控制方式有一定的认识，同时更能加深对该指令所涉特殊功能辅助继电器的理解，为灵活运用打下基础。

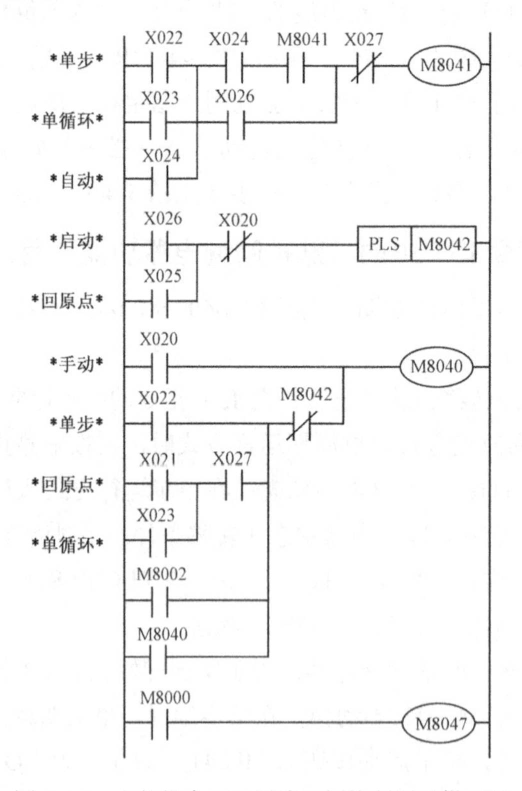

图 5-4-2　方便指令 IST 用法示例控制原理梯形图

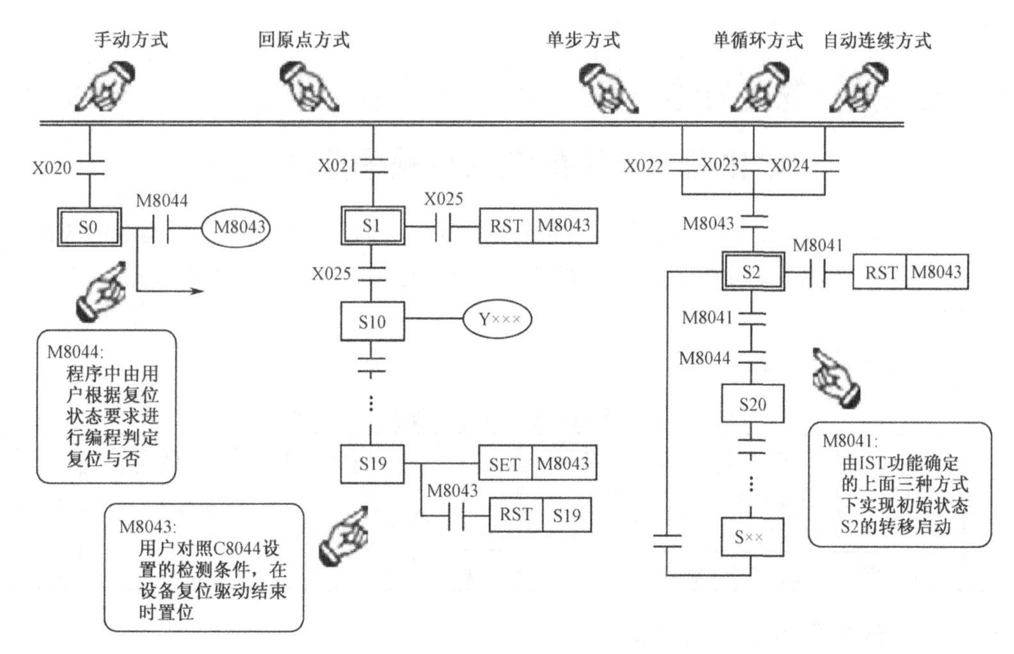

图 5-4-3 IST 指令的应用原理

（1）回路块 1。单步运行时，X022 闭合，按下启动按钮 X026 实现一次初始状态 S2 的转移；单循环方式，X023 闭合按下 X026 实现一次 S2 的转移；自动方式，X024 闭合，按下 X026 则 M8041 驱动并自锁实现 S2 可连续转移即完成自动循环。

（2）回路块 2。在非手动方式，按下启动按钮 X026 或回原点启动按钮 X025，M8042 输出一个周期启动脉冲，用于回路块 3 中清除禁止转移 M8040 的状态。

（3）回路块 3。手动 X020 闭合，状态转移全部被禁止；开机时 M8002 及 M8040 的自锁确定系统的状态转移被禁止，M8042 解除；单步 X022 闭合，一个启动脉冲对 M8040 实现瞬间禁令的解除，即状态转移一步；回原点方式及单循环中按下停止按钮 X027 则状态转移被禁止，按下启动或回原点启动按钮则禁令被解除。

PLC 运行标志 M8000 有效，状态监控 M8047 有效，对状态转移进行监控。

在图 5-4-3 所示的状态转移图中，初始状态 S0 中原点复位条件 M8044 对 M8043 的驱动，而复位结束时同样对 M8043 实施置位处理，在初始状态 S1 回原点启动按钮 X025 对 M8043 实施复位、自动方式初始状态 S2 通过 M8041 对 M8043 的复位处理，均由 IST 执行系统程序时自行完成（用户程序中无须处理）。

对于该指令运行时，必须先完成原点复位的操作，即让 M8043 有效为“ON”状态，否则在手动操作（X020）、回原点复位（X021）、各自动（X022、X023、X024）间进行切换时，则所有输出进入“OFF”状态。

IST 指令中状态继电器的用法：IST 对状态继电器有强制约定，不能随意更改用法，其中初始状态继电器 S0～S9 中，S0 为手动运行方式的初始状态；S1 为原点复位程序的初始状态；S2 则为自动运行方式的初始状态（而对于 S3～S9 未作强制约定可由用户自由定义使用）。复位状态继电器 S10～S19 只用于设备的原点复位，在编程过程中均不能将上述状态继电器用于普通状态，也就是说 IST 指令对程序的结构也有明确的约束。

下面仍以机械手控制任务来认识 IST 指令的功能及运用方法。

专业技能培养与训练

初始化指令 IST 的气动机械手控制运用

任务阐述：结合 YL-235A 机电设备上的气动机械手，结合典型 IST 应用指令的控制面板，如图 5-4-4 所示，实现手动复位、回原点方式、单步运行方式、单循环工作方式、连续运行 5 种工作方式。

设备清单参见表 5-4-2。

表 5-4-2　IST 指令机械手控制设备安装清单

序号	名称	型号或规格	数量	序号	名称	型号或规格	数量
1	实训台	YL-235A	1	4	按钮		12
2	PC	台式机	1	5	急停开关		1
3	编程电缆	FX-232AW/AWC		6	转换开关	5 挡	1

一、任务分析与 I/O 端口定义

在如图 5-4-4 所示的气动机械手 IST 指令控制面板上，除上述工作方式转换开关外，还提供了设备复位、启动、停止及用于实现机械手手动操作的控制按钮等。

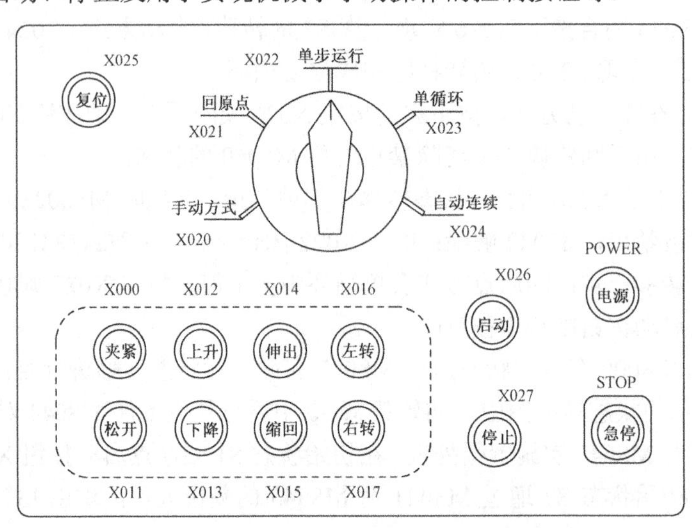

图 5-4-4　气动机械手 IST 指令控制面板

该控制任务除面板按 IST 指令要求定义的 I/O 端口外、机械手各检测器件的输入端、设备控制的输出端定义与任务三定义相同。

由 I/O 端口定义可画出 PLC 控制连接图，如图 5-4-5 所示。

二、IST 指令的控制梯形图识读

利用 IST 指令实现上述功能程序控制梯形图如图 5-4-6 所示。该指令使用的程序结构：①设备原点位置（复位）条件通过原点条件辅助继电器 M8044 状态反映；②利用 PLC 的 RUN 运行监控 M8000 对 IST 指令进行驱动；③利用 S0 实施手动控制的编程；④利用 S1 结合复位（回原点）控制按钮（例中定义 X025）对复位状态 S10 进行驱动；⑤S10～S××

（不大于 S19）复位程序，复位结束后通过顺序设定的虚拟状态设置回原点结束状态标志及对该虚拟状态的重复（RST S14）；⑥自动连续方式初始状态 S2 中，在复位条件 M8044 满足情况下通过允许状态转移开始 M8041 进行自动运行驱动。⑦在自动循环状态程序的结束，采用返回自动连续的初始状态 S2 结束。试结合梯形图进行理解与比较（该程序中并未结合气动回路工作迅速的特征进行延时处理）。

程序的执行：手动方式是通过转换开关置于 X020 时，分别按下面板的虚线框内的手动按钮，则对应执行一次指定动作。当转换开关置于 X021 回原点方式时，按下 X025 回原点启动则执行复位程序。本指令实现的单步、单循环、自动连续方式均建立于回原点结束的前提下，转换开关置于 X022 单步运行则通过每按下一次启动按钮 X026 则完成执行状态转移一步；转换开关置于 X023 单周期运行则按下启动按钮则完成一次工作循环后自动结束运行；转换开关置于 X024 自动连续运行则按下启动按钮则设备进行自动加工循环过程，直到按下停止按钮完成当前循环结束。

应用 IST 指令进行程序设计，系统的手动、回原点、单步、单循环及自动连续方式的控制是系统自动执行完成的（程序中只出现指令定义中的回原点启动 X025 触点）。

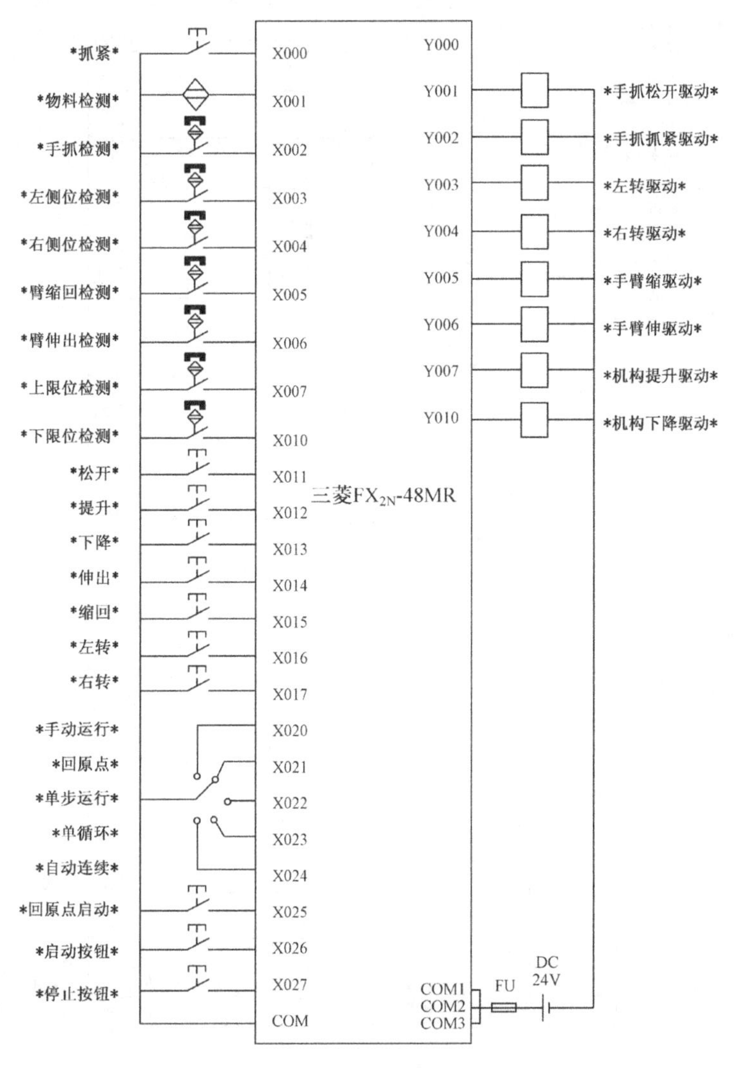

图 5-4-5　机械手 PLC 控制电气连接图

三、设备安装与调试训练

（1）结合 YL-235 实训设备进行设备安装、气动回路连接、电气回路的连接，并仔细检查，并结合任务三中手动核实气缸的动作是否与设计要求相一致。

（2）编辑如图 5-4-6 所示的梯形图，编译转换。

（3）根据控制要求设计相应的调试方案，采用仿真手段进行程序调试。

（4）将程序传送至 PLC，采取先空载、后负载的调试方法。

（5）结合设备调试存在的问题，试根据“思考与训练”中的要求进行程序设计与调试。

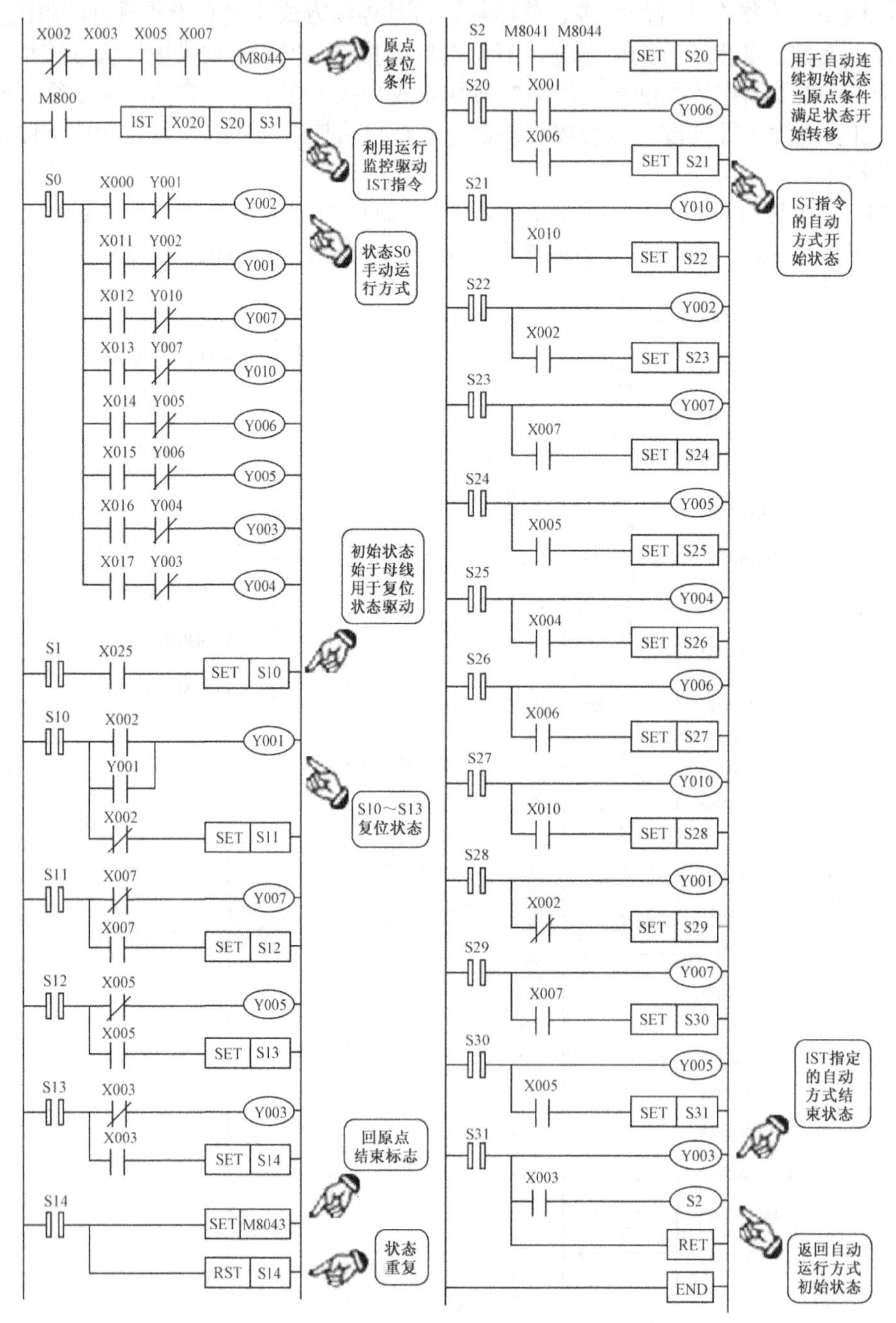

图 5-4-6　初始状态指令 IST 的机械手控制梯形图

思考与训练：

（1）在上述程序中，各状态工序的切换未设置延时导致工序特征不能有效体现，试结合上述程序设置必要的延时（注意手动、单步执行无须考虑）。

（2）试结合已学习过的控制任务中，选取其中某一具有可实现手动、单步、单循环及连续工作方式的任务，试采用IST指令进行编程，并调试。

阅读与拓展四

程序设计中的掉电状态保持

在设备控制任务中，常会出现运行过程停电处理，停电时所有输出继电器及一般辅助继电器都处于断开状态。供电恢复再运行时，除输入条件为接通状态外，上述软元件一定仍处于断开状态。但有些设备控制需要能够在供电恢复再运行能够延续停电时的工作状态，则要求设备控制程序具有断点记忆或称掉电保持功能。PLC 掉电保持用软元件如辅助继电器称为保持用继电器、具有掉电保持的状态继电器称保持用状态继电器（具有此功能定时器称为累积型定时器）等。

各类掉电保持用软元件利用PLC内装的备用电池或EEPROM实现状态的保持或存储。若将掉电保持用软元件作为一般软元件使用，应在程序的前面（程序开始处）利用复位指令RST或区间复位指令ZRST进行已有状态的清除。

（1）掉电保持用辅助继电器。具有掉电保持辅助继电器编号范围 M500～M3071。其中，M500～M1023（共 524 点）可通过参数设定将其改为通用辅助继电器；M1024～M3071（共2048点）为专用断电保持辅助继电器。

（2）掉电保持型状态继电器。具有掉电保持辅助继电器编号范围S500～S899（共4 00点）。

（3）积算型定时器。积算型定时器具有掉电保持功能。分1 ms时钟脉冲的T246～T249（共4点中断用）和100ms时钟脉冲T250～T255（共6点）两种。

（4）掉电保持型计数器。分编号范围C100～C199（共100点）的16位掉电保持计数器和编号范围在C220～C234（共计15点的32位加减计数器）。

停电保持型的数据寄存器和停电保持专用型的数据寄存器：停电保持型的数据寄存器元件号为D100～D511（共312点）。停电保持专用型的数据寄存器元件号为D512～D7999（共7488点）。注意：停电保持型的数据寄存器使用方法和普通型数据寄存器一样，不同是PLC在停止/停电时数据被保存。停电保持专用型的数据寄存器特点是不能通过参数设定改变其停电保持数据的特性，若要改变停电保持的特性，可以在程序的起始步采用初始化脉冲M8002和复位指令RST或区间复位指令ZRST将其内容清除。另外，在并联通信中D490～D509会被通信占用。

区别于掉电保持数据寄存器的数据断电被保持，掉电保持用辅助继电器、状态继电器掉电时线圈及触点的状态均被保持，而定时器、计数器状态的设定值、当前数值及触点均被保持。另外有些掉电保持软元件通过参数的设定也可改变为普通型非停电保持软元件，具体可查阅 FX_{2N} 手册。同时若在程序中作如图5-4-7所示形

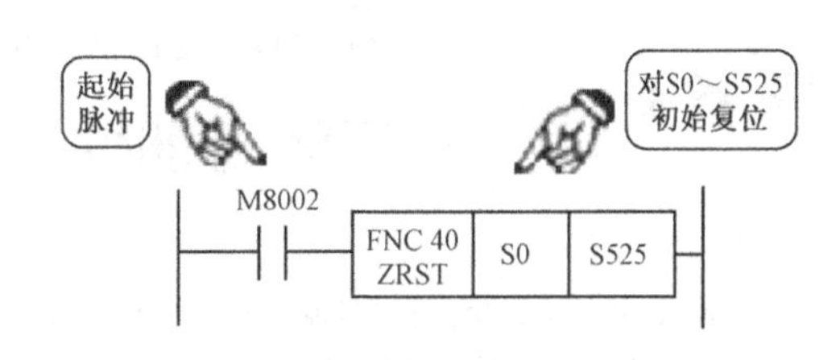

图5-4-7　掉电保持型状态元件的普通用法

式的处理，同样可将掉电保持用元件转化为普通元件（非掉电保持）使用。

对于掉电保持型定时器并不能通过断开驱动条件实施复位，所以在程序中掉电保持型定时器和计数器一样要结合控制任务要求进行必要的复位处理。

以下例来说明掉电保持功能的实现方法。

如图 5-4-8 所示为工作平台自动往返机构及可实现掉电状态保持功能的控制程序，即断电恢复后工作平台保持与停电前的方向继续工作。M500、M501 驱动采用“启—保—停”结构与普通辅助继电器用法相同，停电时状态被保持下，恢复供电时只要回路块 1 中 X001 或回路块 2 中 X000 的常闭触点不断开，则设备继续沿原状态运行。

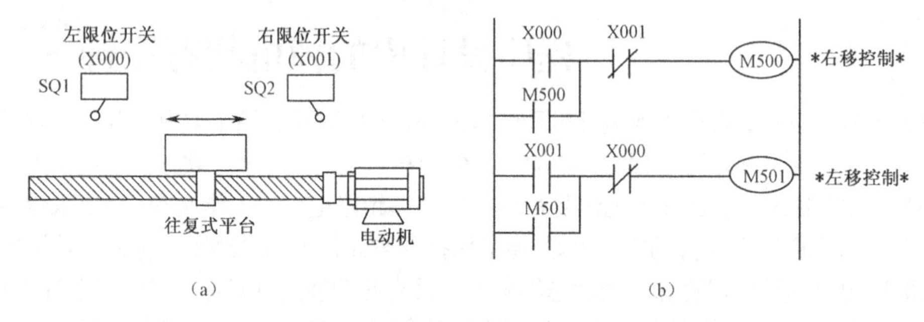

图 5-4-8　工作平台往返机构及掉电状态保持控制程序

除上述“启—保—停”结构外，也同样可用置位指令 SET 和复位指令 RST 进行控制，上述功能可同样由如图 5-4-9 所示的梯形图实现。

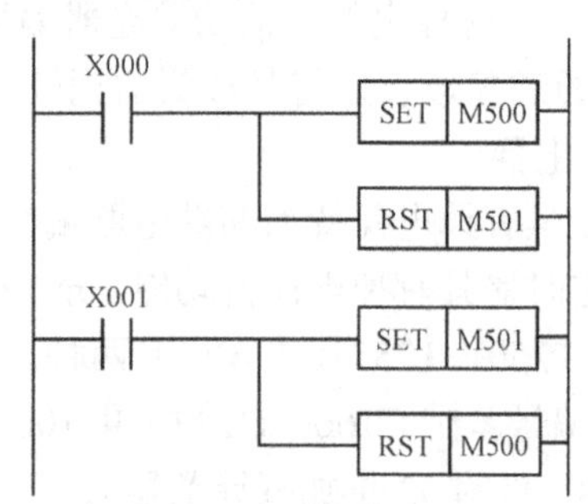

图 5-4-9　掉电保持“启—保—停”梯形图

实际控制任务中要完全保证能够实现掉电保持功能，是不能仅仅顾及某一种软元件，对程序中所涉及的软元件均要能全面考虑使用具有掉电保持功能的“元件”，并要处理正常运行的状态复位问题。

任务五　三菱 GX Developer 的顺序功能流程图 SFC 编辑方法与训练

三菱 GX Developer（SW5D5C-GPPW-E 或以后版本）均支持 SFC（顺序功能流程图）图表编程。相比较于梯形图、指令表的程序方式，SFC 图表能够清晰地反映 PLC 应用系统的步进顺序控制的特征，该编程语言能够让使用者从整体上掌握系统的工作方式，使得编程趋于更加便捷。另外 SFC 图表程序的优势还在于程序执行的方式与梯形图形式有所不同，执行梯形图程序时每次扫描、执行程序的所有指令，SFC 图表程序的执行则有可能只运行程序中必需部分，执行速度、由速度决定的设备控制精度必然有所提高。目前，三菱 FX 系列、A 系列及 QCPU（Q 模式）/QnA 系列 PLC，均能支持 SFC 图表程序，这种新的编程方式的优势越来越引起工程技术人员和使用者的关注。

FX 系列 PLC 的步进状态梯形图编程是通过步进梯形图指令 STL 和返回指令 RET 进行的，步进状态梯形图与 SFC 图表是步进状态编程的两种方式，步进状态梯形图形式和 SFC 图表是可以对应转换的。在 FX 系列 PLC 步进状态编程中，状态继电器 S0～S9 规定用于表示初始化状态，在 SFC 图表程序中对应表示 SFC 起始块号，说明 FX 系列 PLC 最多可以创建有 S0-S9 的 10 个 SFC 块。S10 及更高状态号用作一般步（状态）号，步号只能定义一次且每个块中最大步号不能突破 512 的限制（与梯形图 S10～S19 定义用于复位相同）。在 SFC 图表程序编程中，包含程序首部 LAD0 梯形图块、中间部位的 SFC 块及尾部梯形图（LAD1）块三大部分。

如图 5-5-1 所示为某一控制任务的 SFC 图表程序的书面描述形式，该 SFC 图表程序在 GX Developer 环境下 SFC 块部分的编辑图，如图 5-5-2 所示。显然书面描述与实际操作程序的表述差异给我们初学者带来了困惑。下面重点讨论在 GX Developer 运行环境下进行状态编程的 SFC 图表程序的编辑，调试等操作的方法。

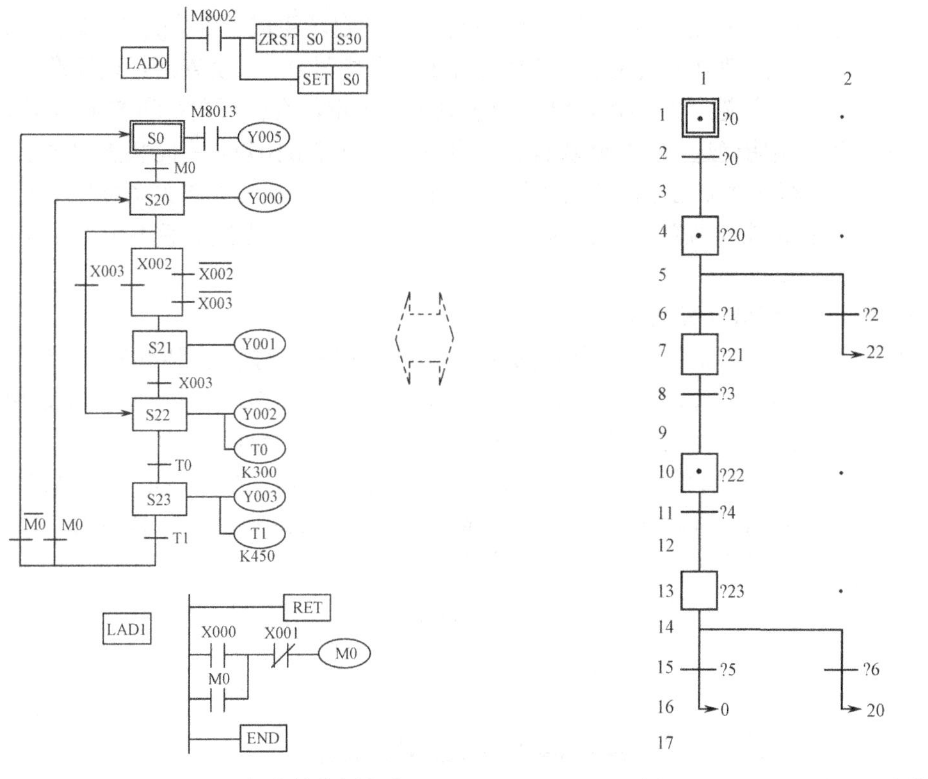

图 5-5-1　状态转换图程序

图 5-5-2　GX 界面 SFC 块编辑图

一、GX Developer 环境下 SFC 新工程的创建

运行 GX Developer 软件后，单击创建新工程工具按钮或执行文件菜单中的创建新工程，在弹出如图 5-5-3 所示的创建新工程对话框中进行如下设置：在 PLC 系列下拉列表中选取“FXCPU”；在 PLC 类型中选取“FX2N（C）”；程序类型单选项中选取“SFC”。并于工程名设

定栏中选择“设置工程名”，可通过浏览确定驱动器/路径、输入工程名后单击确定按钮。

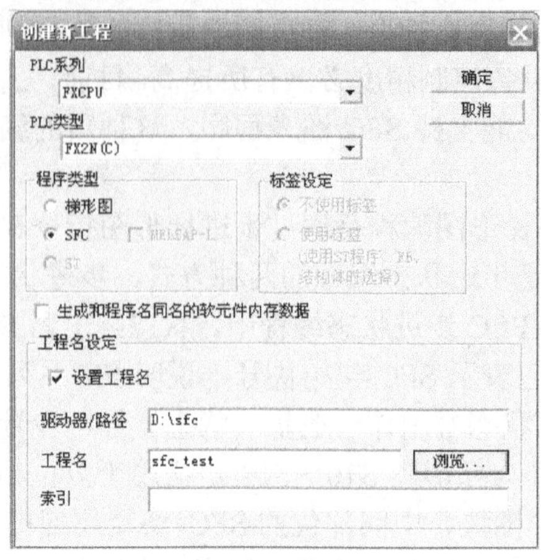

图 5-5-3　创建新工程对话框

二、SFC 工程的块列表注册

编辑 SFC 程序时，首先要求在块列表显示窗口中对所编辑程序的各部分的块性质进行注册。块列表含有序号 No、块标题、块类型三项。序号由系统自然生成，简单的“三段式”SFC 图表程序的块首部分、中间部分及块尾三部分按其位置与顺序号 0、1、2 对应；块标题一般是用户根据程序段功能自行定义；块类型是 SFC 图表编辑的关键，有梯形图块和 SFC 块两种，用户必须根据块性质作出明确选择，显然块首、块尾须定义为梯形图块，中间状态程序部分定义为 SFC 块。SFC 工程的建立必须注册后才能进行程序编辑，注册与编辑关系可采用先整体注册后编辑或注册一项编辑一项的方式。对于初学者而言，可采用先注册后编辑方法加深对 SFC 图表程序组成的理解。

1．块首部分的梯形图块注册方法

在图 5-5-3 所示的创建新工程对话框设置完成在单击确定按钮后直接进入块列表显示窗口，或编辑状态下于左侧工程数据列表窗口中，双击程序下 MAIN 图标，弹出块列表显示窗口及块信息设置对话框：在块类型中选取“梯形图块”、块标题栏为输入“初始 LAD 0”（用户自行定义），完成后单击执行按钮完成程序首部的梯形图块的注册，如图 5-5-4 所示。在单击执行按钮后弹出的 SFC 图表编辑、输出/转移梯形图两个并列窗口，可单击窗口右上角关闭按钮关闭该窗口。

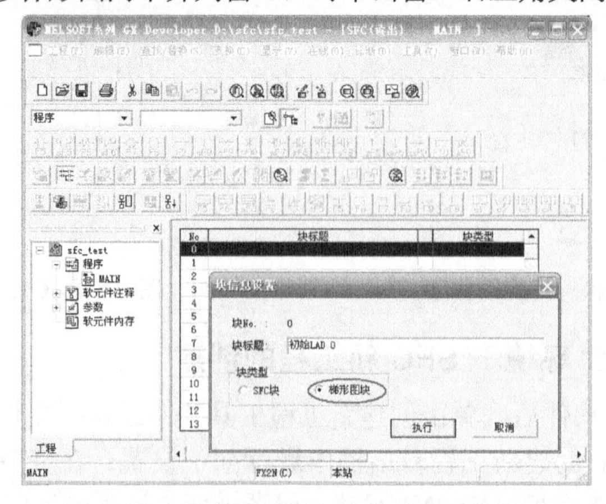

图 5-5-4　块信息设置初始梯形图块的设置

2．程序中部 SFC 块的注册方法

双击块列表序号“No.1”所在行位置，弹出如图 5-5-4 所示的块信息设置对话框：在块类型中选取“SFC 块”、块标题栏输入为“顺序功能流程图块部分”（用户自行定义），单击执行按钮完成程序中部 SFC 块的注册，如图 5-5-5 所示。

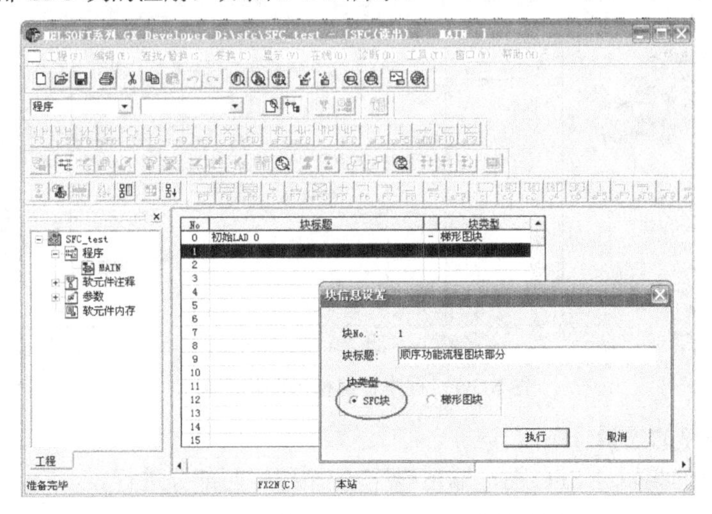

图 5-5-5 块信息设置中间 SFC 块的设置

3．块尾梯形图块的注册

重复上述过程，可完成如图 5-5-6 所示的梯形图块的定义。至此，一个简单的“三段式”工程的块列表注册完成。

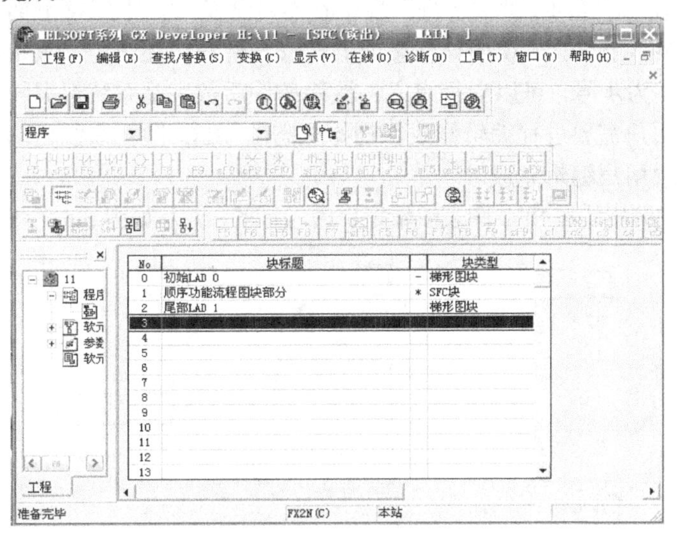

图 5-5-6 块信息设置情况

三、SFC 图表程序的编辑

1．块首部分的梯形图块的编辑

在块列表显示窗口中，选中与块首定义对应的序号“No.0”行并双击，进入 SFC 图表编辑窗口，选中“□LD”梯形图块图标，在右侧输出/转移梯形图窗口内编辑初始化程序梯形图，如图 5-5-7 所示。

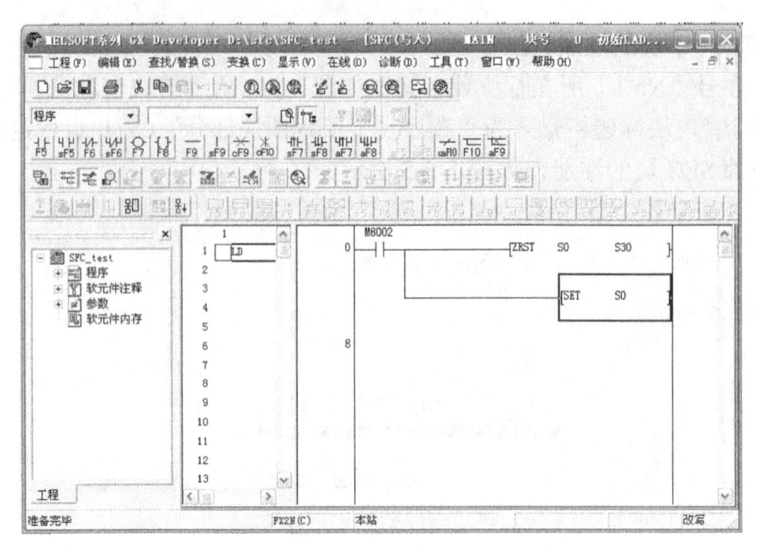

图 5-5-7 程序首部梯形图块编辑

2．SFC 块程序的编辑

SFC 块表程序的编辑分 SFC 图、输出/转移条件程序两部分进行。

1）SFC 图表的编辑

双击工程数据列表窗口程序下的 MAIN 图标或关闭当前编辑窗口，在块列表显示窗口中双击表中与 SFC 块对应的“No.1”行，进入 SFC 图表编辑窗口，SFC 图表编辑窗口显示如图 5-5-8（a）所示的步号 0 状态符号。

图中“方框”表示状态步，“十字符”表示状态转移条件，十字符下部直线则表示转移方向。状态步、转移条件前“？”说明该状态或该转移条件程序还未定义编辑，在编辑后该问号消失。状态步后数字为步号，可以自行定义。转移条件后数字是系统根据转移条件的编辑顺序自动定义，也可视用户需要进行编辑修改。初始状态的 SFC 图由系统自动给出的，而其他状态及状态转移等均须用户编辑完成。

SFC 图表部分的编辑均在 SFC 图表编辑窗口内进行的，并从如图 5-5-8（b）所示的位置开始。

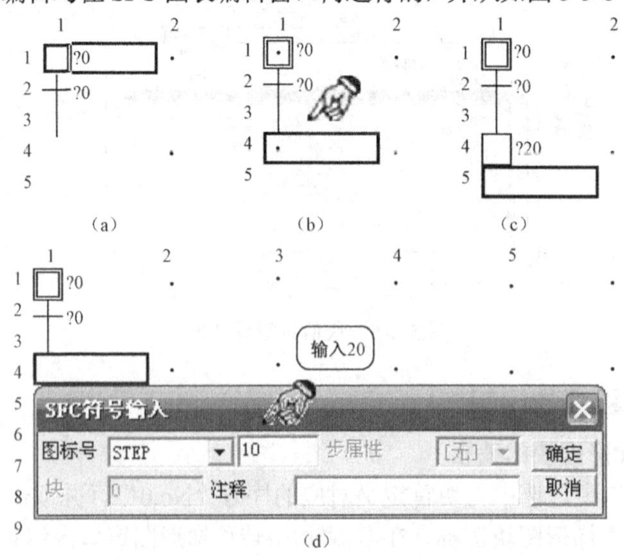

图 5-5-8 程序 SFC 块的编辑

（1）S20状态的编辑。将光标置于如图5-5-8（b）所示的位置，按下工具栏上“F5”工具按钮，弹出如图5-5-8（d）所示的SFC符号输入对话框中，在图标号下拉列表中选择“STEP”（默认STEP），并将随后参数“10”改为“20”，单击确定后，状态设置如图5-5-8（c）所示。

顺序状态转移的编辑：S20状态内有两个方向的状态转移，一个为顺序（向S21）转移；另一个为非顺序（跳转S22）转移方式。

①顺序转移方式的编辑。光标置于如图5-5-8（c）所示的位置处，单击工具栏中“F5”按钮，弹出SFC符号输入对话框，如图5-5-9所示。设置图标号中表示转移的“TR”，参数为“1”（均为默认值），确认后并单击确定按钮，至此该顺序转移的设置完成。在当前光标位置处按下“F5”工具按钮完成顺序状态S21添加，方法与S20相同，设置完成后的编辑效果如图5-5-10所示。

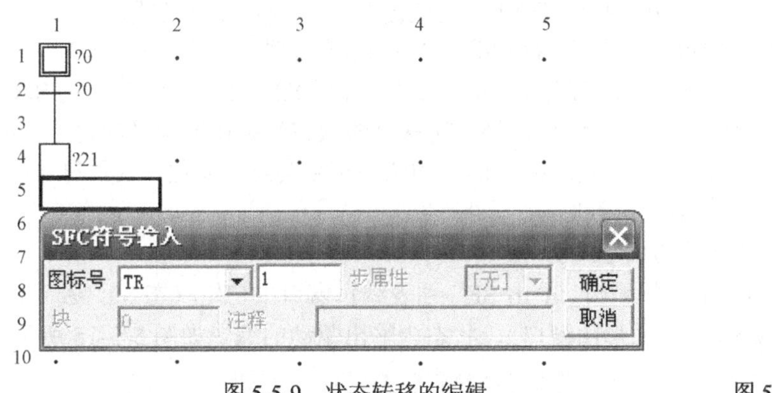

图5-5-9 状态转移的编辑

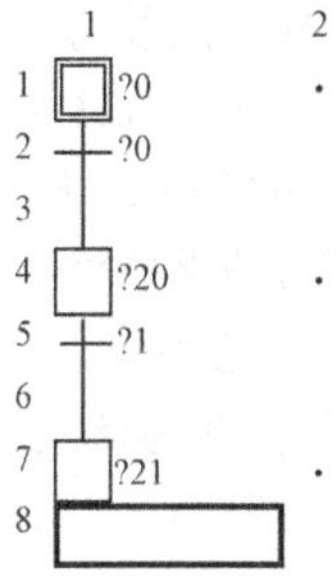

图5-5-10 编辑效果

②非顺序转移跳转方式的编辑。将光标移至如图5-5-11所示的“？1”处，单击工具栏中按钮“F6”弹出SFC符号输入对话框，在图标号中的“--D”表示并列分支，参数“1”是并行分支的顺序编号，均按默认处理，单击确定按钮，编辑效果如图5-5-12所示。

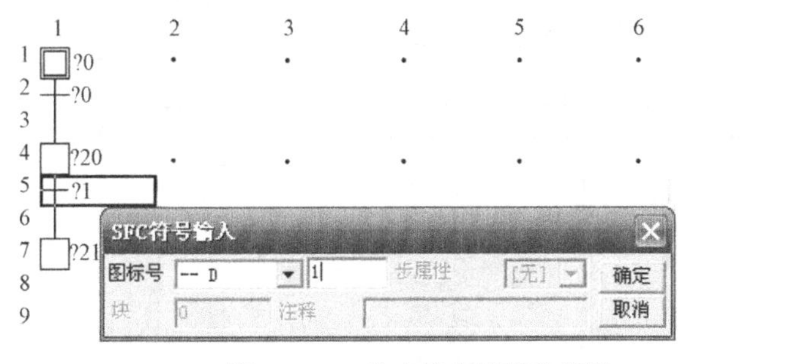

图5-5-11 分支状态转移的编辑

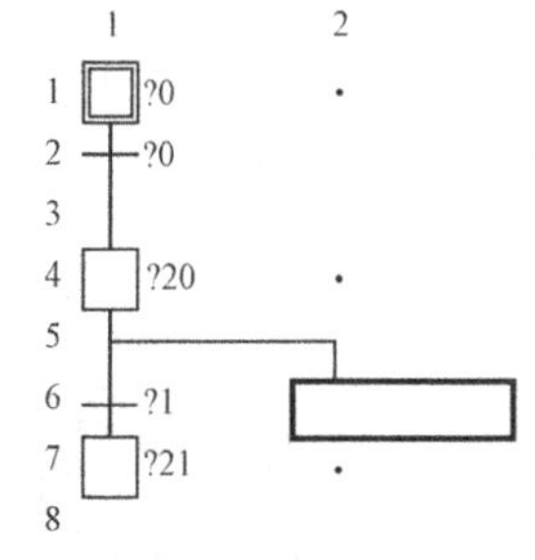

图5-5-12 编辑效果

在如图5-5-12所示的光标处设置转移条件“TR 2”后，按下“F8”工具按钮，在弹出的SFC符号输入对话框中，图标号对应“JUMP（默认值）”，在参数栏中输入跳转目的状态编号“22”，注意状态继电器标志“S”输入无效，如图5-5-13所示。其中跳转（JUMP）有两种属性，可以根据需要进行选取：跳转至其他步（含向下跳及向上跳）或其他流程时，步属性选择“无”；但实现自状态的复位时，需要在步属性中选择“R”。

上述设置完成后，SFC图表效果如图5-5-14所示。

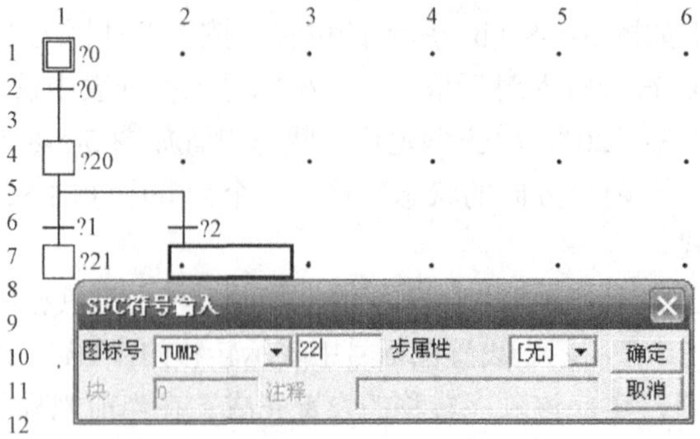

图 5-5-13　状态跳转的编辑 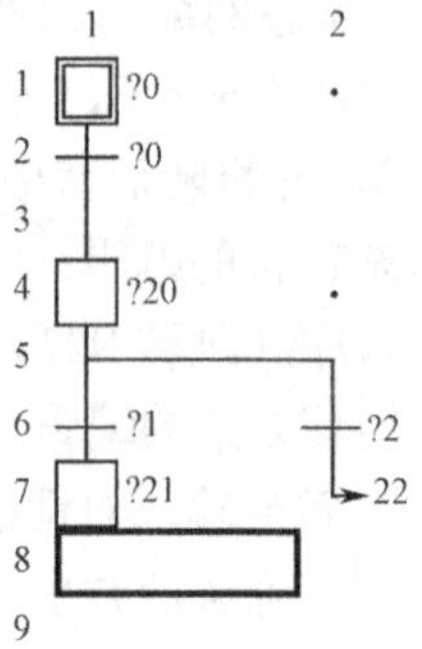　　　　图 5-5-14　SFC 图表效果

在分支编辑时可以配合 CTRL+INSERT（插入列）、SHIFT+INSERT（插入行）、SHIFT+DELETE（删除行）及 CTRL+DELETE（删除列）四种组合功能键进行，试根据需要选用。

（2）S20 后各顺序状态的编辑。结合 S20 顺序状态的状态设置、条件转移及非顺序状态的设置、状态转移及状态跳转的编辑方法，试编辑如图 5-5-1 所示的 S22、S23 状态对应的 SFC 图表。

注意：状态 S23 跳转的表述方法，跳转符号与转移目的状态间存在着明显的符号对应关系。在跳转、跳转目的状态设置完成后，实现跳转的目的状态符号会发生变化，这种符号的对应关系为程序中跳转控制的检查提供了帮助。

（3）状态驱动及转移条件的程序编辑。

①状态 S0 驱动输出梯形图的编辑。单击 SFC 图表编辑窗口中初始状态 S0，激活右侧输出/转移梯形图窗口（对应 S0 输出梯形图窗口），状态内输出驱动的编辑如图 5-5-15 所示。

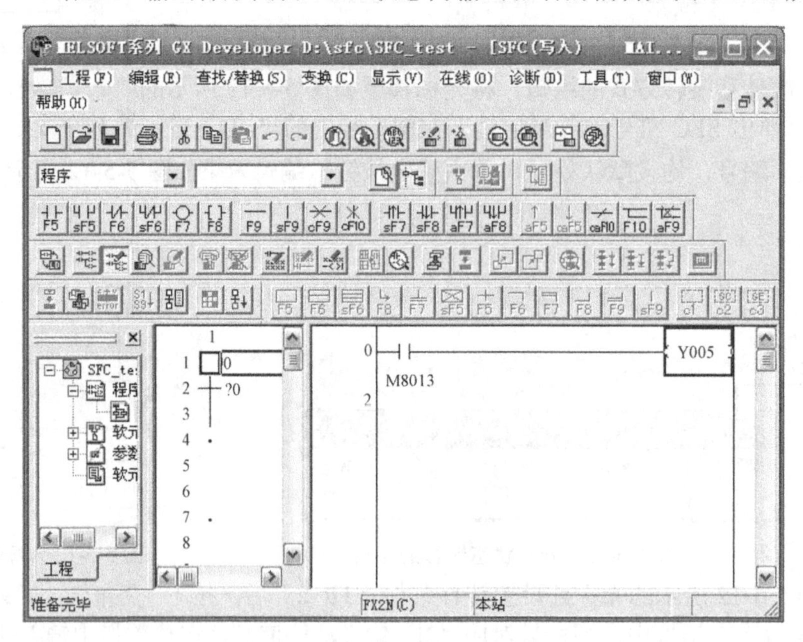

图 5-5-15　状态内输出驱动的编辑

状态 S0 转移出控制条件的编辑：光标移至转移“？0”，激活 TR 0 转移对应梯形图编辑窗口（不同于步进顺控梯形图编辑，SFC 中每一个状态及每一状态转移条件均对应的一个独立梯形图窗口），编辑转移条件“LD M0”梯形图，并在如图 5-5-16 所示的光标位置处双击弹出梯形图输入对话框，在图示对应位置输入“TRAN”，其左侧的下拉列表必须为空白状态。

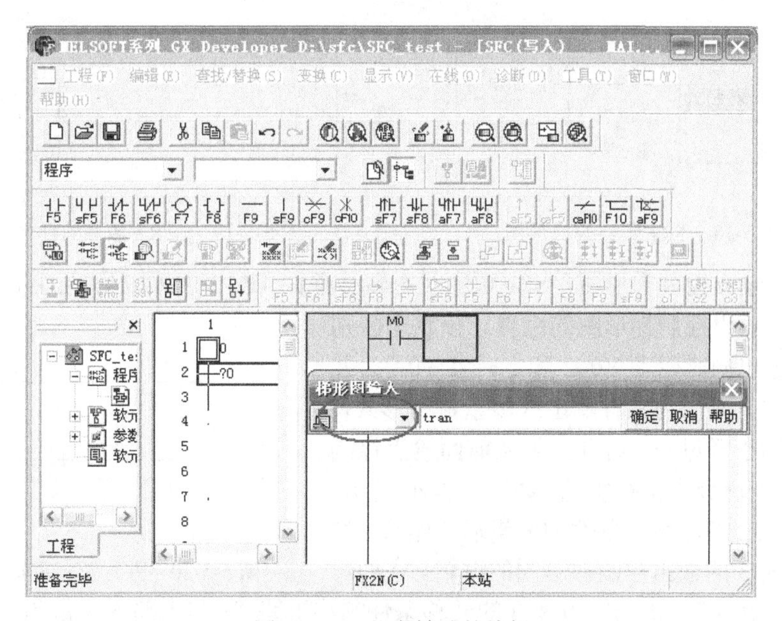

图 5-5-16 状态转移的编辑

在输入“TRAN”并确认完成后，对应的梯形图如图 5-5-17 所示。

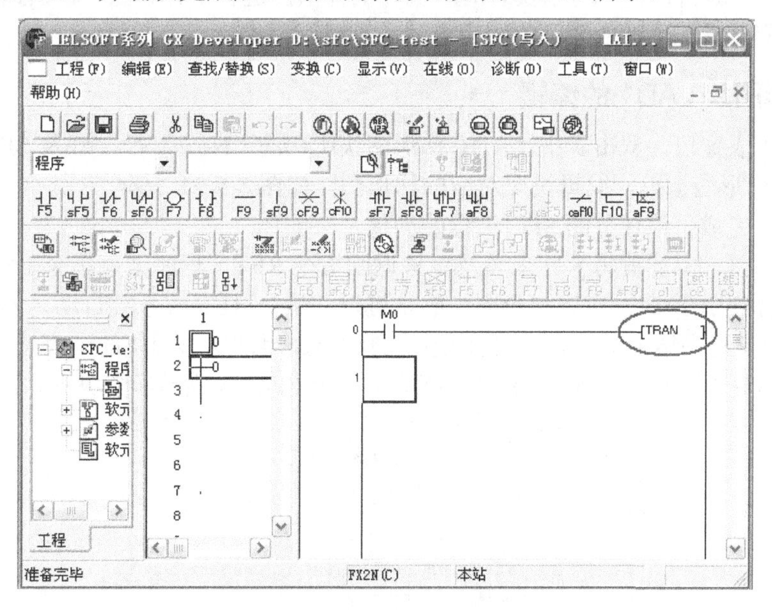

图 5-5-17 状态转移的编辑效果

注意：此梯形图用 TRAN 替代了原先梯形图方式中的“SET S20”（在 LAD0 中出现的 SET S0 的状态转移恰是在梯形图方式下）。

②S20 状态输出控制梯形图的编辑。S20 状态输出控制梯形图的编辑与 S0 编辑方法相同，可自行完成。

状态 S20 转移出控制条件的编辑分顺序转移编辑和跳转条件编辑。当选中 TR1（转移条件“?1”），于 TR1 梯形图窗口进行编辑，其转移条件的梯形图如图 5-5-18 所示，为顺序转移；当选中 TR2 跳转方式，编辑转移梯形图如图 5-5-19 所示（选中跳转 JUMP S22，梯形图窗口无效，说明此处不需要编程），此处 TRAN 转移到 JUMP 指定的 S22，而前一个 TRAN 为顺序转移至 S21。

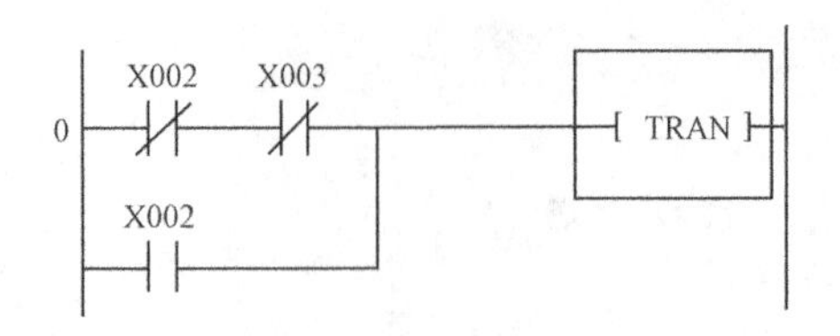

图 5-5-18　TR1 转移的梯形图

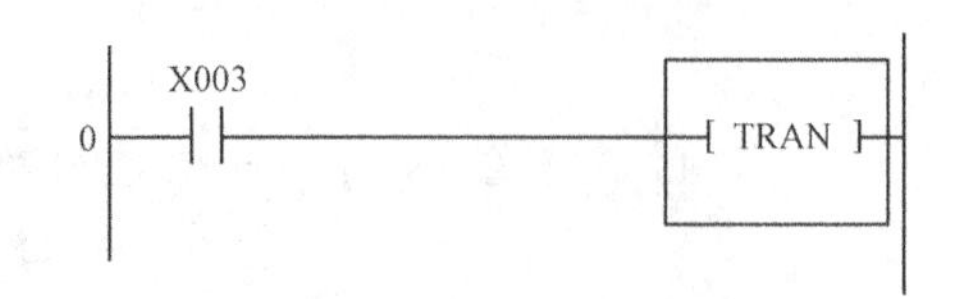

图 5-5-19　TR2 转移的梯形图

③S21 状态输出控制梯形图。S21 顺序状态转移条件 TR3 的编辑方法同上。试自行完成。

④S22 状态输出控制梯形图的编辑。该状态区别于前者，状态输出同时驱动 Y002 和定时器 T0，为并行输出方式。状态输出为并行输出或多重输出形式，当前一输出起始于子母线，后者则须从前面输出控制线上画“竖线”引出分支再行驱动，如图 5-5-20 所示。

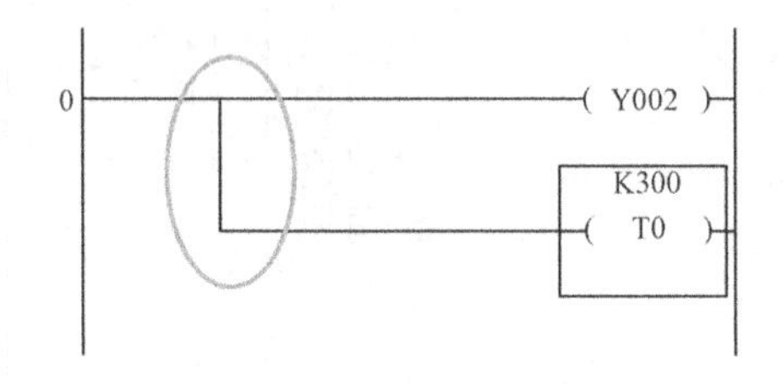

图 5-5-20　并行及多重输出的梯形图

⑤在完成 S22 顺序转移条件的编辑后，结合 S22 输出形式完成 S23 的输出控制梯形图的编辑。在编辑其转移条件时，JUMP S0、JUMPS20 的转移条件须将干路 T1 与支路 M0 常闭、M0 常开进行必要逻辑转换，试练习自行完成。

注意：在上述编辑过程中均须及时对所编辑的梯形图进行编译转换，转换过程中结合转换信息及时采取应对措施可有效地强化编辑方法的理解和掌握。

四、梯形图块 LAD1 的编辑

切换至块列表窗口，双击表中 LAD1 梯形图块所在的“No.2”行，进入 SFC 图表编辑窗口、输出/转移梯形图窗口，编辑块尾对应的梯形图，如图 5-5-21 所示。

编译转换即完成了该任务的 SFC 工程的创建。

需要注意的是，上述编辑中并未涉及步进返回指令 RET、程序结束指令 END 的编辑。原来，在 SFC 块编辑结束时，步进梯形图中的步进返回指令 RET 被系统自动写入至与梯形图块的连接部分；同样程序结束指令 END 也由系统自动添加尾部梯形图块的结束处。故 RET、END 指令均不会出现在画面中，也不能将 RET 指令输入至 SFC 块或梯形图块中。

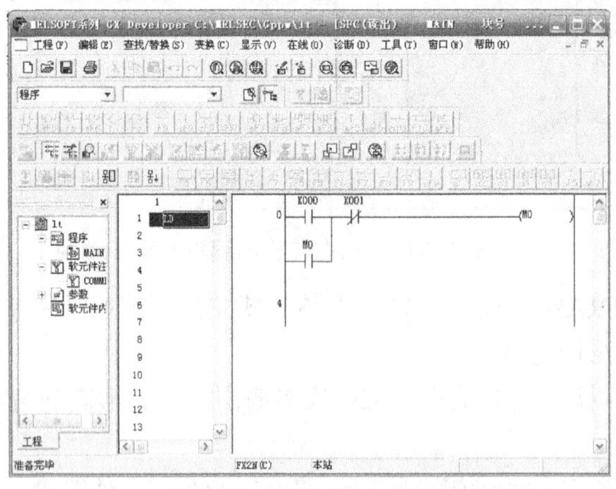

图 5-5-21　尾部梯形图块的编辑

五、相关基本操作

完成编辑、转换编译，需要对所创建的工程进行保存处理。程序的下载、上传均与模块一中梯形图方法相同。

说明：为验证所编辑 SFC 程序与所熟悉的步进顺控梯形图及指令表间对应关系，选择文件菜单下编辑数据的子菜单改变程序类型…，在对应弹出改变程序类型对话框中默认“梯形图”并确认，即可实现 SFC 程序形式转变为梯形图的形式。这种改变程序的类型是可逆的，即步进顺控梯形图也可转化为 SFC 图的形式。但须注意的是，在梯形图程序与 SFC 程序的转换时，由于 RET 指令的处理方式不同，两种方式下程序的步数会有所变化。另外，若跳转控制在两个不同 SFC 块间进行，变换时跳转目的标志也会有变化。

对于已建工程文件，在程序打开后进行浏览或编辑时，有时需要设定或确认采取“读出模式”还是“写入模式”。不正确的设置可能会带来一定麻烦，体现于无法编辑或程序改变造成异常，必须引起特别是初学者的注意。

注意：对于完成含有分支结构的 SFC 图表的编辑，GX Developer 工具栏中提供相关的分支结构“F7”、“F6”工具按钮：分别用于实现选择性、并列性分支的实现；“F8”、“F9”工具按钮用于对应实现选择性分支、并列性分支的合并，在编辑时试运用上述工具。另外，在上述工具栏的右侧排列有相似的工具按钮组“aF5 aF7 aF8 aF9 aF10 cF9”，可用于实现相应功能的画线输入方式，可自行尝试、探索其用法。

思考与训练：

试编辑完成如图 5-5-22 所示的状态转换图。

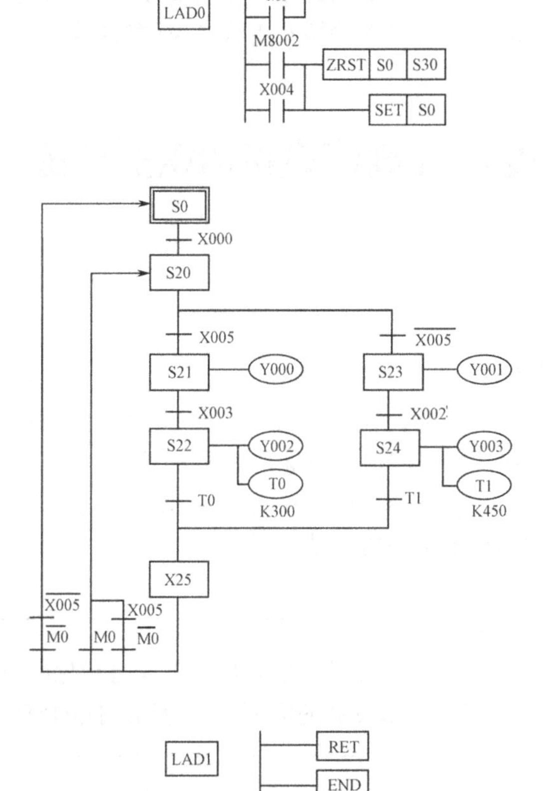

图 5-5-22　思考与训练题的编辑

模块六

FX 系列 PLC 的通信功能的实现初探

【教学目的】

- 了解现代 PLC 通信技术的应用，熟悉 PLC 的 RS-422、RS-232 及 RS-485 通信接口的区别与用途；熟悉 PLC 常见外围设备的连接方式。
- 认识和了解三菱 FX_{2N} 系列的各类通信板卡、通信扩展模块及通信电缆的使用方法，学会正确的设备连接方法。
- 熟悉 PC 与 PLC 的通信、PLC 与 PLC 间的 1∶1 并行通信链接、N∶N 的通信网络的连接方式，了解相关通信参数的设置和基本通信方法。
- 了解 PLC 与三菱变频器间通信方式与方法，了解变频器的通信参数设置方法。
- 了解与通信相关的 PLC 应用指令的功能及用法，为后续再学习、能力的提高奠定基础。

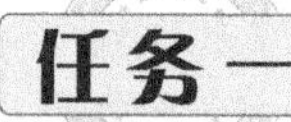

三菱 FX_{2N} 通信设备的识别训练

【任务目的】

- 初步认识 PLC 通信技术的应用，对三菱 PLC 的通信接口标准有初步的认识，能够识别常用 FX 系列 PLC 的通信功能扩展板、特殊功能模块等。
- 了解 PLC 与 PC 间的通信方式，能够初步认识利用 RS-232 接口实现 PLC 与 PC 间通信的方法，熟悉 D8120 通信参数的设置方法。

想一想：

随着现代工业控制技术的发展，工业自动化网络应用越来越广泛，PLC 是否能满足网络技术发展的需要，其通信功能如何实现？

随着现代控制技术网络化迅速发展的需要，德国西门子公司、美国罗克韦尔公司、日本三菱公司、欧姆龙公司等 PLC 厂商均开发推出面向 PLC 通信技术的接口电路及专用通信模块。

大、中型 PLC 的通信均是通过配套的专用通信模块实现的，而小型 PLC 一般则通过具有通信功能的扩展接口电路实现。如图 6-1-1 所示为三菱公司基于 CC-LINK（Control Communication Link）现场总线网络技术在现代物流控制网络上的运用，该网络使用特殊模块 FX-16CCL 或 FX-32CCL，将分散于不同位置的 I/O 模块、特殊高速模块等控制设备进行连接，通过 PLC 对上述设备进行管理控制，实现高速网络通信及远距离控制。

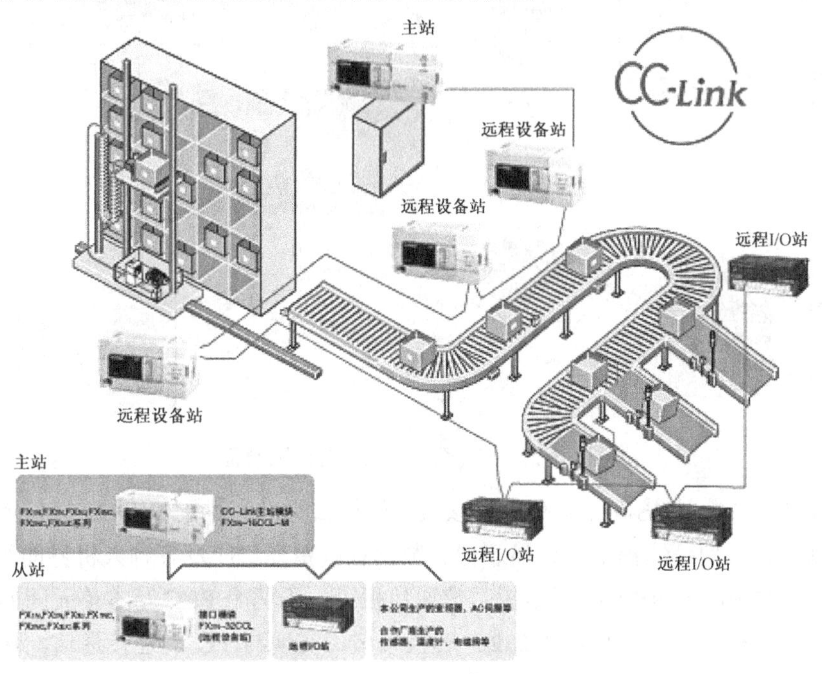

图 6-1-1　CC-LINK 通信网络应用

除由远程通信模块构成的 CC-LINK 通信网络外，三菱 FX 系列小型 PLC 还可以利用本身标配 RS-422 标准通信接口、扩展用的三种标准通信接口板及 RS-485 通信适配器实现 PLC 与 PLC 间、PLC 与外围设备间的通信。

专业技能培养与训练

FX 系列 PLC 通信接口、适配器认知及安装训练

可编程序控制器与外围设备的通信方式有两种：一是利用标配 RS-422 接口的外围设备连接。该方式通过系统标准配置（简称标配）的标准 RS-422 接口直接与一台具有 RS-422 接口的设备连接，或者通过 RS-422/232 转换器、RS-422/485 转换器与一台具有 RS-232 接口、RS-485 接口的外围设备对应连接。二是通过专用扩展端口实现与外围设备的通信连接。如图 6-1-2 所示为利用三菱公司提供的 RS-232C-BD、RS-422-BD、RS-485-BD 扩展通信板，选取并安装这些通信板须考虑扩展设备的端口类别；或者利用这些通信端口配上相应的转换器实现与扩展端口相匹配。

一、FX_{2N} 系列三种接口标准的通信扩展板识读

如图 6-1-2 所示为 FX_{2N} 系列 PLC 的三种通信接口板及可连接设备示意图。

（1）FX_{2N}-232-BD 型 RS-232 通信板：利用该通信板可实现 PLC 与 PC、打印机、条形码

阅读器等具有 RS-232C 接口设备的连接通信。

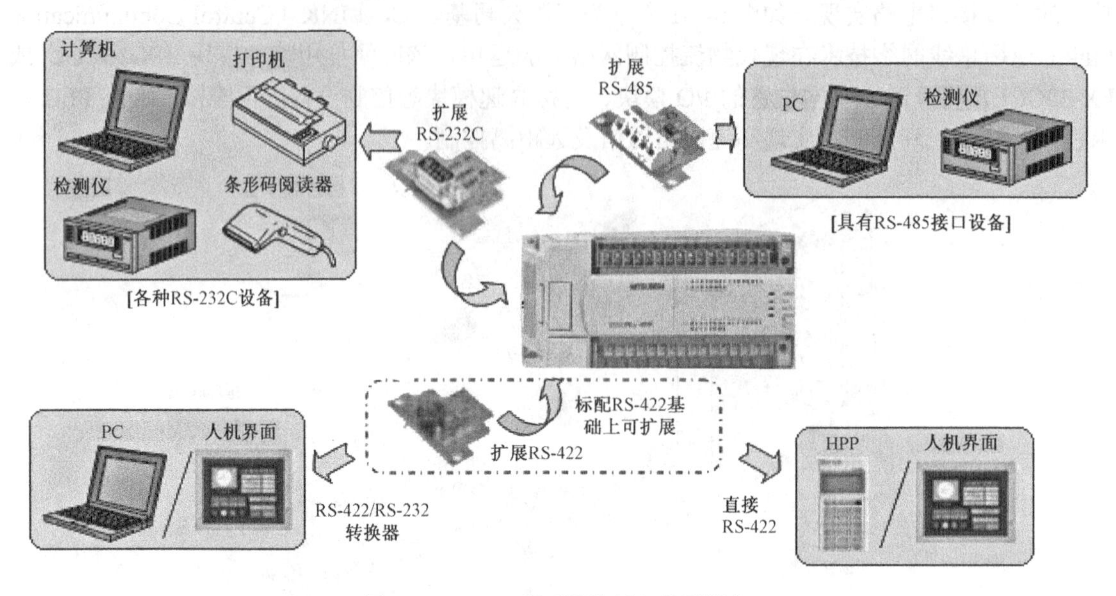

图 6-1-2　FX_{2N} 系列通信板与外围设备

（2）FX_{2N}-422-BD 型 RS-422 通信板：该通信板接口标准和标配 RS-422 接口形式相同，通过该板也可以实现与顺控编程工具、显示器、数据存取单元 DU 及各种人机界面等的连接。

（3）FX_{2N}-485-BD 型 RS-485 通信板：该通信板可用于两个 PLC 基本单元间的并列连接，也可以通过 FX-485PC-1F 型 RS-485/232C 转换接口，实现与 PC 的连接通信。除此以外通过 RS-485 通信板还可连接其他具有 RS-485 接口的设备。

如图 6-1-3 所示为三菱 PLC 的三种标准通信接口形状及功能端排列顺序图。各厂家的 PLC 均相应提供了 RS-232、RS-422 及 RS-485 通信接口。由于 RS-232、RS-422 及 RS-485 只是一种通信标准，而对接口形式并未统一规定，接口形式由厂家自行定义，故不同厂家接口形式可能会有所不同。

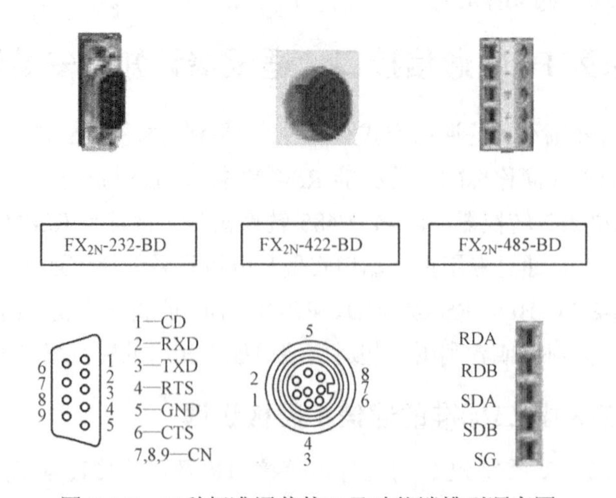

图 6-1-3　三种标准通信接口及功能端排列顺序图

不同系列的 PLC 均拥有各自系列的通信板型号，选用时注意型号不能混淆。

二、通信适配器与专用板的识读

除采用通信扩展板实现通信外，还可以利用特殊通信适配器实现远距离通信。三菱 FX 系列通信用适配器有 FX_{0N}-232ADP 型 RS-232C 通信用适配器、FX_{0N}-485ADP 型 RS-485 通信用适配器；FX_{2NC}-232ADP 型 RS-232C 通信用适配器及 FX_{2NC}-485ADP 型 RS-485 通信用适配器。对于 FX_{0N}、FX_{1N}、FX_{1S} 及 FX_{2N} 系列 PLC 采用通信适配器时，须选用相应系列的 FX-CNV-BD 型适配器连接板。通信适配器一般安装于 PLC 基本单元的左侧，与安装于 PLC 基本单元内部的 FX-CNV-BD 的左侧接线端相连。

如图 6-1-4（a）、（b）所示分别为 FX_{2N}-CNV-BD、FX_{1N}-CNV-BD，对应两种不同系列的 PLC 功能扩展板，可用于连接各自配套的特殊通信适配器，如 FX_{2N}C-485ADP、FX_{1N}-485ADP 等。图 6-1-4（c）所示为 FX_{1N}/FX_{1S} 系列 PLC 的内置安装的 RS-485 扩展板。图 6-1-4（d）所示为通信用特殊适配器 FX_{2NC}-485ADP 模块，需要与 FX_{2N}-CNV-BD 配合使用。

（a）FX_{2N}-CNV-BD
连接特殊适配器用

（b）FX_{1N}-CNV-BD
连接特殊适配器用

（c）FX_{1N}-485-BD
RS-485通信用

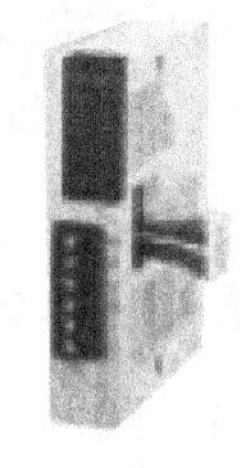

（d）FX_{2NC}-485ADP
RS-485通信用

图 6-1-4　FX 系列特殊通信设备

三、FX 系列 PLC 内置扩展板的安装练习

关闭并切断 PLC 的电源，参照图 6-1-5 所示根据以下步骤要领安装 RS-232-BD 板（RS-485-BD、422-BD 安装方法相同）。

（1）按图示箭头方法，从基本单元的上表面卸下面板端盖。

（2）将 RS-232-BD 板连接到基本单元的板卡安装连接器，安装部位及方向如图 6-1-5 中⑤指示。

（3）使用 M3 自攻螺钉将 RS-232-BD 板固定于基本单元上，将附带有地线的圆插片端子和安装夹拧紧，注意安装方向如图 6-1-5 所示方向以保证接地线能按要求引出。

（4）利用工具卸下面板盖左边扩展引出孔，以保证扩展端口的引出。

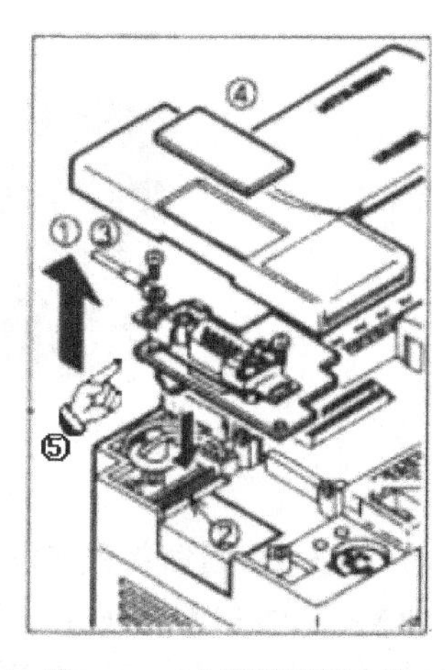

图 6-1-5　内置扩展板安装

知识链接一

PLC 与 PC 间的通信认知

在 PLC 的应用系统中，PLC 与外围设备间的连接通信，如 PLC 与 PC 间通信，PLC 基本

单元间、基本单元与扩展单元间的通信等，实现了适时系统数据的交换、处理，为远程监视与控制、网络化管理提供了保障。三菱 FX 系列 PLC 提供了四种通信方式：编程口通信、无协议串口通信、并行网络通信、N 网络通信。

在 PLC 与 PC 间的通信系统中，通过 PC 适时监控来自 PLC 控制现场运行过程中数据、状态变化的信息，并及时分析处理，转换为 PLC 应用系统各软元件的状态信息，通过 PLC 用户程序实现对现场过程的控制，即实现 PC 对 PLC 的直接控制。

PLC 与 PC 间的通信是通过 RS-422 通信接口（或 RS-232C 通信板）与 PC 上 RS-232C 接口连接实现的。PLC 与 PC 之间的信息交换一般采用字符串、全双工或（半双工）、异步、串行通信方式。一般具有 RS-232C 接口的 PC 与 PLC 间均能实现通信，通信方式主要有以下几种。

一、基于标准配置 RS-422 编程口的 PLC 与 PC 间的通信连接

利用 PLC 基本单元上的标配 RS-422 通信接口，可以配置一个 PLC 与外部计算机间实现 1：1 的通信系统。连接方法：①通过 RS-232C/422 转换（FX-232AW/AWC 或 AWC-H）单元实现 PLC 标配 RS-422 接口与 PC 的 RS-232 接口对接；②利用 FX-USB-AW（RS-422/USB 转换器）单元将 RS-422 接口与 PC 的 USB 接口对接（部分 PC 或系统并不能识别该 USB 设备，需要安装转换单元的驱动程序）。上述两种通信连接方式用于数据采集与控制管理的最大距离为 15m。

二、基于 RS-232-BD 通信扩展卡实现的 PC 与 PLC 通信

如图 6-1-6 所示，采用 PLC 内置扩展 RS-232-BD 板，外部通过 F2-232CAB-1 型通信电缆实现与 PC 的 RS-232 接口的通信连接。此种连接方式的最大通信距离仅为 50m，若采用特殊通信适配器 FX_{2NC}-232ADP（需要内置安装 FX_{2N}-CNV-BD）来替代上述扩展设备，实现的最大通信距离可达 500m。

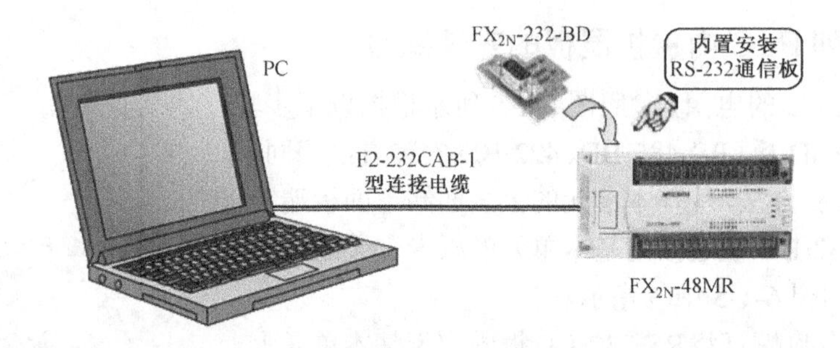

图 6-1-6 内置 RS-232-BD 板 PC 通信连接

1. D8120 通信参数的设置

FX_{2N} 系列 PLC 与通信设备间的数据交换是通过 PLC 的数据寄存器和文件寄存器实现的。其数据交换方式是通过特殊寄存器 D8120 进行设定的，交换数据的长度、存放地址则由通信指令 RS 设置。

1）通信参数的设置

RS-232 接口采用串行通信方式，串行通信必须对包括波特率、停止位和奇偶校验等通信参数进行正确的设置，且两端设备参数相一致时才能进行相互间的通信。表 6-1-1 所列为特殊数据寄存器 D8120 中 16 位二进制数所对应通信数据格式，用户可根据定义、要求对相应位选取、按顺序组合并转化十六进制数形式，在控制程序中将其赋值给 D8120。在完成对 PLC 通信参数 D8120 设定后，必须对计算机进行断电重启操作，否则参数不能生效。

表 6-1-1 串行通信数据格式

<table>
<tr><th rowspan="2">D8120 位号</th><th rowspan="2" colspan="2">名 称</th><th colspan="2">位 状 态</th><th rowspan="2">说 明</th></tr>
<tr><th>0</th><th>1</th></tr>
<tr><td>b0</td><td colspan="2">数据长度</td><td>7 位</td><td>8 位</td><td></td></tr>
<tr><td>b1
b2</td><td colspan="2">奇偶校验
（ b2 b1 ）</td><td colspan="2">（00）：无校验 （01）：奇校验
（11）：偶校验</td><td></td></tr>
<tr><td>b3</td><td colspan="2">停止位</td><td>1 位</td><td>2 位</td><td></td></tr>
<tr><td>b4
b5
b6
b7</td><td colspan="2">波特率（b/s）</td><td colspan="2">（0011）： 300b/s （0100）： 600b/s
（0101）： 1200b/s （0110）： 2400b/s
（0111）： 4800b/s （1000）： 9600b/s
（1001）： 19200b/s</td><td>顺序 b7、b6、b5、b4</td></tr>
<tr><td>b8</td><td colspan="2">标题符</td><td>无</td><td>D8124： 默认值 STX</td><td rowspan="2">PC 连接均必须为 0</td></tr>
<tr><td>b9</td><td colspan="2">终结符</td><td>无</td><td>D8125 ： 默认值 ETX</td></tr>
<tr><td rowspan="2">b10
b11</td><td rowspan="2">控制线</td><td>无协议</td><td colspan="2">（00）：无 RS-232 作用、（01）：普通模式
（10）：互锁模式（FX_{2N}、FX_{2NC}-2.0 版本以上）
（11）：调制解调器模式<RS-232、RS-485 接口>*</td><td rowspan="2">顺序 b11、b10，（01）、（10）均用于 RS-232C 接口通信，RS-485 不考虑控制线方法使用 FX_{2N}-485-BD 、FX_{0N}-485ADP 设定（11）</td></tr>
<tr><td>PC 通信</td><td colspan="2">（00）：RS-485（RS-422）接口
（10）：RS-232 接口</td></tr>
<tr><td>b12</td><td colspan="5">不可使用</td></tr>
<tr><td>b13</td><td colspan="2">和校验</td><td>没有添加和校验</td><td>自动添加和校验</td><td rowspan="3">为 PC 连接时用，在使用 RS 指令时此项必须设为全 0 状态</td></tr>
<tr><td>b14</td><td colspan="2">协议</td><td>无协议</td><td>专用协议</td></tr>
<tr><td>b15</td><td colspan="2">控制顺序</td><td>格式 1</td><td>格式 4</td></tr>
</table>

2）参数选择示例说明

如 D8120＝0C9EH（b15～b0 对应 0000 1100 1001 1110），其中："0"表示采用无协议通信、没有添加和校验码；"C"表示普通模式 1、无标题符和终结符；"9"表示波特率为 19200b/s；"E"表示采用 7 位数据位且偶校验方式。标题符、终结符的有、无的设置是由用户根据需要决定的，当设置有标题符、终结符时系统自动将相关字符（或字符串）附加于所发送的信息的首、尾端。在接收数据时，除非接收到起始字符，否则数据将被忽略；所接收数据将被连续不断地读到终结字符或接收缓冲区全部占满时为止。显然要求将接收缓冲区的长度与所发送信息长度设定相一致。

应用指令链接一：串行数据传送指令 RS

FX 系列 PLC 采用 RS-232-BD、RS-485-BD 及通信适配器 FX_{2NC}-232ADP 进行数据通信，RS 指令用于实现 PLC 与外围设备间的数据传送和接收的控制。RS 指令的格式及功能如图 6-1-7 所示。

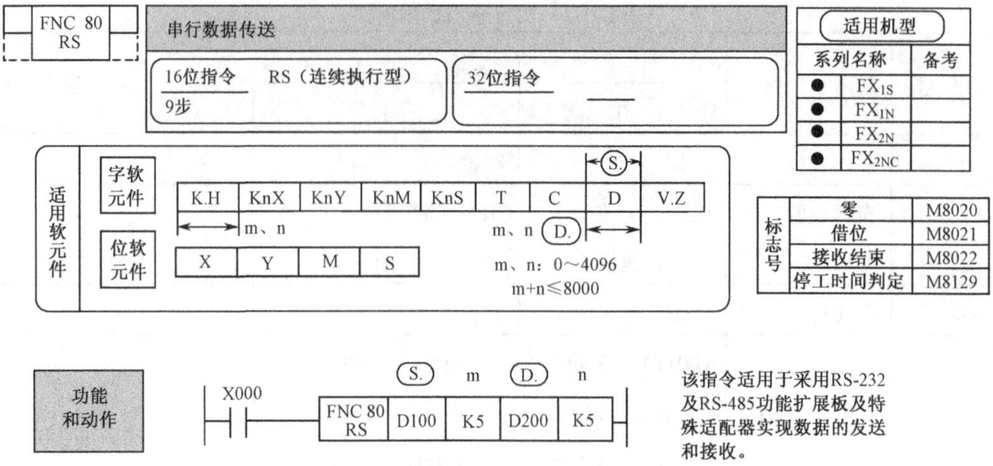

FNC 80 RS
串行数据传送
16位指令 RS（连续执行型） 9步
32位指令 ——

适用机型

	系列名称	备考
●	FX_{1S}	
●	FX_{1N}	
●	FX_{2N}	
●	FX_{2NC}	

适用软元件
字软元件：K.H　KnX　KnY　KnM　KnS　T　C　D　V.Z
位软元件：X　Y　M　S
m、n　(S.)　(D.)
m、n：0～4096
m+n≤8000

标志号		
	零	M8020
	借位	M8021
	接收结束	M8022
	停工时间判定	M8129

功能和动作
X000　FNC 80 RS　D100　K5　D200　K5
(S.)　m　(D.)　n
该指令适用于采用RS-232及RS-485功能扩展板及特殊适配器实现数据的发送和接收。

图 6-1-7　串行数据传送指令 RS 的格式及功能

指令中（S.）用于指定传送缓冲区的首地址，（D.）用于指定接收缓冲区的首地址，m、n 分别用于指定发送、接收数据的长度。

图 6-1-7 中 X000 闭合，执行 RS 指令指定 D100 及 D200 分别为发送和接收数据的首地址，m、n 均为 K 5 则发送数据地址为 D 100、D101、D102、D103、D104，对应接收数据地址为 D200、D201、D202、D203、D204。

串行数据传送指令 RS 在执行时，涉及相关特殊数据寄存器、特殊辅助继电器用于存放通信数据和设置状态标志，参见表 6-1-2。

表 6-1-2　RS 指令使用所涉标志软元件功能说明

特殊数据寄存器	操作及含义	特殊辅助继电器	操作及含义
D8120	用于存放通信参数 M8120 所设定参数。	M8121	设置为 ON 表示传送被延迟，直到目前接收操作完成
D8122	用于存放当前发送信息中的尚未发出的字节	M8122	设置为 ON 时用于触发数据的发送
D8123	用于存放当前接收信息中的已接收到的字节数	M8123	被触发为 ON 时用于表示一条数据信息被接收完成
D8124	用于存放表示发送信息起始的标题符字符串的 ASCII 码，默认值为“STX（十六进制 02）”	M8124	载波检测标志，主要用于采用调制解调器的通信中
D8125	用于存放表示发送信息结束的终结符字符串的 ASCII 码，默认值为“ETX（十六进制 03）”	M8161	8/16 位操作模式切换，ON 为 8 位操作模式，在各个源、目标元件中只有低 8 位有效；OFF 为 16 位操作模式，源、目标元件均 16 位有效

应用指令链接二：数据成批传送指令 BMOV

在通信过程中对于多个数据的传输，利用数据成批传送指令 BMOV 可有效解决数据的集中快速传输。数据成批传送指令 BMOV 的格式及功能如图 6-1-8 所示。

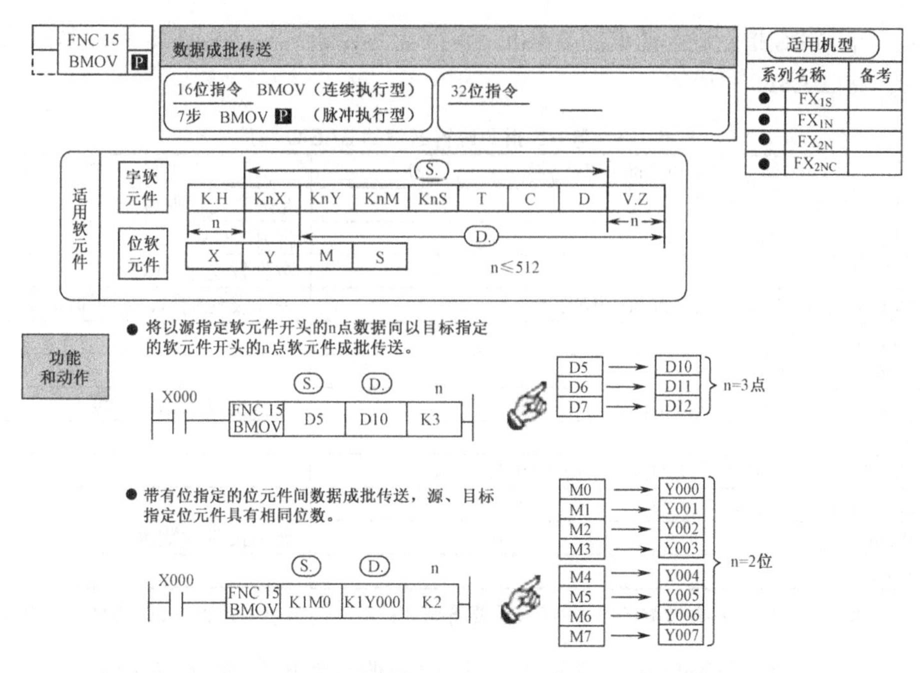

图 6-1-8　数据成批传送指令 BMOV 的格式及功能

"功能和动作"示例中的梯形图执行的功能、效果由右侧执行结果示意图反映。

2．简单的通信程序

PLC 端用于实现通信的梯形图如图 6-1-9 所示，通信动作的流程须遵循：在执行发送请求 M8122 置 ON 之前，必须将待发送数据发送到发送缓冲区；在执行辅助继电器 M8123 复位前，必须完成接收缓冲区数据的接收任务。在数据信息接收过程中不能进行数据的发送，此时 M8121 为 ON 强行使发送动作延迟。

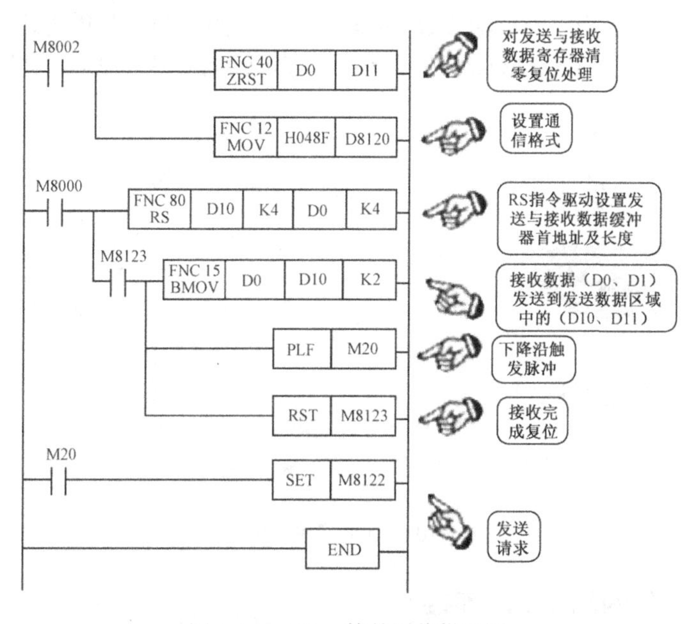

图 6-1-9　FX_{2N} 简单通信梯形图

PC 作为通信系统中的主体单元之一，其通信功能是通过执行相应的计算机程序完成的。

表 6-1-3 是一个与 RS 指令进行通信的 BASIC 程序(无协议通信)。该 BASIC 程序是采用 Nippon 电气公司的 N88BASIC 写成的。

表 6-1-3　与 RS 指令进行通信的 BASIC 程序

行号	BASIC 源程序代码	注　释
10	CLOSE #1：A$= “40”	ASCII 文件保存
20	OPEN “COM1：” A$ #1	打开 COM1 端口
30	PRINT #1，A$	数据发送至 PLC
40	CLOSE #1：FOR I=J TO 2000：NEXT①	关闭发送端口，利用循环等待
50	OPEN “COM1：” A$ #1	
60	FOR I=1 TO100①	
70	IF LOC（1）＞＝4 GOTO 100	检查接收数据的长度
80	NEXT	
90	CLOSE #1：PRINT “TIME OUT ERROR”：END	
100	B$=INPUT$（LOC（1），#1）	
110	PRINT B$	显示接收的数据
120	END	

①本计数器用于从 PLC 接收数据的等待时间，需要将循环计数器的终值设置为与 PC 的 CPU 速度相宜的值。

PLC 与 PC 的通信过程可分成设备通电、从 PC 接收数据和向 PC 发送数据三个阶段：首先打开 PC 和 PLC 电源，当 PLC 处于 RUN 状态，则 PLC 具备了从 PC 读取数据的条件；当 PC 执行相关通信程序时，存放于 A$（40）的通信数据被发送到 PLC 的 D0，并被移送到 PLC 的（D10、D11）单元；当接收数据完成后，PLC 将（D10、D11）发送到 PC 并于计算机显示屏上显示。

利用相应转换器与具有 RS-232C 接口单元的 PC、打印机、条形码识读机等设备间进行数据通信，数据的发送与接收是通过 RS 指令指定的数据寄存器进行的通信方式属于无协议通信。由于 RS-232 接口通信采用非平衡方式传输数据，传输距离近，对于大功率、长距离，且单机监测信息量多，在控制要求复杂的 PLC 通信中，直接采用 RS-232 接口通信方式则不能满足传输距离要求。RS-485 接口通信采用平衡差动式数据传输，具有较强的抗干扰能力适合于较远距离的通信传输，实际运用中常采用 RS-232 /485 通信转换器实现较大距离的通信，如图 6-1-10 所示。

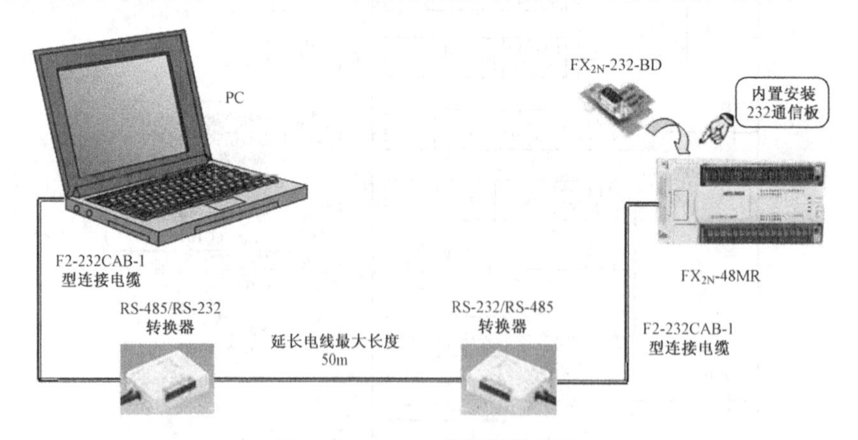

图 6-1-10　FX_{2N} 简单通信示例

三、PC 与 PLC 间的 1∶N 连接

根据 PLC 系列类型选用相应的 RS-485 扩展设备，可按如图 6-1-11 所示的连接方式构成一台 PC 与一台或多台（最多不超过 16 台）同一系列或不同系列的 PLC 间建立 1∶N 的通信系统。

基于 RS-485 进行数据通信的 1∶N 系统中，PC 不直接与每台 PLC 连接，而是作为通信系统的主站，每台 PLC 作为从站形式，采用专用协议可实现生产线的分散控制、集中管理。

上述通信系统中，由于采用 RS-485-BD 板卡可实现的最大通信连接距离仅有 50m，当系统中 FX_{1S}/FX_{1N} 内置扩展通信板 FX_{1N}-485-BD 采用功能扩展板 FX_{1N}-CNV-BD+特殊功能适配器 FX_{2NC}-485ADP 替代，FX_{2N} 中内置扩展板 FX_{2N}-485-BD 用功能扩展板 FX_{2N}-CNV-BD+特殊功能适配器 FX_{2NC}-485ADP 替代时，实现最大通信距离可达 500m。RS-485-BD 板卡间的连接导线采用可屏蔽双绞线，接线端子需进行压接方式处理。

思考与训练：

（1）网络搜索并下载 FX-USB-AW（RS-422/USB 转换器）单元的 USB 驱动程序，阅读使用说明书（readme.txt）并练习安装。

（2）网络搜索并下载三菱 FX_{2N} 系列 PLC 的 RS-232-BD、RS-422-BD 及 RS-485-BD 的使用说明书，简要了解三种通信标准的区别。

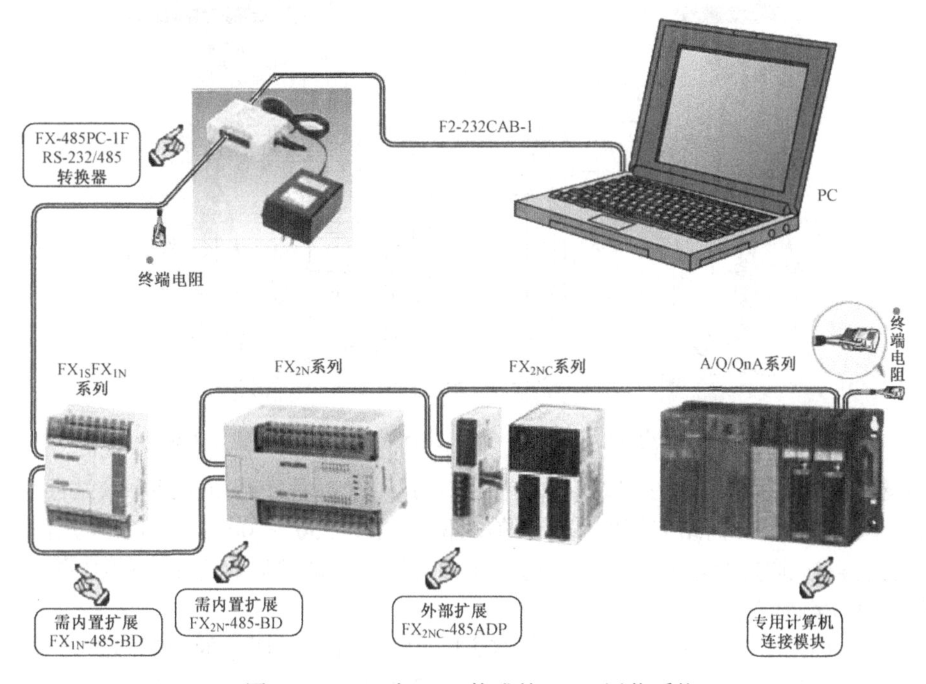

图 6-1-11 PC 与 PLC 构成的 1∶N 通信系统

任务二 PLC 的并行链接通信方式的实现

【任务目的】

- 熟悉两台 PLC 间实现 1∶1 并行通信链接方式，熟悉 1∶1 并行通信系统的连接方法。
- 熟悉并行链接通信的普通模式与高速模式的区别、实现方法。

想一想：

除 PLC 与 PC 间可实现通信外，两台 PLC 间如何进行通信？通信参数如何实现？

专业技能培养与训练

两台 PLC 并行通信的认识与设备安装

如图 6-2-1 所示为两台 FX_{2N} 系列 PLC 基本单元通过通信接口扩展板 FX_{2N}-485-BD 连接进行通信的示意图。两台 FX 系列 PLC 通过通信接口进行直接连接实现 1∶1 的通信方式称为并行链接。

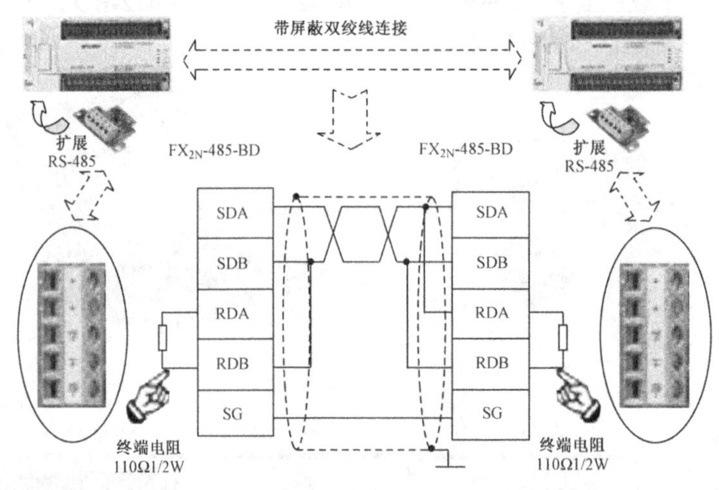

图 6-2-1　两台 FX_{2N} 的 PLC 1∶1 并行通信单对线连接示意图

在并行链接的两台 FX 系列 PLC 基本单元中，只须通过程序指定主站、从站便可实现主、从站间的简单数据通信。两站点间的用于通信的位软元件（50～100 点）和字软元件（10 点）自动进行数据链接，通过分配给各自站点的软元件可以方便地掌握对方站点的相关元件的状态及数据寄存器的存储信息。

并行链接有如图 6-2-1 所示的单对线连接方式和如图 6-2-2 所示的双对线连接方式两种。将图中通信用内置扩展板 FX_{2N}-485-BD 用特殊功能适配器 FX_{2NC}-485ADP+FX_{2N}-CNV-BD 替代，在保证有效接地措施前提下，采用可屏蔽绞线进行连接可实现远距离通信。

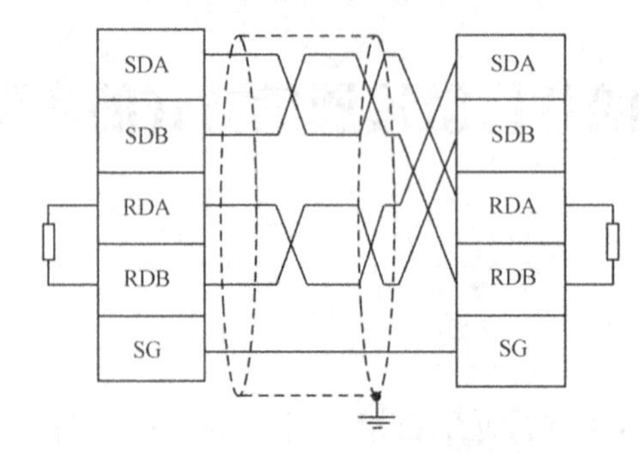

图 6-2-2　并行 1∶1 通信双对线连接示意图

两台 PLC 实现并行通信必须满足以下两者之一：①同一系列 PLC，如同为 FX_{2N}、同为 FX_{1S} 或同为 FX_{0N} 等；②不同系列间的组合，只有在 FX_{2N} 与 FX_{2NC}、FX 与 FX_{2C} 间实现此类并行通信。

两台 FX_{2N} 系列 PLC 间并行通信的设备安装：①参照任务一中 RS-232-BD 的安装方法分别于主、从站 PLC 基本单元内部安装 RS-485-BD 板；②将 RS-485-BD 的附件电阻（110Ω/0.5W）按图示位置连接于 RDA、RDB 端间；③于扩展端口引出端采用带屏蔽层双绞线按单对线方式进行连接，注意，屏蔽层要求接公共地。

知识链接二

主、从站的设置与并行通信模式

如何指定并行链接中的主站和从站。表 6-2-1 给出了并行通信中涉及的特殊辅助继电器及数据寄存器，用于并行链接的状态、工作模式的设置。

表 6-2-1　并行链接特殊软元件定义

类　别	软元件号	操作及含义
特殊辅助继电器	M8070	并行链接中，PLC 是主站点时驱动
	M8071	并行链接中，PLC 是从站点时驱动
	M8072	并行链接中，PLC 运行时为 ON
	M8073	并行链接操作中，M8070 和 M8071 被不正确设置时为 ON
	M8162	并行链接高速模式时，仅有两个数据字进行读/写操作
数据寄存器	D8070	并行链接时监控时间，默认为 500ms

PLC 间的并行链接通信方式分有普通模式、高速模式两种，不同模式下对主、从站的设置方法有所不同。

一、并行链接通信的普通模式

在并行链接通信方式中，当特殊辅助继电器 M8162 处于“OFF”状态时为普通模式并行通信方式。普通模式下参与通信的软元件及主、从站间数据流方向如图 6-2-3 所示。

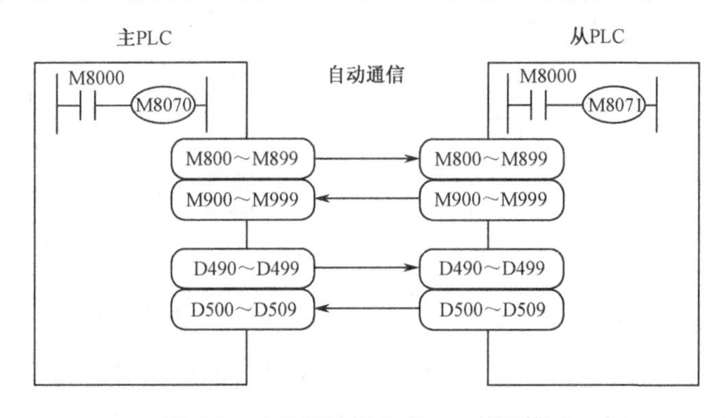

图 6-2-3　并行通信方式——普通模式

普通模式下通信专用数据寄存器的用法，通信时间参数参见表 6-2-2。

表 6-2-2　普通模式主、从站通信元件

PLC 系列区分		FX_{2N}、FX_{2NC}、FX_{1N}、FX、FX_{2C}	FX_{1S}、FX_{0N}
通信软元件及数据流向	主站→从站	M800～M899（100 点） D490～D499（10 点）	M400～M449（50 点） D230～D239（10 点）
	从站→主站	M900～M999（100 点） D500～D599（10 点）	M450～M499（50 点） D240～D249（10 点）
通信时间		70（ms）+主扫描时间（ms）+从扫描时间（ms）	

在 1∶1 的普通模式下，FX_{2N}、FX_{2NC}、FX_{1N}、FX、FX_{2C} 系列 PLC 的数据通信是通过 100 个辅助继电器和 10 个数据寄存器完成的；FX_{1S}、FX_{0N} 系列 PLC 的数据通信是通过 50 个辅助继电器和 10 个数据寄存器完成的。

普通模式下的通信示例：如图 6-2-1 所示的两台 FX_{2N} 系列 PLC 基本单元、RS-485-BD 扩展板及屏蔽双绞线构成通信系统。

系统通信控制：主站点与从站点间通信控制的梯形图分别如图 6-2-4（a）、（b）所示。通信用程序分主、从站点程序，两程序段的通信功能的实现是由相对应的站点定义、数据传送指令等构成的。该主、从站点通信程序回路块①：在 PLC 运行状态下，可将主站点 PLC 的输入继电器 X000～X007 的状态信息，通过通信用辅助继电器 M800～M807 对应传送到从站 PLC 输出继电器 Y000～Y007。回路块②：当主站点 D0 与 D2 相加结果通过通信用数据寄存器 D490 与从站点的 K100 进行比较，结果通过辅助继电器 M10、M11 及 M12 反映，当 D490 中数据不大于 K100 时，从站点的 Y010 有输出。回路块③：将从站点 PLC 的 M0～M7 的 ON/OFF 状态通过 M900～M907 反送到主站点，用于控制主站点 PLC 的 Y000～Y007 输出。回路块④：在 X010 按钮按下时，利用通信用数据寄存器 D500 将从站点数据寄存器 D10 中的数值反送到主站点，用于设定主站点定时器 T0 的时间设定值。

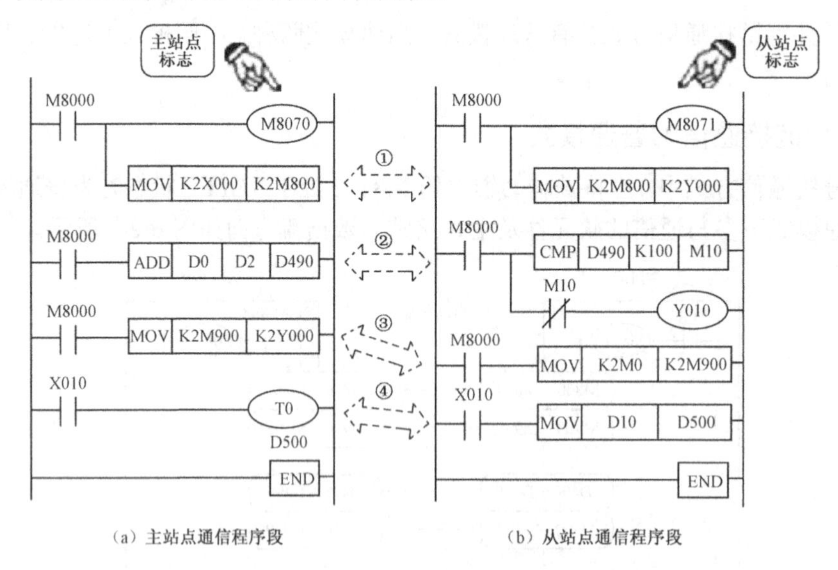

（a）主站点通信程序段　　（b）从站点通信程序段

图 6-2-4　普通模式并行通信方式主、从站 PLC 通信梯形图

注意：普通模式下可使用“FUN 81 PRUN”即八进制位传送指令，但仅有 FX、FX_{2C}、FX_{2N}

及 FX_{2NC} 系列 PLC 支持此指令。“FUN 81 PRUN”指令功能及用法可参阅三菱 FX 系列的编程手册或相关书籍。

二、并行链接通信的高速模式

若特殊辅助继电器 M8162 设置为“ON”状态，并行链接通信则为高速模式。高速模式下参与通信的软元件及主、从站间数据流方向如图 6-2-5 所示。

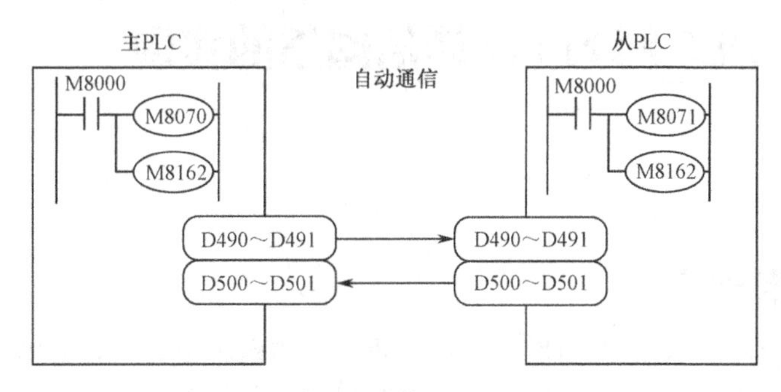

图 6-2-5 并行通信方式——高速模式

高速模式下主、从站通信元件专用数据寄存器的用法，通信的时间参数参见表 6-2-3。

表 6-2-3 高速模式主、从站通信元件表

PLC 系列区分		FX_{2N}、FX_{2NC}、FX_{1N}、FX、FX_{2C}	FX_{1S}、FX_{0N}
通信软元件及数据流向	主站→从站	D490～D491（2 点）	D230～D231（2 点）
	从站→主站	D500～D501（2 点）	D240～D241（2 点）
通信时间		20（ms）+主扫描时间（ms）+从扫描时间（ms）	

高速模式参与数据通信的数据寄存器的点数明显少于普通模式，但通信时间节省 50ms。高速模式下的通信示例：采用并行高速模式，主、从站均需要驱动各自的特殊功能辅助继电器 M8162，利用 M8070、M8071 分别对应设定主、从站点，如图 6-2-6 所示，该通信任务仅实现了上述普通模式运用实例中的回路块②、回路块④的通信功能。因高速模式仅有表中所列四点通信软元件，若要实现回路块①、回路块③的功能则需采取从分时传送。

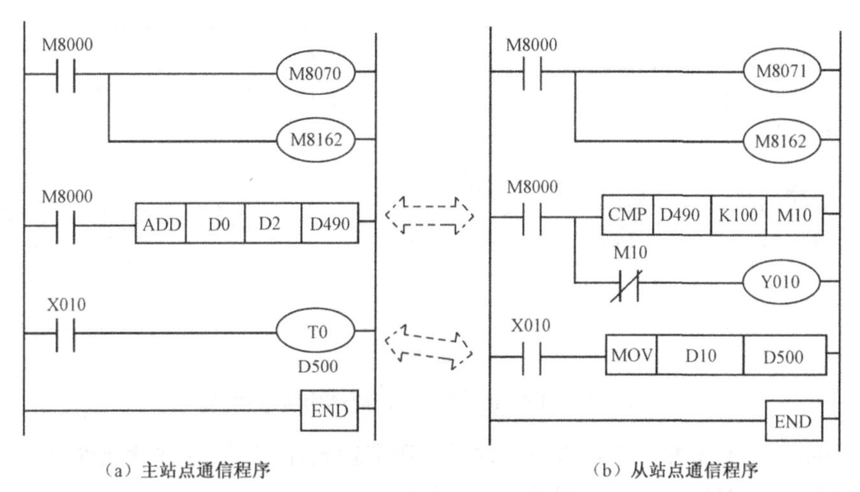

（a）主站点通信程序　（b）从站点通信程序

图 6-2-6 高速模式并行通信方式主、从站点通信梯形图

思考与训练：

（1）结合普通模式主、从站通信梯形图，试结合相关指令完成对主站 D0、D1 的赋值；从站设置中设置 M0～M7 状态及对 D500 的赋值，进行通信程序的调试。

（2）结合上题，试完成高速模式的通信任务的程序调试。

任务三 PLC 间 N：N 通信网络的实现

【任务目的】

- 了解三菱 PLC 的 N：N 网络的构成方式、通信状态标志及专用特殊数据寄存器功能。
- 通过示例了解三菱 PLC 的 N：N 网络的参数设置、数据传输的方法，了解 ADD 指令格式，熟悉 MOV、ADD 指令的用法。

知识链接三

PLC 间 N：N 通信网络的组成

一、N：N 网络的构建方法

两台 PLC 间可建立 1：1 通信网络，而多台如 FX_{2N}、FX_{1N}、FX_{0N} 系列可编程控制器间的数据传输可建立于 N：N 的基础上，相互间只需简单的程序即可进行一定规模的数据通信。N：N 通信网络建立于 RS-485 通信标准上，支持波特率 38400b/s，最多可以连接 8 台 FX 系列 PLC。N：N 网络的构建如图 6-3-1 所示。

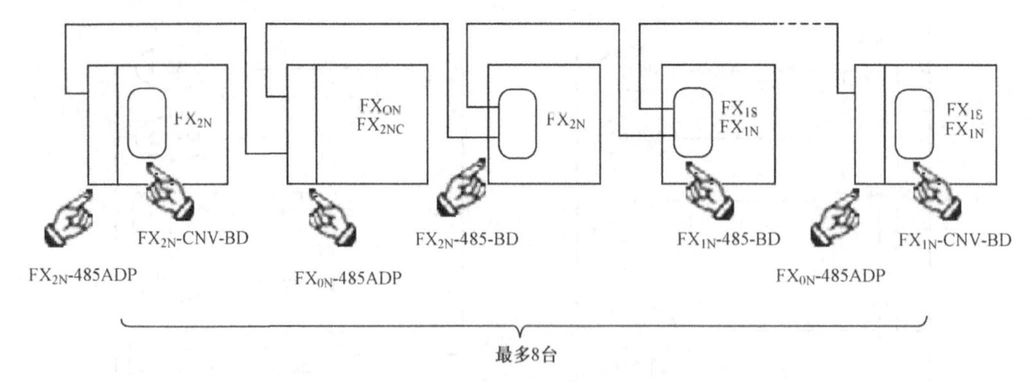

图 6-3-1　PLC 间 N：N 通信网络构成示意图

各站点分配有与工作方式相对应的位软元件和字软元件，通过这些软元件可以了解相互各站点的软元件的 ON/OFF 状态及数据寄存器的数值。

二、PLC 间 N：N 网络通信软元件及参数设置方法

1. 网络通信专用辅助继电器

网络通信专用辅助继电器参见表 6-3-1。

表 6-3-1 网络通信专用辅助继电器

辅助继电器		特性	名 称	描 述	响应类型
FX_{0N} FX_{1S}	FX_{1N}、FX_{2N} FX_{2NC}				
M3038		只读	N：N 网络参数设置	用于设置 N：N 网络参数	主、从站点
M504	M8183	只读	主站点的通信错误	当主站点产生通信错误时为 ON	从站点
M504～M511	M8184～M8191	只读	从站点的通信错误	当从站点产生通信错误时为 ON	主、从站点
M503	M8191	只读	数据通信	当与其他站点通信时为 ON	主、从站点

注意：特殊辅助继电器与主从站点的编号对应关系，对于 FX_{0N}、FX_{1S} 系列主站点 0 与 M504 对应，从站点 1～7 分别与 M505～M511 相对应；而对于 FX_{1N}、FX_{2N}、FX_{2NC} 系列，主站点 0 与 M8183 对应，从站点 1～7 分别与 M8184～M8190 相对应。在 N：N 网络中 M504～M511 被定义为特殊功能用辅助继电器，同 M8183～M8190 功能相对应，故在 FX_{0N}、FX_{1S} 系列 PLC 中不能定义其他用途。

2. 网络通信专用特殊数据寄存器

网络通信专用特殊数据寄存器参见表 6-3-2。

表 6-3-2 网络通信专用特殊数据寄存器

数据寄存器		特 性	名 称	描 述	响应类型
FX_{0N} FX_{1S}	FX_{1N}、FX_{2N} FX_{2NC}				
D8173		只读	站点号	用于存储自身站点号	主、从站点
D8174		只读	从站点总数	用于存储从站点总数	主、从站点
D8175		只读	刷新范围	用于存储刷新范围	主、从站点
D8176		只读	站点号设置	用于设置自身的站点号	主、从站点
D8177		只读	总从站点数设置	用于设置从站点总数	主站点
D8178		只读	刷新范围设置	用于设置刷新范围	主站点
D8179		读/写	重试次数设置	用于设置重试次数	主站点
D8180		读/写	通信超时设置	用于设置通信超时	主站点
D201	D8201	只读	当前网络扫描时间	存储当前网络扫描时间	主、从站点
D8173		只读	站点号	用于存储自身站点号	主、从站点
D202	D8202	只读	最大网络扫描时间	存储最大网络扫描时间	主、从站点
D203	D8203	只读	主站点通信错误数目	主站点通信错误数目	从站点
D204～D210	D8204～D8210	只读	从站点通信错误数目	从站点通信错误数目	主、从站点
D211	D8211	只读	主站点通信错误代码	主站点通信错误代码	从站点
D212～D218	D8212～D8218	只读	从站点通信错误代码	从站点通信错误代码	主、从站点
D219～D255	—	—	—	用于内部处理	—

注：专用数据寄存器 D204～D210、D212～D218 及 D8204～D8210、D8212～D8218 同样存在与从站点 1～7 的对应关系，D201～D255 的用法要求与上述辅助继电器 M503～M511 的用法要求一样。

各数据寄存器的参数设置方法与要求如下：

（1）D8176——站点号设置。设置范围（0~7），0-主站点、1~7 对应从站点。在各个站点梯形图程序中，利用 M8038 网络参数设置辅助继电器驱动 MOV 指令实现站点号的设置，设置方法及要求见下面通信网络示例。

（2）D8177——从站点总数设置。设置范围（0~7），默认值为 7（0 表示没有从站点），只需在主站点设置，各从站点不需要设置。

（3）D8178——刷新范围设置。设置范围（0，1，2），默认值为 0。设定值 0，1，2 分别对应于模式 0，模式 1，模式 2 三种模式下，分别分配给各站点的通信专用软元件与构成 N：N 网络的 PLC 系列类别有关，参见表 6-3-3。

表 6-3-3　三种模式下通信软元件范围

站点号	模式 0 FX_{0N}、FX_{1S}、FX_{1N}、FX_{2N}、FX_{2NC}		模式 1 FX_{1N}、FX_{2N}、FX_{2NC}		模式 2 FX_{1N}、FX_{2N}、FX_{2NC}	
	位软元件（M）	字软元件（D）	位软元件（M）	字软元件（D）	位软元件（M）	字软元件（D）
	0 点	4 点	32 点	4 点	64 点	8 点
第 0 号	—	D0~D3	M1000~M1031	D0~D3	M1000~M1063	D0~D7
第 1 号	—	D10~D13	M1064~M1095	D10~D13	M1064~M1127	D10~D17
第 2 号	—	D20~D23	M1128~M1159	D20~D23	M1128~M1191	D20~D27
第 3 号	—	D30~D33	M1192~M1223	D30~D33	M1192~M1255	D30~D37
第 4 号	—	D40~D43	M1256~M1287	D40~D43	M1256~M1319	D40~D47
第 5 号	—	D50~D53	M1320~M1351	D50~D53	M1320~M1383	D50~D57
第 6 号	—	D60~D63	M1384~M1415	D60~D63	M1384~M1447	D60~D67
第 7 号	—	D70~D73	M1448~M1479	D70~D73	M1448~M1511	D70~D77

注意：模式选择时应注意系统中 PLC 的系列要相一致，否则未包含系列的 PLC 运行时会出错。

（4）D8179——设定重试次数。设置范围（0~10），默认值为 3。只须在主站点通信程序中设置，各从站点均不需要设置。

（5）D8180——设置通信超时。设置范围（5~255），默认值为 5。通信超时的持续时间为 D8180 所设参数乘以 10（ms）。

三、N：N 通信网络应用示例的解读

通信网络的配置：以三台 FX_{2N}-48MR PLC 构成 N：N 通信网络连接，要求：刷新模式 1、刷新范围 32 点位软元件和 4 点字软元件。

1．网络连接硬件部分

如图 6-3-2 所示为 N：N 通信网络构成示意图，三台 PLC 通过 RS-485 通信扩展板端口接线如图 6-3-3 所示。

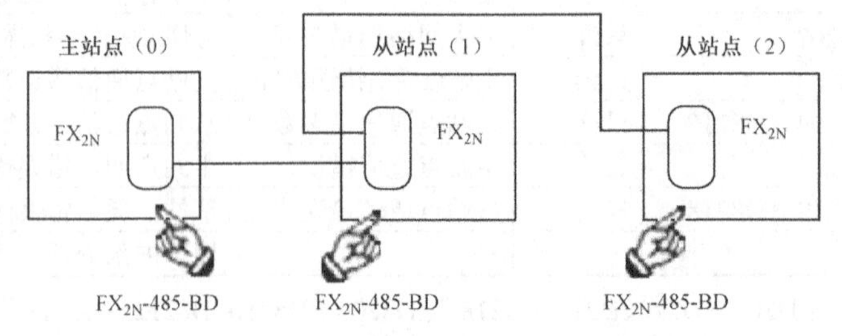

图 6-3-2　三台 FX_{2N} 构成的 N：N 通信网络连接示意图

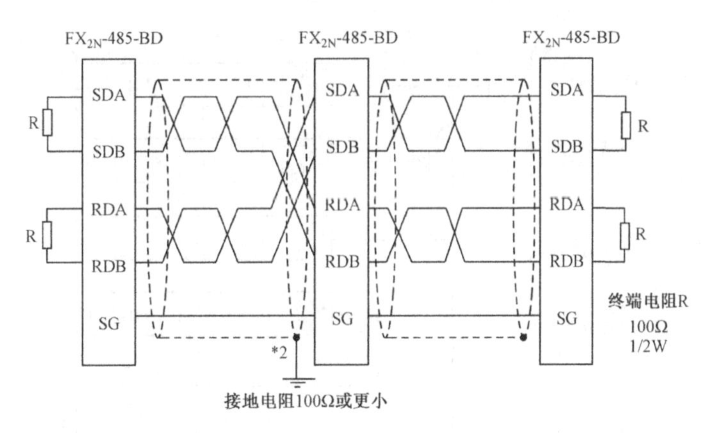

图 6-3-3 三台 FX_{2N} 的 N：N 通信网络系统 FX_{2N}485-BD 接线示意图

2．站点通信参数设置与数据通信程序

主站点参数设置的程序段：需要完成主站点号、从站点总数的定义及对刷新范围设置、重试次数设置、通信超时设置等参数的设置。设置方法如图 6-3-4 所示。

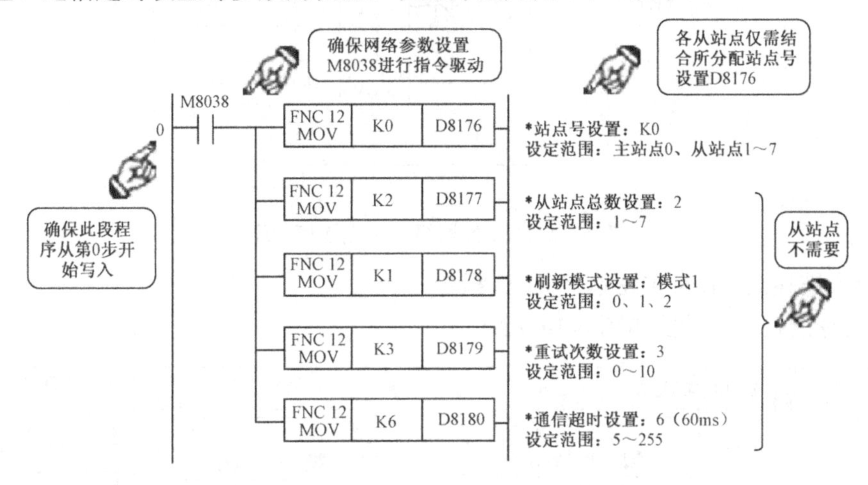

图 6-3-4 N：N 通信网络参数设置方法程序段

以上设置必须在主站点程序的第 0 步开始，利用 N：N 通信网络参数设置专用辅助继电器 M8038 进行数据移位指令的驱动，此位置的 M8038 常开触点在 PLC 运行或上电时自动生效。

主站点 0 用于实现网络通信的程序如图 6-3-5 所示，该程序自上而下各数据传送指令功能如下所述。

- 通信状态下，将主站点的 X000～X003 状态传送到 M1000～M1003。
- 从站点 1 通信正常，将 M1064～M1067 传送到 Y014～Y017。
- 从站点 2 通信正常，将 M1128～M1131 传送到 Y020～Y023。
- 从站点 1 通信正常、将 K10 传送到主站点 D1，若从站点 1 中计数器 C1 计数到 10 则主站点的 Y005 输出。
- 从站点 2 通信正常，将 K10 送主站点的 D2，若从站点 2 计数器 C2 计数到 10 则主站点的 Y006 有输出。
- 从站点 1、2 均通信正常，将从站点阵 K10 传送到主站点的 D3。
- 将 K10 传送到主站点的（本站）D0 中。

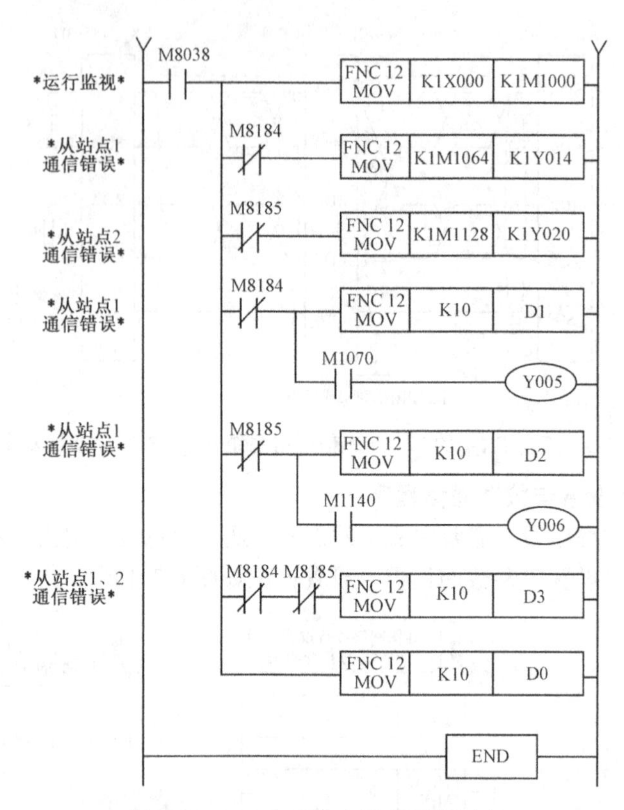

图 6-3-5　N∶N 网络主站点通信程序

应用指令链接三：BIN 加法运算 ADD 指令

ADD 指令的格式及功能如图 6-3-6 所示。

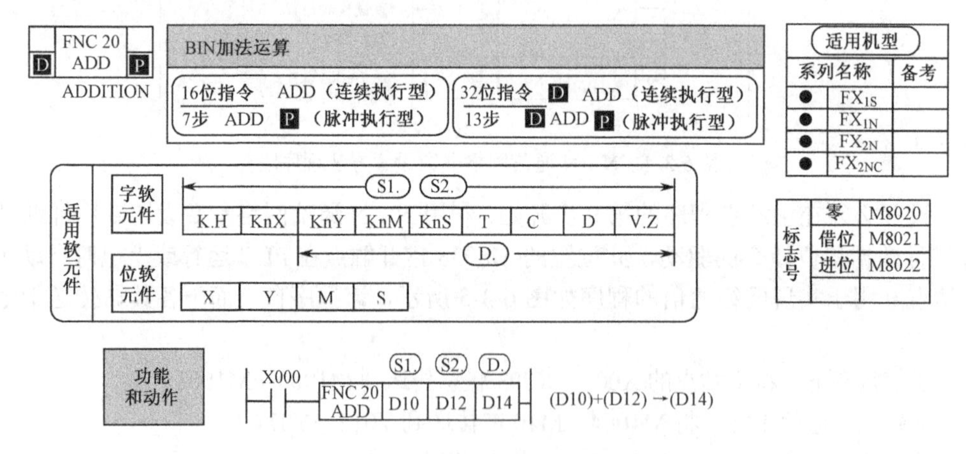

图 6-3-6　加法运算指令 ADD 的格式及功能

功能：将两个（S1.）、（S2.）指定的源数据采用二进制代数求和后送目标位置（D.）处，各二进制数据的最高位为符号位，正（0）、负（1）。运算结果会影响标志位：当运算结果为 0 时，零标志 M8020 置 1；当运算结果超过 32767（16 位）或 2147483647（32 位），则进位标志 M8022 置 1；当运算结果小于−32768（16 位）或−2147483648（32 位）时，则借位标志 M8021 置 1。

进行 32 位运算时，（S1.）、（S2.）指定字软元件地址用于存放数据的低 16 位，如“功能和动作”示例中 D10、D12，而高 16 位数据对应存放于指定的地址号+1 的数据寄存器中，示例中对应 D11、D13。为防止编号重复，可结合示例将软元件编号指定为偶数。该指令允许将源元件和目标元件指定相同编号，若为连续执行型方式则每个扫描周期均会导致结果变化。

如图 6-3-7 所示的顺控梯形图 ADD 指令采用脉冲执行方式，当每出现一次 X000 由 OFF→ON 变化时，(D) 的内容被加 1。这与三菱的 INC（P）指令（可参阅手册或相关书籍）相似，所不同的是该指令会影响零位、借位及进位标志。

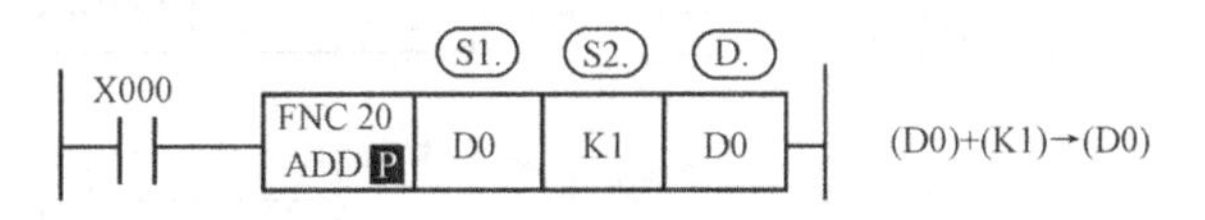

图 6-3-7　脉冲执行型加法运算

如图 6-3-8 所示的梯形图为网络从站点 1 的参数设置、进行网络通信的程序段。

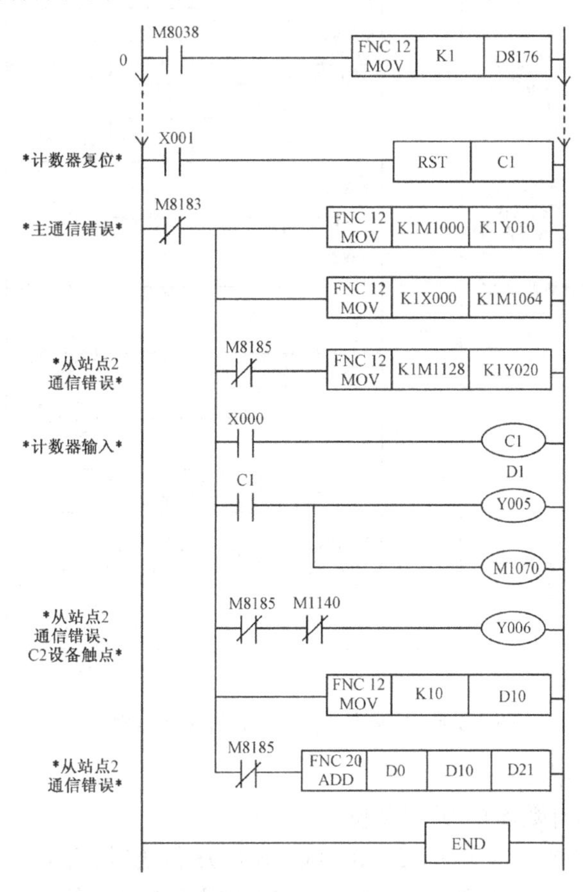

图 6-3-8　从站点 1 的参数设置及通信程序

- 第 0 步设置从站点号 1。
- X001 闭合对计数器 C1 复位。
- 主站点 0 通信正常，将主站点的 M1000～M1003 传送到本站点的 Y010～Y014。
- 将本站点的 X000～X003 状态信息传送到 M1064～M1067。
- 从站点 2 通信正常，将从站点 2 的 M1128～M1131 传送到本站点的 Y020～Y023。
- 利用主站点 D1 设置定时器 C1 计数设定值，C1 对本站点的 X000 计数脉冲计数。C1 计数到 10，则驱动本站点的 Y005 及 M1070 线圈。

- 从站点 2 通信正常且从站点 2 计数 C2 计数未到 10，则本站点的 Y006 有输出主站通信正常，将 K10 赋值给本站（从站点 1）点专用数据寄存器 D10。
- 从站点 2 通信正常，将主站点的 D0 与本站点的 D11 相加赋值给从站点 2 的 D21。

如图 6-3-9 所示的梯形图为网络从站点 2 的参数设置、进行网络通信的程序段。

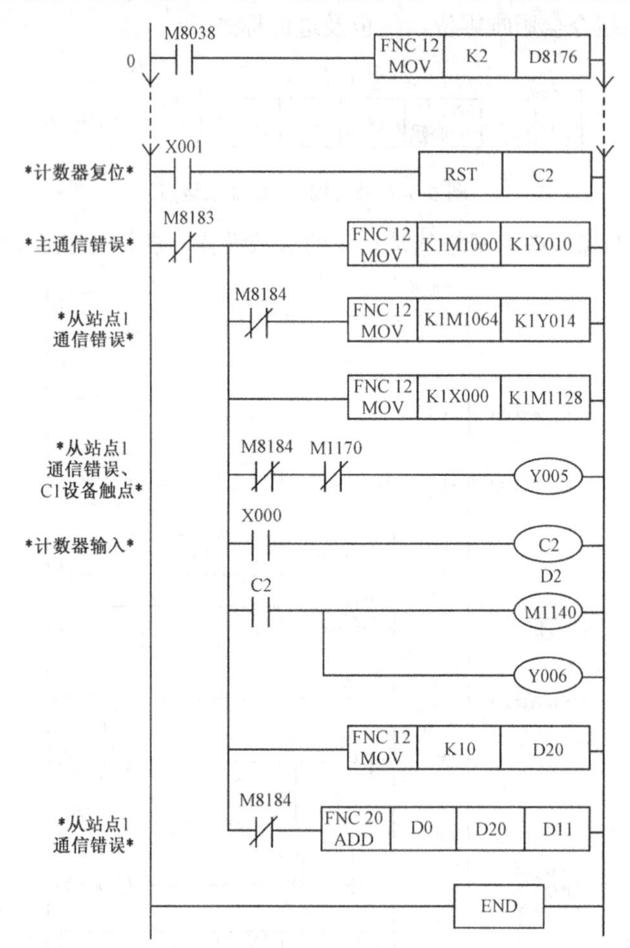

图 6-3-9　从站点 2 的参数设置及通信程序

- 第 0 步设置从站点 2。
- 本站点 X001 对计数器 C2 进行复位。
- 主站点 0 通信正常，将主站点的 M1000～M1003 传送到本站点的 Y010～Y014 从站点 1 通信正常，将从站点 1 的 M1064～M1067 传送到本站点的 Y014～Y017。将本站点的 X000～X003 状态信息传送到 M1128～M1131。
- 从站点 1 通信正常、从站点 1 中的 C1 未计数到 10 时，本站点的 Y005 输出。
- 本站点计数器 C2 对 X000 的计数脉冲进行计数，设定值为主站点的 D2 中的 K10。
- C2 计数到 10，本站点的 M1040 有输出、Y006 有输出。
- 主站通信正常将 K10 赋值给本站点的 D20。
- 从站点 1 通信正常，将主站点的 D0 与本站点 2 的 D20 相加赋值给从站点 1 的 D11。

通过分析上述 N∶N 网络通信系统具有如下功能：

（1）通过分配的主站点专用辅助继电器 M1000～M1003，将主站点 0 的 X000～X003 输入继电器状态信息对应传送到从站点 1 和 2 的输出继电器 Y010～Y013；也就是采用网络通信通过站点 1、2 可以反映出主站点的输入信息。

（2）通过分配的从站点 1 的专用辅助继电器 M1064～M1067，将从站点 1 的 X000～X003 输入继电器状态信息对应传送到主站点 0 的 Y010～Y013 输出继电器、从站点 2 的 Y014～Y017 输出继电器；同样可通过主站点 0、从站点 2 反映从站点 1 的输入信息。

（3）通过分配的从站点 2 的专用辅助继电器 M1128～M1131，将从站点 2 的 X000～X003 输入继电器状态信息对应传送到主站点 0、从站点 1 的 Y020～Y023 输出继电器；同样可通过主站点 0、从站点 1 能够反映从站点 2 的输入信息。

（4）利用分配给主站点数据寄存器 D1、D2 分别对从站点 1、2 中的 C1、C2 进行参数设置；并通过分配给从站点 1 的 M1070 将从将点 C1 的计数器工作状态传送到主站点 0、从站点 2 中；通过分配给从站点 2 的 M1140 将从站点 C2 的计数器工作状态传送到主站点 0、从站点 1 中。

（5）利用分配给主站点的数据寄存器 D0～D4、从站点 1 的 D10、D11 及从站点 2 的 D20、D21 能够进行主站点 0、从站点 1 及从站点 2 间的数据交换。

任务四 三菱 FX 系列 PLC 与变频器通信应用实例

【任务目的】

- 通过本任务进一步拓展对 PLC 的通信技术的应用认知，了解三菱常用系列变频器的 PU 通信方式、通信参数设置方法。
- 熟悉 PLC 的 ASCII 转换指令 ASCI、校验码指令 CCD 的格式及用法，通过对 PLC 与变频器的通信程序的解读，了解二者通信控制的实现方法。

想一想：

模块四中讨论了 PLC 对变频器的控制端施加开关信号实现多段速控制，该方式中变频器运行频率是通过手动参数设置实现的。现代控制设备中常需要根据控制过程中现场采集相关信息进行运算，再由运算结果对设备运行频率进行控制，多段速控制方式不能满足该要求。如何利用 PLC 实现对变频器的运行过程中频率的控制？

如图 6-4-1 所示为三菱 FX_{2N} 系列 PLC 与三菱变频器实现通信控制的连接示意图。E500、S500 系列是三菱公司在我国推广的最具代表性的变频器产品系列，除此之外还有 A500 系列、F500 系列及 F700 系列等。FX_{2N} 与变频器的 PU 端口通信可通过 FX_{2N}-485-BD 或 FX_{2NC}-485ADP（需配套 FX_{2N}-CNV-BD）实现，一台 PLC 最多可与 8 台变频器进行通信连接。

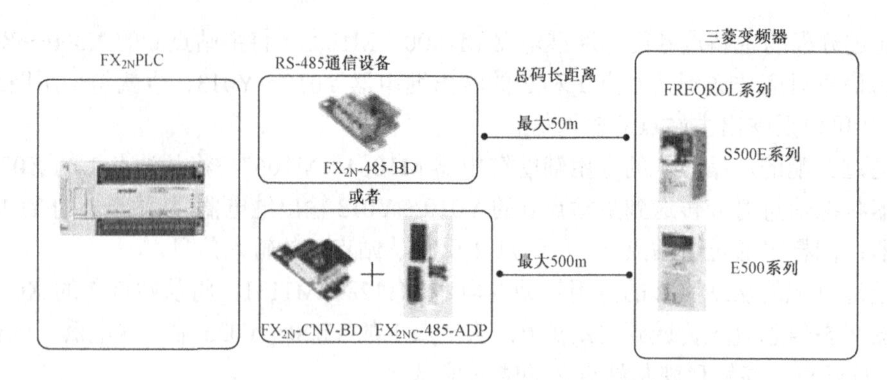

图 6-4-1　FX_{2N} 系列 PLC 与三菱变频器通信示意图

知识链接四

通信用转换指令的认知训练

在 PLC 与三菱变频器的通信控制中，对变频器工作方式的控制是通过 PLC 发送控制指令来实现的。通信技术中控制指令信息一般均采用 ASCII 码传送，FX_{2N} 系列 PLC 对外实现控制的指令 ASCII 是通过 ASCII 转换指令 ASCI 获取的。在数字通信技术中，为防止传输过程中由于干扰等因素导致的错误信息，除采取抗干扰措施外还常采取添加校验码来验证所接收数据的正确性，校验码 CCD 指令采用了和校验码验证来确保通信数据的正确性。

应用指令链接四　十六进制转换 ASCII 码的转换指令 ASCI

转换指令 ASCI 的格式及功能如图 6-4-2 所示。

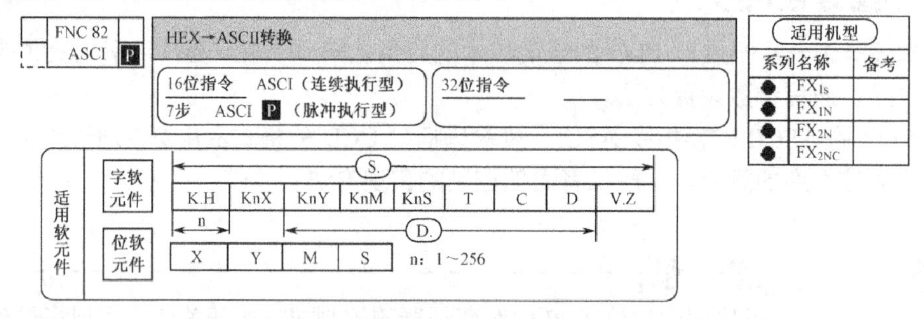

图 6-4-2　转换指令 ASCI 的格式及功能

功能：将（S.）指定的软元件起始地址顺序存放的 n 位十六进制数据，转换成 ASCII 码，以指定形式对应存储于（D.）指定编号开始的软元件中。

十六进制 HEX→ASCII 转换指令分 16 位数据转换模式和 8 位数据转换模式两种，用法示例如图 6-4-3 所示。

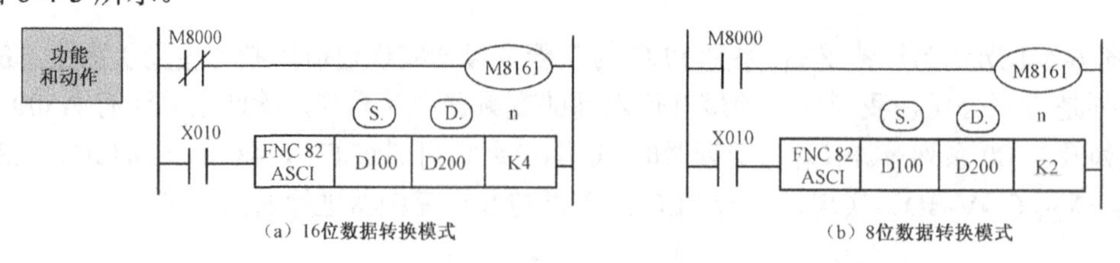

图 6-4-3　十六进制 HEX→ASCII 转换指令用法示例

“功能和动作”：在如图 6-4-3（a）所示的梯形图中，利用运行监控 M8000 的常闭触点驱动 M8161 线圈，则 PLC 运行时 M8161 为 OFF 状态，说明该指令执行 16 位数据转换模式。由（S.）指定的 D100 为开始位的十六进制 HEX 数据转换成 ASCII 码，并分别向（D.）指定 D200 开始的数据寄存器的低 8 位、高 8 位进行传送，转换字符数由 n 指定。此模式下 D200 开始的数据寄存器的低 8 位、高 8 位分别顺序存储一个字符的 ASCII 码。

表 6-4-1 中给出了 D100～D102 数据寄存器存储的 4 位十六进制数及每个字符所对应 ASCII 码，结合该表可理解该指令的 16 位转换模式的功能。

表 6-4-1　十六进制常见字符的 ASCII 码对照表

地址单元	存储数据	高位到低位对应 ASCII 码			
D100	0ABCH	30H	41H	42H	43H
D101	1234H	31H	32H	33H	34H
D102	5678H	35H	36H	37H	38H

当指令执行时，上述存储单元中十六进制字符转换成 ASCII 后的存储单元与指令中指定位数 n 间关系参见表 6-4-2。

表 6-4-2　16 位模式十六进制字符转换成 ASCII 码存储位置与存储参数关系表

(D.) \ N		K1	K2	K3	K4	K5	K6	K7	K8	K9
D200	低 8 位	[C]-43H	[B]-42H	[A]-41H	[0]-30H	[4]-34H	[3]-33H	[2]-32H	[1]-31H	[8]-38H
	高 8 位		[C]-43H	[B]-42H	[A]-41H	[0]-30H	[4]-34H	[3]-33H	[2]-32H	[1]-31H
D201	低 8 位			[C]-43H	[B]-42H	[A]-41H	[0]-30H	[4]-34H	[3]-33H	[2]-32H
	高 8 位				[C]-43H	[B]-42H	[A]-41H	[0]-30H	[4]-34H	[3]-33H
D202	低 8 位					[C]-43H	[B]-42H	[A]-41H	[0]-30H	[4]-34H
	高 8 位						[C]-43H	[B]-42H	[A]-41H	[0]-30H
D203	低 8 位							[C]-43H	[B]-42H	[A]-41H
	高 8 位								[C]-43H	[B]-42H
D204 低 8 位										[C]-43H

当 n 为 K1 时，将(D100)=0ABCH 的最低位 C 的对应十六进制 ASCII 码 43H 传送到 D200 的低 8 位中；当 n 为 K2 时，将（D100）=0ABCH 的最低位 C 的对应十六进制 ASCII 码 43H 传送到 D200 的高 8 位，将（D100）=0ABCH 的次低位 B 的对应十六进制 ASCII 码 42H 传送到 D200 的低 8 位中……而当 n 为 K4 时，0ABCH 中[C]、[B]、[A]、[0]（对应 ASCII 码）分别送入 D201 高 8 位、低 8 位、D200 高 8 位、低 8 位，16 位模式位的存放位置与存放方式如图 6-4-4 所示。可见 ASCI 指令从（S.）指定开始位顺序将 4 位十六进制数据按由低位到高位的顺序进行转化，并按（D.）指定起始寄存器按低位到高位存放，随 n 依次移动。一个十六进制源地址数据转化 ASCII 码后，完全存放需要两个十六进制目的地址数据寄存器。

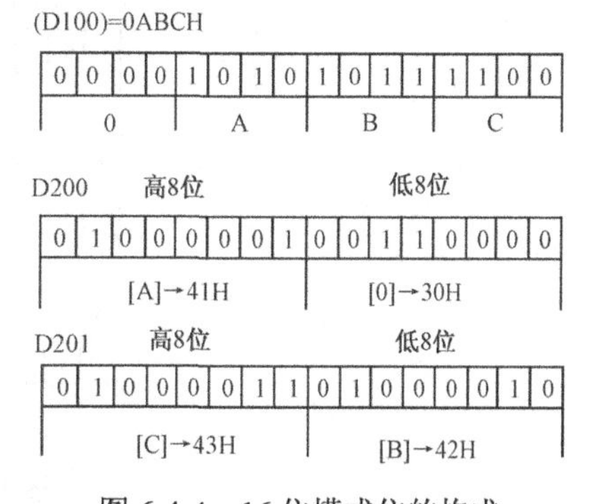

图 6-4-4　16 位模式位的构成

“功能和动作”：如图 6-4-3（b）所示的梯形图中，M8161 线圈受到运行监控 M8000 的驱动，ASCI 指令为 8 位转换模式，字符转换后对应 ASCII 存储单元与指令中 n 指定位数间关系参见表 6-4-3。

表 6-4-3　8 位模式十六进制字符转换后对应 ASCII 码存储位置与存储参数关系表

N (D.)	K1	K2	K3	K4	K5	K6	K7	K8	K9
D200 低 8 位	[C]-43H	[B]-42H	[A]-41H	[0]-30H	[4]-34H	[3]-33H	[2]-32H	[1]-31H	[8]-38H
D201 低 8 位		[C]-43H	[B]-42H	[A]-41H	[0]-30H	[4]-34H	[3]-33H	[2]-32H	[1]-31H
D202 低 8 位			[C]-43H	[B]-42H	[A]-41H	[0]-30H	[4]-34H	[3]-33H	[2]-32H
D203 低 8 位				[C]-43H	[B]-42H	[A]-41H	[0]-30H	[4]-34H	[3]-33H
D204 低 8 位					[C]-43H	[B]-42H	[A]-41H	[0]-30H	[4]-34H
D205 低 8 位						[C]-43H	[B]-42H	[A]-41H	[0]-30H
D206 低 8 位							[C]-43H	[B]-42H	[A]-41H
D207 低 8 位								[C]-43H	[B]-42H
D208 低 8 位									[C]-43H

不同于 16 位数据转换模式，ASCI 指令执行时将（S.）指定的 D100 为开始位的十六进制 HEX 数据转换成 ASCII 码，并按顺序向（D.）指定 D200 开始的数据寄存器的低 8 位进行传送，所占用存储单元地址数与转换字符数 n 相同。此模式下每一个指定数据寄存器的低 8 位只能存储一个字符的 ASCII 码，对应数据寄存器的高 8 位为无效位，如图 6-4-5 所示。

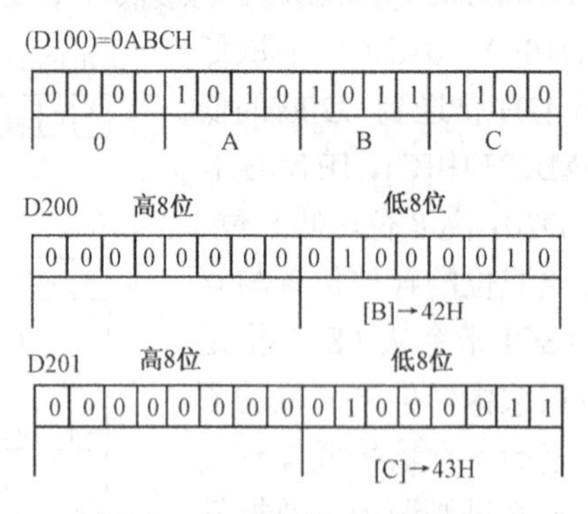

图 6-4-5　8 位模式位的构成

应用指令链接五：校验码指令 CCD

校验码指令 CCD 的格式及功能如图 6-4-6 所示。

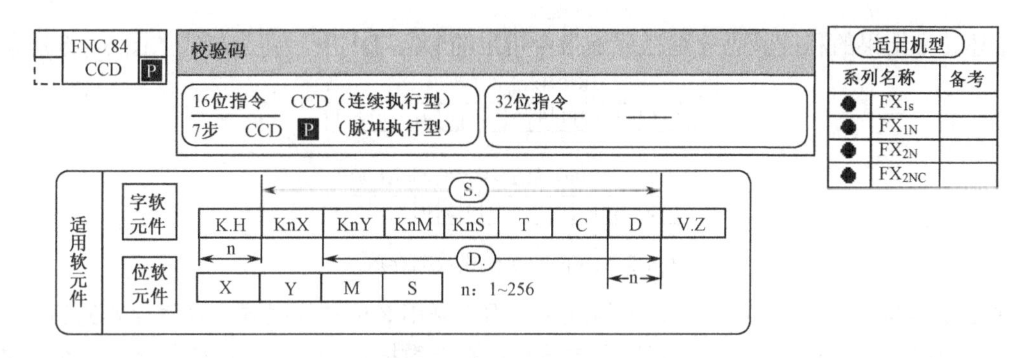

图 6-4-6 校验码指令 CCD 的格式及功能

功能：对以（S.）指定软元件起始地址顺序存放的 n 点数据，按高、低各 8 位数据进行求和及进行奇偶校验，结果分别存储于地址（D.）与（D.）+1 的软元件中。奇偶校验主要用于通信数据的校验。

校验码指令 CCD 的用法分 16 位数据转换模式和 8 位数据转换模式，两种模式的实现方法分别对应"功能和动作"，如图 6-4-7 所示。

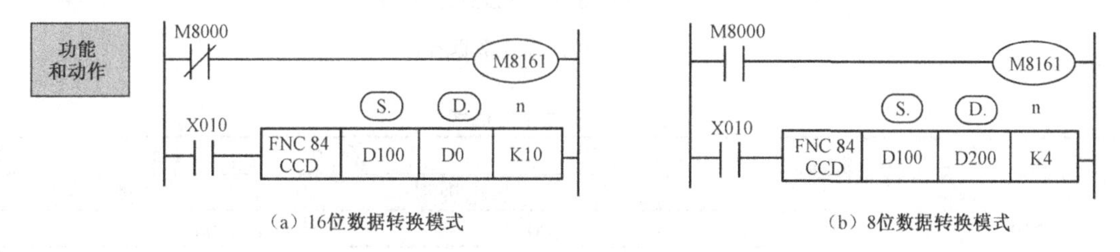

图 6-4-7 16 位数据转换模式与 8 位数据转换模式

在如图 6-4-7（a）所示的 16 位转换模式中，假设示例梯形图中（S.）指定 D100 开始时的 10 组数据参见表 6-4-4。指令执行时，由（S.）指定 D100 开始到 D104 的高、低 8 位二进制（共 10 组）参与求和运算得 K1091，此 10 组 BCD 码沿竖直向进行奇偶校验。若竖向 1 的个数为奇数则相应位校验码为 1；若为偶数则为 0，故对表 6-4-4 中数据校验结果为 10000101，参见表 6-4-4 中合计和奇偶校验栏。

表 6-4-4 16 位转换模式

（S.）源元件地址		存放数据	
		十进制	二进制数
D100	低 8 位	K100	01100100
	高 8 位	K111	01101111
D101	低 8 位	K100	01100100
	高 8 位	K98	01100010
D102	低 8 位	K133	01111011
	高 8 位	K66	01000010
D103	低 8 位	K100	01100100
	高 8 位	K95	01011111
D104	低 8 位	K210	11010010
	高 8 位	K86	01011000
合计		K1091	—
奇偶校验		10000101	

上述转换结果的和校验码分别存放于指令指定的D0、D1中，存放形式如图6-4-8所示。

D0　K1091对应BCD码

0	0	0	0	0	1	0	0	0	1	0	0	0	0	1	1

D1　D100～D104中10组高低8位BCD奇偶校验码

0	0	0	0	0	0	0	0	1	0	0	0	0	1	0	1

6-4-8　16位转换模式数据存放

在如图6-4-7（b）所示的8位转换模式中，由于采用8位转换模式，则寄存器的高8位无效。当梯形图n为K4时，该指令指定存放运行的有效数据为D100～D103低8位部分。故有效数据的和为K433，则针对低8位的奇偶校验码为00011111，8位转换模式数据存放如图6-4-9所示，8位转换模式参见表6-4-5。

D0　K433对应BCD码

0	0	0	0	0	0	0	1	1	0	1	1	0	0	0	1

D1　D100～D103中四组高低8位BCD奇偶校验码

0	0	0	0	0	0	0	0	0	0	0	1	1	1	1	1

图6-4-9　8位转换模式数据存放

表6-4-5　8位转换模式

（S.）源元件地址		存放数据	
		十进制	二进制数
D100	低8位	K100	01100100
	高8位	K111	01101111
D101	低8位	K100	01100100
	高8位	K98	01100010
D102	低8位	K133	01111011
	高8位	K66	01000010
D103	低8位	K100	01100100
	高8位	K95	01011111
D104	低8位	K210	11010010
	高8位	K86	01011000
合计		K433	—
奇偶校验		00011111	

专业技能培养与训练

三菱变频器PU通信口的识别与通信参数的设置训练

一、三菱变频器PU通信口的识别

拆卸下变频器前盖面板或辅助面板，观察三菱变频器PU通信口。三菱系列变频器的PU通信口功能端排列顺序如图6-4-10所示，各功能端的名称、用途内容参见表6-4-6。

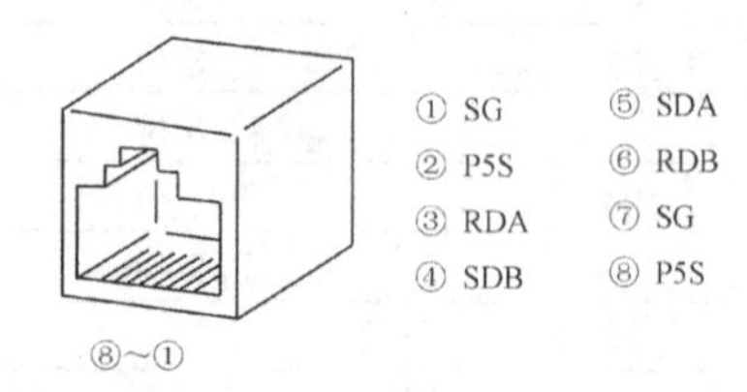

图6-4-10　三菱变频器PU通信口

表 6-4-6　变频器 PU 口功能端定义

插针编号	名称	内容	插针编号	名称	内容
①	SG	接地（与端子⑤导通）	⑤	SDA	变频器发送+
②	—	参数单元电源	⑥	RDB	变频器发送-
③	RDA	变频器接收+	⑦	SG	接地（与端子⑤导通）
④	SDB	变频器接收-	⑧	—	参数单元电源

变频器的 PU 通信口与外部连接采用 RJ−45 插头，将 RJ−45 引出线与三菱 FX_{2N} 系列 PLC 的通信扩展板 FX_{2N}-485-BD 进行连接，FX_{2N}-485-BD 与 PU 通信口各功能端连接方法参见表 6-4-7。

表 6-4-7　通信口功能端连接

FX_{2N}-485-BD	PU 引脚编号及名称
RDA	⑤SDA
RDB	④SDB
SDA	③RDA
SDB	⑥RDB
SG	①SG

注意：请勿连接至 PC 的 LAN 端口、FAX 调制解调器用插口或电话用模块接口等。由于电气规格不一致，可能会导致产品损坏。

二、三菱变频器的通信参数设置

在 PLC 与变频器之间进行通信，必须对变频器进行初始通信参数的设定，如果没有进行初始设定或存在错误设定，数据将不能进行传输。在每次参数初始化设定完成时，均需要复位变频器，如果改变与通信相关的参数后，变频器没有复位，通信也将不能进行。A500\E500\F500\F700 系列变频器的通信参数设置要求与说明参见表 6-4-8。

表 6-4-8　A500\E500\F500\F700 系列变频器通信参数说明

性能参数	参数号	名　称	设定值	说　明
通信参数	Pr.117	站号	0	设定变频器站号为 0
	Pr.118	通信速率	96	设定波特率为 9600b/s
	Pr.119	停止位长/数据位长	11	设定停止位 2 位，数据位 7 位
	Pr.120	奇偶校验有/无	2	设定为偶校验
	Pr.121	通信再试次数	9999	即使发生通信错误，变频器也不停止
	Pr.122	通信校验时间间隔	9999	通信校验终止
	Pr.123	等待时间设定	9999	用通信数据设定
	Pr.124	CR、LF 有/无选择	0	选择无 CR、LF
模式参数	Pr.79	变频器工作方式	1	PU 操作模式

注：对于 Pr.122 参数要求一定设置为 9999，否则当通信结束以后且通信校验互锁时间到时变频器会产生报警并停止（E.PUE）。在 F500、F700 系列变频器上设定上述通信参数，首先须将 Pr.160 设为 0。

对于 S500 系列变频器（带 R 参数）的通信参数设置要求与说明参见表 6-4-9（设定通信参

数时须先设定 Pr.30 为 1）。

表 6-4-9　S500 系列变频器（带 R 参数）的通信参数设置

性能参数	参数号	名　称	设定值	说　明
通信参数	n1	站号	0	设定变频器站号为 0
	n2	通信速率	96	设定波特率为 9600b/s
	n3	停止位长/数据位长	11	设定停止位 2 位，数据位 7 位
	n4	奇偶校验有/无	2	设定为偶校验
	n5	通信再试次数	—	即使发生通信错误，变频器也不停止
	n6	通信校验时间间隔	—	通信校验终止
	n7	等待时间设定	—	用通信数据设定
	n8	运行指令权	0	指令权在计算机
	n9	速度指令权	0	指令权在计算机
	n10	联网启动模式选择	1	用计算机联网运行模式启动
	n11	CR、LF 有/无选择	0	选择无 CR、LF
模式参数	Pr.79	变频器工作方式	0	PU 操作模式

三、三菱 PLC 的通信参数设置

在与采用专用协议的计算机连接或采用 RS 指令的无协议通信时，均需要对 PLC 的 D8120 所含波特率、数据长度、奇偶校验、停止位和协议格式等进行设定。对于利用 RS-485 实现与三菱变频器通信时的 D8120 参数设置参见表 6-1-1，表 6-4-10 为本例 D8120 的设置，该参数 H008F 含义：通信的数据长度 8 位、采用偶校验方式、2 位停止位，波特率为 19200b/s，无标题符和终结符，不添加和校验码，采用无协议通信（RS-485）。

表 6-4-10　基于 RS-485 的 FX 系列 PLC 与三菱变频器的通信参数设置表

b15	b14	b13	b12	b11	b10	b9	b8	b7	b6	b5	b4	b3	b2	b1	b0
0	0	0	0	0	0	0	0	1	0	0	1	1	1	1	1
0				0				8				F			

四、变频器的状态控制指令与通信数据

三菱变频器的状态控制指令含状态代码和指令参数两部分，均采用十六进制数表示。表 6-4-11 为三菱变频器的基本状态控制指令，当变频器接收到状态代码 HFA 及指令参数 H02 时进入正转状态（参照 E500 系列使用手册）。

表 6-4-11　三菱变频器的基本状态控制指令

指 令 名 称	状 态 代 码	指 令 参 数
正转	HFA	H02
反转	HFA	H04
停止	HFA	H00
频率写入	HED	H0000～H9C40
频率读出	H6D	H0000～H9C40

在从PLC至变频器的通信数据中，状态控制指令必须转换成ASCII的形式。表6-4-12为部分控制字符、指令参数的ASCII码对照表。

表6-4-12 部分控制字符、指令参数的ASCII码对照表

字符	0	1	2	3	4	5	6	7
ASCII	H30	H31	H32	H33	H34	H35	H36	H37
字符	8	9	A	B	C	D	E	F
ASCII	H38	H39	H41	H42	H43	H44	H45	H46

PLC与变频器控制数据的通信常用格式为A′格式，表6-4-13为变频器正转控制通信数据格式的组成，具体由ENQ通信询问信号、变频器站号、状态代码、等待时间、指令代码、总和校验及CR/LF代码顺序组成，等待时间由变频器参数Pr.123进行设置。为保证通信数据的正确性，需要对变频器站号、状态代码、指令代码的ASCII码进行求总和，即

$$H30+H30+H46+H41+H30+H32=H149$$

取求和运算结果H149的低8位数据，把低8位H49作为总和校验码。并将总和校验H49转化ASCII码对应为H34、H39。用同样的方法也可获得变频器反转控制的总和校验码为H4B，反转总和校验的ASCII码为H34、H42，而对变频器的正、反转的停止控制总和校验对应的ASCII码为H34、H37。

表6-4-13 三菱变频器正转控制通信数据组成

内容 \ 项目	ENQ	变频器站号	状态代码	等待时间	指令代码	总和校验	CR/LF代码
字符		00	FA		02	49	
ASCII	H05	H30、H30	H46、H41		H30、H32	H34、H39	

五、PLC与变频器通信用PLC程序识读

如图6-4-11所示为PLC与三菱变频器采用通信方式进行正转、反转、停止及频率写入控制的PLC梯形图。

结合控制梯形图程序的功能说明，可以对PLC与变频器的通信方式、通信格式等要求、用法进一步理解。在通信控制程序中，对于通信RS指令可以多次使用，但同一时刻只能执行其中一条，由RS指令的特点决定了控制过程中正、反转的联锁措施，编程可不必考虑联锁。程序中M10、M11、M12、M13分别对应正转、反转、停止及频率写入的状态标志，与相应的控制按钮相对应，在程序调试运行控制中可用X000～X003分别顺序替代。本例中D1000的频率参数写入的方法，在梯形图回路块1中添加MOV K□□ D1000，其中十进制频率“□□”设定值范围0～400Hz，设置最小单位0.01Hz。当X003（M13）接通时将设定频率写入变频器实现运行频率的改变，按下X000（M10）电动机正转，按X001（M11）电动机反转，按X002（M12）则电动机停止运行。

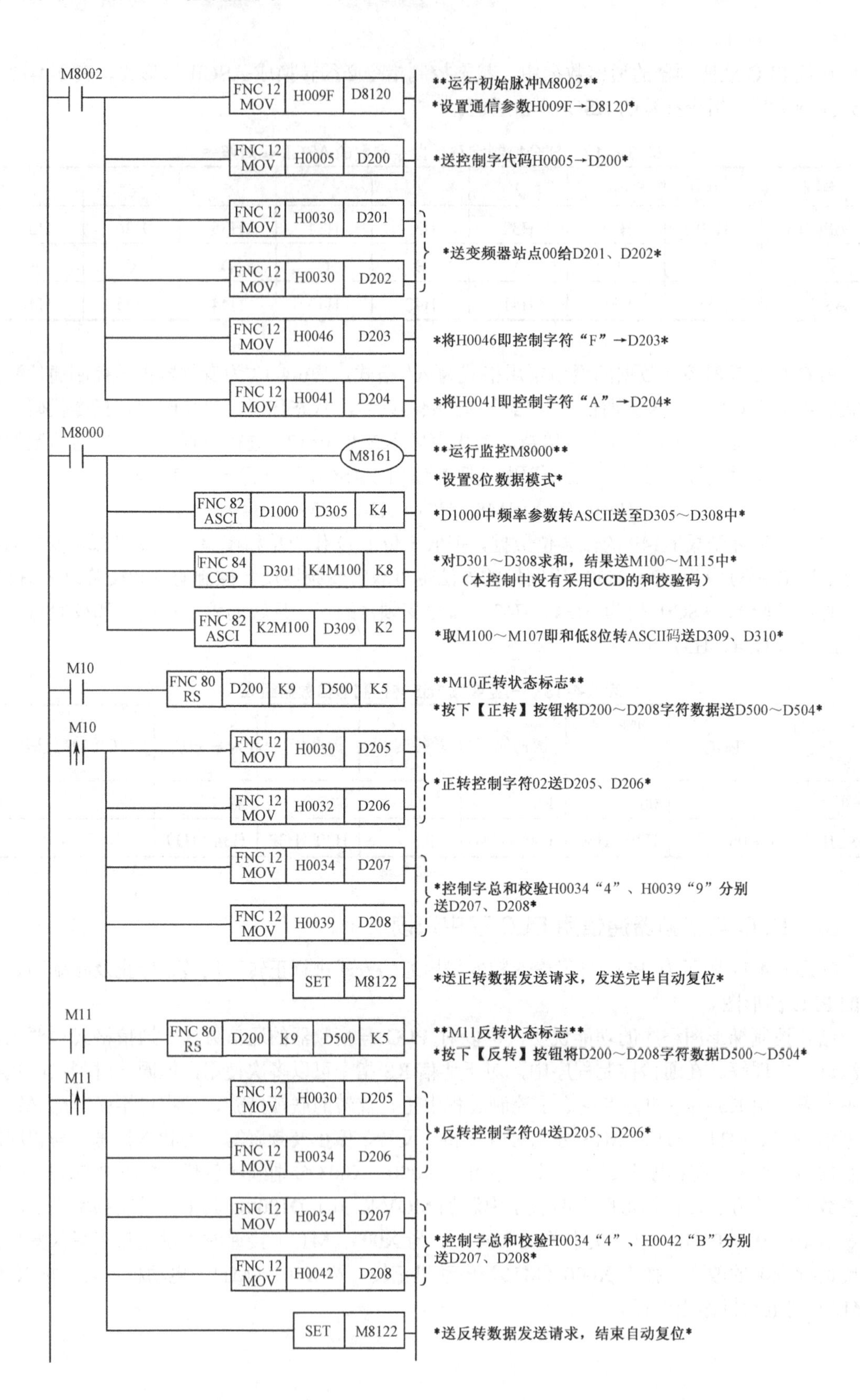
M8002
FNC 12 MOV H009F D8120
运行初始脉冲M8002
设置通信参数H009F→D8120
FNC 12 MOV H0005 D200
送控制字代码H0005→D200
FNC 12 MOV H0030 D201
FNC 12 MOV H0030 D202
送变频器站点00给D201、D202
FNC 12 MOV H0046 D203
将H0046即控制字符“F”→D203
FNC 12 MOV H0041 D204
将H0041即控制字符“A”→D204
M8000
M8161
运行监控M8000
设置8位数据模式
FNC 82 ASCI D1000 D305 K4
D1000中频率参数转ASCII送至D305～D308中
FNC 84 CCD D301 K4M100 K8
对D301～D308求和，结果送M100～M115中
（本控制中没有采用CCD的和校验码）
FNC 82 ASCI K2M100 D309 K2
取M100～M107即和低8位转ASCII码送D309、D310
M10
FNC 80 RS D200 K9 D500 K5
M10正转状态标志
按下【正转】按钮将D200～D208字符数据送D500～D504
M10
FNC 12 MOV H0030 D205
FNC 12 MOV H0032 D206
正转控制字符02送D205、D206
FNC 12 MOV H0034 D207
FNC 12 MOV H0039 D208
控制字总和校验H0034“4”、H0039“9”分别送D207、D208
SET M8122
送正转数据发送请求，发送完毕自动复位
M11
FNC 80 RS D200 K9 D500 K5
M11反转状态标志
按下【反转】按钮将D200～D208字符数据D500～D504
M11
FNC 12 MOV H0030 D205
FNC 12 MOV H0034 D206
反转控制字符04送D205、D206
FNC 12 MOV H0034 D207
FNC 12 MOV H0042 D208
控制字总和校验H0034“4”、H0042“B”分别送D207、D208
SET M8122
送反转数据发送请求，结束自动复位

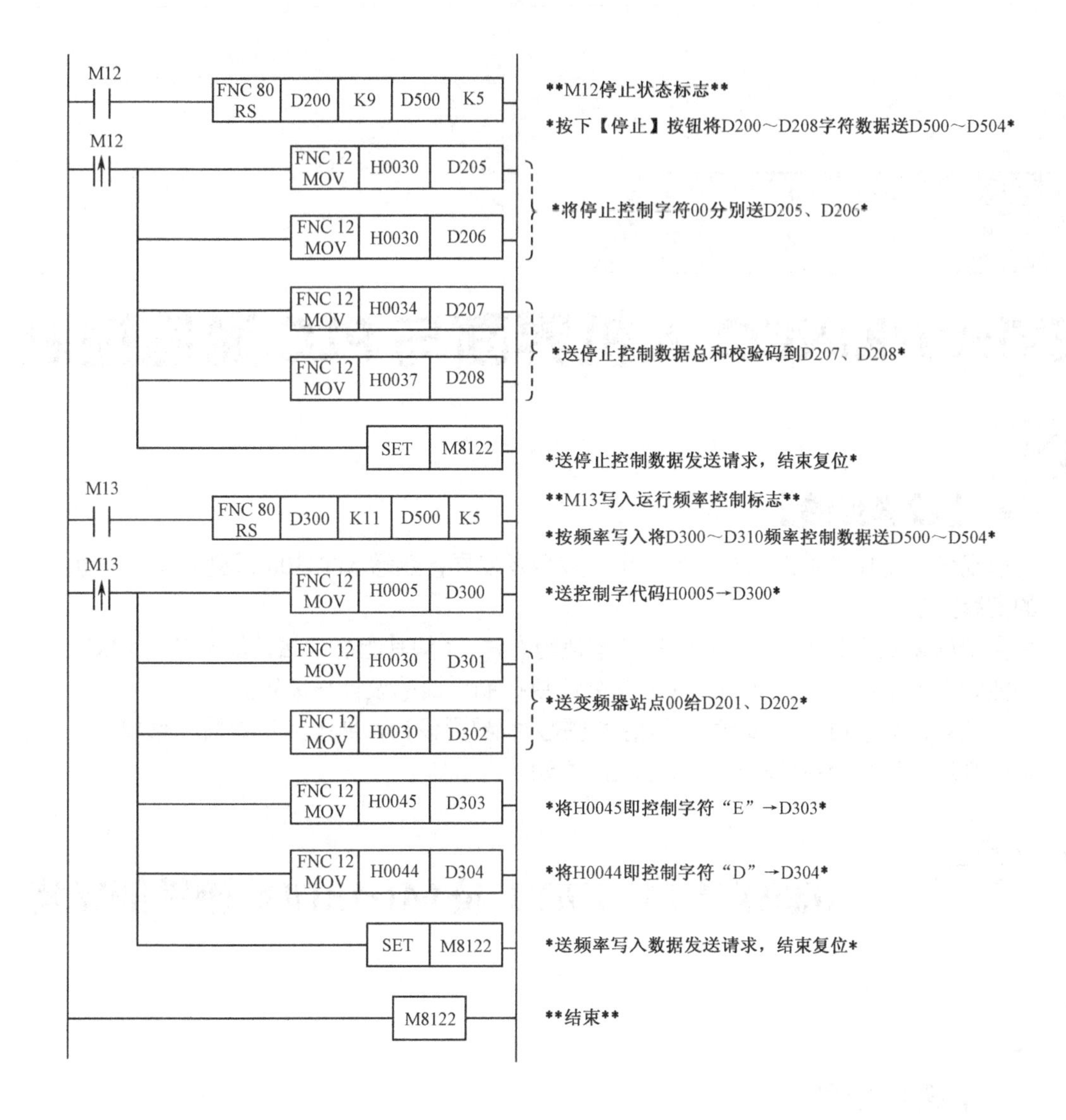

图 6-4-11　三菱变频器的 LC 通信控制梯形图

思考与训练：

（1）试比较校验码 CCD 指令中“和”与“校验码”、变频器通信 A′ 格式中“总和校验码”的区别。

（2）参照表 6-4-13 并结合变频器正转控制的总和校验码求法，试分别练习计算控制变频器反转、停止的总和校验码。

>>> 模块七

EVIEW/KINCO 人机界面与 PLC 通信控制

【教学目的】

- 了解现代控制技术中人机界面的作用、应用及发展，熟悉 MT4300 系列 eView 人机界面的安装方法。
- 学会 eView 的组态软件 EV5000 的基本使用方法，了解其组态编辑功能及常用 PLC 元件、功能元件的功能、设置使用方法，学会简单控制界面的设计与编辑。
- 结合 FX_{2N} 系列 PLC 与变频器通信控制的人机界面设计，熟悉人机界面的菜单、窗口的设置方法，学会模拟仿真和设计调试的方法。

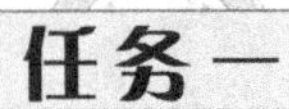

任务一 组态软件 EV5000 及 MT4300C 硬件的安装

【任务目的】

- 了解人机界面的应用、功能特点，对 eView 触摸屏主流产品主要性能、功用及使用方法形成一定认识。
- 学会 EV5000 组态软件的安装方法，学会 MT4300C 触摸屏的基本安装方法。
- 能够识别 MT4300C 等产品的接口类型、功能、使用方法，能够对 MT4300C 的工作方式有所了解。

想一想：

当我们步入银行选择自助 ATM 服务、进入高铁车站选择自动售票时，便捷的操作带来的革新已悄然改变着我们的生活方式。同样在现代生产设备的控制技术中，已越来越多地使用这种图形界面的操作控制方式，这种控制方式是如何实现的，我们能否自己学会开发？

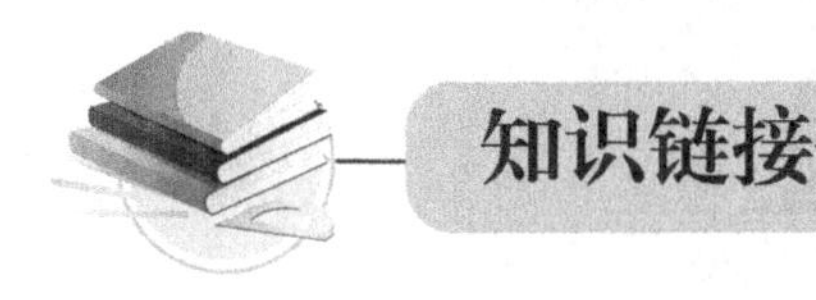

eView 人机界面的认知

如图 7-1-1 所示，人机界面是现代控制技术中搭建于操作人员与机器设备间双向沟通的桥梁，是一种可以摆脱传统设备面板操作方式向实现现代数字设备控制转化的操作平台。利用人机界面，用户可以自由地通过组合文字、按钮、图形、数字等构建控制界面，并适时监控、分析现场设备加工信息，并辅之以实现设备控制的自动化。随着可编程控制技术的发展与运用，使用人机界面不仅可以使机器的配线标准化、简单化，同时能有效地减少 PLC 控制器所需的 I/O 点数，降低生产成本，同时由于面板控制的小型化及高性能，相对地提高了控制设备的工业产品附加值。

图 7-1-1　触摸屏界面

随着科技的飞速发展，越来越多的机器与现场操作都趋向于使用人机界面，PLC 强大的功能及复杂的数据处理更需要一种功能与之匹配而操作简便的人机界面，工控触摸屏 HMI 的应运而生无疑是 21 世纪自动化领域里的一个巨大的革新。

触摸屏作为一种新型的人机界面，从一出现就受到关注，它的简单易用，强大的功能及优异的稳定性使其他广泛运用于现代工业控制及日常生活中，如自动化停车设备、自动洗车机、生产线监控等，甚至可用于智能大厦管理、图书馆查询管理系统，以及现代会议厅的声、光、温度的控制等。

eView、Kinco 是步科电气旗下触摸屏产品的两个系列品牌，是我国工业人机界面领域的优秀代表，在国内工控产品中占有领先的地位。其人机界面产品系列包括：高性能、开放嵌入式人机界面的 MT6000 系列，高端应用型 MT5020 系列，普及应用型 MT4000/4000E 系列及 MT500，MD200 和 MD300 低成本系列。因其具有完整的高、中、低端系列产品、人性化的组态环境、优良的性价比为业内所推崇。eView 人机界面在 2005 年中国工控网举办的年度“工控 TOP10”评选中荣获“最有影响的人机界面品牌第一名”，并获得美国 Control Engineering 杂志评选的“2005 年度最佳产品奖”。

MT5000、MT4000 是步科电气旗下全新一代的面向工业过程控制嵌入式触摸屏人机界面，具有以下主要特点：使用高速低功耗嵌入式 RISC CPU 及嵌入式操作系统，可获得较高的处理速度，操作更流畅；采用 65536 色 TFT 真彩显示具有更丰富的色彩，显示图形细腻、生动；MT4000/ MT5000 系列全面支持 USB 高速接口，MT5000 更能支持以太网，满足了现代网络化控制的需求；具有操作简单易用、运行稳定可靠及较高性价比等特点。

对于 eView 人机界面的功能配置，可以结合如图 7-1-2 所示的典型 eView 普及型产品 MT4300C 的背板来认识，用法在下面技能训练中将予以介绍。

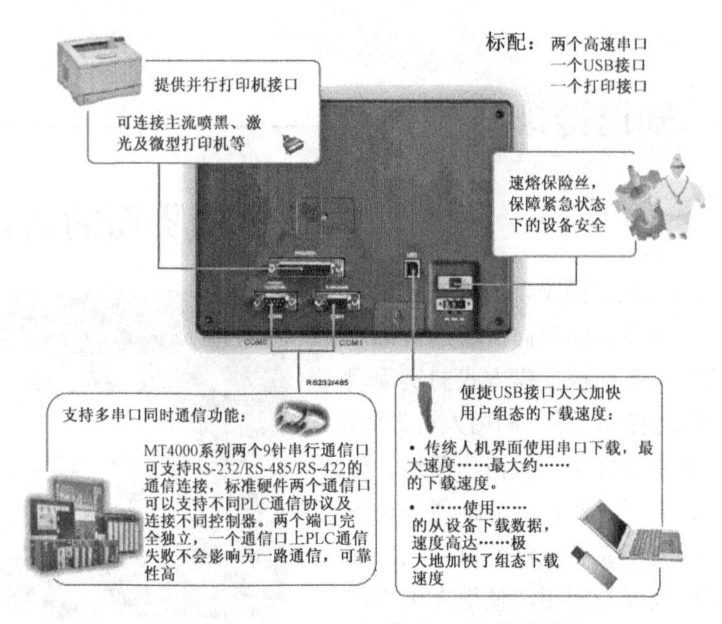

图 7-1-2　MT4000/5000 系列 HMI 背板配置

专业技能培养与训练

EV5000 组态软件及 HMI 硬件的安装

EV5000 作为 eView 主流人机界面 MT4000/5000 的组态界面的设计软件，其安装环境要求如下：

（1）硬件要求计算机 CPU 为 INTEL Pentium II 及以上、内存不低于 128MB（推荐 512MB）、硬盘为 2.5GB 以上且最少留有 100MB 以上的磁盘空间（推荐 40GB 以上）、4 倍速以上光驱、支持分辨率 800×600、16 位色以上的显示器（推荐 1024×768、32 位真彩色以上）且要求具有 RS-232 通信接口及 USB 接口（USB1.1 以上）。

（2）软件要求操作系统为 Windows 2000/ Windows XP 或 VASTA。

一、组态软件 EV5000 安装步骤与方法

（1）将 EV5000 的安装光盘放入光驱，计算机将通过 Autorun.exe 自动运行并执行安装程序，或者打开安装文件夹，执行安装文件夹下的 Setup.exe 进行安装。运行安装文件后进入安装向导的系统版本检测界面，屏幕显示如图 7-1-3 所示。

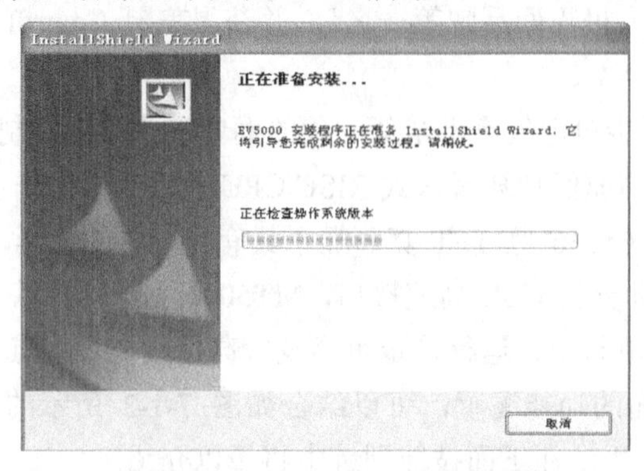

图 7-1-3　EV5000 安装向导

当系统版本检测完成后自动切换到如图 7-1-4 所示的安装向导的欢迎界面，单击欢迎界面中的下一步按钮。

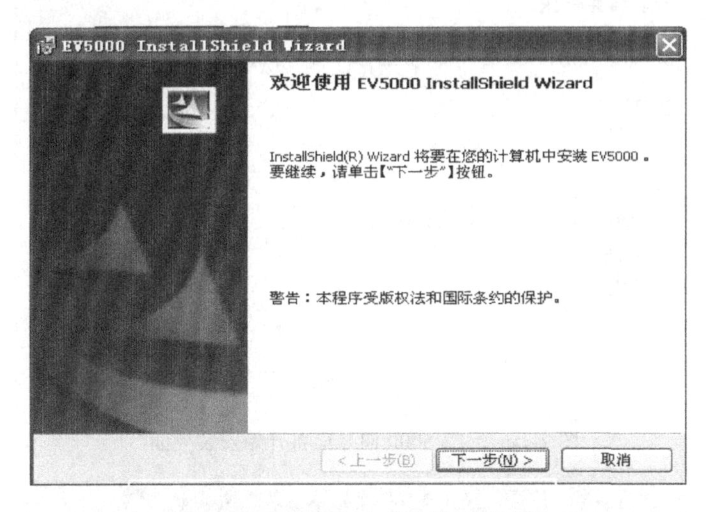

图 7-1-4　EV5000 安装向导欢迎界面

（2）在如图 7-1-5 所示的安装向导的用户信息界面中，可根据需要输入个信息：用户名及单位，其余默认，继续单击下一步按钮。

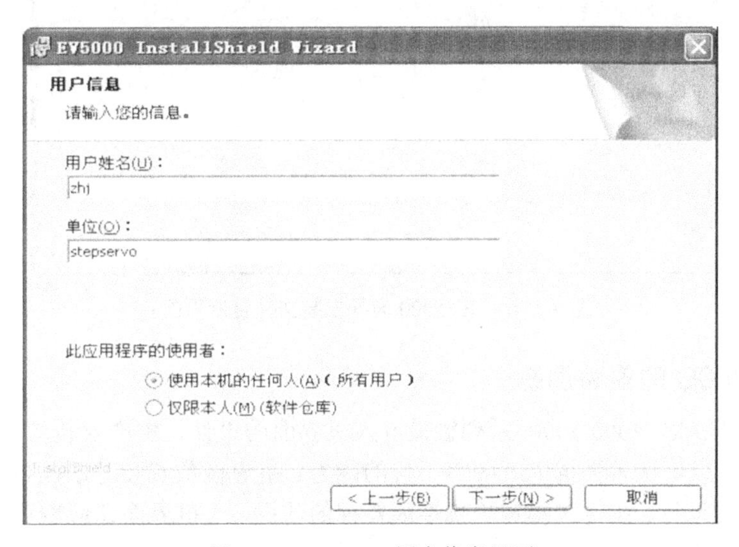

图 7-1-5　EV5000 用户信息界面

在如图 7-1-6 所示的向导准备开始安装界面中，单击安装按钮，进入如图 7-1-7 所示的向导安装文件复制界面，等待复制完成后下一步按钮生效并单击此按钮。

（3）在弹出的对话框中单击完成按钮，组态软件 EV5000 安装完成，安装完成后可以通过执行该软件进行安装效果的检验。

组态软件 EV5000 的运行方法：同 Windows 应用程序的执行方法一样，利用在开始→程序→Stepservo→ev5000 下找到相应的 EV5000 执行程序或者采取双击桌面上 EV5000 的图标的方法。程序的关闭可用窗口关闭按钮或文件菜单下的退出按钮实现。

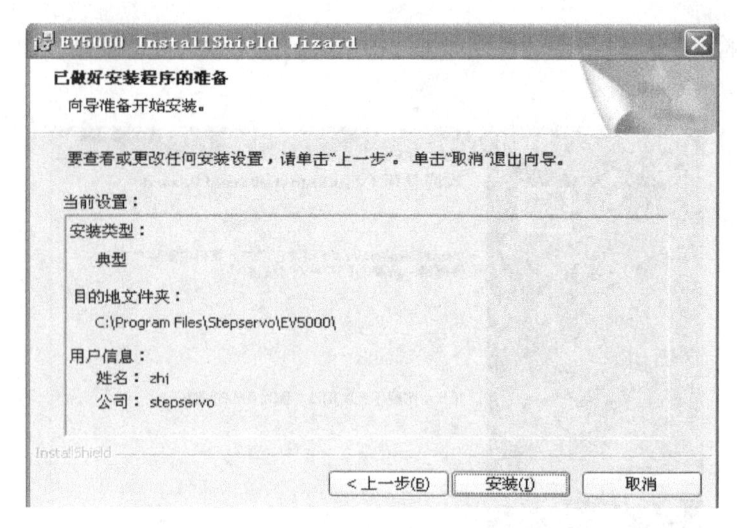

图 7-1-6　EV5000 向导准备开始安装界面

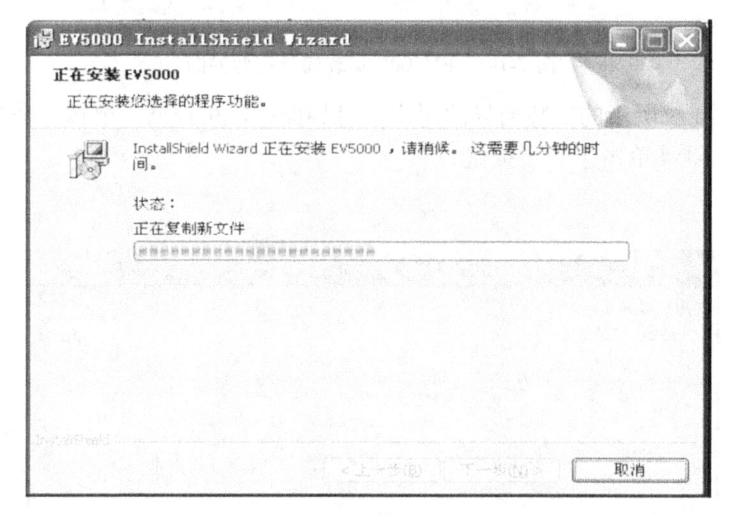

图 7-1-7　EV5000 向导安装文件复制界面

二、MT4300C 的安装训练

基本安装要求：MT4000/5000 系列触摸屏人机界面的设计、生产安装均要求遵循欧洲 CE 电气的认证标准，以确保较强抗电气噪声干扰的能力。用户设备安装时规范布线和良好接地措施是保证设备正常运行、抗电气噪声干扰性能发挥的前提，人机界面还应避免在有强烈的机械振动环境中安装使用。

1．工作电源的要求与电源连接操作

MT4000/5000 系列触摸屏的工作电源参数：输入电压为直流 24V±15%，设备启动电流小于 1.2A，工作电流小于 600mA。

1）安全保障措施

如果产品上电后 2s 内显示屏没有显示，需要立即断开电源，检查接线正确后才能再次通电。MT4000/5000 系列触摸屏内部设有一个快速熔丝，可以在直流电源的极性接反时起到保护作用。为符合电气安全规范，在使用 HMI 人机界面的任何控制系统中必须提供紧急停止控制措施（如急停开关）。

2）电源安装的操作

（1）观察开关电源，核查电源参数是否与上述参数相吻合，可选取直流 24V、输出电流 1.5A 及以上的开关电源作为 HMI 的供电电源。

（2）按用电规范选取适当长度绝缘软导线，线端采取压接端子方式处理，将开关电源正、负极及接地端对应与 HMI 的电源端子连接。

（3）接通电源，观察 HMI 的启动、主界面画面。

三、通信端口的识别与设备连接安装的训练

1．串行接口功能认知与连接训练

1）串行接口功能

MT5000/4000 系列 HMI 设置有两个串行接口，为 9 引脚 D 型连接件形式，分别标记为 COM0、COM1 口。两接口区别之一在于 COM1 为公头插座，COM2 为母头插座；区别之二在于引脚的 PIN7 和 PIN8 的定义不同。两个串行接口引脚定义及排列如图 7-1-8 所示。

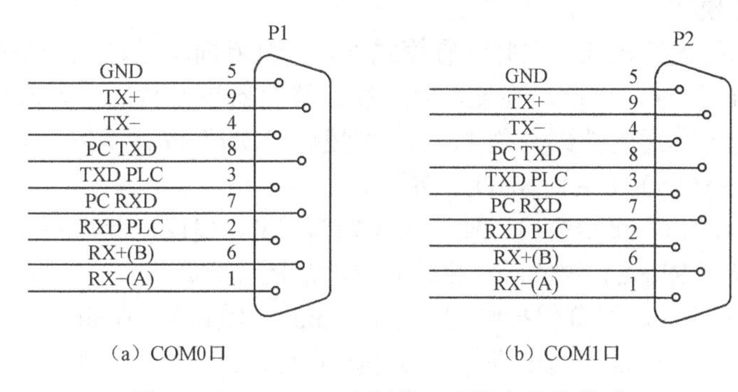

（a）COM0口　　（b）COM1口

图 7-1-8　MT4300 串行接口引脚定义及排列

COM0 通信端口为 9 引脚公座 D 型插座形式，用于实现 MT4000/5000 和具有 RS-232/485/422 通信端口的控制设备间的连接，此端口可通过一条专用的通信电缆（P/N： MT5000-PC）实现与 PC 通信连接，用于进行 MT4000 的界面设计与、调试。COM1 通信端口为 9 引脚母座 D 型插座形式，用于 MT4000/5000 系列触摸屏人机界面和具有 RS-232 通信端口控制器的连接。

Mitsubishi FX_{2N} 系列 PLC 可以通过基本单元上的编程通信端口与 eView 触摸屏连接，也可以通过扩展通信接口板 RS-232-BD 或者 RS-485-BD 来连接。

2）设备连接训练

（1）观察 HMI 背部 COM0、COM1 通信端口，区分 9 引脚 D 型公、母通信插座形状的异同。

（2）利用随机连接附件，练习 HMI 的 COM1 端口与三菱 PLC 的编程 RS-422 口的连接。

2．高速 USB 接口

产品背部的 USB 接口可以用于实现组态数据的高速下载，采用通用 USB 通信电缆和 PC 连接可有效地加快数据下载的速度，且不需要设置当前触摸屏的 IP 地址。在实现 PC 与 HMI 间的通信时首选 USB 接口，此 USB 接口仅限于与 PC 的连接，进行用户组态程序下载和 HMI 系统参数的设置，不能用于 USB 打印机等外围设备的连接。

利用随机 USB 连接附件，练习识别 USB 接口、实现 HMI 与 PC 的连接。

3．PRINTER 并行打印口

设备背板的 PRINTER 接口为打印机专用并行接口，只能用于与打印机的连接。

四、Dip 拨码开关与工作方式的认知

在 MT4000/5000 的背部设置有 SW1、SW2 两位 Dip 拨码开关，两位开关 SW1、SW2 组合可实现 HMI 的四种工作模式，熟悉四种工作方式可帮助用户正确使用 HMI 并在设备异常时能采取相应处理措施。

（1）OFF、OFF 应用（在线工作）模式。在线工作是 MT4000/5000 触摸屏产品的正常工作模式；触摸屏将会显示已经下载工程的起始画面，并接收用户已定义的相关操作请求。

（2）OFF、ON 触控校正模式。在此工作模式下触摸屏幕时，屏幕上会相应显示一个“+”符号，用于实现触摸屏的触控精度的校正。

校正触控：把拨码 1 置于“OFF”位置，2 置于“ON”位置。跟随“＋”触控，听到“嘀”声响，一直触控到“+”消失即可，把拨码 1、2 全部拨到“OFF”位置，再按一下“RESET”键即可完成精度的校正。

（3）ON、OFF 固件更新与基本参数设置模式。用于更新固件，设置 IP 地址等底层操作，一般用户不应使用此模式。

（4）ON、ON 系统设置模式。在此设置模式下，人机界面将启动到一个内置的系统设置界面，用户可以进行 IP 地址，日期，亮度，对比度，蜂鸣器等参数的设置操作。

①设置方法。把屏幕后的拨码开关 1、2 全部拨到“ON”位置，按一下“RESET”键，出现 eView MT4000 或 MT5000 系列 SETUP 界面。

②Startup Window No。起始窗口，默认为起始窗口 0。建议对此项不做修改，一旦修改再重新下载或者对触摸屏 RESET 复位后，将跳到修改后的窗口。

③Backlight saver time。屏幕保护时间，单位：min。默认为 10min。当这个参数为 0 时，不进行屏幕保护，用户可以根据需要进行屏幕保护的设置。有些小屏的 SETUP 在一个窗口上显示不完，可单击“Next”进入下一页，单击“Back”则返回前一页。

④校正时间。年，月，日，时，分，秒是否为当前时间；如时间不一致，可以手动进行时间的校正。

⑤IP Address Setup。IP 地址设置，用于修改目标屏的 IP 和端口号（PORT），在修改 IP 和端口号后需要复位（RESET）触摸屏。

⑥Buzzer Disabled。蜂鸣器的启用/关闭。设置了蜂鸣器后也需对触摸屏复位处理。

还可视需要调节屏幕的对比度（Contrast Up/Down）、亮度（Brightness Up/Down），以求达到最佳视觉效果。MT4000/MT5000 系列的对比度、亮度应结合 HMI 具体型号进行调节（MT4300C 没有亮度、对比度的设置功能）。

步科 eView 引领国产自主 HMI 品牌

上海步科电气有限公司及其子公司深圳市步科电气有限公司是从事自动化产品的研发与生产的民营高科技企业，旗下控股有深圳人机电子有限公司、深圳亚特精科电气有限公司和北京凯迪恩自动化技术有限公司，拥有 eView 和 Kinco 两大国内知名品牌，产品包括享有自有知识产权的工业人机界面、交流伺服系统和步进系统、PLC、工业现场总线等，是中国自动化控

制行业的优秀代表。

步科电气以“为全球客户提供中国人的自动化解决方案”为使命，通过引进消化吸收与自主创新，全力打造中国人的自动化技术平台。目前步科电气自动化技术已经涵盖了控制、驱动、人机交互、通信以及机电一体化设计等各个方面。具体体现：拥有符合 IEC61131-3 规范的 PLC 技术；与德国合作开发的智能型伺服电动机驱动系统，可以通过内部编程与现场总线通信实现性能的进一步提升；工业人机界面在中国的市场份额已经领先国际同行位居前列，同时引领中国人机界面技术向嵌入式、开放式的方向发展；把 Profibus、Canopen、以太网等多种现场总线技术集成于控制产品之中，实现通信传输的高速度与高可靠性；同时也在半导体精密设备上拥有多项专利和领先的产品。

步科电气在深圳、上海、北京和德国均设立了研发中心，拥有一支一流的跨国的自动化研发团队；严格按照 ISO 9001 的要求实行从市场→研发→生产→销售的全面质量管理；以项目管理体制的方式保证快速响应客户需求。通过遍布全国的三个子公司与 20 多家办事处，7 大技术支持中心，以及完善的代理商网络，为客户提供售前咨询、方案设计、项目实施和售后服务等周到完善的支持。步科同时推行以客户为导向的理念，通过研究客户需求，来寻找自动化平台之上的高速发展的产业机会。目前步科的工控产品已经在纺织机械，包装印刷机械、制药机械等通用装备控制行业取得了国内市场领先的地位，其控制产品及 eView 和 Kinco 品牌先后获得中国工控网、美国 Control Engineering 杂志评选的“中国最有影响的人机界面品牌”第一名、年度“最佳人机界面产品”奖及年度“最佳伺服控制新产品”奖。步科电气还将更加积极地挖掘高增长产业与自动化平台的结合机会，充分发挥品牌平台的价值。

步科电气本着“以人为本，追求卓越”的经营理念，“亲和顾客”的价值规范，倡导以绩效为导向的创新、协作和高效的企业精神，建立“共建共享”的价值分配准则。步科电气以“自动化创造美好生活”为愿景，最终的目标是要创造最大的科技与社会价值，以此回报社会。

新建一个简单 HMI 控制工程

【任务目的】

- 熟悉 EV5000 组态软件的基本界面的组成、基本操作方法，认识和了解组态软件提供的常用 PLC 元件及功能元件的功能、作用。
- 学会简单工程的创建、编辑方法，掌握 PLC 与 HMI 通信建立的方法，理解 HMI 通信参数的含义与设置方法。
- 学会简单工程的模拟仿真、程序下载调试方法。

想一想：

当进行人机界面操作时，可以感受到界面图文制作的精致和带来的操作方便性，在触摸屏对 PLC 的控制应用中，控制界面中的控制开关、控制功能是如何实现的？

EV5000 软件界面的认知

运行桌面文件 EV5000_Unicode_CHS.exe（默认执行中文版文件全名，以下简称 EV5000），EV5000 程序主界面如图 7-2-1 所示。

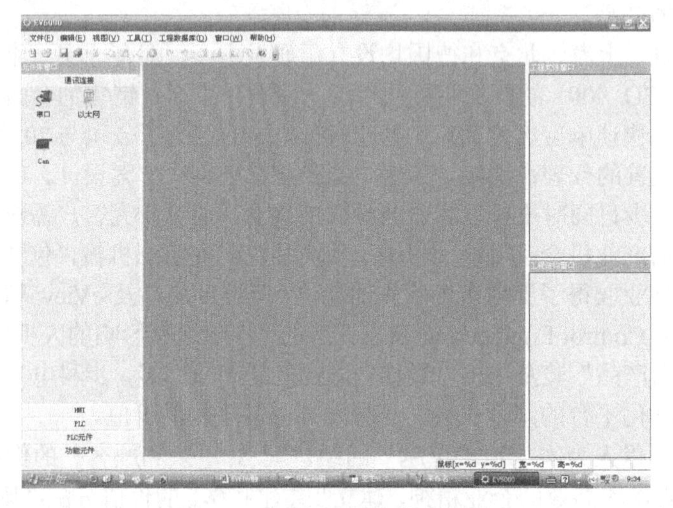

图 7-2-1　EV5000 程序主界面

为了便于操作，需要对 EV5000 主界面的组成、功能分区及常用工具栏的内容进行初步认识，如图 7-2-2 所示为 EV5000 组态设计软件界面的常见形式，其中各工具栏、组成窗口可以根据用户操作需要，在视图菜单中选择打开或进行关闭。

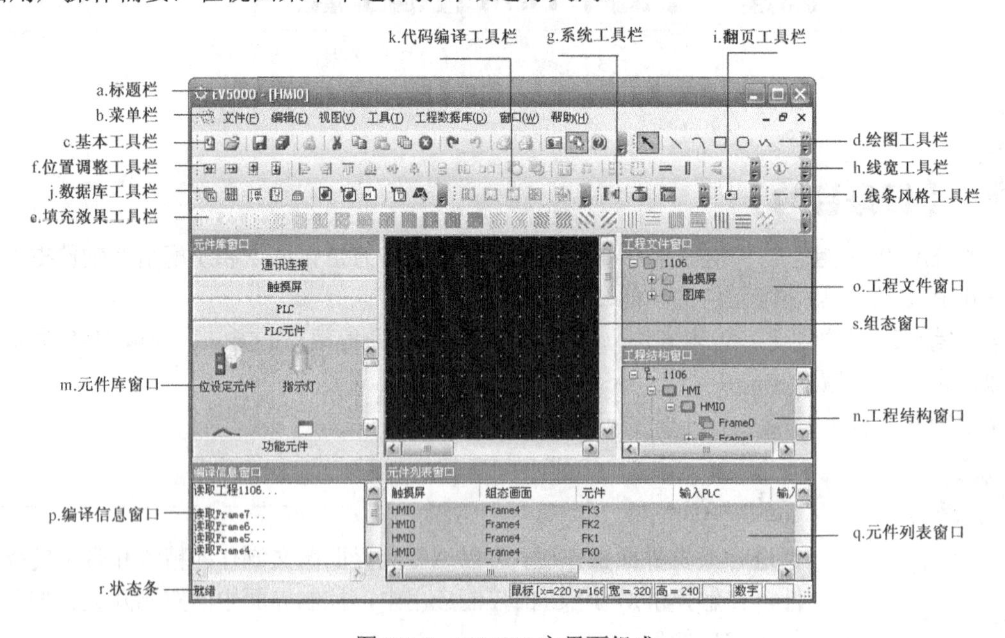

图 7-2-2　EV5000 主界面组成

在操作中最常用的基本工具栏按钮的排列、定义如图7-2-3所示，其含义、用法与Windows应用程序的工具按钮相同。

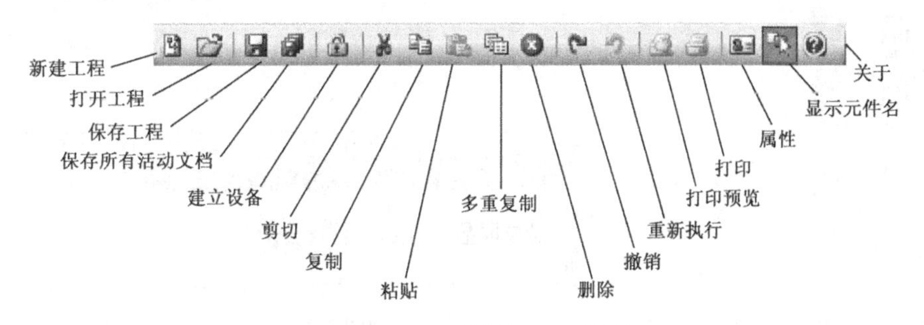

图7-2-3 EV5000常用基本工具栏按钮

专业技能培养与训练

简单HMI工程的创建

一、新创建工程的前期工作

1. 新建工程的命名

如图7-2-4所示，执行文件菜单下的新建工程或者单击基本工具栏中的新建工程工具按钮，弹出如图7-2-5所示的建立工程对话框，在工程名称栏中输入用户定义的工程名称（如test-01），并可根据需要单击目录后的按钮“>>”，弹出Windows标准浏览文件夹对话框，选取所需存放工程的路径后单击确定按钮。在如图7-2-5所示的建立工程对话框中显示所选取或新创建的路径，单击建立按钮完成新工程的命名。

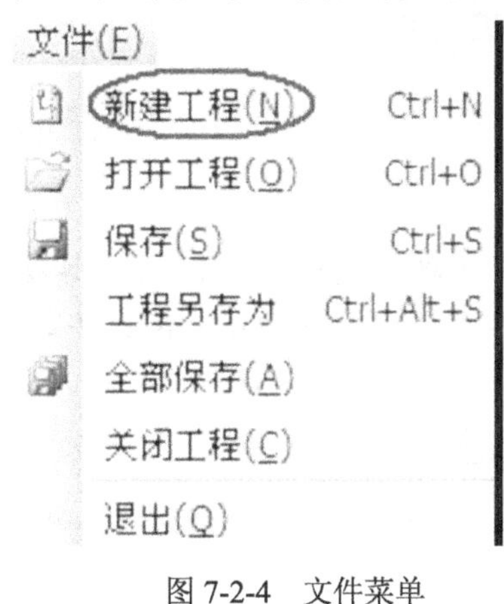

图7-2-4 文件菜单

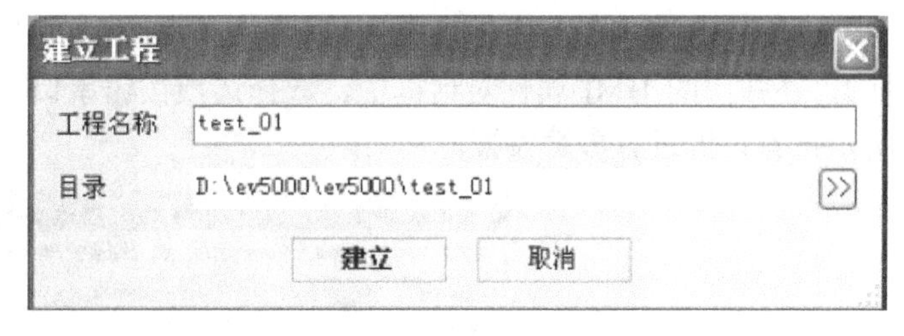

图7-2-5 建立工程对话框

2. 创建MT4300C触摸屏与FX2N可编程控制器的连接

（1）触摸屏HMI的编辑。如图7-2-6所示，在元件库窗口中单击HMI按钮，通过滚动条找到MT4300C图标，用鼠标左键拖曳到工程结构编辑窗口，在弹出的如图7-2-7所示的显示方式对话框中选择水平触摸屏显示方式并单击OK按钮，在工程结构编辑窗口显示出MC4300触摸屏HMI的图形符号。

图 7-2-6　HMI 元件库窗口

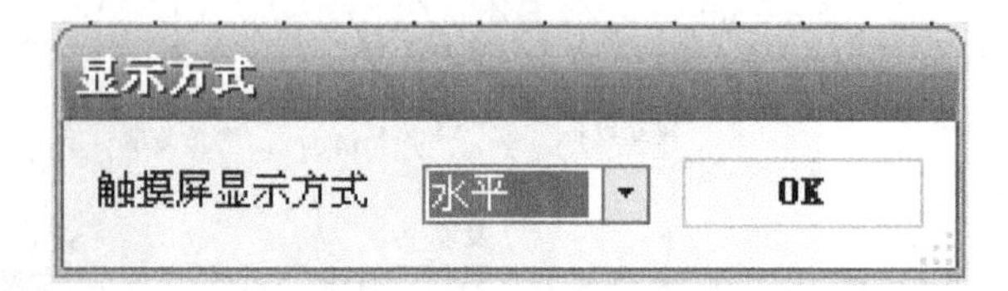

图 7-2-7　显示方式对话框

（2）PLC 的编辑。在元件库窗口中单击 PLC 按钮，通过滚动条找到 mitsubishi FX_{2N} 图标并拖曳进工程结构编辑窗口。

（3）串口通信的连接。在元件库窗口中单击通信连接按钮，拖曳串口图标到编辑窗口，移动串口直导线并将一端（如左端）插入 MT4300C 的 COM1 端口，移动 FX_{2N} 图标使其 COM0 口与串口导线右端连接。当上、下或左、右移动 HMI 或 PLC 时，若导线随之伸长或变化则说明连接成功，否则需重新连接。HMI、PLC 及串口通信线所建立的连接如图 7-2-8 所示。

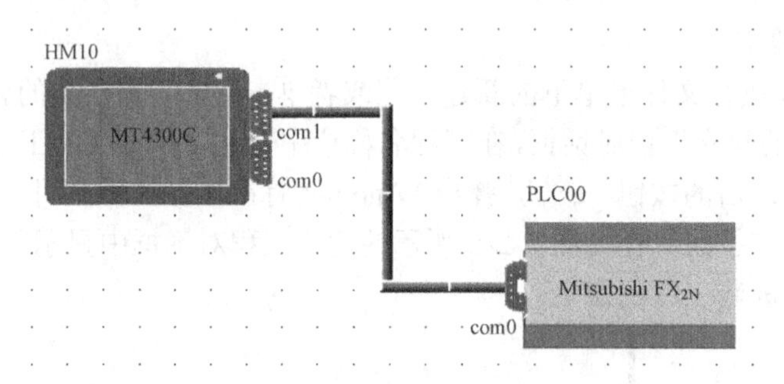

图 7-2-8　HMI 与 PLC 通信连接

3．系统连接通信参数的设置

（1）HMI 的参数设置。双击编辑窗口中的 MT4300C 触摸屏（或右击从弹出菜单中选择属性），在弹出的 HMI 属性对话框中，选择选项按钮串口 1 设置，如图 7-2-9 所示，按表 7-2-1 所示推荐设置进行参数设置。

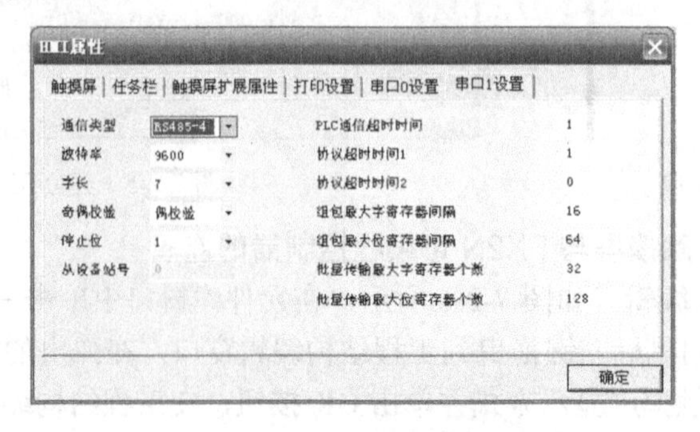

图 7-2-9　HMI 属性对话框

注意：HMI 属性对话框的右侧数据如 PLC 通信超时时间等，非高级用户不得更改。

表 7-2-1 EV5000 软件设置 MT4300C 与 FX_{2N} 通信参数的设置

序号	参数名称	推荐设置	可选设置	备 注
1	PLC 类型	FX_{2N}-48MR	MITSUBISHI-FX2n	必须选择对应的 PLC 类型
2	通信口类型	COM1	COM0/COM1	
	通信类型	RS-485-4	RS232/RS485	
3	数据位	7	7 or 8	必须与 PLC 通信口设定相同
4	停止位	1	1 or 2	必须与 PLC 通信口设定相同
5	波特率	9600	9600/19200/38400/57600/115200	必须与 PLC 通信口设定相同
6	校验	偶校验	偶校验/奇校验/无	必须与 PLC 通信口设定相同
7	PLC 站号	0	0-255	必须与 PLC 通信口设定相同

（2）PLC 通信参数设置。双击 PLC 图标，弹出 PLC 属性对话框，该对话框中仅有 PLC 站号一栏可供设置，本工程中设置为 0，该站号必须与 HMI 中的 PLC 站号相一致。

在 HMI 属性对话框的触摸屏选项栏中，可对触摸屏的 IP 地址和端口号设置。如果使用单机系统，且不使用以太网下载组态和间接在线模拟，不必进行设置。如要使用了以太网多机互联或需要利用以太网下载组态等功能，则需要结合所在的局域网情况给每台触摸屏分配唯一的 IP 地址。在没有网络内通信地址冲突的情况下，建议采用默认的 IP 地址及端口号。

4．新建工程的保存

经过上述相关操作，一个新的 eView 组态工程创建完成，单击常用工具栏中的保存工具按钮或利用文件菜单下保存按钮可完成工程的存盘。

二、离线模拟（或称仿真）的操作

对开 HMI 控制界面的设计，是否满足用户要求，功能是否完善，均需通过实践来检验。但处于设计阶段通常可以通过 EV5000 提供的离线模拟或称仿真来进行调试、检验。离线模拟可按以下步骤来进行。

1．工程的编译

选择工具菜单，选择如图 7-2-10 所示的下拉菜单选项中的编译或单击系统工具栏中的编译工具按钮（没有该按钮的话可通过选择视图菜单下的系统工具栏进行添加），可对当前的创建工程进行编译，编译后在编译信息窗口中会出现如图 7-2-11 所示的相关信息，其中“编译完成”则说明编译成功。若编译过程中存在错误则会显示对应的出错信息，可结合出错信息有针对性地进行修改后，再执行编译操作。

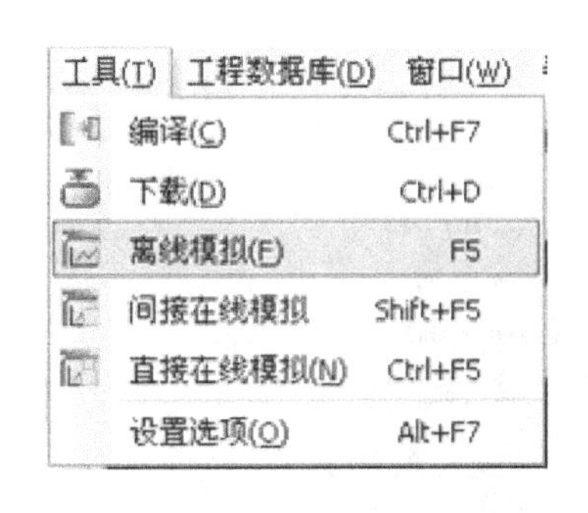

图 7-2-10 工具菜单

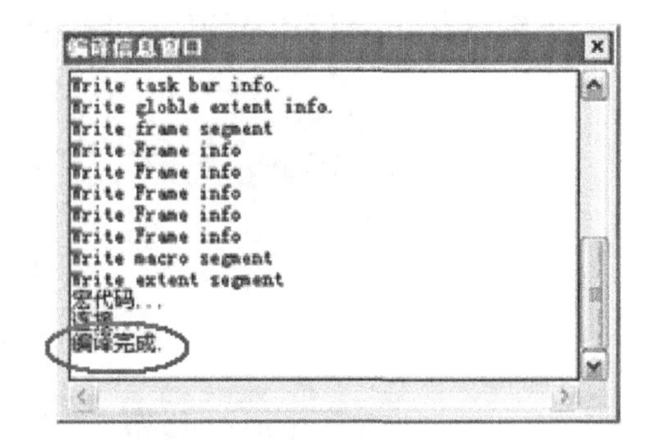

图 7-2-11 编译信息窗口

2．仿真操作

编译完成后，选择工具菜单下的离线模拟，或者单击工具条上的离线模拟工具按钮。在如

图 7-2-12 所示的 EVSimulator（eView 虚拟）对话框中单击仿真按钮，则屏幕上可出现所创建的新空白工程对应触摸屏界面模拟图，如图 7-2-13 所示（此时该工程中没有任何元件，也不能执行任何操作）。

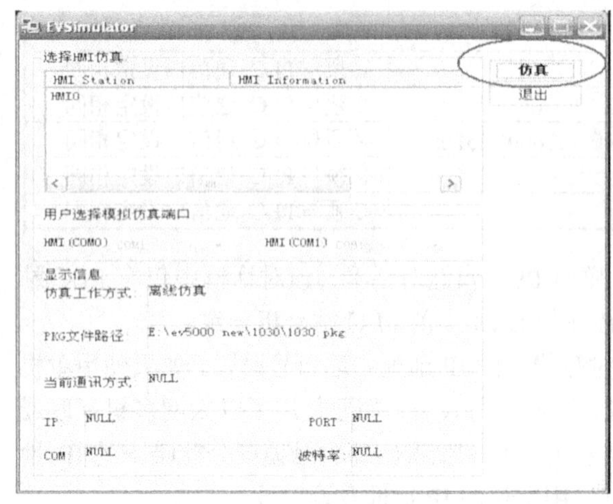

图 7-2-12　EVSimulator 对话框

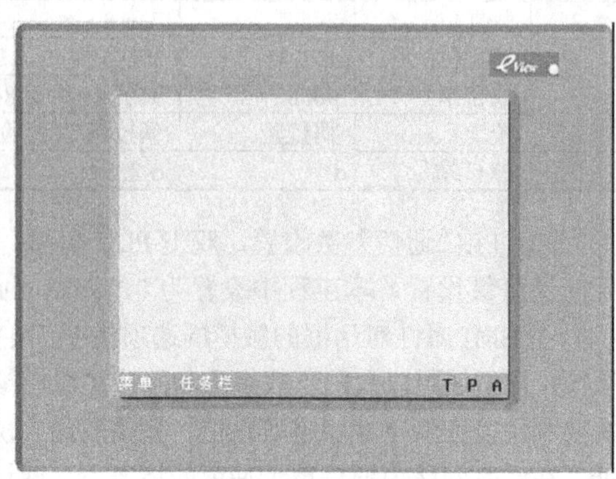

图 7-2-13　新建工程虚拟界面

仿真意义在于检验设计预期效果是否能够得到实现，若未实现则需要修改、完善。若实现预期效果则可以下载到触摸屏进行在线调试。

3．仿真的退出

在当前仿真的虚拟触摸屏上单击右键并在弹出的菜单中选择 Close 或直接按空格键，均可关闭当前仿真 HMI 窗口并退出 EVSimulator 仿真程序。

三、HMI 控制开关的创建

人机界面的控制是通过 HMI 上放置的一些具有控制功能的 PLC 元件或功能元件实现的，这些控制图标具有与真实器件相同的控制功能和动作效果。下面通过触摸屏中控制开关的制作来进行设计练习。

1．组态窗口的进入

在如图 7-2-14 所示的工程结构窗口中选中 HMI 图标，单击右键弹出如图 7-2-14 所示的菜单，选择编辑组态进入组态编辑窗口，或在工程结构窗口中将工程结构树展开至 Frame 0 并双击可进入组态编辑窗口，组态编辑窗口如图 7-2-15 所示。

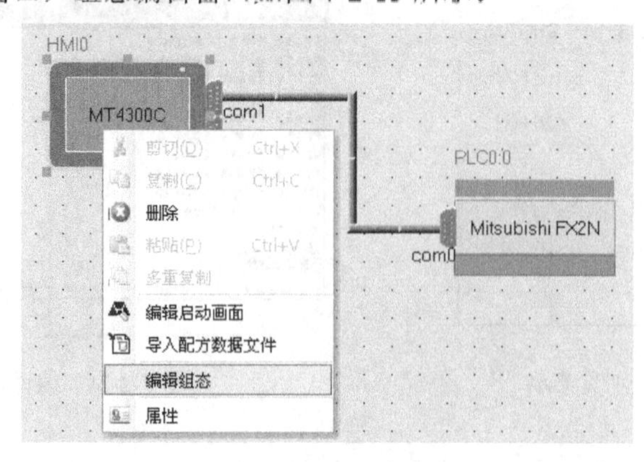

图 7-2-14　HMI 的编辑快捷菜单

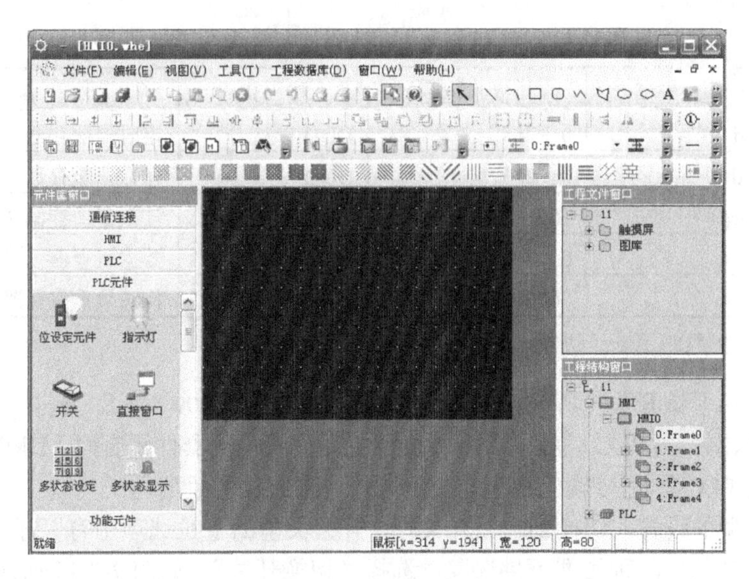

图 7-2-15　组态编辑窗口

2．开关元件的制作

单击元件库窗口中的 PLC 元件，选中开关图标并拖入组态窗口中的适当位置，弹出如图 7-2-16 所示的位控制元件属性基本属性选项对话框，对该开关元件进行参数设置。

（1）输入/输出地址的设置。基本属性选项中，在输入地址中 PLC 选“0”、地址类型中选“X”、地址对应“0”；在输出地址中设置：PLC“0”、地址类型“X”、地址“0”。EV5000 中 HMI 及 PLC 相关联的软元件符号及设置要求参见表 7-2-2。

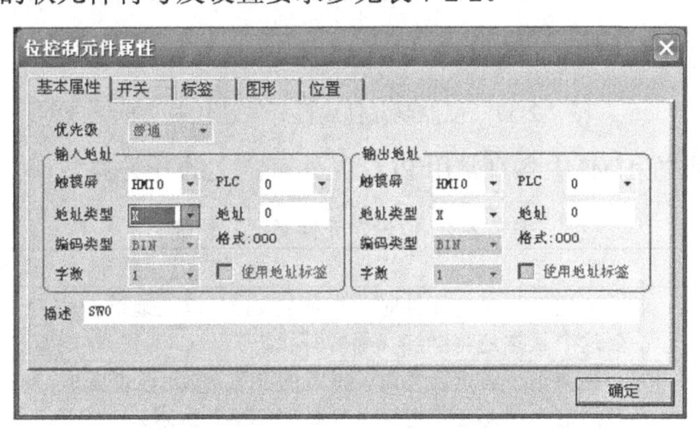

图 7-2-16　位控制元件属性基本属性选项对话框

表 7-2-2　EV5000 软件中对于 FX_{2N} 系列 PLC 的可操作软件元件地址

序号	PLC 地址类型	可操作范围	格　式	备　注
1	X	0～377	OOO	外部输入节点
2	Y	0～377	OOO	外部输出节点
3	M	0～7999	DDDD	内部辅助节点
4	SM	8000～9999	DDDD	特殊辅助节点
5	T_bit	0～255	DDD	定时器节点
6	C_bit	0～255	DDD	计数器节点

续表

序号	PLC 地址类型	可操作范围	格　式	备　注
7	T_word	0～255	DDD	定时器缓存器
8	C_word	0～255	DDD	计数器缓存器
9	C_dword	200～255	DDD	计数器缓存器（双字 32 位）
10	D	0～7999	DDDD	数据寄存器
11	SD	8000～9999	DDDD	特殊数据寄存器

注：格式一栏中“D”代表十进制、“0”代表八进制。

说明：设置后，该开关与所连接的 PLC 的输入继电器 X000 对应，该开关闭合则 PLC 的 X000 处于 ON 状态，当 PLC 对应输入端所接外部开关或检测器件闭合时，HMI 的状态随之变化。不同类型的 PLC 其输入/输出地址定义不同，可参阅相关手册。

（2）开关类型的设置。切换到选项开关栏，开关类型的下拉选项中有“开”、“关”、“切换开关”及“复位开关”四种类型可供选取，选择“切换开关”，如图 7-2-17 所示。

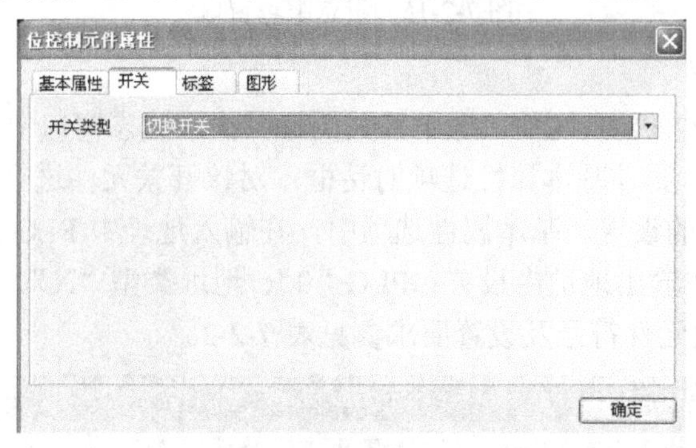

图 7-2-17　位控制元件属性开关选项对话框

开关类型的说明：在 HMI 中各种常用 PLC 元件可定义的开关类型、功能说明参见表 7-2-3。

表 7-2-3　位设定元件类型及功能

序号	类　型	功 能 说 明
1	开（ON）	当按下位设定元件时，指定的 PLC 位元地址变成 ON 状态；即使按钮放开后这个状态还将继续（保持开状态）
2	关（OFF）	当按下位设定元件时，指定的 PLC 位元地址变成 OFF 关状态；即使按钮放开后这个状态还将继续（保持“OFF”状态）
3	切换开关	每次按下位设定元件时，指定的 PLC 位元地址改变一次（ON→OFF，OFF→ON）（来回切换）
4	复位开关	仅当位设定元件被按住时，指定的 PLC 位元地址才置为 ON；同样地，当放开元件时位元地址置为 OFF，相当于复位型开关
5	打开窗口时置为“ON”状态	当打开包含位设定元件的窗口时，指定的 PLC 位元地址置为 ON
6	打开窗口时置为“OFF”状态	当打开包含位设定元件的窗口时，指定的 PLC 位元地址置为 OFF
7	关闭窗口时置为“ON”状态	当关闭包含位设定元件的窗口时，指定的 PLC 位地址置为 ON。这个操作仅适用于 Local bit
8	关闭窗口时置为“OFF”状态	当关闭包含位设定元件的窗口时，指定的 PLC 位地址置为 OFF。这个操作仅适用于 Local bit

（3）标签的设置。切换到标签栏，如图 7-2-18 所示。选中使用标签，分别在内容里输入状态 0、状态 1 对应的标签含义，如“0”→“OFF”、“1”→“ON”（此处也可以对标签的对齐方式，字号及颜色进行编辑）。

（4）控件图形的设置。切换到图形栏，如图 7-2-19 所示，选中使用向量图复选框，在下拉向量图列表中选择适合的向量图形，也可利用导入图像寻找相关资源，并将目标导入。

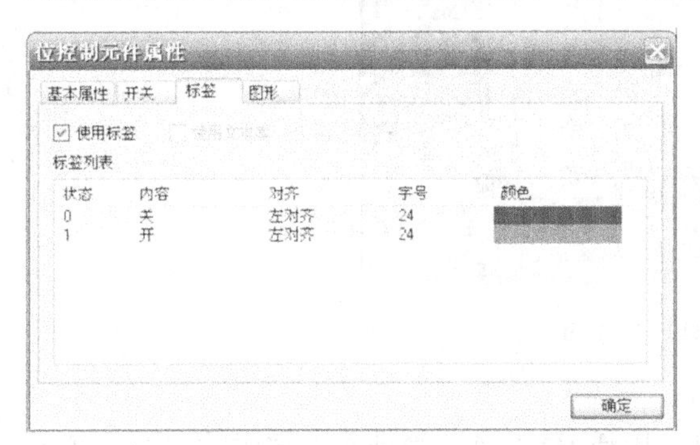

图 7-2-18 位控制元件属性标签选项对话框

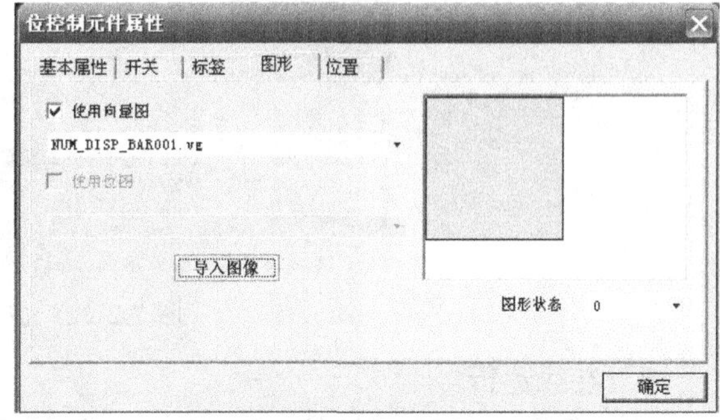

图 7-2-19 位控制元件属性图形选项对话框

导入图像的寻找：用于 EV5000 的 HMI 界面控件设计可供选择的向量图、位图文件位于如图 7-2-20 所示的 EV5000 安装目录下，默认安装的路径为 C：\ev5000_unicode_chs\lib\vg。选中图片所在的文件夹单击确定按钮完成相关设置并关闭对话框。完成的开关元件在 HMI 中的设置效果如图 7-2-21 所示（个性化向量图也可自行制作，可查阅相关手册）。

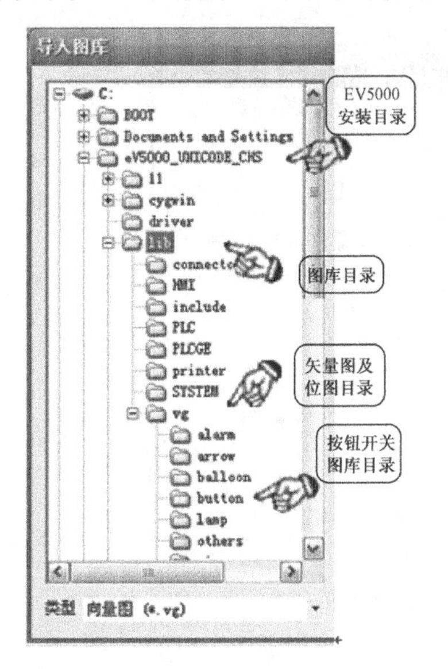

图 7-2-20 导入图库文件夹列表

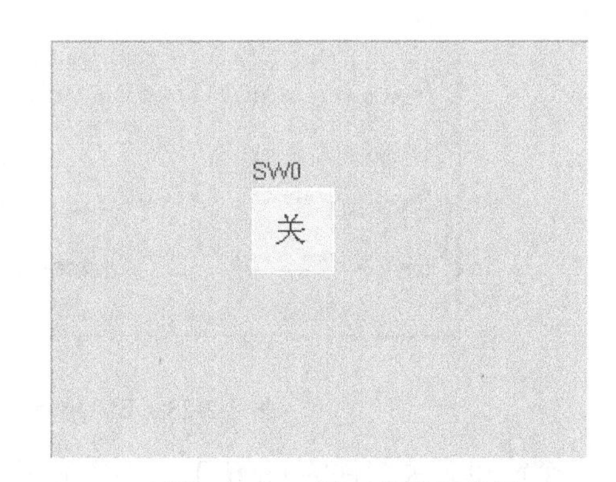

图 7-2-21 开关元件设置效果

3．工程文件的编译与保存

当上述开关元件制作完成后，选择工具菜单下的编译，根据编译结果信息可以了解该工程的创建情况，编译后可单击工具栏中的保存按钮将当前完成的任务进行存盘。

4．仿真验证与体验

结合上述模拟方法，选择工具菜单下的离线模拟，并在虚拟对话框中单击仿真按钮，可显示如图 7-2-22 所示的仿真运行界面。单击该开关，可观察开关的“切换”功能。

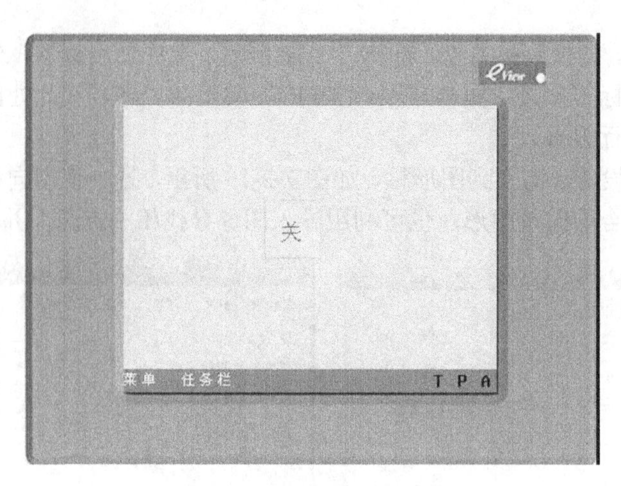

图 7-2-22　仿真运行界面

5. 在线运行

采用通用 USB 电缆连接 MT4300C 与计算机，接通 HMI 电源等进入正常运行状态，在对通信设备设置（见阅读与拓展二）完成后，选择工具菜单下的下载，在如图 7-2-23 所示的当前通信方式对话框中显示当前通信方式“串口”或“USB”（对于 MT5000 还可能是“以太网”），在用户选择下载中选择用户数据文件（若制作开机画面即 LOGO 则还需选择“LOGO 数据文件”），单击下载按钮。当下载完毕，触摸屏会自动重新复位，在进入控制界面后即可实现该开关元件的触控。

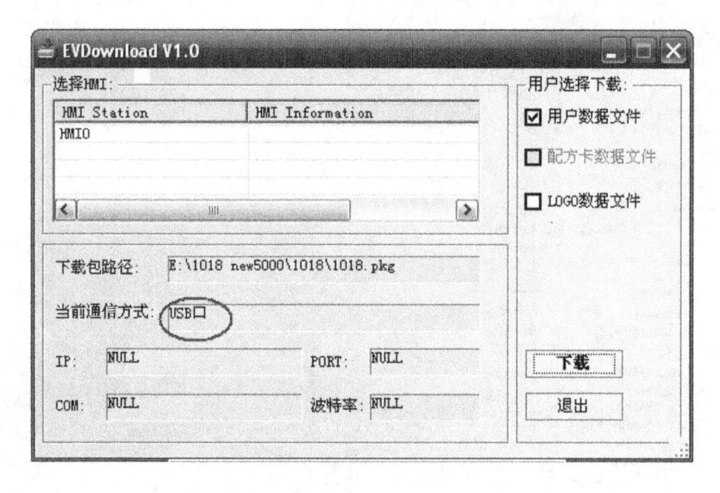

图 7-2-23　EVDownload V1.0 对话框

至此一个简单开关控件的 HMI 工程制作完成。

思考与训练：

（1）结合上述工程，尝试将控件开关的“开关类型”分别设为其他三种方式，体会功能上的变化，结合专业实践思考不同控制方式的应用。

（2）根据上述工程，试结合 PLC 控制要求设计并制作停止、急停开关。

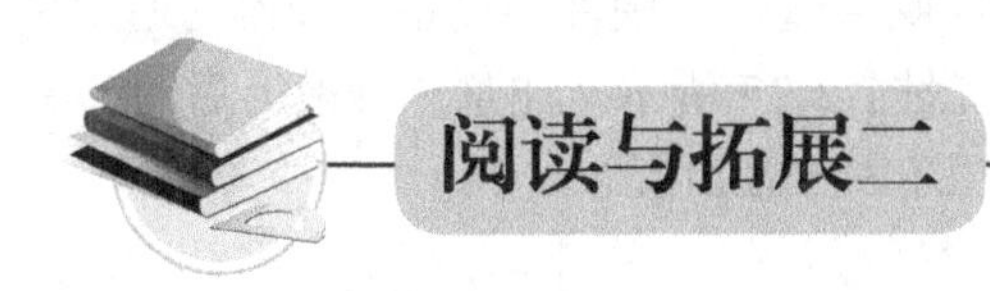

触摸屏 USB 驱动程序的安装与 HMI 工程的在线模拟

一、触摸屏 USB 驱动程序的安装

MT4000/MT5000 系列触摸屏均提供高速 USB、串口两种数据下载方式，MT5000 系列还提供速度更为快捷的以太网方式。MT5000/4000 系列触摸屏与计算机间的 USB 数据下载方式是采用通用 USB 通信电缆进行的，其中 HMI 端为 USB 的从设备端，PC 为主设备端。在利用 USB 方式（或串口）下载或上传之前，均需对通信设备进行设置，通信设备的设置通过单击如图 7-2-24 所示的工具菜单栏里的设置选项，在弹出的如图 7-2-25 所示的编译下载选项对话框中进行下载设备的选取。

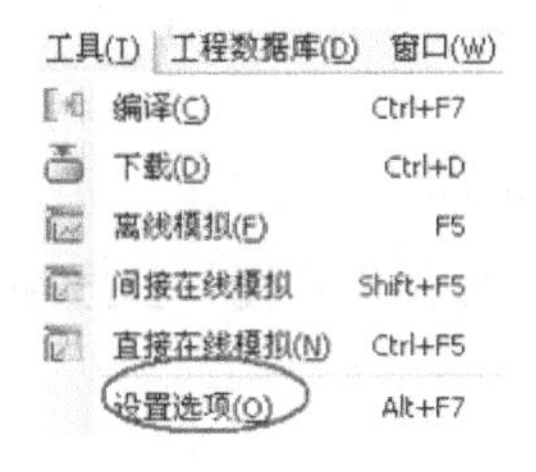

图 7-2-24 工具菜单

图 7-2-25 编译下载选项对话框

在进行上述设置时，可能会在如图 7-2-25 所示的下载设备的列表中找不到“USB”选项。原因是在没有安装 HMI 的 USB 驱动程序的前提下，计算机不能直接识别该 USB 设备，必须利用 USB 通信端口手动安装该 USB 的设备驱动程序。操作方法：利用 USB 通信电缆连接 PC 与触摸屏的 USB 接口，在 HMI 上电时 PC 端会弹出硬件设备安装向导，按安装向导的提示（一般默认状态下单击下一步按钮）进行 USB 驱动的安装。当运行到如图 7-2-26 所示的安装向导界面时，注意 USB 设备驱动程序可在 EV5000 的安装目录下的 Driver 目录下找到，在该对话框中通过单击浏览按钮在弹出的浏览文件夹对话框中找到该设备驱动文件夹。

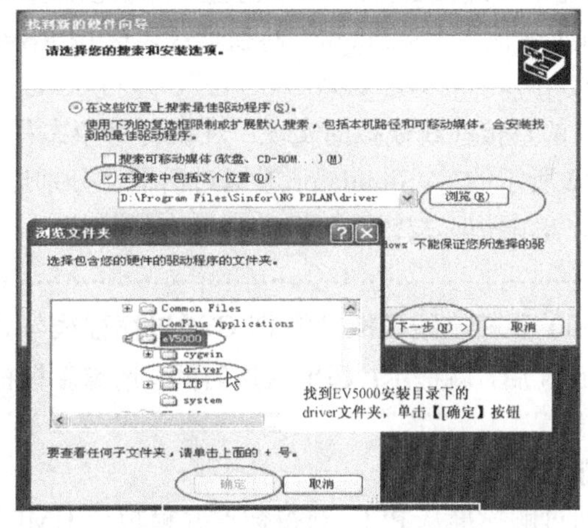

图 7-2-26 硬件驱动安装向导

当 USB 设备驱动程序安装成功时，可从我的电脑→属性→硬件→设备管理器的通用串行总线控制器中观察到该 USB 设备是否安装成功，如图 7-2-27 所示（注意：触摸屏后的 DIP 拨码开关 SW1、SW2 均需处于 OFF 状态时，EVIEW USB 才会出现）。

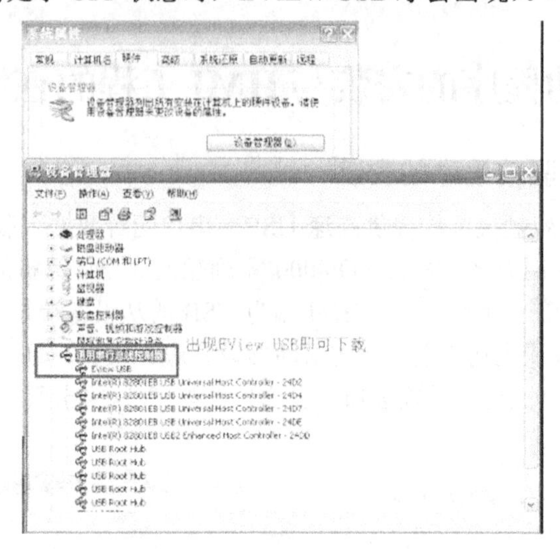

图 7-2-27 设备管理器窗口

USB 驱动安装成功后，若需要利用 USB 下载或上传仅需在图 7-2-25 所示编译下载选项对话框中的下载设备中选取“USB”后单击确定按钮。

二、HMI 工程的在线模拟

在所设计工程编译成功后，除通过仿真或下载在线运行调试外，工程上还常采用 EV5000 提供的 “间接在线模拟”和“直接在线模拟”进行 HMI 组态的调试。在线模拟时所设计的工程可直接在 PC 上模拟出来，其效果和下载到触摸屏再进行相应的操作完全一样，在线模拟器通过 PC 从 PLC 获得数据并模拟 MT5000/4000 的操作。在线模拟可以节省大量的由于重复下载所花费的工程时间，在线模拟分为直接在线模拟和间接在线模拟两部分，分别介绍如下。

1. 直接在线模拟特点

直接在线模拟是用户直接将 PLC 与 PC 的串口相连进行 HMI 组态模拟的方法，其优点是可以获得动态的 PLC 数据而不必连接触摸屏。缺点是由于只能使用 PC 的 RS-232 接口和 PLC 实现通信，与 FX_{2N} 通信时必须使用 RS-232/422 转换器；若采用 RS-485 接口的 PLC 时，则必须使用 RS-232/485 转接器。

利用 RS-232 通信方式的直接在线模拟的实现：在编译好组态程序后，单击直接在线模拟工具按钮，弹出如图 7-2-12 所示的 EVSimulator 虚拟对话框，分别选择所需仿真的触摸屏号、PLC 连接的 PC 串行口号，单击仿真按钮即可开始直接在线模拟。

> 注意：MT5000/4000 直接在线模拟是将 PLC 通过编程线与 PC 串口相接，其测试时间是 15min。超过 15min 后，就提示：超出模拟时间，请重新模拟，模拟器将自动关闭。

2. 间接在线模拟的特点

间接在线模拟是 PC 通过触摸屏从 PLC 获得数据并模拟该 HMI 的操作。间接在线模拟可以动态地获得 PLC 数据，其模拟运行环境与下载到 HMI 的效果完全相同，由于避免了每次下载的麻烦，调试快捷方便。间接在线模拟的实现：首先是硬件的连接，PC 可以通过以太网、高速 USB 接口或者串口（MT4000 只有后两者）与触摸屏进行连接，再由触摸屏连接至 PLC；其次软件的操作，在编译好组态程序后，单击间接在线模拟按钮，弹出如图 7-2-12 所示的 EVSimulator 虚拟对话框，选择需要仿真的 HMI，单击仿真按钮即可开始模拟。

任务三　人机界面下的 FX_{2N} 与变频器通信的控制实现

【任务目的】

- 学会在 EV5000 组态软件下对 HMI 的启动画面、LOGO 的制作，进一步熟练 EV5000 组态软件的操作。
- 熟悉文字编辑、状态指示灯、数值输入元件等 PLC 元件及功能元件的功能、参数设置的方法。
- 通过 HMI 触摸屏实现对 PLC 与变频器通信控制的应用，拓展 HMI、PLC 等设备综合应用的能力。

想一想：

在 eView 触摸屏启动时产生如图 7-3-1 所示步科公司的 LOGO 图标界面，这种通过企业的 LOGO 图标的产品宣传模式在日常生活、工作学习所涉及的视频设备中几乎均已采用，除去宣传功能外还展示了一个企业的文化底蕴。我们如何在 HMI 组态设计中加入 LOGO 元素以提升设计的品质内涵？

专业技能培养与训练

HMI 在 PLC 与变频器通信系统中控制界面的制作

一、LOGO 的制作

eView 的触摸屏 LOGO 图案如图 7-3-1 所示，该 LOGO 是在用户使用 HMI 上电时显示的初始画面。初始画面一般以反映企业产品特征文化或单位标志的图片为首选。

图 7-3-1　eView 的 LOGO 图案

下面一起来练习制作自己的 LOGO，步骤如下。

1．新工程 test2 的创建

按前述新建工程的步骤创建一个名为 test2 的工程（文件存放路径可自定），建立 MT4300C 与三菱 FX_{2N} 系列的 PLC 通信连接，并按要求设置 MT4300C 的通信参数及 PLC 的站号。

2．启动画面的编辑

在工程结构编辑窗口选中 HMI 时，单击数据库工具栏上的“ ”按钮，或者右击 HMI 则弹出如图 7-3-2 所示的快捷菜单，选择编辑启动画面，切换至启动画面的编辑窗口。

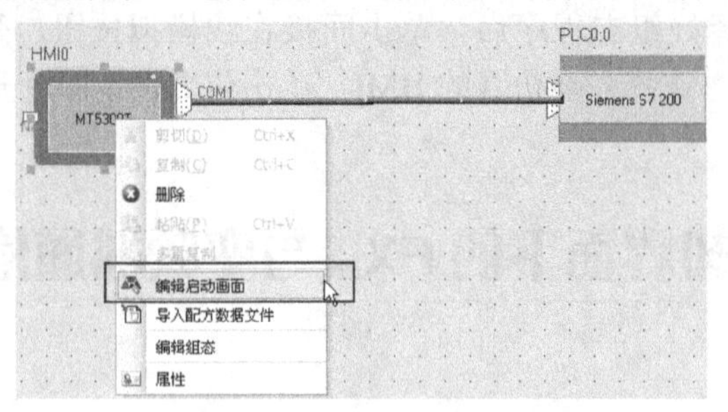

图 7-3-2　HMI 编辑启动画面快捷菜单

3．LOGO 图标的放置

单击工具条上的“ ”按钮，出现如图 7-3-3 所示的打开对话框，可以手工找寻相关的 LOGO 标志图片或用其他图片替代（文件格式可以是*.bmp、*.JPG、*.GIF，图片大小受触摸屏规格尺寸限制，MT4300C 大小不能超过 320×240dpi），单击打开按钮即可将所选图片放置在启动画面窗口上，可根据需要拖曳进行图片大小的调整。

图 7-3-3　LOGO 文件打开对话框

4．对工程文件进行编译

关闭启动画面制作的窗口，回到工程结构编辑窗口，对工程文件进行编译。单击下载按钮，在弹出的如图 7-3-4 所示的 EVDownload V1.0 对话框中选取 LOGO 数据文件并进行下载。

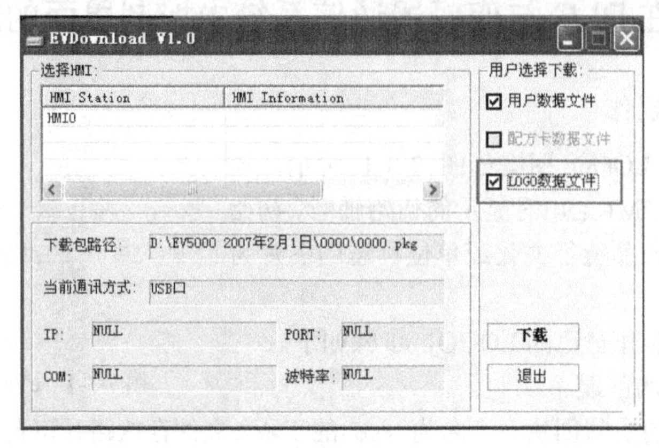

图 7-3-4　HMI 组态下载的 EVDownload V1.0 对话框

若更新 LOGO 后，下载时要求选中 LOGO 数据文件前的复选框。若默认当前启动画面，在进行工程下载时注意“LOGO 数据文件”前面复选框中的“√”去掉。

二、变频器控制任务触摸屏组态的设计与制作

在模块六任务四中讨论了三菱 FX_{2N} 系列 PLC 与三菱变频器通信的建立，该任务中涉及利用辅助继电器 M10、M11、M12 及 M13 分别对应实现变频器的正转、反转、停止及频率写入的控制。

下面讨论如何在触摸屏界面设计实现上述控制，结合控制要求需要提供正转、反转、停止控制及频率写入控制四个按钮，进行频率设置的数值输入元件。另外，从工程控制方面考虑还可以设置相应的状态指示灯：如绿灯对应正转、橘黄灯对应反转、黄灯对应停止等。本任务中 HMI 控制界面如图 7-3-5 所示。

用触摸屏实现按钮的控制，实际上是直接将控制开关量送入 PLC 的输入继电器，改写软元件状态，与 PLC 的输入循环扫描工作方式不冲突。HMI 界面中正转、反转及停止的控制元件的工作方式与 PLC 的实际外部控制方式一致。

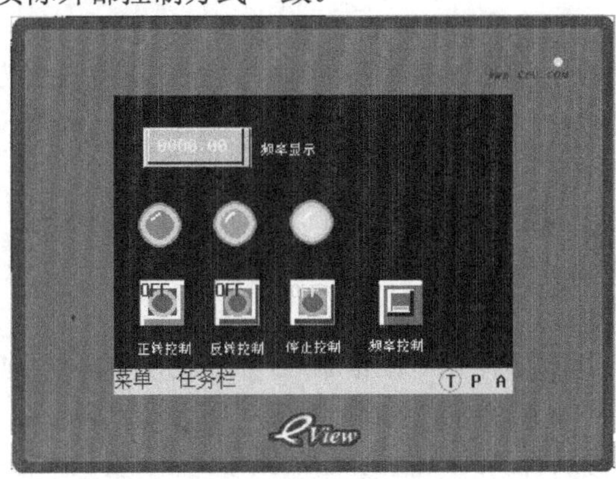

图 7-3-5 HMI 控制界面

组态设计过程与步骤：由 HMI 与 PLC 的单机系统工程，进入 frame0 组态创建窗口。

1．正转按钮开关的制作与设置

（1）正转按钮的制作。在 frame0 组态窗口左下角创建开关 SW0，在位控制元件属性对话框中设置输入/输出地址均为 M10、开关类型为“复位开关”，标签栏复选框中选择“使用标签”，并在列表中“0”对应输入“OFF”、“1”对应输入“ON”，图形为向量图“botton-23.vg”。

（2）正转控制文本标志的制作。在绘图工具栏单击文字工具按钮“A”，在弹出的如图 7-3-6 所示的文本属性对话框中选择图形模式，在内容编辑栏输入汉字“正转控制”。文字效果设置单击向量字体，在弹出的如图 7-3-7 所示的字体对话框中进行字体、字形、颜色及文字效果等的设置。

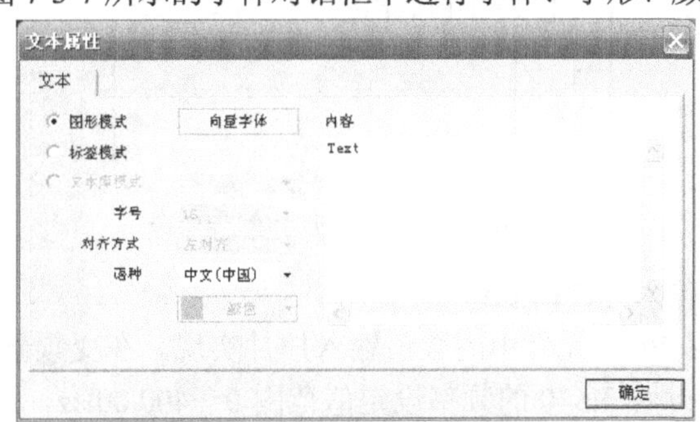

图 7-3-6 文本属性对话框

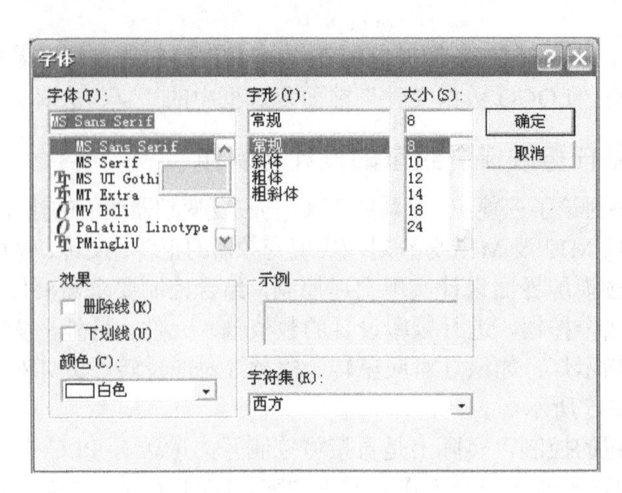

图 7-3-7　字体对话框

2. 反转按钮的制作

反转按钮 SW1 及“反转控制”文字标志的制作过程，与步骤 1 方法基本相同，所不同控制开关 SW1 参数输入/输出地址均为 M11、图形为向量图“botton-25.vg”。

3. 停止反转按钮的制作

停止按钮 SW2 及“停止控制”文字标志的制作方法同上，SW2 设置输入/输出地址均为 M12、图形为向量图“botton-26.vg”。

4. 状态指示灯的制作

按顺序分别制作正转、反转、停止对应指示灯，各指示灯的输入地址分别对应 M20、M21、M22，向量图名称分别为“ tank_18”、“lamp_20”、“lamp_27”。

需要注意的是，在原有控制任务添加了状态的指示，需于模块六任务四三菱 FX_{2N} 系列 PLC 与三菱变频器通信控制梯形图上补充如图 7-3-8 所示的部分程序段。

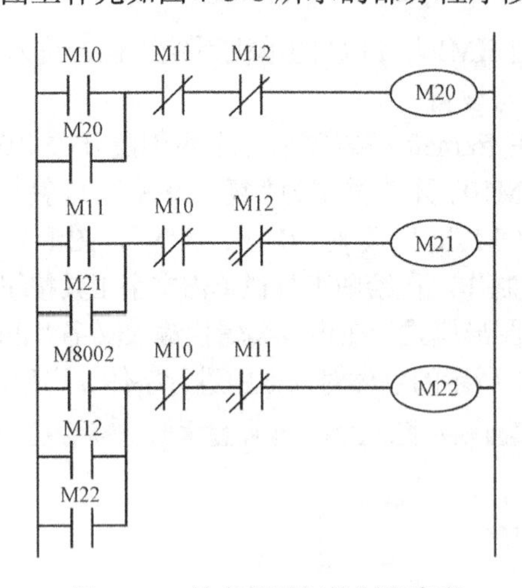

图 7-3-8　补充指示灯控制程序段

5. 频率设置的数值输入元件的制作

频率参数的设置利用 PLC 元件中的数值输入控件实现。在变频器控制任务中，数据寄存器 D1000 用于存放频率参数，E540 的频率设定值范围 0～400.00Hz，最小设置单位为 0.01Hz。

数值输入元件具有两个功用：用于显示 PLC 指定寄存器所存放数据的当前值及通过小键

盘输入数据来改变该寄存器数据。在该元件设置中利用触发地址设置触发控制条件，当该条件成立时，通过小键盘输入的数据被送入到“输入地址”中指定的 PLC 的相应地址的软元件中。制作方法如下：

（1）选取 PLC 元件中数值输入元件图标， 拖曳到组态编辑窗口中弹出数值输入元件属性对话框的基本属性栏中，如图 7-3-9 所示，在地址类型选 D（数据寄存器）， 地址中输入 1000，即对应 PLC 存放频率的数据寄存器 D1000。数码类型中“BIN”、“BCD”是将输入数据自动转换为二进制或二进制至十进制码形式，格式“DDDD” 4 位十进制，另外字数可选 1 或 2，相对应为 16 位或 32 位数据。

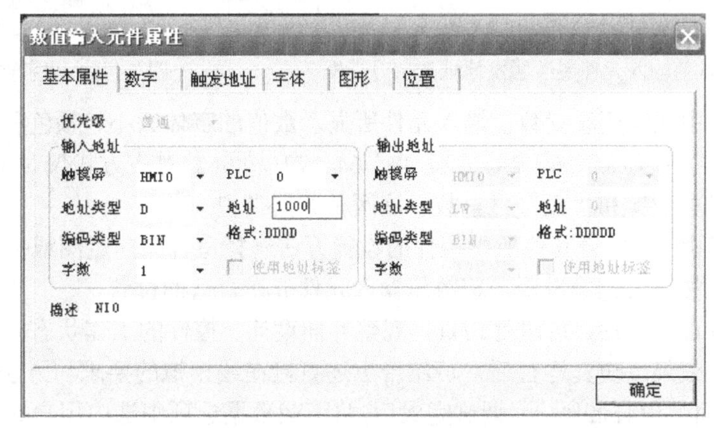

图 7-3-9 数值输入元件属性基本属性选项对话框

（2）选择数字栏，如图 7-3-10 所示，数据类型中可选“有符号整数”、“无符号整数”、“十六进制”、“二进制”、“密码”、“单精度浮点数”、“双精度浮点数”。还可以根据数据要求确定输入数据范围、整数位、小数位及适用于“有符号整数”和“无符号整数”这两种数据类型的工程数据转换。

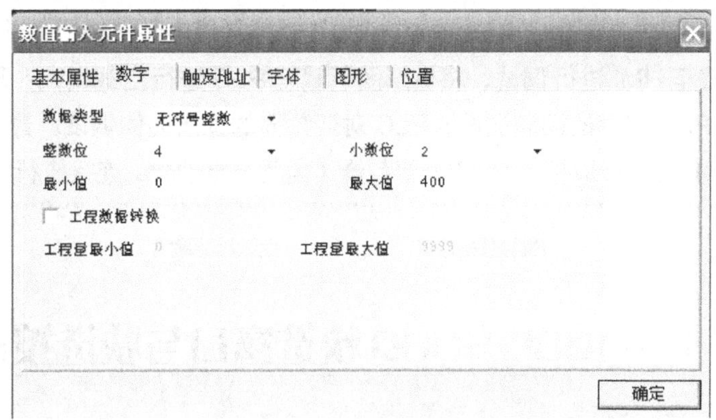

图 7-3-10 数值输入元件属性数字选项对话框

（3）在触发地址栏中，如图 7-3-11 所示，可根据该操作的触发因素确定数值输入元件的触发地址。当触发地址满足“ON”时，即弹出如图 7-3-12 所示的数值输入小键盘进行数据输入操作。由于 LB9000～9009 为启动后初始化为“ON”的内部保留地址，故元件默认使用 LB9000 作为触发地址。

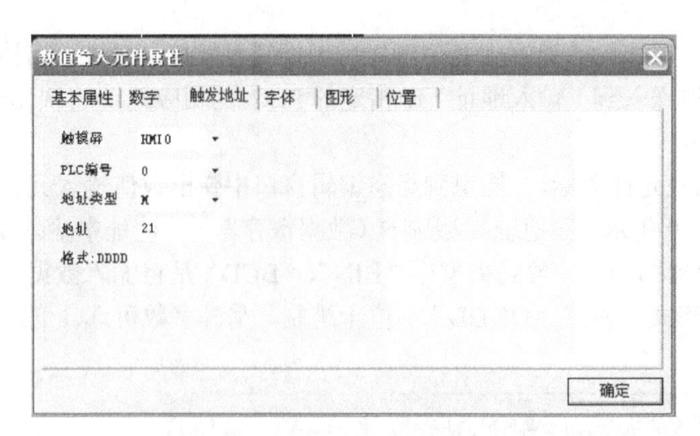

图 7-3-11　数值输入元件属性触发地址选项对话框

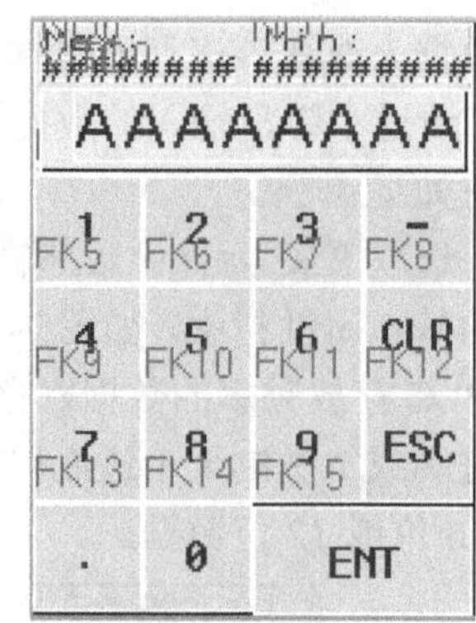

图 7-3-12　数字输入小键盘

（4）在字体栏中视需要设置数值输入元件所显示数值的字体大小、颜色和对齐方式等。用于设置字体大小的字号有 8、16、24、32、48、64、72 和 96。对齐方式仅对十进制格式有效，即对应的“有符号整数”和“无符号整数”这两种数据类型。

（5）可在图形栏中，结合其他所学控件的设置方法选择适合的向量图或位图来加强显示效果。最后单击确定按钮可完成设置，把数值输入元件放在合适的位置。

完成组态设计经编译后，可进行仿真，观察界面设计、控件的工作状态。试设法利用控件完成指示灯的仿真效果。仿真运行后，可结合上述直接在线模拟的要求与方法进行模拟调试。

在 HMI 的界面工程 test2 设计、调试完成后，将下载数据选项中选中用户数据文件和 LOGO 数据文件并下载至 HMI。按要求进行设备连接：通过 PLC 内置 RS-485 扩展版实现与变频器 PU 口的通信连接、通过 PLC 编程口连接 HMI 的 COM0 口及通过 USB 电缆连接 PC 与 HMI。在设备连接无误的情况下，结合控制任务设计调试方案进行系统设备的调试与运行。

在对复杂设备的调试时，一般采用先独立、再局部、后综合的调试方法，如首先可采用仿真手段模拟 HMI 组态、通过 GX Simulator 对 PLC 控制程序进行模拟调试；在线调试，将 HMI 组态数据下载至 HMI 进行调试、将梯形图下载至 PLC 进行空载调试；局部联调：分别实现 HMI 组态对 PLC 程序的控制调试、PLC 对变频器的连接通信调试；最后综合调试（整机调试）将 PC、触摸屏（HMI）、PLC 及变频器（含负载电动机）连接进行统调，验证功能。

任务四　MT4000/5000 快选窗口与快选按钮的制作

【任务目的】

- 通过对 HMI 任务栏属性的设置，体验和了解 eView 任务栏的作用、设置方法，理解触控、报警等指示灯的工作含义。
- 了解公共、基本及快选窗口的作用、设计方法，初步掌握快选窗口的设计与制作方法。

通过任务训练提高对 EV5000 的软件功能认知及操作能力，熟悉功能键、文字工具等控件的用法。

想一想：

在可视化图形操作界面中，均会提供菜单式选择界面，针对不同条件或需求提供相应的操作界面，并可实现不同窗口间切换，在 eView 触摸屏组态设计中如何实现？

EV5000 提供了一种简便的方法可以完成窗口的弹出或最小化，并可以改变画面的显示及快速切换窗口的显示等，这就是任务栏。如图 7-4-1 所示为 MT4000/5000 触摸屏组态界面的一般构成，其任务栏上有两个工作方式按钮：控制快选窗口（菜单）按钮和隐藏任务栏按钮。试在模拟状态下单击菜单及任务栏按钮，观察屏幕变化。

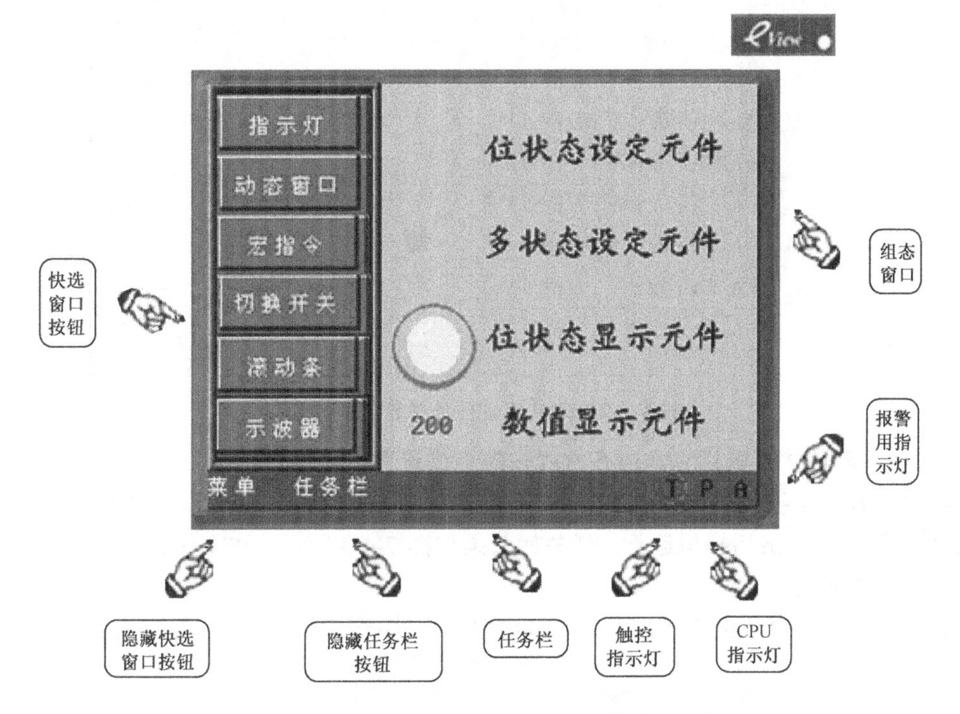

图 7-4-1　触摸屏界面组成及名称

任务栏中提供的快选窗口按钮，可以实现快速显示或隐藏快速窗口。在系统组态画面“HMI 属性”中可以进行任务栏的快选窗口的使用与否、颜色、位置等属性的设置，若选中“包含快选窗口”这一项，单击左边的快选窗口按钮可弹出一个快选窗口。快选窗口中可以由用户自行设置用于切换到不同窗口的功能键。在所有的画面中均能显示快选窗口，方便用户可以随时调用，当需要切换到某一个窗口时，只需按一下指向目的窗口的功能键，可避免单调的查找窗口的过程。

任务栏最多可同时包含有 16 个窗口图标。当一个弹出窗口含有“最小化窗口”和“窗口控制条”功能键时可实现将该窗口最小化到任务栏上，双击最小化图标可以实现弹出窗口的最小化，再单击一下该图标可以恢复窗口到原来的状态。

专业技能培养与训练

任务栏与快选窗口的设计与制作

一、任务栏工作按钮的设置训练

设置训练前，观察系统默认触摸屏任务栏的组成、布局样式。在工程结构组态窗口中，双击 HMI 图标弹出 HMI 属性对话框，如图 7-4-2 所示，选中对话框的任务栏选项可进行相关功能参数的设置。任务栏的属性里系统默认的各复选项均处于选中状态，可以采用比较法来熟悉各功能项作用、理解各选项含义及作用效果。

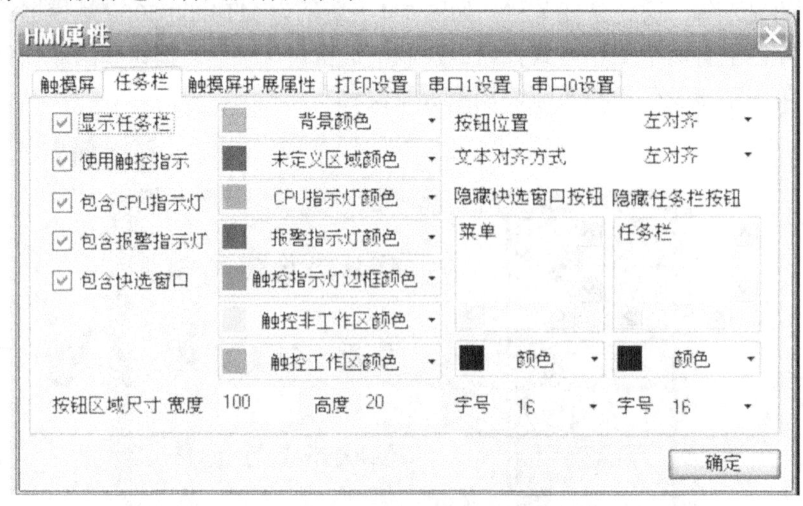

图 7-4-2　HMI 属性任务栏选项对话框

1. 触摸屏界面的任务栏文本对齐方式与颜色的设置

在按钮位置的下拉列表选择“右对齐”、文本对齐方式中选“居中”、 背景颜色中下拉列表中选择“蓝色”，完成后模拟运行，任务栏效果如图 7-4-3 所示。注意任务栏的形式，比较与默认设置效果的异同。

试将显示任务栏复选框不选，即将复选框“ √ ”去掉，再次观察任务栏变化。

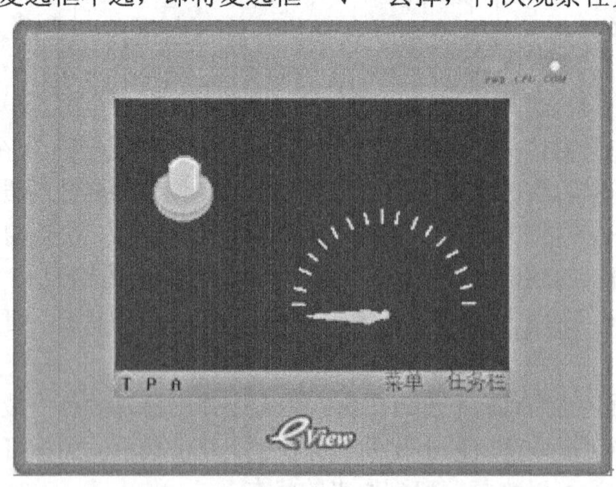

图 7-4-3　HMI 属性任务栏位置设置效果

2．使用触控指示的设置

为比较可在屏幕中放置一个触控“开关”，选中使用触控指示，当屏幕、非触控类元件（如指示灯）被触控时，任务栏上的触控指示灯Ⓣ会按未定义区域颜色定义的颜色变化；如果触控元件（如开关）被触控，则触控指示灯将按触控工作区颜色定义的颜色变化，触控指示灯边框颜色用于定义Ⓣ外围边框的颜色。

试分别改变上述三个参数所设置的颜色，分别模拟比较区分三个颜色参数的意义；将使用触控指示复选框不选，即将复选框“ √ ”去掉，再次观察任务栏变化。

3．包含 CPU 指示灯的设置

CPU 指示灯是一个显示 CPU 资源使用百分比的棒图。选择包含 CPU 指示灯、显示任务栏文本对齐方式为默认“左对齐”方式下，CPU 指示灯将显示在任务栏的右侧如图 7-4-4 所示位置，模拟屏幕和触摸屏上用“P”表示报警指示灯。

图 7-4-4 HMI 属性任务栏选项

4．包含报警指示灯的设置

报警指示灯 ALARM 是一个显示当前报警数与报警信息里所登录的总报警数比例的棒图。当选择包含报警指示灯，同样文本对齐默认方式下报警指示灯将显示在任务栏右侧图 7-4-4 所示位置，模拟屏幕和触摸屏上用“A”表示报警指示灯。

试在 HMI 属性对话框的任务栏属性中，分别尝试将包含 CPU 指示灯和包含报警指示灯前的复选框“ √ ”去掉，模拟观察。

5．包括快选窗口的设置

当选择包括快选窗口时，单击任务栏中菜单会弹出快选按钮窗口。

试将包括快选窗口前的复选框“ √ ”去掉，组态模拟屏幕上单击菜单时观察有无快选菜单的弹出。

在如图 7-4-2 所示的 HMI 属性对话框的任务栏的右侧，隐藏快选窗口按钮中“菜单”文本、隐藏任务栏按钮下的“任务栏”对应于任务栏所显示的信息。

试将此处“菜单”、“任务栏”对应改为“菜单窗口”、“任务栏按钮”，并结合各自下方的颜色列表，试重新设置相应文字的显示颜色。试模拟运行，观察效果。

6．按钮区域尺寸的设置效果

若标签显示不全，可以调整按钮区域尺寸的宽度和高度值，以及标签的字号来解决。

试重新设置观察比较，需注意宽度、高度尺寸应适合屏幕尺寸大小和适当的比例。

二、快选窗口按钮的制作与快选窗口的调用

1. HMI 的窗口概念的认知

窗口是 EV5000 工程的基本元素，每个屏幕都是由一些窗口组成的。窗口有三种类型：基本窗口、公共窗口和快选窗口。改变大小以后的基本窗口还可以当作弹出窗口使用，所有的窗口都可以作为底层窗口。

（1）基本窗口。这是常用窗口的类型，基本窗口具有满屏幕显示的典型特征。当用“切换基本窗口”命令来切换基本窗口时，当前屏幕会清屏（除了公共窗口和快选窗口），而希望切换出的基本窗口会显示在当前屏幕上。当基本窗口上的元件调用弹出窗口时，基本窗口的原始信息会保留，调用的弹出窗口会附加到当前基本窗口上，弹出窗口与基本窗口相当于“父子”窗口的关系。体现在：当从基本窗口 N 切换到基本窗口 M 时，所有窗口 N 的子窗口都将关闭，而显示窗口 M 和窗口 M 的子窗口。

（2）快选窗口。快选窗口是由快选工作按钮进行调用的窗口，该窗口自调用一直显示在屏幕上直到工作按钮将其隐藏，所以，它可以用来放置切换窗口按钮或其他一些常用的元件。快选窗口默认为 FRAME2。若欲设置其他别的窗口为快选窗口，必须与快选窗口 FRAME2 的大小完全相同。

（3）公共窗口。公共窗口将始终显示在屏幕上，在控制设计时可把需要始终显示的元件置于公共窗口之上，保证随时可观察到元件的状态并实现对控件的操作。公共窗口默认为 FRAME1，可以使用“切换公共窗口”功能键来重新设置新的公共窗口，但是只能设置一个公共窗口。

在 EV5000 组态软件的窗口属性对话框中，可以为各窗口设置最多不超过三个的底层窗口。底层窗口一般用来放置背景图形、图表、标题等窗口（因篇幅限制，可参看相关手册）。

2. 含快选窗口及快选菜单窗口的制作训练

结合图 7-4-1 所示 HMI 的快选窗口组成及快选菜单中的“动态窗口”样式，练习该触摸屏界面的制作。

1）公共窗口的设置

在工程结构编辑窗口，选中 HMI 图标并右击，在弹出菜单上选取编辑组态，进入的工程默认号码 0 的起始窗口。双击工程结构窗口中“1：FRAME 1”或于翻页工具栏“0:Frame0 ▾”下拉列表中选“1：FRAME 1”窗口为系统默认的公共窗口，于该窗口设置如图 7-4-5 所示。PLC 元件中的指示灯（输入地址 Y000）、开关（输入/输出地址均为 X000）、指针（输入地址 D10、最大值 10、最小值 0）及功能元件中的刻度元件（等分数 20、起始角 0°及终止角 180°）。

2）弹出窗口编辑

基本窗口与弹出窗口是“父子”关系，弹出窗口的尺寸要求小于基本窗口除去快选窗口后剩余部分的尺寸。单击添加组态窗口的“▣”工具按钮，工程结构窗口出现所添加的“5：FRAME 5”。双击“5：FRAME 5”并于工程结构编辑窗口对其属性进行修改，设置宽度范围为 0～220、高度范围为 0～220（一般最大范围取决屏幕规格、快选菜单宽度和任务栏高度）。可在该窗口自选设施触控类元件或非触控类元件。

3）快选窗口“菜单式”按钮的制作

双击工程结构窗口中“2：FRAME 2”，于该窗口中放置功能元件中的“功能键”，在功能键的功能键元件属性对话框的功能键属性栏中选取切换窗口，如图 7-4-5 所示，在切换窗口类型下拉列

表中选取“弹出窗口”，并于“弹出窗口”右侧列表中选取所要弹出的已建窗口“5：FRAME 5”；图形选项栏中选向量图“botton-103.vg”， 位置选项栏中尺寸可结合控件的手工调整进行。

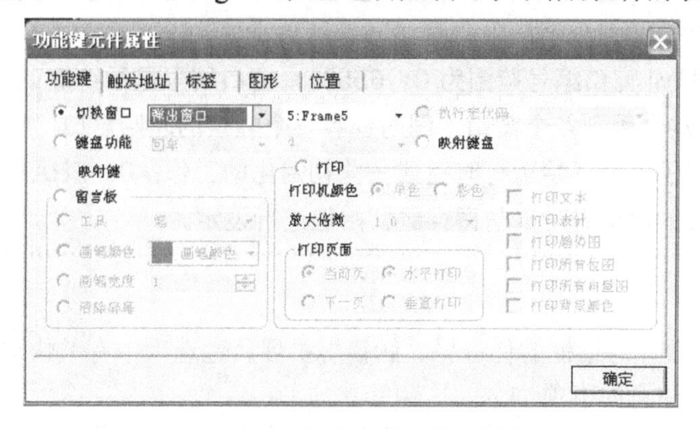

图 7-4-5　功能键元件属性对话框

当功能按钮 FK0 尺寸合适时，利用复制方法制作其他按钮，如图 7-4-6 所示。

4）快选窗口“菜单式”按钮标志的制作

利用绘图工具栏中文字“A”工具按钮，在弹出的文本属性中选择图形模式，并在内容编辑栏中输入文字“示波器”。选用向量字体并设置相应的字体、字号、颜色及文字效果等。设置完成将文字“示波器”拖到 FK0 上居中位置，在“示波器”选中状态下单击锁定元件位置“”按钮，实现标志与按钮相整合，如图 7-4-7 所示。

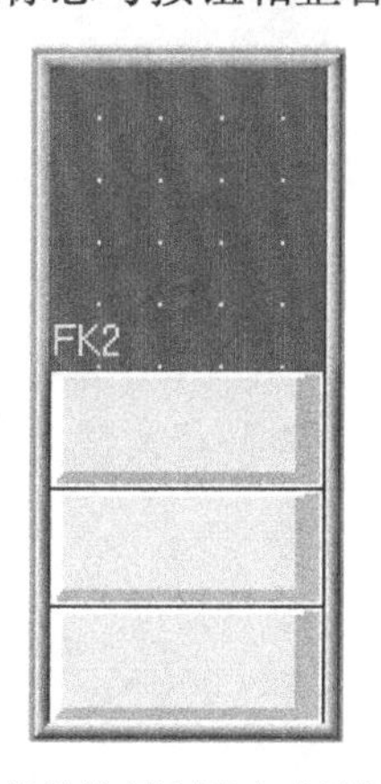

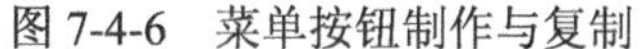

图 7-4-6　菜单按钮制作与复制

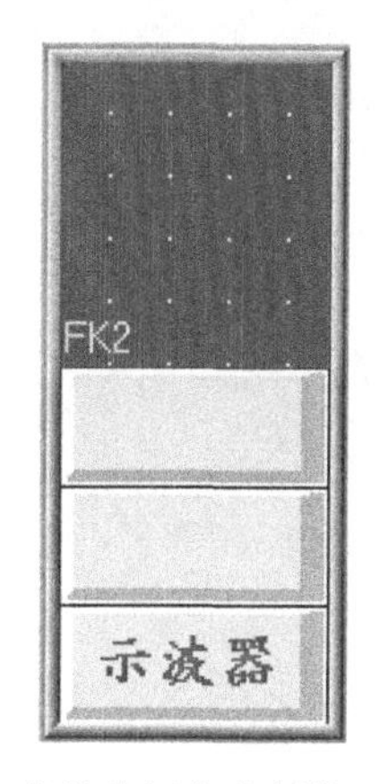

图 7-4-7　菜单按钮文本制作

5）弹出窗口的关闭设置

重新回到“5：FRAME 5”弹出窗口的编辑状态，在元件库窗口的功能元件中查找“功能键”并放置于 FRAME 5 窗口适当位置，在功能键的功能键元件属性对话框中功能键栏中选取“切换窗口”，并在下拉列表中选取“关闭窗口”。

经过上述设置，对所建工程文件进行编译，经合模拟运行，观察 HMI 组态界面、体会窗口间的切换流程。

6）完成其他制作

按设置需要可有选择地重复步骤 2）～5）的操作，分别完成“滚动条”、“切换开关”、“宏指令”、“动态窗口”、“指示灯” 快选窗口菜单式按钮、相应标志及相对应弹出窗口的制作。

7）编译工程并设置通信参数

将所建工程数据下载至HMI。在触摸屏复位后进行在线运行，检验各控件的功能。

eView有效HMI窗口编号范围为0～65535，窗口编号是系统默认不能加以修改的。每个eView工程均会用到多个窗口，同时都有一个默认的起始窗口“0：FRAME 0”，该起始窗口主要用于工程开始运行时完成一些初始化的工作：0：FRAME 0启动对系统中各控制开关状态的设定或对某些寄存器初始值进行设定。

思考与训练：

（1）结合HMI属性对话框的任务栏、触摸屏扩展属性选项中有关快选窗口的设置，试分析菜单按钮设计时应注意的事项。

（2）结合训练二步骤5）中“功能键”进行“切换窗口”的操作，体验“返回前一窗口”、“切换基本窗口”、“最小化窗口”的操作模式。

>>> 附录

附录 A PLC 控制电路中常用低压电气设备

一、三相异步电动机结构组成与工作原理

如图 A-1 所示的三相异步电动机是一种常见将电能转换成机械能的动力设备，因其具有结构简单、价格低廉、工作可靠等优点，在实际生产中得以广泛应用。

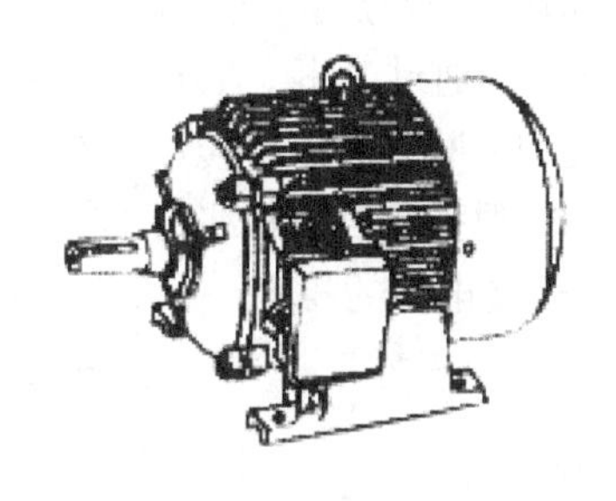

图 A-1 三相异步电动机

1. 三相异步电动机的结构组成

三相异步电动机的由固定不转的定子和向外提供机械转矩的转子组成，结构如图 A-2 所示。

三相异步电动机的定子部分基本上由机壳、定子铁芯、定子绕组及端盖等组成。

定子铁芯是由相互绝缘的 0.35～0.5 的硅钢片叠压而成，于内圆均匀分布用于嵌放定子绕组的凹槽，常见有 24、36 槽。定子绕组是电动机的电路部分，由结构参数相同的三相对称绕组组成，并分别由三相绕组的首端 U1、V1、W1 和末端 U2、V2、W2 引出 6 个接线端到电动机的端盒中。

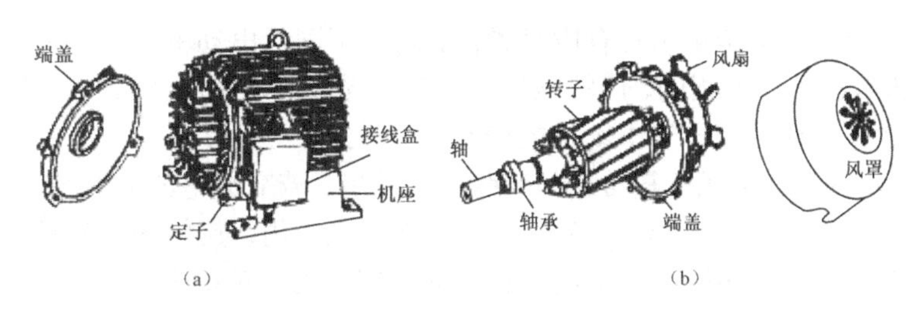

图 A-2 三相异步电动机结构

机壳和端盖一般由铸铁制成，机壳表面铸有凸筋，称为散热片，起散热降低电动机温度的作用。端盖分前端盖、后端盖，分别安装于前、后端，用于支撑转子，并保证定、转子间保持一定的空气间隙。

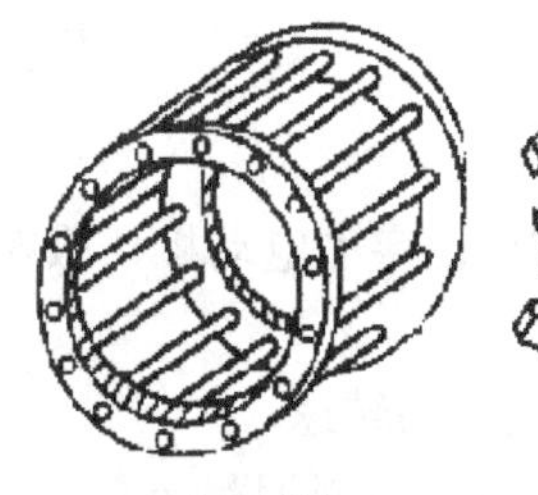

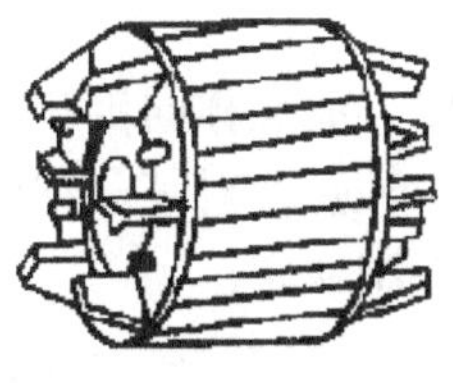

(a) 铜条转子　(b) 铸铝式

图 A-3 笼型电动机转子结构

三相异步电动机转子是异步电动机的旋转部分，由转轴、转子铁心和转子绕组三部分组成，其作用是输出机械转矩，是实现能量转化的枢

组，又称电枢。根据转子绕组构造的不同，三相异步电动机分为三相异步绕线式电动机和三相异步笼型电动机两种。

三相绕线式异步电动机的转子绕组与定子绕组相似；而笼型电动机的转子又因构成方式不同，分铜条转子及铸铝式笼型转子，如图 A-3 所示。

2．三相异步电动机的工作原理

电动机是利用电磁感应原理，把电能转换成机械能并输出机械转矩的原动机。

1）旋转磁场与同步转速

当空间彼此相差 120°的三个相定子绕组通入如图 A-4 所示的三相对称交流电流，结合不同时刻如 t=0、t=T/4、t=T/2、t=3T/4、t=T 的各相电流的大小及方向，对应可以产生如图 A-5 所示的与电流有相同角速度的旋转磁场（交流电变化一周，旋转磁场在空间也旋转一周）。若将定子绕组按 i_1 通入 U 相、i_2 通过 V 相、i_3 通过 W 相绕组时，旋转磁场转变为逆时针方向旋转。显然要使旋转磁场方向改变，只要把接到三相绕组上的两根电源线任意对调，即改变电源的相序，就可实现旋转磁场的反转。

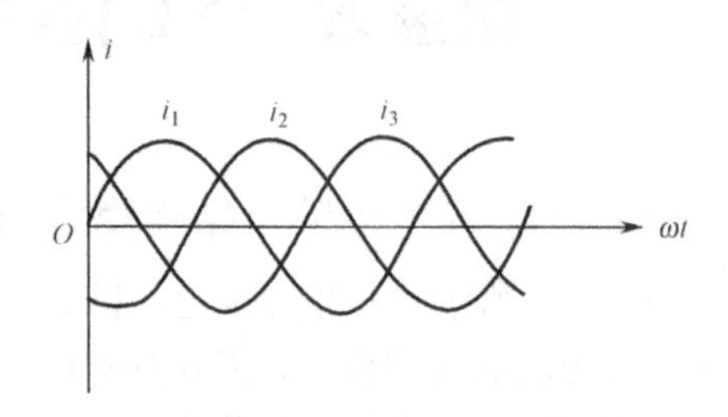

图 A-4　三相定子绕组电流波形图

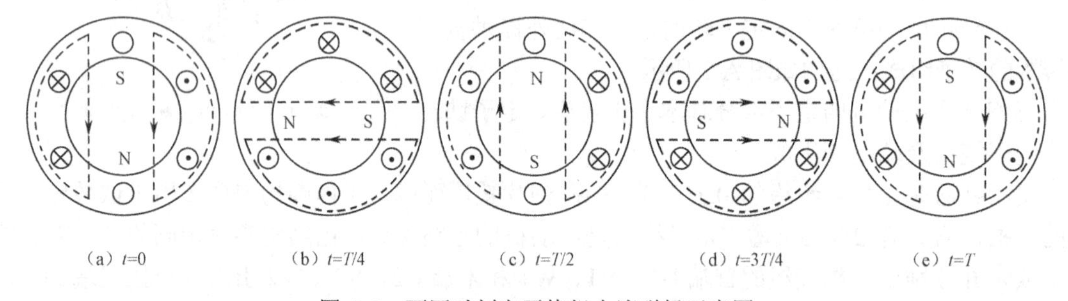

图 A-5　不同时刻定子绕组电流磁场示意图

通过上述分析可知，旋转磁场具有成对磁极。对于不同的电动机，由于三相绕组安排不尽相同，其旋转磁极数也不一定相同，旋转磁极数称三相异步电动机的极数。常采用极对数表示，用 p 表示磁极对数，上述三相异步电动机的极对数 p=1。

磁极对数 $p = 1$ 的旋转磁场，其转速与正弦电流同步。若交流电的频率为 f，则旋转磁场的转速为 n_0=60f（r/min）；当磁极对数 p=2 时，交流电变化一周，旋转磁场转动 1/2 周；依次类推，当旋转磁场具有 p 对磁极时，交流电变化一周，旋转磁场转动 1/P 周。所以，交流电频率为 f，磁极对数为 p，则旋转磁场的转速为

$$n_0 = \frac{60f}{p} \qquad \text{(r/mim)}$$

式中，n_0 又称同步转速。

注意：对某一结构已定的电动机，极对数 p 是不变的。当 p 一定时，同步转速 n_0 与由电源频率决定。

2）三相异步电动机的转速

旋转磁场以同步转速 n_0 顺时针旋转，相对于旋转磁场，闭合转子绕组逆时针切割磁力线，产生感应电流，根据右手定则判定，如图 A-5 所示，转子上半部分的感应电流流入纸面。有电流的转子在磁场中受到电磁力的作用，结合左手定则判定，上半部分所受磁场力向右，下半部

分所受磁场力向左。这两个力对转子转轴形成电磁转矩，使转子沿旋转磁场的方向以低于旋转磁场的转速 n 旋转，转子转速即三相电动机转速。

异步电动机的同步转速 n_0 与转子转速 n 之差，即转速差。把转速差 n_0-n 与 n_0 之比称为异步电动机的转差率，用 s 表示，即

$$s=\frac{n_0-n}{n_0}\times100\%$$

变换后三相异步电动机转速为

$$n=(1-s)n_0=(1-s)\frac{60f}{p}$$

所以，三相异步电动机转速取决于电源频率、电动机的极对数及转差率。

3．电动机铭牌参数识读

当观察一台电动机时，要确认设备的特性并正确运用，可以结合电动机的铭牌获取相关参数及要求。

如图 A-6 所示为三相异步电动机的常见铭牌形式。

三相异步电动机					
型号	Y132M2-4	功率	7.5kW	频率	50Hz
电压	380V	电流	15.4A	接法	△
转速	1440r/min	绝缘等级	B	工作方式	连续
	年　月　日	编号		××	电机厂

图 A-6　电动机铭牌示意图

（1）型号。电动机型号中的字母多为代表产品特征意义的汉语拼音声母或单词的第一个大写字母。如“Y”代表异步，“M”代表中等长度机座等（机座分长、中、短三种分别对应 L、M、S 表示）。如图 A-6 所示的铭牌中电动机型号组成及具体含义如图 A-7 所示。

（2）额定功率。是指电动机在额定运行状态下转轴上输出的机械功率，单位为 W 或 kW。

（3）频率。指电动机所连接电源的额定频率，我国电力系统统一标准频率 50Hz。

（4）额定电压。指电动机正常运行状态下加在定子绕组上的线电压，单位为 V。

（5）额定电流。指电动机在额定状态下输出额定功率时，定子绕组允许的长期通过的线电流，单位为 A。

（6）接法。指三相异步电动机在额定电压下三相定子绕组所采用的连接形式。三相异步电动机接法有星形（Y）、三角形（△）两种接法。

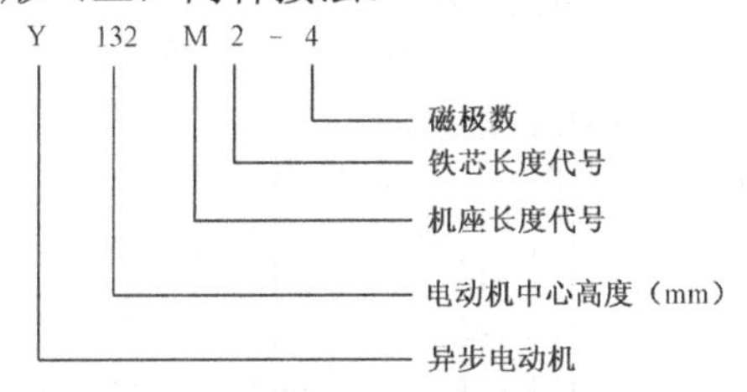

图 A-7　三相电动机型号组成及含义

如图 A-8（a）所示为三相绕组的星形接法，U、V、W 相绕组的末端 U2、V2、W2 接于一点，首端引出分别接三相电源的相线 L1、L2、L3。

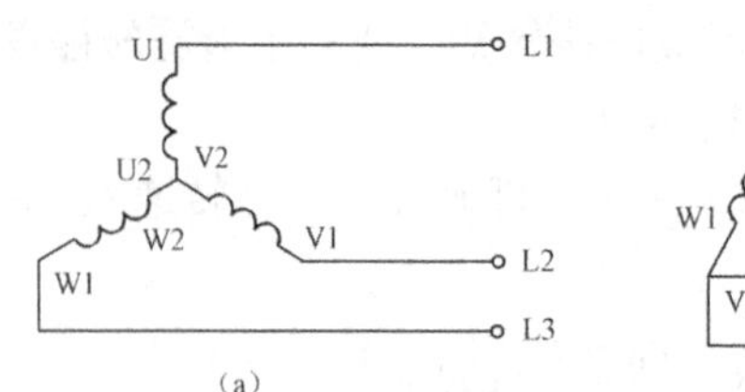

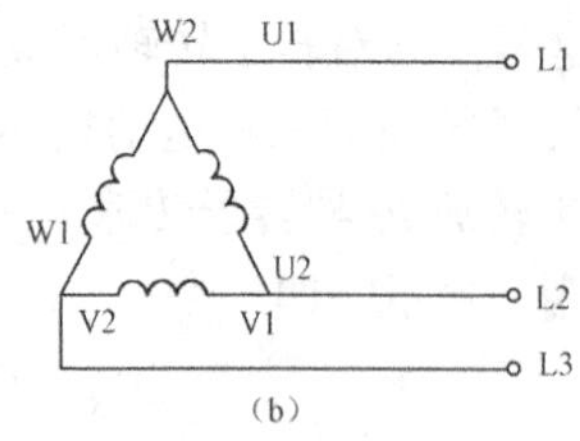

图 A-8　三相电动机定子绕组的星/三角形接法

一般 3kW 及以下的三相异步电动机采用星形接法。在 380V 动力线路中，星形接法定子每相绕组的工作电压（相电压）仅为 220V，电动机设备正常运行时有线、相电流均对称相等。

如图 A-8（b）所示为三角形接法，采用每相邻两相绕组的一相首端接前一相绕组的末端，末端接后一相的首端，如图中所示 U2 接 V1、V2 接 W1、M2 接 U1，构成三角形结构形式。各连接端（三角形顶点）对应接三相电源的相线 L1、L2、L3。

当电动机功率在 3kW 以上时基本上采用三角形接法。此类较大功率的动力电动机每相绕组的额定电压 380V，可满足实现降压启动时的星形接法，正常额定状态下三角形接法运行的需要。

二、常用低压电器的简介

低压电器通常是指工作于交流 1000V 以下、直流 1200V 以下电路中，用于实现对电能输送、变换及能对电器设备实施控制和保护的电气产品。

按操作方式可分为两种：①手动电器：利用人力手动直接控制操作手柄或通过传动装置完成电路接通、分断等动作的低压器件；②自动电器：是指通过电磁机构或压缩空气等来完成电路的接通、分断等控制作用的电器。

电气线路中各种低压器件在没有受到机械外力或电磁机构没有工作电流通过（气动器件未作用压缩空气）时，各器件所处的状态称为常态，电气控制线路中常用来指触点接通或断开的状态。常态下处于断开的触点称为常开触点、闭合触点称为常闭触点。以下介绍一些常用的低压电器设备。

1. 低压断路器

低压断路器又称自动开关、自动空气断路器，是低压电网和电力拖动系统中非常重要的一种器件。该电器集电路分断、短路保护、过载保护及欠压保护等多种功能于一体。

断路器按结构可分为塑料外壳式（DZ 系列用于照明及电力拖动）、框架式（DW 系列用于低压配电系统）；按保护方式分电磁脱扣器、欠电压脱扣器、复式脱扣器式。

低压断路器结构如图 A-9 所示，低压断路器用于分断电路的主触点串联于三相主电路中，合闸操作后，由于搭扣与锁扣共同作用使主触点保持闭合，若作用杠杆受向上推力由搭扣与锁扣分离，在作用弹簧推力作用下实现主触点分断。

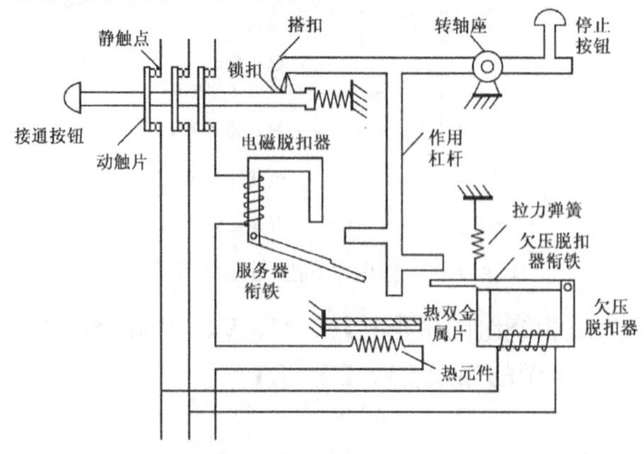

图 A-9　低压断路器结构工作原理图

上述分断动作可分别在停止按钮、电磁（流）脱扣器、热脱扣器、欠压脱扣器的作用下实现。电流脱扣器串联于主电路，当线路出现短路大电流时而产生较强电磁力使脱扣器衔铁动作；欠压脱扣器并联于主电路两相之间，当线路电压降到某一值及以下时因欠压脱扣器线圈电磁吸力不足以吸附欠压脱扣衔铁时，在拉力弹簧作用下推动作用杠杆上移；当线路出现过载时，由于串联于主电路的热元件出现过热使双金属片发生向上弯曲推动杠杆实现上移，上述各作用均可实现搭扣对锁扣作用的失去，从而实现主电路触点的分断。

DZ47 系列为小型塑料外壳式断路器，如图 A-10 所示，是用于 50HZ/60Hz、额定电压 230/400V，额定电流至 63A 具有过载与短路双重保护的限流型高分断断路器。除用于线路过载和短路保护外，还常用于不频繁电动机的启动、停止控制。其产品型号及含义如图 A-11 所示。

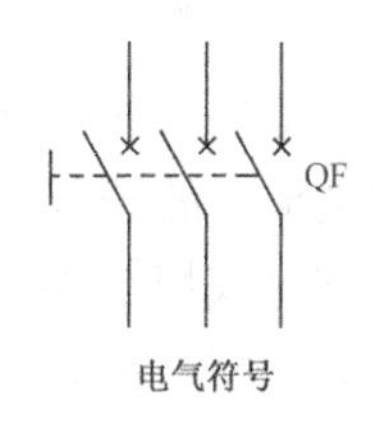

图 A-10　DZ47 低压断路器及电气符号

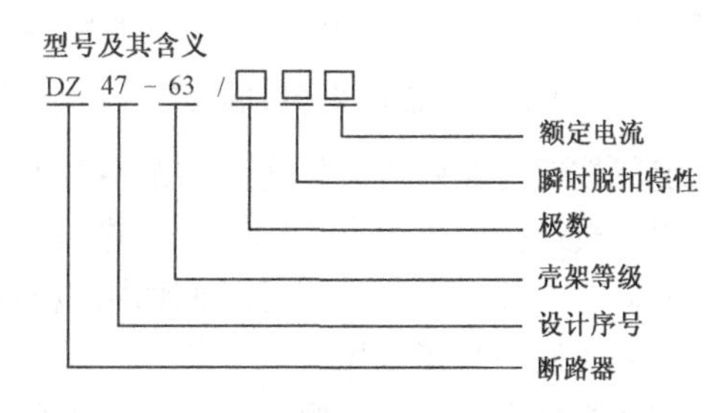

图 A-11　低压断路器型号组成及含义

DZ47 系列低压断路器一般采用金属轨道固定，要求垂直安装方式。电源进线在上，出线在下，分断状态操作手柄处于下端；用做电源隔离开关必须于电源引入端加装熔断器，用于电动机控制时须加装隔离开关。选用低压断路器时主要考虑额定电压、壳架等级额定电流和断路器额定电流等。若断路器型号中出现字母“LE”，如 DZ47LE 表明该塑料外壳式断路器还具有漏电保护功能。

2．常用主令器件

主令器件是在自动控制电路中用于发出指令或信号来实现控制电路的切换，完成相应电路的接通或断开，达到控制电力设备的操纵性器件。常见主令器件有控制按钮、行程开关、主令控制器、万能转换开关及接近开关等。

1）控制按钮

控制按钮又称按钮开关，按钮是结构最简单、应用最广泛的一种主令器件。常见按钮有 LA2、LA4 及 LA18 系列等，如图 A-12（a）、（b）所示分别为 LA2 按钮及结构示意图，按钮由按钮帽、复位弹簧、动、静触点等组成。

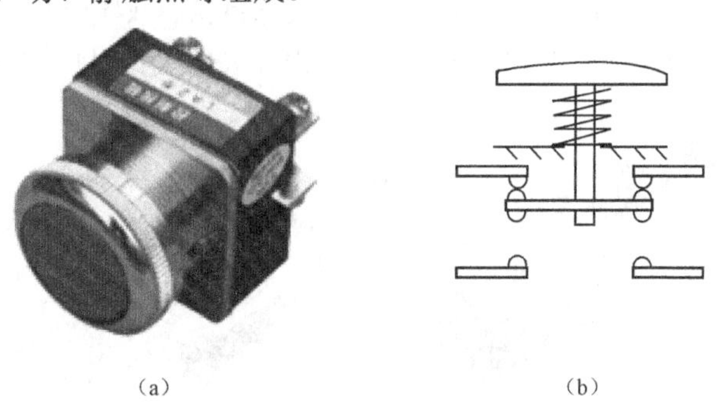

（a）　（b）

图 A-12　LA2 按钮及结构原理图

控制按钮的功能设计是定位于短时接通或断开小电流电路的用途，主要用于低压交、直流电路通过对电磁启动器、接触器、继电器等线圈的接通与分断控制，进而实现对线路中电气负载的间接或远距离控制。产品型号组成含义如图 A-13 所示。

按钮开关按触点结构及用途可分启动按钮（常开按钮）、停止按钮（常闭按钮）和复合按钮（常开、常闭组合形式），电气符号如图 A-14 所示。按钮一般具有自动复位功能，复合按钮遵循常闭“先断”、常开“后合”的触点动作顺序，动作顺序可结合按钮结构示意图理解。

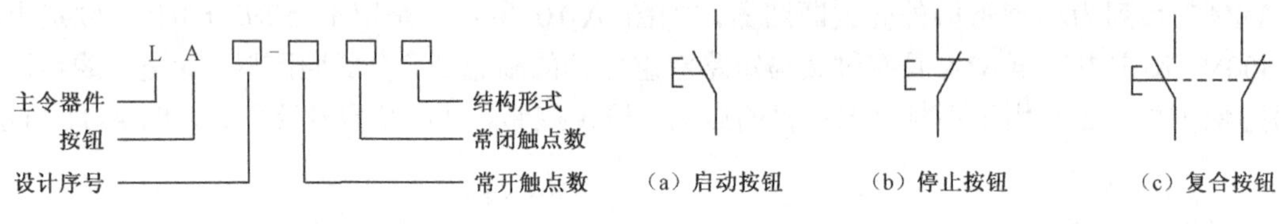

（a）启动按钮　（b）停止按钮　（c）复合按钮

图 A-13　按钮型号组成及含义　　图 A-14　常用按钮电气符号

现代按钮已突破“按”动作的范畴，不同控制形式的控制按钮：钥匙式为防止不具备操作权限的人员误操作采用专用钥匙插入进行控制；旋钮式用旋动手柄操作；紧急式采用蘑菇头凸出，紧急时可按下蘑菇头即可迅速切断电源；带灯按钮，按钮帽内装有指示灯，除用于发布控制指令外兼做信号指示用。

按钮帽常有红、黄、绿、蓝、白、黑色等，可根据控制需要进行选择。一般红色用于停机或急停，绿色用于启动设备，而黄色带指示灯多用于显示工作或间歇状态；点动控制必须用黑色；复位的按钮用蓝色；启动与停止交替动作控制的按钮要求是黑色、白色或灰色。

按钮的选取一般根据控制需求及使用场所的特殊性，选用时考虑与之相适应的结构形式、触点对数、颜色标志及安装方式等。按钮安装的原则：按启动顺序安装，呈相反状态控制应成组对应安装；多个按钮实施控制时，必须在显眼、易操作处安装红色蘑菇帽的总急停按钮。

2）行程开关

行程开关用于实现将机械部件的位置信号转换为电信号，达到位置检测及实施位置控制作用的主令器件。在电气设备控制中常用于位置控制或限位保护，按其作用又称位置开关、限位开关等。现代行程开关分为机械结构的接触式行程开关和电气结构的非接触性接近开关。

接触式行程开关是依靠机械移动碰撞行程开关的操作头而使开关的触点接通或断开，从而实现位置检测和位置控制目的。最常用接触式行程开关（LX19 系列）主要用于机床、生产流水线的位置控制及程序控制。接触式行程开关按动作方式分直动式、转动式及组合式。

直动式靠机械上安装的挡铁触动操作机构，推动行程按钮，使触点接通或分断，如图 A-15（a）所示；转动式行程开关如图 A-15（b）、（c）所示，又分单轮、双轮结构。行程开关还可分为自动复位和非自动复位两种形式，自动复位接触式行程开关电气符号如图 A-16 所示。

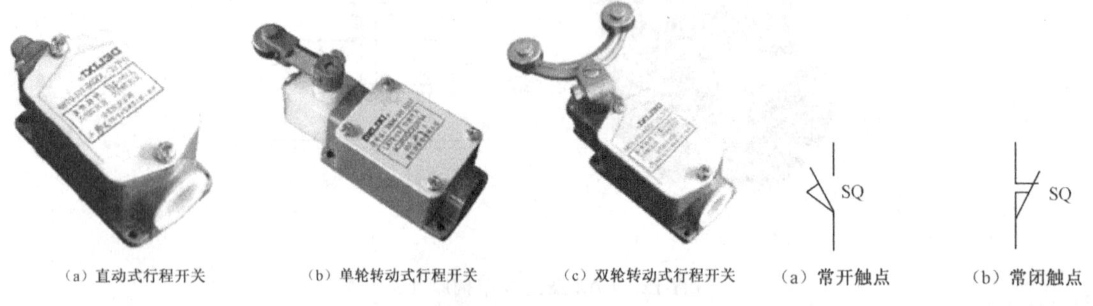

（a）直动式行程开关　（b）单轮转动式行程开关　（c）双轮转动式行程开关　（a）常开触点　（b）常闭触点

图 A-15　常见接触式行程开关　　图 A-16　行程开关电气符号

行程开关使用注意事项：行程开关是利用机械碰撞或机械摩擦而实施动作，只能用于低速运动机械设备中。对于工作频率较高，工作精度及可靠性要求较高场合可采用非接触性的接近开关。

3．短路与过载保护性器件

1）熔断器

将熔断器串联于工作电路，利用电路故障时短时大电流或短路电流熔断熔体使电路快速分断，以保护电气设备和人身安全，称为短路保护措施。熔断器是电路中最基本、最简易的短路保护性器件。

低压熔断器可分为管式、插入式、螺旋式等。熔断器一般由核心部件熔体、触点插座、绝缘底座等组成。熔体材料具有熔点低、导电性能好、不易氧化且易于加工的特点。常见熔体材料有铅锡合金、锌、铜、银等，常制成丝状（或片状）。

根据熔体结构又可分为开启式熔断器、半封闭熔断器和封闭式熔断器。开启式熔断器如装配于刀开关的保险丝，因其熔体熔断时没有采取限制电弧和熔化金属颗粒措施，只适用于断开电流不大的场合。半封闭式熔断器则将熔体装配于一端或两端开启的管内，熔体熔化时电弧及金属粒子沿敞开端喷出。封闭式熔断器是将熔体完全封闭于壳体，不会造成电弧或金属粒子飞溅，封闭式是发展趋势和首选保护设备。

封闭式熔断器又分为有填充料、无填充料及有填充料螺旋式等。常用无填料熔断器：RC1A 系列瓷插式熔断器，主要用于 380V 及以下额定电流为 5～200A 一般照明及小容量电动机电源引入线路中。RM10 系列，主要用于交流 380V、直流 440V 以下，电流 600A 以下的电力线路中实现短路、连续过载保护作用。

RL1 系列螺旋式熔断器属于有填料熔断器，如图 A-17 所示。适用于 50～60Hz、电压 500V 以下，电流 200A 以下电路中实现严重过载保护及短路保护，由瓷座、瓷帽、熔断管、瓷套组成。熔断管内熔体呈丝状或片状，石英砂填料用于熔断灭弧，有色熔断指示器实现熔体动作的显示。螺旋式熔断器安装与接线要求：采取“低进高出”安装接线方式，下接线桩向外接电源进线，上接线桩向内接控制器件及负载，以确保操作安全。

另外，在配电箱或机床设备控制中常用 RS 或 RLS 系列的快速熔断器，具有动作速度快、分断能力强及对过电压灵敏的特点，其快速熔断有效地保证了设备安全。为能保证故障的快速动作，严禁用普通熔体进行替代。

熔断器的选取方法：主要根据负载情况和电路中短路电流大小来选取，对于容量较小的照明电路和电动机保护电路可选用 RC1A 系列半封闭式熔断器或 RM10 系列无填充料封闭式熔断器；对于短路电流较大的电路或有易燃气体的场合应选用 RL1 系列或 RT0 系列有填充料封闭式熔断器；而用于硅元件及晶闸管保护则应选用 RS 或 RLS 系列快速熔断器。对于一般电气控制线路中由于工作环境要求不高多采用螺旋式熔断器。

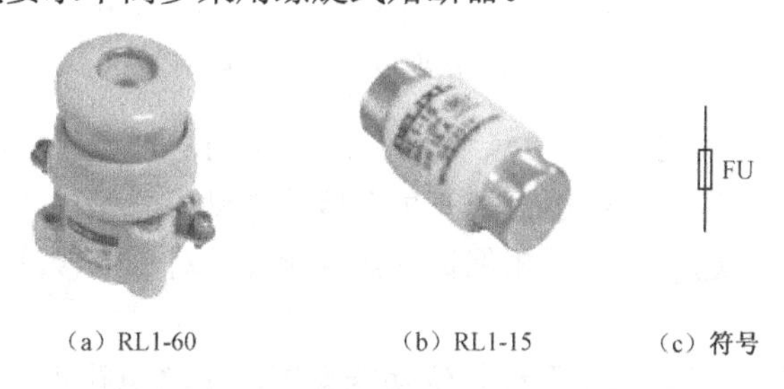

（a）RL1-60　（b）RL1-15　（c）符号

图 A-17　螺旋式熔断器、熔体及电气符号熔体的选取依据：对于如照明电路、电热设备电路等负载电流比较平稳场合的短路保护时，熔体额定电流应等于或略大于负载的额定电流即$I_{RN} \geqslant I_N$；动力电路中，单台电动机短路保护的熔体额定电流按1.5～2.5倍电动机额定电流来选取，即$I_{RN} = (1.5 \sim 2.5)I_N$；用于多台电动机短路保护，熔体的额定电流$I_{RN} = (1.5 \sim 2.5)I_{MN} + \sum I_N$选取，式中$I_{MN}$为容量最大的电动机的额定电流，$\sum I_N$为其他各台电动机额定电流之和。

2）热继电器

热继电器是一种利用设备过载运行时的过载电流流过热元件产生的热效应致使保护性触点动作的低压电器。当被保护电动机或其他电气设备的负载电流超出允许值达到一定时间后自动地切断电路，起到对负载设备的保护作用。

当电动机处于过载运行、频繁启动、欠压或过压运行及缺相运行时，均可能使电动机工作电流超出允许值，导致温度升高以致过热而加速电动机绝缘老化，缩短电动机寿命，严重时烧毁电动机，所以三相异步电动机控制电路通常采用热继电器实施过载保护。

如图A-18所示为热继电器结构原理图，利用两种热膨胀系数不同的金属轧制成双金属片，过载电流使双金属片受热后发生弯曲，从而推动机构使触点断开进而实现电路的分断。由于双金属片过热变形需要一定时间，故热继电器不能作为短路保护。如图A-19所示为常用JR16B热继电器，对应电气符号如图A-20所示。

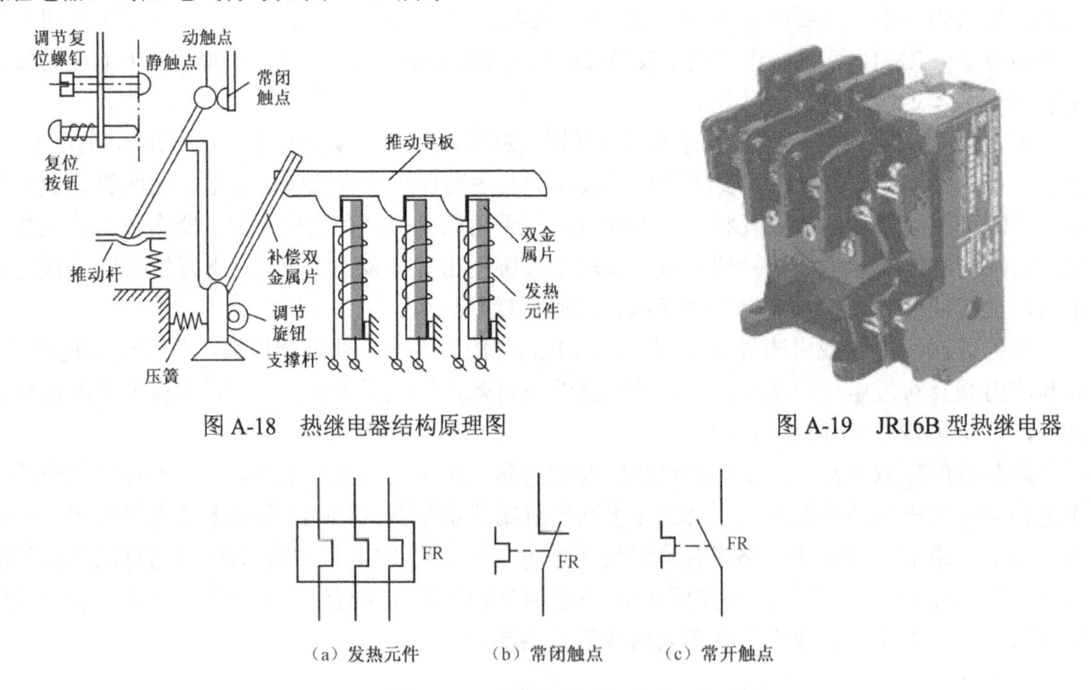

图A-18　热继电器结构原理图

图A-19　JR16B型热继电器

图A-20　热继电器电气符号

热继电器按额定电流等级可分为10A、40A、100A和160A四种，按级数或相数可分为二相、三相及三相带断相保护等。断相运行是三角形接法电动机烧毁的主要原因之一，若三相电动机为三角形接法，则要求选用带有断相保护的热继电器，对星形接法可采用普通二相或三相保护式热继电器。

另外，热继电器一般都有自动和手动复位功能设置，试验电路中一般要求置于手动复位。设备出厂一般设置为自动复位形式，用相应规格螺丝刀将热继电器侧面孔内螺钉倒旋三、四圈即可调整为手动复位方式。对于热继电器常闭、常开触点的识别，可观察热继电器侧面铭牌标志中常开、常闭触点的编号，找出对应接线端子并结合万用电表进行判断。

4．交流接触器

接触器是一种用于实现频繁接通或切断负载主电路及大容量设备的工作电路，可实现远距离控制的自动切换电器。按其所控制电流的种类划分有交流（CJ 系列）或直流（CZ0 系列）两种，交流接触器主要用于工频 50Hz 电路。

接触器主要由电磁机构、主、辅触点及主触点灭弧装置等构成。其中电磁机构由线圈、铁芯及衔铁组成，如图 A-21 所示，当串联于控制线路中的电磁线圈通电产生电磁吸力，使衔铁吸合，从而带动动触点与静触点闭合，接通主电路；若线圈断电后，电磁吸力便消失，在复位弹簧作用下衔铁将被释放，从而带动动触点与静触点分离，切断主电路。电磁机构是完成接触器接通、分断操作功能的主要部件，具有失压保护作用。

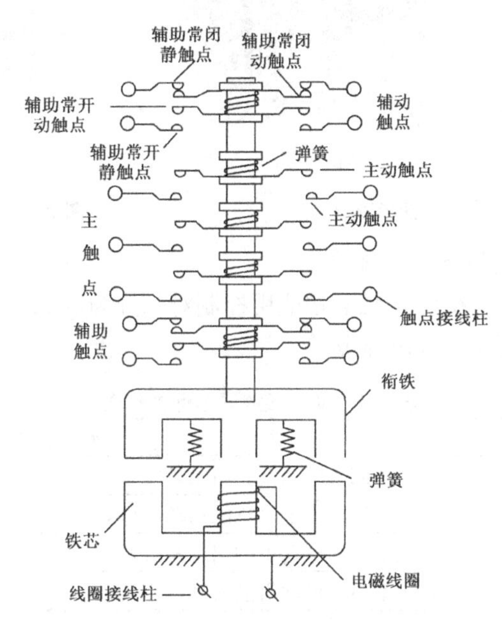

图 A-21　接触器结构原理图

主触点及辅助触点是接触器的执行部件，均采用桥式双断点形式，用来完成电路的接通和分断，触点在接触器中地位最重要。由于频繁进行分、合特别是主触点易受电弧烧灼，主触点为接触器中较薄弱的环节之一。主触点常采用弧面与弧面、弧面与平面、平面与平面接触的形式，接触面大而接触电阻较小，决定了主触点能流以较大电流。辅助触点与主触点联动，有常开、常闭两种形式，常开辅助触点主要用于实现控制电路的自锁（自保持）或信号传递功能，而辅助常闭触点用于实现电路间的联锁功能。接触器线圈及各触点符号如图 A-22 所示。

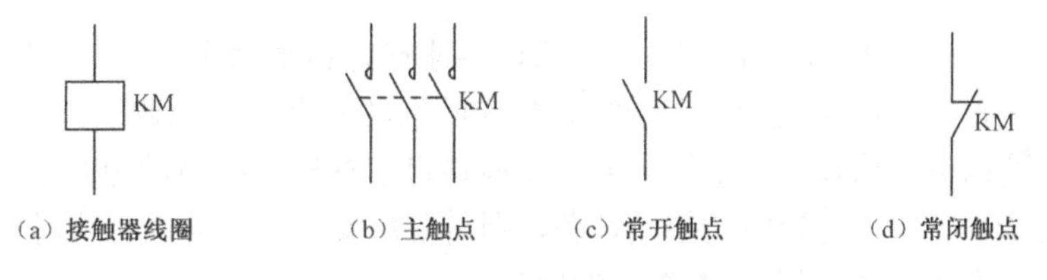

图 A-22　接触器电气符号

如图 A-23 所示为 CJ10 系列交流接触器，该系列接触器适用于 50Hz、电压不高于 380V、电流低于 150A 的电力控制线路中，线圈电压分 220V、380V 两种。其中 CJ10-10 接触器是目前在学校实训场所运用较多的一款。

如图 A-24 所示为 CJ20 系列交流接触器相比于 CJ10 系列，因其在触点性能、灭弧措施、分断能力及机械联锁性能方面均具有较强的优势，除可采用螺钉固定方式外，还可采用更便捷的 35mm 标准轨道安装方式，CJ20 有替代 CJ10 而成为主流接触器的趋势。除此之外，紧凑型 CJX2 系列交流接触器也是目前开发出来的市场占有率较高的新型接触器。

（a）

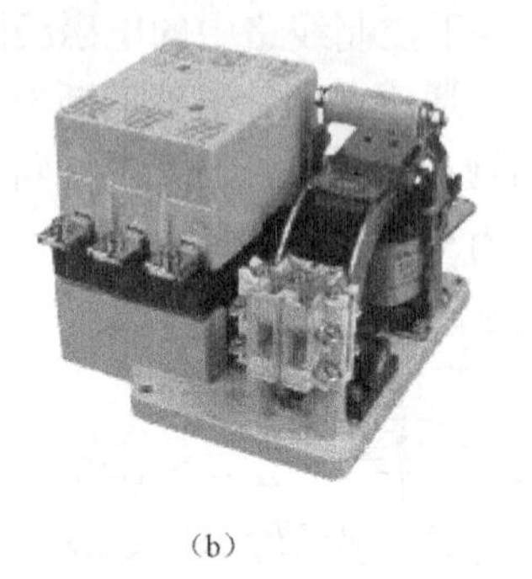

（b）

图 A-23　CJ10 系列交流接触器

图 A-24　CJ20 系列交流接触器

接触器的选取主要考虑以下几个因素。

（1）参照国标类别选取。交流接触器按适用控制对象分为表 A-1 所示四种国标类别。用户可结合控制对象及所需实现的功能参照选取。

表 A-1　交流接触器国标类别表

国标类别代号	典 型 用 途
AC-1	无感或微感负载，电阻炉
AC-2	绕线型异步电动机的启动与分断
AC-3	笼型异步电动机的启动与分断
AC-4	笼型异步电动机的启动、点动、反接制动与反向

（2）主触点额定电压的选择。接触器铭牌上所标的额定电压为主触点所能承受的电压，主触点额定电压应大于或等于负载的额定电压。

（3）主触点的额定电流。选取接触器时，主触点的额定工作电流并不能完全等于被控设备的额定电流，必须考虑电气设备的工作方式等因素：对于长期工作制应按最大负载电流为接触器额定电流的 67%～75%确定；间断长期工作制则按 80%进行；反复短时工作制可按 16%～20%确定。另外若用于实现频繁启动、制动或正反转控制，在选取接触器时主触点额定电流下降一个等级使用。

（4）接触器极数的选择。根据被控设备运行的要求确定接触器主触点的配置形式，如三级、四级或五级等；根据控制线路的功能要求配置相应的辅助触点类型及数量。

（5）电磁线圈的电压选择。对于简单的控制线路可依据控制线路的电源电压进行选取；而对于控制线路复杂、实现功能较多的控制任务，则需要从安全因素方面综合考虑选用线圈低电压的接触器，并采取控制变压器提供线圈电压的方式。

附表B 功能应用指令表

分类	FNC No.	指令助记符	功能	对应 PLC				手册页码	分类	FNC No.	指令助记符	功能	对应 PLC				手册页码
				FX1S	FX1N	FX2N	FX2NC						FX1S	FX1N	FX2N	FX2NC	
程序流程	00	CJ	条件跳转	○	○	○	○	150	循环移位	30	ROR	循环右移	-	-	○	○	192
	01	CALL	子程序调用	○	○	○	○	153		31	ROL	循环左移	-	-	○	○	192
	02	SRET	了程序返回	○	○	○	○	153		32	RCR	带进位循环右移	-	-	○	○	193
	03	IRET	中断返回	○	○	○	○	154		33	RCL	带进位循环左移	-	-	○	○	193
	04	EI	中断许可	○	○	○	○	154		34	SFTR	位右移	○	○	○	○	194
	05	DI	中断禁止	○	○	○	○	154		35	SFTL	位左移	○	○	○	○	194
	06	FEND	主程序结束	○	○	○	○	166		36	WSPR	字右移	-	-	○	○	196
	07	WDT	监控定时器	○	○	○	○	167		37	WSPL	字左移	-	-	○	○	196
	08	FOR	循环范围结束	○	○	○	○	168		38	SPWR	移位写入	○	○	○	○	198
	09	NEXT	循环范围终了	○	○	○	○	168		39	SFRD	移位读出	○	○	○	○	198
传送与比较	10	CMP	比较	○	○	○	○	170	数据处理	40	ZRST	批次复位	○	○	○	○	202
	11	ZCP	区域比较	○	○	○	○	171		41	DECO	译码	○	○	○	○	203
	12	MOV	传送	○	○	○	○	172		42	ENCO	编码	○	○	○	○	204
	13	SMOV	移位传送	-	-	○	○	173		43	SUM	ON 位数	-	-	○	○	205
	14	CML	倒转达传送	-	-	○	○	174		44	BON	ON 位数判断	-	-	○	○	205
	15	BMOV	一并传送	○	○	○	○	175		45	MEAN	平均值	-	-	○	○	206
	16	RMOV	多点传送	-	-	○	○	177		46	ANS	信号报警器置位	-	-	○	○	207
	17	XCH	交换	-	-	○	○	178		47	ANR	信号报警器复位	-	-	○	○	207
	18	BCD	BCD 转换	○	○	○	○	179		48	SOR	BIN 开方	-	-	○	○	209
	19	BIN	BIN 转换	○	○	○	○	180		49	FLT	BIN 整数浮点数转换关	-	-	○	○	210
四则逻辑运算	20	ADD	BIN 加法	○	○	○	○	182	高速处理	50	REF	输入/输出刷新	○	○	○	○	214
	21	SUB	BIN 减法	○	○	○	○	183		51	REFE	滤波器调整	-	-	○	○	215
	22	MUL	BIN 乘法	○	○	○	○	184		52	MTR	矩阵输入	○	○	○	○	216
	23	DIV	BIN 除法	○	○	○	○	185		53	HSCS	比较置位（高速 C）	○	○	○	○	218
	24	INC	BIN 加 1	○	○	○	○	186		54	HSCR	比较复位（高速 C）	○	○	○	○	220
	25	DEC	BIN 减 1	○	○	○	○	186		55	HSZ	区间比较（高速 C）	-	-	○	○	221
	26	WAND	逻辑字与	○	○	○	○	187		56	SPD	脉冲密度	○	○	○	○	226
	27	WOR	逻辑字或	○	○	○	○	187		57	PLSY	脉冲输出	○	○	○	○	227
	28	WXOR	逻辑字异或	○	○	○	○	187		58	PWM	脉冲调制	○	○	○	○	231
	29	NEG	求补码	-	-	○	○	188		59	PLSR	带加速器脉冲输出	○	○	○	○	232

续表

分类	FNC No.	指令助记符	功能	对应PLC				手册页码	分类	FNC No.	指令助记符	功能	对应PLC				手册页码
				FX1S	FX1N	FX2N	FX2NC						FX1S	FX1N	FX2N	FX2NC	
方便指令	60	IST	状态初始化	○	○	○	○	240	外围设备SER	84	CCD	校验码	○	○	○	○	290
	61	SER	数据查找	-	-	○	○	246		85	VRRD	电位器读出	○	○	○	○	292
	62	ABSD	凸轮控制—绝对方式	○	○	○	○	247		86	VRSC	电位器刻度	○	○	○	○	293
	63	INCD	凸轮控制—增量方式	○	○	○	○	248		87	—	—	—	—	—	—	—
	64	TTMR	示教定时器	-	-	○	○	249		88	PID	PID 运算	○	○	○	○	294
	65	STMR	特殊定时器	-	-	○	○	250		89							
	66	ALT	交替输出	○	○	○	○	251	浮点数	110	ECMP	二进制浮点数比较	-	-	○	○	310
	67	RAMP	斜坡信号	○	○	○	○	253		111	EZCP	浮点数区间比较	-	-	○	○	311
	68	ROTO	旋转工作台控制	-	-	○	○	254		118	EBCD	二—十进制浮点转换			○	○	312
	69	SORT	数据排列	-	-	○	○	256		119	EBIN	十—二进制浮点转换	-	-	○	○	313
外围设备I/O	70	TKY	数字键输入	-	-	○	○	258		120	EADD	二进制浮点数加法	-	-	○	○	316
	71	HKY	16 键输入	-	-	○	○	259		121	ESUB	二进制浮点数减法	-	-	○	○	317
	72	DSW	数字式开关	○	○	○	○	260		122	EMUL	二进制浮点数乘法	-	-	○	○	318
	73	SEGO	七段编码	-	-	○	○	262		123	EDIV	二进制浮点数除法	-	-	○	○	319
	74	SEGL	带锁存的七段显示	○	○	○	○	263		127	ESOR	二进制浮点数开方	-	-	○	○	320
	75	ARWS	矢量开关	-	-	○	○	265		129	INT	浮点—整数转换	-	-	○	○	321
	76	ASC	ASCⅡ码转换	-	-	○	○	267		130	SIN	浮点数 SIN 运算	-	-	○	○	324
	77	PR	ASCⅡ码打印输出	-	-	○	○	268		131	COS	浮点数 COS 运算	-	-	○	○	325
	78	FROM	特殊功能模块读出	-	○	○	○	270		132	TAN	浮点数 TAN 运算	-	-	○	○	326
	79	TO	特殊功能模块写入	-	○	○	○	270		147	SWAP	上/下字节变换	-	-	○	○	328
外围设备SER	80	RS	串行数据传送	○	○	○	○	274	定位	155	ABS	ABS 现在值读出	○	○	-	-	343
	81	PRUN	八进制数传送	○	○	○	○	284		156	ZRN	原点回归	○	○	-	-	347
	82	ASCI	HEX-ASCII 转换	○	○	○	○	286		157	PLSY	可变度脉冲输出	○	○	-	-	353
	83	HEX	ASCII-HEX 转换	○	○	○	○	288		158	DRV	相对定位	○	○	-	-	357

续表

分类	FNC No.	指令助记符	功能	对应 PLC				手册页码
				FX1S	FX1N	FX2N	FX2NC	
时钟运算	159	DRVA	绝对定位	○	○	-	-	363
	160	TCMP	时钟数据比较	○	○	○	○	374
	161	TZCP	时钟区间比较	○	○	○	○	375
	162	TADD	时钟数据加法	○	○	○	○	376
	163	TSUB	时钟数据减法	○	○	○	○	377
	166	TRD	时钟数据读出	○	○	○	○	378
	167	TWR	时钟数据写入	○	○	○	○	379
	169	HOUR	长时间检测	○	○	-	-	381
外围设备	170	GRY	格雷码转换	-	-	○	○	384
	171	GBIN	格雷码逆转换	-	-	○	○	385
	176	RD3A	模拟块读出	-	○	-	-	386
	177	WR3A	模拟块写入	-	○	-	-	387
触点比较	224	LD=	（S1）＝（S2）	○	○	○	○	390
	225	LD＞	（S1）＞（S2）	○	○	○	○	390
	226	LD＜	（S1）＜（S2）	○	○	○	○	390

分类	FNC No.	指令助记符	功能	对应 PLC				手册页码
				FX1S	FX1N	FX2N	FX2NC	
触点比较	228	LD≠	（S1）≠（S2）	○	○	○	○	390
	229	LD≤	（S1）≤（S2）	○	○	○	○	390
	230	LD≥	（S1）≥（S2）	○	○	○	○	390
	232	AND＝	（S1）＝（S2）	○	○	○	○	391
	233	AND＞	（S1）＞（S2）	○	○	○	○	391
	234	AND＜	（S1）＜（S2）	○	○	○	○	391
	236	AND≠	（S1）≠（S2）	○	○	○	○	391
	237	AND≤	（S1）≤（S2）	○	○	○	○	391
	238	AND≥	（S1）≥（S2）	○	○	○	○	391
	240	OR＝	（S1）＝（S2）	○	○	○	○	392
	241	OR＞	（S1）＞（S2）	○	○	○	○	392
	242	OR＜	（S1）＜（S2）	○	○	○	○	392
	244	OR≠	（S1）≠（S2）	○	○	○	○	392
	245	OR≤	（S1）≤（S2）	○	○	○	○	392
	246	OR≥	（S1）≥（S2）	○	○	○	○	392

附录C　FX_{2N}软元件编号的分配及功能概要

FX_{2N}的 PLC 的一般软元件的种类和编号参见表 C-1、C-2。

表 C-1

软元件	FX_{2N}-16M	FX_{2N}-32M	FX_{2N}-48M	FX_{2N}-64M	FX_{2N}-80M	FX_{2N}-128M	带扩展	合　计
输入继电器 X	X000～X007 8 点	X000～X027 16 点	X000～X027 24 点	X000～X037 32 点	X000～X047 48 点	X000～X077 64 点	X000～X267（X177）共 184 点（128）	输入输出 256 点
输出继电器 Y	Y000～Y007 8 点	Y000～Y027 16 点	Y000～Y027 24 点	Y000～Y037 32 点	Y000～Y047 48 点	Y000～Y077 64 点	Y000～Y267（X177）共 184 点（128）	

注：各 PLC 基本单元的输出类型未标注，是对三种输出类型的总的表示形式。

表 C-2

辅助继电器 M	M0～M499 500 点 一般用①	M500～M1023 524 点保持用②	M1024～M3071 2048 点 保持用③	M8000～M8255 156 点 特殊用			
状态 S	S0～S499 500 点一般用① 初始化用 S0～S9 原点回归用 S10～S19	S500～S899 400 点 保持用②	S900～S999 100 点 信号报警用②				
定时器 T	T0～T199 200 点 100ms 子程序用 T192～T199	T200～T245 46 点 10ms	T246～T149 4 点 1ms 累积③	T250～T255 6 点 100ms②			
计数器 C	16 位增计数		32 位可逆		32 位高速可逆计数器　最大 6 点		
	C0～C99 100 点 一般用①	C100～C199 100 点 保持用②	C200～C219 20 点 一般用①	C220～C234 15 点 保持用②	C235～C245 单相单输入②	C246～C250 单相双输入②	C251～C255 双相输入②
数据寄存器 D V Z	D0～D199 200 点 一般用①	D200～D511 312 点 保持用②	D512～D7999 7488 点 文件用 D100 以后可以设定为文件寄存器	D8000～D8195 106 点 特殊用	V7～V0 Z7～Z0 16 点 变址用		
嵌套指针	N0～N7 8 点 主控用	P0～P127 128 点 跳转、子程序用分支指针	I00*～I50* 6 点 输入中断用的指针	I6**～I8** 3 点 定时中断器用的指针	I010～I060 6 点 计数器中断用的指针		
常数 K	16 位-32768～32767			32 位-2147，483648～2147，483647			
常数 H	16 位 0～FFFFH			32 位 0～FFFFFFFFH			

注：内的软元件为电池保持区域；

①非保持区域，通过参数设定可以改变为保持区域；

②电池保持区域，通过参数设定可以改变为非电池保持区域；

③电池保持固定区域，区域特性不可以改变。

附录 D　FX_{2N}特殊软元件的种类及功能说明

FX_{2N}系列可编程控制器的特殊功能软元件的分类及功能说明如下：形同[M]、[D]由[ ]框起的软元件，没有使用的软元件及没有记载的未定义软元件，在程序中不能对这些软元件进行驱动或数据写入操作。表 D-1～表 D-19 分别为各类特殊功能软元件相关功能说明。

表 D-1　PLC 状态

编号	名　称	备　注	编号	名　称	备　注
[M]8000	RUN 监控 a 触点	RUN 中一直为 ON	D8000	监视定时器	初始值为 200mV
[M]8001	RUN 监控 b 触点	RUN 中一直为 OFF	[D]8001	PLC 类型以及版本号	+5
[M]8002	初始脉冲 a 触点	RUN 后一个扫描周期为 ON	[D]8002	存储器容量	+6
[M]8003	初始脉冲 b 触点	RUN 后一个扫描周期为 OFF	[D]8003	存储器种类	+7
[M]8004	发生出错	检测到 M8060～M8067*1-1	[D]8004	出错特殊 M 编号	M8060～M8067
[M]8005	电池电压过低	锂电池电压低	[D]8005	电池电压	0.1V 单位
[M]8006	电池电压过低锁存	保持电压低信号	[D]8006	检测 BATT.V 低电平值	3.0（0.1V 单位）
[M]8007	检测出瞬间停电		[D]8007	瞬停次数	电源断开时清除
[M]8008	检测出停电中		[D]8008	检测为停电时间	
[M]8009	DC24V 掉电	检测出勤率 4V 电源异常	[D]8009	掉电的单元号	掉电单元初始输入编号

注：*1-1 M8062 除外。

表 D-2　时钟

编号	名　称	备　注	编号	名　称	备　注
[M]8010			[D]8010	扫描的当前值	0.1ms 单位包括恒定扫描的等待时间
[M]8011	10ms 时钟	10ms 周期振荡	[D]8011	MIN 扫描时间	
[M]8012	100mjs 时钟	100ms 周期振荡	[D]8012	MAX 扫描时间	
[M]8013	1s 时钟	1s 周期振荡	D8013	秒 0～59 预转置值或当前值	时钟误差±45s/月（25℃）有闰年修正
[M]8014	1min 时钟	1min 周期振荡	D8014	分 0～59 预转置值或当前值	
M8015	停止计时及预置		D8015	时 0～23 预转置值或当前值	
M8016	时间显示被停止		D8016	日 1～31 预转置值或当前值	
M8017	±30s 补偿修正		D8017	月 1～12 预转置值或当前值	
[M]8018	检测出内置 RTC	一直为 ON	D8018	年醣历 4 位数预置或当前值*2-1	
M8019	内置 RTC 出错		D8019	星期 0～6 预转置值或当前值	

注：*2-1 显示西历的后 2 位，可以切换为西历 4 位的模式，显示 4 位时可以显 1980—2079 年。

表 D-3　标志位

编号	名　称	备　注	编号	名　称	备　注
[M]8020	零位	应用指令用的运算标志位	D8020	输入滤波器调节的（X000～X017）*3-1	初始值：10ms（0～60ms）
[M]8021	借位		[D]8021		
M8022	进位		[D]8022		
[M]8023			[D]8023		
M8024	指定 BMOV 方向		[D]8024		
M8025	HSC 模式（FNC53～55）		[D]8025		
M8026	RAMP 模式（FNC67）		[D]8026		
M8027	PR 模式（FNC77）		[D]8027		
M8028	FROM/TO 指令执行过程中允许中断		[D]8028	Z0（Z）寄存器的内容	变址寄存器 Z 的内容
[M]8029	指令执行结束标志位	应用指令用	[D]8029	V0（Z）寄存器的内容	变址寄存器 V 的内容

注：*3-1：　FX_{2N}-16M□为 X000～X007（□为 R、S、T）。

表 D-4　PC 模式

编号	名　称	备　注	编号	名　称	备　注
M8030	电池 LED 灭灯批示	面板不亮灯 *4-1	[D]8030		
M8031	非保持存储区全部清除	软元件 ON/OFF 映像及当前值清除*4-1	[D]8031		
M8032	保持存储区全部清除		[D]8032		
M8033	内存保持停止	映像存储区保持	[D]8033		
M8034	禁止所有输出	所有外部输出全部 OFF *4-1	[D]8034		
M8035	强制 RUN 模式	*4-2	[D]8035		
M8036	强制 RUN 指令		[D]8036		
M8037	强制 STOP 模式		[D]8037		
[M]8038			[D]8038		
M8039	恒定扫描模式	定周期进行	D8039	恒定扫描时间	初始值 0ms（1ms 单位）

注：*4-1：END 指令结束时处理；*4-2：RUN→STOP 时清除。

表 D-5　步进梯形图

编号	名　称	备　注	编号	名　称	备　注
M8040	禁止转移	禁止状态间转移	[D]8040	ON 状态编号 1*4-1	M8047 为 ON 时，S0～S999 中正在动作的状态的最小编号保存到 D8040 中，以下集资保存 8 个
M8041	转移开始*4-2	FUN60（IST）指令用运行樗位	[D]8041	ON 状态编号 2*4-1	
M8042	启动脉冲		[D]8042	ON 状态编号 3*4-1	
M8043	原点回归结束*4-2		[D]8043	ON 状态编号 4*4-1	
M8044	原点条件*4-2		[D]8044	ON 状态编号 5*4-1	
M8045	所有输出复位禁止		[D]8045	ON 状态编号 6*4-1	
[M]8046	STL 状态动作*4-1	S0～S899 动作检测	[D]8046	ON 状态编号 7*4-1	
M8047	STL 监控有效*4-1	D8040 ～ 8047 有效化	[D]8047	ON 状态编号 8*4-1	

续表

编号	名 称	备 注	编号	名 称	备 注
[M]8048	信号报警器动作*4-1	S900～999 动作检测	[D]8048		
M8049	信号报警器有效*4-1	D8049 有效化	[D]8049	ON 状态最小编号 1*4-1	S900～999 中为 ON 状态的最小编号

表 D-6 禁止中断

编号	名 称	备 注	编号	名 称	备 注
M8050	I00□禁止	输入中断禁止	[D]8050		没有使用
M8051	I10□禁止		[D]8051		
M8052	I20□禁止		[D]8052		
M8053	I30□禁止		[D]8053		
M8054	I40□禁止		[D]8054		
M8055	I50□禁止		[D]8055		
M8056	I60□禁止	定时器中断禁止	[D]8056		
M8057	I70□禁止		[D]8057		
M8058	I80□禁止		[D]8058		
M8059	I010～I060 全部禁止	计时器中断禁止	[D]8059		

表 D-7 出错检测

编号	名 称	备 注	编号	名 称	备 注
[M]8060	I/O 构成出错	PLC 继续 RUN	[D]8060	没有实际安装的 I/O 起始编号	保存出错代码参阅出错代码表
[M]8061	PC 硬件出错	PLC 可编程控	[D]8061	PC 硬件出错的出错代码编号	
[M]8062	PC/PP 通信出错	PLC 继续 RUN	[D]8062	PC/PP 通信出错的出错代码编号	
[M]8063	并连接通信适配器出错	PLC 继续 RUN	[D]8063	连接通信出错的出错代码编号	
[M]8064	参数出错	PLC 停止	[D]8064	参数出错的出错代码编号	
[M]8065	语法出错		[D]8065	语法出错的出错代码编号	
[M]8066	回路出错		[D]8066	回路出错的出错代码编号	
[M]8067	运算出错*7-1	PLC 继续 RUN	[D]8067	运算出错的出错代码编号*7-1	
M8068	运算出错锁存	M8067 保持	D8068	发生运算出错的步编号	步号保持
M8069	I/O 总线检查	开始总线检查	[D]8069	发生 M8065～7 出错的步编号	*7-1

注：*7-1：STOP→ RUN 时清除。

表 D-8 并联连接

编号	名 称	备 注	编号	名 称	备 注
M8070	并联连接主站声明	主站时 ON*7-1	[D]8070	并联连接出错判定时间	初始值为 500ms
M8071	并联连接从站声明	从站时 ON*7-1	[D]8071		
[M]8072	并联连接运行中为 ON	运行中为 ON	[D]8072		
[M]8073	主、从站设定错误	M8070、M8071 设定错误	[D]8073		

表 D-9　采样跟踪

编号	名　称	备　注	编号	名　称	备　注
[M]8074		采用跟踪功能	[D]8074	采样剩余次数	采用跟踪功能，详细可参阅编程手册
[M]8075			D8075	采样次数设定（1～512）	
[M]8076			D8076	采样周期	
[M]8077	执行中监控		D8077	触发指定	
[M]8078	执行结束监控		D8078	设定触发条件的软元件编号	
[M]8079	跟踪 512 次以上		[D]8079	采样数据指针	
			D8080～D8095	位软元件编号 No.0～No.15	
			[D]8096	字软元件 No.0	
			[D]8097	字软元件 No.1	
			[D]8098	字软元件 No.2	

表 D-10　存储器容量

编号	名　称	备　注	
[D]8102	存储器容量		0002=2K 步　0004=4K 步 0008=8K 步　0016=16K 步

表 D-11　输出刷新

编号	名　称	备　注	编号	名　称	备　注
[M]8109	发生输出刷新出错		[D]8109	发生输出刷新错误的输出信号	保存 0、10、20

表 D-12　高速环行计数器

编号	名　称	备　注	编号	名　称	备　注
M8099	高速环形计数器动作	允许计数器动作	D8099	0．1s 环形计数	0～32767 增计数

表 D-13　特殊功能

编号	名　称	备　注	编号	名　称	备　注
[M]8120			D8120	通信格式*13-1	详细参阅《通信适配器手册》
[M]8121	RS232C 发送待机中*7-1	RS-232 通信用	D8121	设定信号*13-1	
M8122	RS232C 发送标志位*7-1		[D]8122	发送数据的剩余点数*7-1	
M8123	RS232C 接收标志位*7-1		[D]8123	接收数据的数量*7-1	
[M]8124	RS-232 载波接收中		D8124	报头（STX）	
[M]8125			D8125	报尾（ETX）	
[M]8126	全局信号	RS-485 通信用	[D]8126		
[M]8127	下位通信请求的握手信号		D8127	指定下位通信请求起始编号	
M8128	下位通信请求的出错信号		D8128	指定下位通信请求数据数	
M8129	下位通信请求的字/字节的切换		D8129	超时判定时间*13-1	

注：*13-1：电池支持。

表 D-14　高速表格

编号	名　称	备　注	编号	名　称		备　注
M8130	HSZ 表格比较模式		D8130	HSZ 表格计数器		详细内容参阅编程手册
[M]8131	同上执行结束标志位		D8131	HSZ PLSY 表格计数器		
M8132	HSZ　PLSY 速度模式		[D]8132	速度模式频率	低位	
[M]8133	同上执行结束标志位		[D]8133	HSZ PLSY	空	
			D8134	速度模式目标脉冲数 HSZ PLSY	低位	
			D8135		高位	
			[D]8136	输出脉冲数	低位	
			D8137	PLSY PLSR	高位	
			D8138			
			D8139			
			D8140	PLSY PLSR 输出到 Y000 的脉冲数	低位	详细内容参阅编程手册
			D8141		高位	
			D8142	PLSY PLSR 输出到 Y001 的脉冲数	低位	
			D8143		高位	

表 D-15　扩展功能

编号	名　称	备　注	编号	名　称	备　注
M8160	XCH 的 SWAP 功能	同一软元件内交换	[D]8160		
M8161	8 位为单位传送	16/8 位切换 *15-1	[D]8161		
M8162	高速并联连接模式		[D]8162		
[M]8163			[D]8163		
M8164	传送点数可变模式	FROM/TO 指令 *15-2	D8164	指定传送点数	FROM/TO 指令*15-2
[M]8165			[D]8165		
[M]8166			[D]8166		
M8167	HKY 的 HEX 处理	写入十六进制数据	[D]8167		
M8168	SMOV 的 HEX 处理	停止 BCD 转换	[D]8168		
[M]8169			[D]8169		

注：*15-1：选用于 ASC、RS、ASCI、HEX、CCD 指令；*15-2 V2.00 以上版本。

表 D-16　脉冲捕捉

编号	名　称	备　注
M8170	输入 X000　脉冲捕捉	详细内容参阅编程手册
M8171	输入 X001　脉冲捕捉	
M8172	输入 X002　脉冲捕捉	
M8173	输入 X003　脉冲捕捉	
M8174	输入 X004　脉冲捕捉	
M8175	输入 X005　脉冲捕捉	
[M]8176		
[M]8177		
[M]8178		
[M]8179		

表 D-17　变址寄存器的当前

编号	名　称	备　注
[D]8180		
[D]8181		
[D]8182	Z5 寄存器内容	变址寄存器的当前值
[D]8183	V5 寄存器内容	
[D]8184	Z6 寄存器内容	
[D]8185	V6 寄存器内容	
[D]8186	Z7 寄存器内容	
[D]8187	V7 寄存器内容	
[D]8188	Z7 寄存器内容	
[D]8189	V7 寄存器内容	

表 D-18　内部增/减计数器

编号	名　称	备　注	编号	名　称	备　注
M8200	驱动 M8□□□时，C□□□为减计数模式，不驱动时 C□□□为增计数器模式（□□□为 200～234）	详细内容参阅编程手册	[D]8190	Z5 寄存器内容	变址寄存器的当前值
M8201			[D]8191	V5 寄存器内容	
⋮			[D]8192	Z6 寄存器内容	
M8234			[D]8193	V6 寄存器内容	
			[D]8194	Z7 寄存器内容	
			[D]8195	V7 寄存器内容	
			[D]8196		
			[D]8197		
			[D]8198		
M8234			[D]8199		

表 D-19　高速计数器

编号	名　称	备　注	编号	名　称	备　注
M8235	驱动 M8□□□时，单相高速计数器 C□□□为减计数模式，不驱动时为增计数器模式（□□□为 235～245）	详细内容可参阅手册	[M]8246	根据单相双输入计数器 C□□□的增/减计数，M8□□□为 ON/OFF（□□□为 246～250）	详细内容参阅编程手册
M8236			[M]8247		
M8237			[M]8248		
M8238			[M]8249		
M8239			[M]8250		
M8240			[M]8251	根据双相计数器 C□□□的增/减计数，M8□□□为 ON/OFF（□□□为 251～255）	
M8241			[M]8252		
M8242			[M]8253		
M8243			[M]8254		
M8244			[M]8255		
M8245					

附录 E　FX$_{2N}$软元件出错代码一览表

一、出错代码

FX$_{2N}$特殊数据寄存器 D8060～D8067 中保存的出错代码及出错内容信息参见表 E-1。

表 E-1　寄存器 D8060～D8067 出错代码、出错内容及处理方法

区　　分	出 错 代 码	出 错 内 容	处 理 方 法
I/O 构成出错 M8060（D8060）继续运行	如 1020	①实际没有安装的 I/O 的起始软原件编号 ②“1 020”的场合 ③1=输入 X（0=输出 Y） 020=软元件编号	如果对于实际没有安装的输入加点器、输入继电器编写了程序，可编程序控制器继续运行，但是程序有错误的话，请修改
PC 硬件出错 M8061（D8061）运行停止	0000	无异常	
	6101	RAM 出错	
	6102	运算回路出错	
	6103	I/O 总线出错（M8069 驱动时）	请检查扩展电缆的连接是否正确
	6104	扩展单元 24V 掉电（M8069 NO 时）	
	6105	WDT 出错	运算时间超过 D8000 的数值。请检查程序
PC/PP 通信出错 M8062（D8062）继续运行	0000	无异常	请检查编程面板（PP）或者编程口上连接的设备是否与可编程控制器（PC）正确连接。在可编程序控制器通电过程中插拔接口上得电缆，也可能会报错
	6201	奇偶校验出错、超时、　错误	
	6202	通信字符错误	
	6203	通信数据的校验不一致	
	6204	数据格式错误	
	6205	指令错误	
并联连接通信出错 M8063（D8063）继续运行	0000	无异常	请确认通信参数、简易 PC 间的连接用设定程序、并联连接用设定程序等，是否根据用途做了正确的设定；此外，请确认接线
	6301	奇偶校验出错、超时、　错误	
	6302	通信字符错误	
	6303	通信数据的校验不一致	
	6304	数据格式错误	
	6305	指令错误	
	6306	监控定时器超时	
	6307～6311	无	
	6312	并联连接字符出错	

续表

区　分	出错代码	出错内容	处理方法
	6313	并联连接和校验出错	
	6314	并联连接格式错误	
参数出错 M8064（D8064）运行停止	0000	无异常	请将可编程序控制器 STOP，并在参数模式下设定正确数值
	6401	程序的校验不一致	
	6402	存储器容量的设定错误	
	6403	保持区域的设定错误	
	6404	注释区域的设定错误	
	6405	文件寄存器的区域设定错误	
	⋮	⋮	
	6409	其他设定错误	
语法错误 M8065（D8065）运行停止	0000	无异常	此项是检查编写程序时，各指令的使用方法是否正确。如果发生错误，请再编程模式下修改指令
	6501	指令—软元件符号—软元件编号的组合有误	
	6502	设定值前面没有 OUT T/OUT C	
	6503	①OUT T/OUT C 后面没有设定值 ②应用指令的操作数数量不足	
	6504	①指针号重复 ②中断输入或者高速计数器输入重复	
	6505	超出软件编号范围	
	6506	使用了没有定义的指令	
	6507	指针号（P）的定义错误	
	6508	中断输入（I）的定义错误	
	6509	其他	
	6510	MC 嵌套编号的大小关系有误	
	6511	中断输入和高速计算器输入重复	
回路错误 M8066（D8066）运行停止	0000	无异常	作为整个梯形图回路块，指令的组合不正确或者成对出现的指令关系不正确时，会报错。 请在编程模式下，正确修改指令相互间的关系
	6601	LD、LDI 连续使用 9 次以上	
	6602	①没有 LD/LDI 指令。没有线圈 LDI 和 ANB、ORB 的关系不正确 ②STL、RET、MCR、P（指针）、I（中断）、EI、DI、SRET、IRET、FOR、NEXT、FEND、END 没有与字母线相连 ③　MPP	
	6603	MPS 连接使用 12 次以上	
	6604	MPS 与 MRD、MCR 的关系不正确	
	6605	①STL 连续使用 9 次以上 ②STL 中有 MC、MCR、I（中断）、SRET ③SCT 外有 RET。没有 RET	

续表

区 分	出错代码	出错内容	处理方法
	6606	①没有 P（指针）、I（中断） ②没有 RET、IRET ③主程序中有 I(中断)、SRET、IRET ④子程序或者中断程序中有 STL、RET、MC、MCR	
	6607	①FOR 和 NEXT 的关系不正确。嵌套 6 层以上 ②FOR～NEXT 之间有 STL、RET、MC、MCR、IRET、SRET、FENC、END	
	6608	①MC 和 MCR 的关系不正确 ②没有 MCR No. ③MC～MCR 之间有 SRET、IRET、I（中断）	
	6609	其他	
	6610	LD、LDI 连续使用 9 次以上	
	6611	相对 LD、LDI 指令而言，ANB、ORB 指令的数量太多	
回路出错 M8066（D8066）运行停止	6612	相对 LD、LDI 指令而言，ANB、ORB 指令的数量太少	
	6613	MPS 连续使用 12 次以上	
	6614	MPS	
	6615	MPP	
	6616	MPS-MRD、MPP 间的线圈被 记，或者有误	
	6617	①应从母线开始的指令没有与母线相连 ②STL、RET、MCR、P、I、DI、EI、FOR、NEXT、SRET、IRET、FEND、EDN	
	6618	①只有主程序可以使用的指令出现在主程序以外（中断、子程序等） ②STL、MC、MCR	作为整个梯形图回路块，指令的组合不正确或者成对出现的指令关系不正确时，会报错；请在编程模式下，正确修改指令相互间的关系
	6619	①在 FOR-NEXT 之间有不可使用的指令 ②STL、RET、MC、MCR、I、IRET	
	6620	FOR-NEXT 间的嵌套溢出	
	6621	FOR-NEXT 的数量关系不正确	
	6622	没有 NEXT 指令	
	6623	没有 MC 指令	
	6624	没有 MCR 指令	

续表

区　分	出错代码	出错内容	处理方法
回路出错 M8066（D8066）运行停止	6625	STL 连续使用了 9 次以上	
	6626	①STL-RET 间有不可以使用的指令 ②MC、MCR、I、SRET、IRET	
	6627	没有 RET 指令	
	6628	①主程序中有不可以使用的指令 ②I、SRET、IRET	
	6629	没有 P、I	
	6630	没有 SRET、IRET 指令	
	6631	SRET 位于不能使用的位置	
	6632	FEND 位于不能使用的位置	
运算出错 M8067（D8067）继续运行	0000	无异常	指运算执行过程中发生的错误。请修改程序并检查应用指令的操作数的内容；即使没有语法、梯形图错误，但是因为如下所示的原因也可能发生运算错误；（例）T200 Z 本身没有错误，但是 Z=100 时，运算结果为 T300，超出了软元件的编号范围
	6701	①没有 CJ、CALL 的跳转地址 ②END 指令以后有指针标签 ③FOR～NEXT 间或者子程序间有单独的指针标签	
	6702	CALL 的嵌套在 6 层以上	
	6703	中断的嵌套在 3 层以上	
	6704	FOR-NEXT 的嵌套在 6 层以上	
	6705	应用指令的操作数是可用对象以外的软元件	
	6706	应用指令的操作数的软元件编号范围或者数据值超限	
	6707	没有设定文件寄存器的参数，但是访问了文件寄存器	
	6708	FROM/TO 指令出错	
	6709	其他（IRET、SRET　　，FOR～NEXT 关系不正确等）	
	6730	采样时间（T_s）在对象范围外（$T_s<0$）	PID 运算停止
	6732	输入滤波器常数（α）在对象范围外（$\alpha<0$）或者 $100\leqslant\alpha$）	
	6733	比例增　（K_P）在对象范围外（$K_P<0$）	
	6734	积分时间（T_I）在对象范围外（$T_I<0$）	
	6735	微分增　（K_D）在对象范围外（$K_D<0$）或者 $201\leqslant K_D$）	
	6736	微分时间（T_D）在对象范围外（$T_D<0$）	
	6740	采样时间（T_S）≤运算周期	
	6742	测定值的变化量溢出（$P_V<-32768$ 或者 $32767<P_V$）	
	6743	差溢出（$E_V<-32768$ 或者 $32767<E_V$）	
	6744	积分运算值溢出（-32768～32767 以外）	

续表

区　分	出错代码	出错内容	处理方法	
运算出错 M8067（D8067）继续运行	6745	因为微分增　（KP）溢出，导致微分值溢出		
	6746	微分运算值溢出（−32768～32767 以外）		
	6747	PID 运算结果溢出（−32768～32767 以外）		

二、出错的检测时序

按照下面的时序来检查 FX_{2N} 的出错，并将前面所述的出错代码保存于 D8060～D8067 中。

表 E-2　按时序检查出错项目

出错项目	电　源 OFF→ON	电源 ON 以后初次 STOP →RUN 时	其　他
M8060　I/O 构成出错	检查	检查	运算中
M8061　PC 硬件出错	检查	—	运算中
M8062　PC/PP 通信出错	—	—	从 PP 接收信号时
M8063　连接、通信出错	—	—	从对方站接收信号时
M8064　参数出错 M8065　语法出错 M8066　回路出错	检查	检查	更改程序时（STOP） 传送程序时（STOP）
M8067　运算出错 M8068　运算出错锁存	—	—	运算中（RUN）

D8060～D8067 中各保存一个出错内容，同一出错项目发生多个错误时，每排除一个故障原因，就转而保存仍然出错的故障代码；没有出错时保存[0]。

附录F 常用低压电器的图形符号

电气符号是指用于图样或其他技术文件中表示电气元件或电气设备性能的图形、标记或字符。目前，低压电器的图形符号执行的是GB 4728—85《电气图用图形符号》，此标准是依据IEC国际标准制定的，GB 4728—85对目前常用电气设备的图形符号、文字符号等有了明确定义。

电气符号是电气设备性能特征的表现形式，文字符号是表示电气设备、装置和元器件的名称、功能、状态和特征字符代码。GB 4728—85依据电器功能、结构要素、动作方式等制定一些反映设备功能的限定符号、体现其结构要素（核心功能单元）的符号要素及简单的电器（如开关）对应的一般符号。如用于表示接触器、继电器的线圈一类产品和此类产品特征的一般符号“□”；有用于表示某一具体的电气元件的明细符号，如“U<”表示欠电压继电器线圈，由线圈一般符号“□”、文字符号“U”和限定符号“<”三种符号组成。上述限定符号、符号要素是作为电器产品的功能、辅件定义的，故标准规定了电气符号反映须由能够反映设备各功能的限定符号、体现功能单元结构特征的符号要素及对外动作方式的一般符号组合构成。

文字符号分为基本文字符号和辅助文字符号，基本文字符号主要表示电气设备、装置和元器件的种类名称，包括单字母符号和双字母符号。单字母符号表示各种电气设备和元器件的类别，例如，“Q”表示电力电路中开关器件、“F”表示保护性电气类。当单字母符号不能完整表达时，需较详细和具体地表述电气设备、装置和元器件时可采用双字母符号表示，例如，“FU”表示熔断器，是短路保护电器；“FR”表示热继电器，是过载保护电器。辅助文字符号是用于表示电气设备、装置和元器件及线路的功能、状态和特征的字符代码。例如，“SYN”表示同步，“L”表示低，“RD”表示红色。

以下结合表F-1断路器、图F-1热继电器电气符号的组成来进一步理解电气符号的组成。

表F-1 断路器图形符号的组成与说明

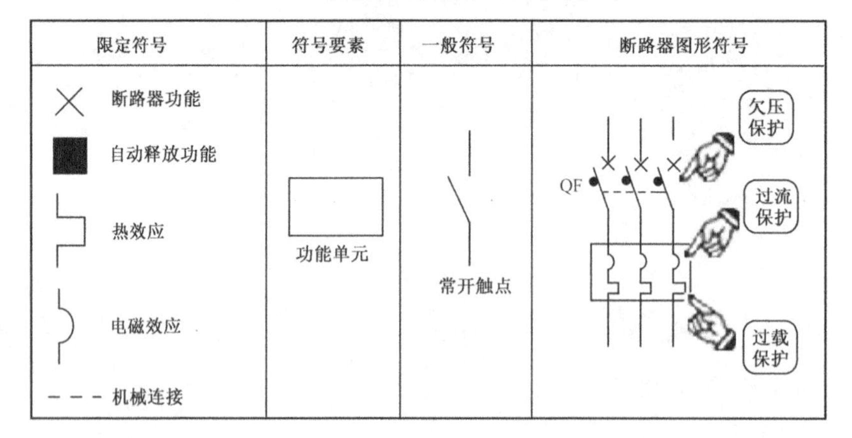

限定符号	符号要素	一般符号	断路器图形符号
断路器功能 自动释放功能 热效应 电磁效应 机械连接	功能单元	常开触点	QF 欠压保护 过流保护 过载保护

热继电器电气符号的组成与含义如图F-1所示。

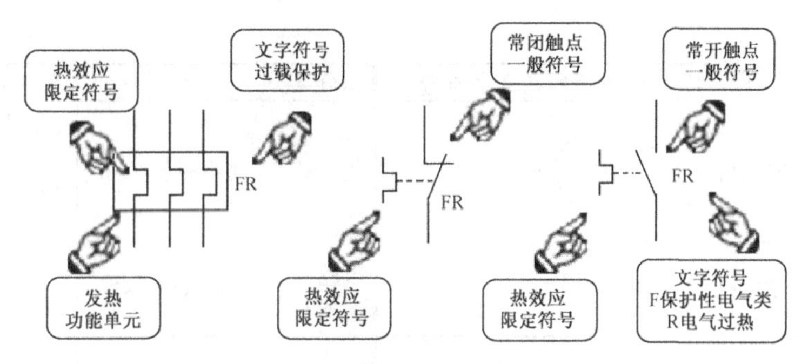

图 F-1 热继电器电气符号及含义

表 F-1 所示的限定符号栏中给出了断路器所具备的各种电气功能的限定符号，符号要素中给出功能单元及作为通用设备常开触点的一般符号，将其组合并加以 QF 标注构成断路器的电气符号。这种图形语言则是该电气设备功能、主要工作方式的体现。

需要说明的一些组合电器设备，在无须考虑其构成、工作方式时可用方框符号表示，如表 F-2 中的变频器、逆变器及滤波器等。

表 F-2 常用电器分类及图形符号、文字符号

分 类	名 称	图形符号、文字符号	分 类	名 称	图形符号、文字符号
A 组件部件	起动装置	A SB1 SB2 KM KM HL	D 二进制元件	非门	D
B 将电量变换成非电量，将非电量变换成电量	声器	B（将电量变换成非电量）	E 其他	照明灯	E
	传声器	B（将非电量变换成电量）	F 保护器件	欠电流继电器	I< FA
C 电容器	一般电容器	C		过电流继电器	I> FA
	极性电容器	+ C		欠电压继电器	U< FV
	可变电容器	C		过电压继电器	U> FV
D 二进制元件	与门	D &		热继电器	FR FR FR FR FR
	或门	D ≥1		熔断器	FU

续表

分类	名称	图形符号、文字符号	分类	名称	图形符号、文字符号
G 发生器,发电机，电源	交流发电机	G ~	L 电感器，电抗器	电感器	L（一般符号） L（带磁芯符号）
	直流发电机	G		可变电感器	L
	电池	– GB +		电抗器	L
H 信号器件	电	HA	M 电动机	鼠笼型电动机	U V W M 3~
	蜂鸣器	HA 优选形 HA 一般形		绕线型电动机	U V W M 3~
	信号灯	HL		他励直流电动机	M
I		（不使用）		并励直流电动机	M
J		（不使用）		串励直流电动机	M
K 继电器,接触器	中间继电器	KA KA		三相步进电动机	M
	通用继电器	KA KA		永磁直流电动机	M
	接触器	KM KM	N 模拟元件	运算放大器	N ▷ ∞ – + +
	通电延时型时间继电器	或 KT KT KT 或 KT KT K		反相放大器	N ▷ 1 + –

续表

分 类	名 称	图形符号、文字符号	分 类	名 称	图形符号、文字符号
N 模拟元件	D/A 转换器	#/∪ N	R 电阻器	电阻	R
	A/D 转换器	#/∪ N		固定抽头电阻	R
O		(不使用)		可变电阻	R
P 测量设备，试验设备	电流表	PA A		电位器	RP
	电压表	PV V		频敏变阻器	RF
	有功功率表	kW PW	S 控制、记忆、信号电路开关器件选择器	按钮	SB
	有功电度表	kW.h PJ		急停按钮	SB
Q 电子电路的开关器件	断路器	QF		行程开关	SQ
	隔离开关	QS		压力继电器	P SP P
	刀熔开关	QS		液位继电器	SL SL SL S
	手动开关	QS QS		速度继电器	SV SV SV
	双投刀开关	QS		选择开关	SA
	组合开关旋转开关	QS		接近开关	SQ
	负荷开关	QL		万能转换开关，凸轮控制器	SA 2 1 0 1 2 1 2 3 4

续表

分　类	名　称	图形符号、文字符号
T 变压器，互感器	单相变压器	T
	自耦变压器	T 形式1　形式2
	三相变压器（星形/三角形接线）	T 形式1　形式2
	电压互感器	电压互感器与变压器图形符号相同，文字符号为TV
	电流互感器	TA 形式1　形式2
U 调制器，变换器	整流器	U
	桥式全波整流器	U
	逆变器	U
	变频器	f_1 f_2 U
V 电子管，晶体管	二极管	VD
	三极管	VT　VT PNP型　NPN型
	晶闸管	VT　VT 阳极侧受控　阴极侧受控
W 传输通道，波导，天线	导线，电缆，母线	W
	天线	W

分　类	名　称	图形符号、文字符号
X 端子，插头，插座	插头	XP 优选型　其他型
	插座	XS 优选型　其他型
	插头插座	优选型　其他型
	连接片	断开时 XB 接通时
Y 电器操作的机械器件	电磁铁	或　YA
	电磁吸盘	或　YH
	电磁制动器	YB M
	电磁阀	或　或　Y
Z 滤波器，限幅器，均衡器，终端设备	滤波器	Z
	限幅器	Z
	均衡器	Z

参 考 文 献

[1] 张万忠. 可编程控制器应用技术. 北京：化学工业出版社，2002.

[2] 李俊秀，赵黎明. 可编程控制器应用技术实训指导. 北京：化学工业出版社，2002.

[3] 李乃夫. 电气控制与可编程控制器应用技术. 第2版. 北京：高等教育出版社，2007.

[4] 王阿根. 电气可编程控制器原理与应用. 北京：清华大学出版社，2007.

[5] 劳动与社会保障部教材办公室组织编写. PLC原理与应用. 北京：中国劳动和社会保障出版社，2007.

[6] 郁汉琪. 机床电气及可编程序控制器实验、课程设计指导书. 南京工程学院内部资料，2005.

[7] 三菱电机公司. FX2N通信用户手册. 2007.

[8] 三菱电机公司. FX通信用户手册. 2001.

[9] 三菱电机公司. FX1S，FX1N，FX2N，FX2NC系列编程手册，2006.

[10] 三菱电机公司. GX Developer Ver 8操作手册（SFC），2006.

[11] 上海步科自动化有限公司. MT4000使用手册，2007.

[12] 上海步科自动化有限公司. EV5000使用手册，2009.

参考文献

《可编程控制器 PLC 应用技术（三菱机型）》读者意见反馈表

尊敬的读者：

感谢您购买本书。为了能为您提供更优秀的教材，请您抽出宝贵的时间，将您的意见以下表的方式（可从 http://edu.phei.com.cn 下载本调查表）及时告知我们，以改进我们的服务。对采用您的意见进行修订的教材，我们将在该书的前言中进行说明并赠送您样书。

姓名：________________ 电话：________________________________

职业：________________ E-mail:________________________________

邮编：________________ 通信地址：____________________________

1．您对本书的总体看法是：

□很满意　□比较满意　□尚可　□不太满意　□不满意

2．您对本书的结构（章节）：□满意　□不满意　改进意见________________

____

____

3. 您对本书的例题　□满意　□不满意　改进意见________________________

____

____

4．您对本书的习题　□满意　□不满意　改进意见________________________

____

____

5．您对本书的实训　□满意　□不满意　改进意见________________________

____

____

6．您对本书其他的改进意见：

____

____

____

____

7．您感兴趣或希望增加的教材选题是：

____

____

____

请寄：100036　北京万寿路 173 信箱职业教育分社收

电话：010-88254988　E-mail:gaozhi@phei.com.cn

反侵权盗版声明